普通高等教育"十一五"规划教

数据通信原理

主　编　詹仕华

副主编　谢秀娟　薛岚燕

编　写　余国伟

主　审　景　林

中国电力出版社
CHINA ELECTRIC POWER PRESS

内 容 提 要

本书为普通高等教育"十一五"规划教材。全书共分为 9 章,主要内容包括:绪论、随机过程分析、数据传输的信道与噪声、数据信号的基带传输、数据信号的频带传输、差错控制、数据交换技术、通信协议和数据通信网等。每章都附有本章的重点内容和习题,同时在附录部分给出习题的参考答案。

本书可作为高等院校通信、电子信息、计算机科学与技术及其相关专业的数据通信课程的教材,也可作为从事相关专业的工程技术人员的学习参考书。

图书在版编目(CIP)数据

数据通信原理 / 詹仕华主编;余国伟编写. —北京:中国电力出版社,2010.1(2019.1 重印)

普通高等教育"十一五"规划教材

ISBN 978-7-5083-9716-0

Ⅰ. ①数… Ⅱ. ①詹… ②余… Ⅲ. ①数据通信一高等学校一教材 Ⅳ. ①TN919

中国版本图书馆 CIP 数据核字(2009)第 205629 号

中国电力出版社出版、发行

(北京市东城区北京站西街 19 号 100005 http://jc.cepp.com.cn)

北京虎彩文化传播有限公司印刷

各地新华书店经售

*

2010 年 1 月第一版 2019 年 1 月北京第六次印刷

787 毫米×1092 毫米 16 开本 18 印张 433 千字

定价 50.00 元

前　言

　　数据通信是 20 世纪 50 年代随着计算机技术的迅速发展而发展起来的一种新的通信方式，它是计算机和通信这两个技术相互渗透相互结合的产物。当今信息技术和信息产业已成为知识经济的主导，数据通信已成为人们进行信息交流和交换的重要手段。

　　数据通信原理是一门理论与实践相互结合的课程。不仅应该掌握数据通信的基本原理和基本分析方法，还应该深刻理解通信的重要概念；不仅要理解所用数学工具及其分析方法，还要尽可能将分析结论与实际的物理概念进行联系。

　　本书主要介绍了数据通信的基本概念和基本原理、数据传输技术和控制技术、数据交换技术、数据通信协议和数据通信网等内容。

　　全书共分为 9 章。第 1 章绪论，介绍了数据通信的基本概念、数据通信系统的组成和分类、数据传输方式、多路复用、数据通信系统的主要性能指标、数据通信系统的应用与发展和数据通信网与计算机通信网等内容；第 2 章随机过程分析，首先对随机过程进行了描述，接着介绍了平稳随机过程、高斯过程和窄带随机过程，最后分析了噪声及其特性和通过线性系统的平稳随机过程等内容；第 3 章数据传输的信道与噪声，首先介绍了信道的概念及其数学模型，接着讨论了有线信道和无线信道，最后分析了信道噪声和信道容量等内容；第 4 章数据信号的基带传输，首先介绍了基带传输系统的组成、常用的数据基带信号及其频谱特性，接着讨论了无码间干扰的传输特性和眼图，然后分析了基带传输系统性能和提出了改善数据传输系统性能的措施，最后阐述了基带数据传输系统的应用；第 5 章数据信号的频带传输，首先介绍了频带传输系统的构成，接着讨论了二进制数字调制解调、多进制数字调制解调和正交幅度调制，并对二进制数字调制系统性能进行分析；第 6 章差错控制，首先介绍了差错控制的基本概念及原理，然后详细分析了几种简单的差错控制编码、汉明码、线性分组码、循环码、卷积码的相关内容，最后简单介绍了交织码；第 7 章数据交换技术，首先介绍了数据交换的必要性和类型，接着分析了电路交换、报文交换、分组交换和帧方式，最后对几种交换方式进行了比较；第 8 章通信协议，首先介绍了开放系统互连参考模型，接着具体阐述了物理层协议、数据链路传输控制规程、分组交换 X.25 建议和帧中继协议等内容；第 9 章数据通信网，首先介绍了数据通信网的构成和分类，然后详细介绍了公共电话交换网、分组交换网、帧中继网、ISDN 网、DDN 网、ATM 网的具体内容。

　　本书第 1 章、第 3 章和第 4 章由薛岚燕编写，第 2 章、第 5 章和第 7 章由谢秀娟编写，第 8 章由余国伟编写，第 6 章、第 9 章和附录由詹仕华编写。全书由詹仕华统稿，由景林主审。

　　在本书的编写过程中，参阅了相关的文献和资料，在此对这些文献和资料的著作者深表感谢！同时也感谢中国电力出版社给予的支持和协助！

　　限于编者水平，书中难免存在缺点和错误，恳请专家和读者批评指正。

编　者

2009 年 9 月

目　　录

第1章　绪　　论

1.1　数据通信的基本概念

随着世界经济、技术的迅速发展，现代社会将进入一个信息化的新时代。信息化最重要的工作是建立一个现代化的信息网络，该网络的基础是电信技术和计算机技术的结合。而完成计算机之间、计算机与终端以及终端之间的信息传递的通信方式和通信业务就是数据通信。随着现代科技与计算机的飞速发展，计算机与通信技术相结合也日趋紧密，数据通信作为计算机技术与通信技术相结合的产物，在现代通信领域中正扮演着越来越重要的角色。目前，全球的数据通信已经为金融、财政系统、科研部门、大专院校、政府机关、企业集团提供了安全、可靠、优质的网络支持和业务服务。

通信技术的发展是伴随科技的发展和社会的进步而逐步发展起来的。早在古代，人们就寻求各种方法实现信息的传输。我国古代利用烽火传送边疆警报，古希腊人用火炬的位置表示字母符号，这种光信号的传输构成最原始的光通信系统。利用击鼓鸣金可以报送时刻或传达命令，这是声信号的传输。后来又出现了信鸽、旗语、驿站等传送信息的方法。然而，这些方法无论是在距离、速度和可靠性与有效性方面仍然没有明显的改善。19世纪，人们开始研究如何用电信号传送信息。1837年莫尔斯发明了电报，用点、划等适当组合的代码表示字母和数字，这种代码称为莫尔斯电码。1876年贝尔发明了电话，直接将声信号转变为电信号沿导线传送。19世纪末，人们又致力于研究用电磁波传送电信号，赫兹、波波夫、马可尼等人在这方面都作出了贡献。开始时，传输距离仅数百米。1901年，马可尼成功地实现了横跨大西洋的无线电通信。从此，传输电信号的通信方式得到广泛应用和迅速发展。

20世纪20年代起，通信建设和应用广泛发展，开始利用铜线实现市内和长途有线通信，又利用短波实现远距离无线通信和国际通信。

20世纪30～40年代起，利用铜线传输载波电话，使长途通信容量加大，电信号的频分多路技术开始步入实用阶段。

20世纪50～60年代起，半导体晶体管开始在电子电路中替代电子管，其后进入集成电路技术以及超大规模集成电路的时代，开始建设最早的公用电话通信网。

20世纪60年代起，电子计算机应用增多，数据通信开始兴起，电话编码技术得到应用，模拟通信开始向数字通信过渡。

20世纪70年代起，玻璃光纤拉制成功，导致传输网络从电缆通信向光纤通信过渡。地球同步轨道运行的通信卫星发射成功，卫星通信开始对国际通信和电视转播作出贡献，也经常在特殊地理环境下作为有线接入技术的替代与补充。

20世纪80年代起，各种信息业务应用增多，通信网络开始向数字网发展。电信号的时分多路技术（PDH和SDH）走向成熟，公共电话交换网（PSTN）逐渐得到普及，交换方式发展出新的类型（ATM）。蜂窝网等各种无线移动通信业务向公众开放，导致个人通信的迅速发展。第一代模拟移动通信网的代表技术为AMPS。

20 世纪 90 年代起，国际互联网（Internet）在全世界兴起，在吸引众多计算机用户踊跃上网的同时，也吸引人们更多地使用计算机。可以在网上快速实现国内和国际通信并获取各种有用信息，而仅支付低廉的费用。从此，通信网络的数据业务量急剧增长。这使得以互联网协议（IP）为标志的数据通信，在通信网络逐渐占据更为重要的地位。同时，在光纤通信技术中，波分复用技术（WDM）取得成功，与电信号的时分复用技术（TDM）相结合，线路的传输容量显著加大，足以适应通信业务量急速增长的需要。

20 世纪 90 年代中期起，蜂窝网进入第二代，即数字式无线移动通信，适合时代发展对个人通信的需求，GSM 作为第二代移动通信系统的代表，更是得到了全球性的广泛应用。时分多址（TDMA）和码分多址（CDMA）一同向前发展。除了传送话音信号之外，还开始提供移动数据通信，让无线移动用户能像有线固定用户一样自由地访问国际互联网。目前，移动通信技术发展的热点是以 WCDMA/CDMA 2000/TD-SCDMA 技术为代表的第三代移动通信技术和以 802.11a/b/g 技术为代表的无线局域网技术，以及不同移动通信技术之间的融合。

1.1.1　消息、信号、信息和数据

在通信系统中，经常会提到消息、信号、信息、数据等概念。在日常生活中，一般都不是非常刻意区分它们的区别，因为它们互相之间有着密不可分的关系。从信息科学的角度来看，它们的含义并不相同，下面分别对这几个概念进行讨论。

1.　消息

所谓消息是指通信过程中传输的具体原始对象，如电话中的语音，电视中的图像，电报中的电文，雷达中目标的距离、高度、方位，遥测系统中测量的数据等。这些消息在物理特征上各不相同，所以各种消息的组成亦不相同。目前通信中的消息可以分为离散消息和连续消息两类。所谓离散消息是指消息的状态是可数的或离散型的，如符号、文字和数据等，也称为数字消息。所谓连续消息是指状态连续变化的消息，如连续变化的语音、图像等，也称为模拟消息。消息物理特性的多样性主要是由通信信源的特性决定的，但是从通信的角度来讲，消息应具备两个特点：一是能够被通信双方理解；二是可以传递。

2.　信号

把消息转换成适合于信道传输的物理量，就是信号。信号携带着消息，它是消息的运载工具。在通信中指的是电信号或光信号，即随时间变化的电压、电流或光强。信号的分类是多种多样的，根据不同的分类原则，可以将信号进行如下分类：

根据信号的取值是否确定，可以将信号分为确定信号和随机信号；根据信号的取值是否为实数，可以将信号分为实值信号和复值信号；根据信号在一定时间内是否按照某一规律重复变化，可以将信号分为周期信号和非周期信号；根据信号的功率特性，可以将信号分为能量信号和功率信号；根据信号的物理特性可以将信号分为模拟信号和数字信号。

所谓模拟信号是指信号的某一参量可以取无穷多个值，并且与原始消息直接对应的信号，如话音信号及其按照抽样定理所得的 PAM 样值信号等。模拟信号有时也称连续信号，这个连续是指信号的某一参量可以连续变化，或者说在某一取值范围内可以取无穷多个值，而不一定在时间上也连续，如图 1.1 所示，其中图 1.1（a）为时间连续的模拟信号，图 1.1（b）为时间离散的模拟信号。

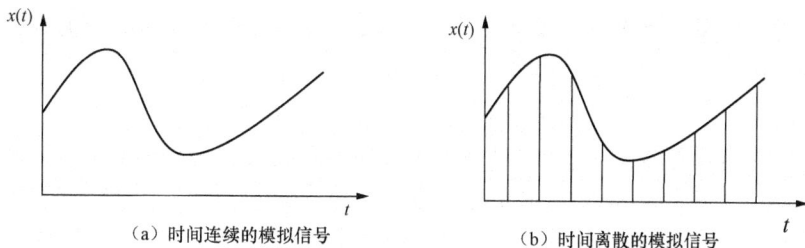

（a）时间连续的模拟信号　　　　（b）时间离散的模拟信号

图 1.1 模拟信号波形

所谓数字信号是指信号的某一参量只能取有限多个值，且与原始消息不直接对应的信号，如计算机终端输出的二进制信号及其经过 PSK、FSK 等调制方式调制后所得的信号等。数字信号有时也称离散信号，这个离散是指某一参量是离散变化的，而不一定在时间上也离散，如图 1.2 所示。

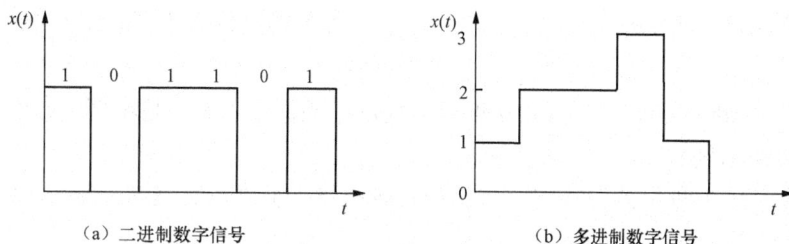

（a）二进制数字信号　　　　（b）多进制数字信号

图 1.2 数字信号波形

模拟信号与数字信号之间可以相互转换，模拟信号一般通过 PCM 脉码调制（Pulse Code Modulation）方法量化为数字信号，即让模拟信号的不同幅度分别对应不同的二进制值，例如，采用 8 位编码可将模拟信号量化为 $2^8=256$ 个量级，实用中常采取 24 位或 30 位编码；数字信号一般通过对载波进行移相（Phase Shift）的方法转换为模拟信号。计算机、计算机网络中均使用二进制数字信号。

3. 信 息

相对于消息，信息具有更抽象的含义，若从主观方面来讲，可以认为信息就是包含在消息中对通信方有意义的那部分内容。也就是说假如一条消息是人人皆知的话，这条消息就不存在任何意义，就不能被称为信息。

对于信息的含义，国内外已有不下百余种流行的说法。人们可以从不同的研究目的、不同的角度出发，对信息作用的不同理解和解释而对信息做出定义。各种信息定义都反映了信息的某些特征。这样，难免会存在差异性和多样化。被称为是信息论之父的香农从通信的角度对信息作出科学的定义。香农认为：信息是有秩序的量度，是人们对事物了解的不确定性的消除或减少。信息是对组织程度的一种测度，信息能使物质系统有序性增强，减小破坏、混乱和噪声。

根据香农的有关信息的定义，那么信息是如何度量的呢？当人们收到一封电报，或听了广播，或看了电视，到底得到多少信息量呢？显然，信息量与不确定性消除程度有关，度量信息多少的程度就是信息量。信息的度量反映了人们对于信息的定量认识。根据香农对信息的定义，信息量的计算描述如下：若某事件的基本空间可能出现的元素分别为 x_1、x_2、…、

x_n，即每个元素出现的概率为 $p(x_i)$，其中 $i=1$，2，$\cdots$，n，则定义一个随机事件 x 所含的信息量（又称 x 的自信息量）度量公式为

$$I(x)=\log(1/p(x))=-\log_a p(x) \tag{1.1}$$

其中 $I(x)$ 代表 x 的自信息量，$p(x)$ 为事件 x 出现的概率。底数 a 是决定信息量的单位，它可以任意取值，常取 2、10、e，信息量的单位分别为比特（bit）、奈特（nat）、哈特莱（hartley）。若 $a=M$，则单位为 M 进制信息单位。一般在计算中采用 2 为底，并且通常为了书写简洁常将 2 省去。

数据通信中若数据采用二进制传输，此时将二进制的每个符号"0"或"1"称为码元。当两个码元等概率出现时，每个码元包含的信息量为：$I=\log_2 2=1\text{bit}$。

因此通常将二进制序列称为比特流，但若两个码元出现的概率不等，此时每个码元包含的信息量已不是 1bit。

更一般的情况，当采用 M 进制传输时，此时共有 0，1，$\cdots$，$M-1$ 个码元，且各码元出现的概率不相等，分别为 P_0，P_1，$\cdots$，P_{M-1}，此时每个码元包含的信息量并不相等，分别为

$$I_j=-\log_2 P_j \tag{1.2}$$

【例 1.1】   如果在不知道今天是星期几的情况下问同学"明天是星期几？"，则答案中含有的信息量是多少比特？

解   显然，有 7 种可能的答案，且出现每种答案的概率均为 1/7。因此，出现某一答案是一个随机事件，其自信息量为

$$I(x)=-\log_2 p(x)=-\log_2 1/7=\log_2 7\text{bit}$$

对式（1.2）求期望，所得的期望值称为平均信息量 H，表示平均每个码元包含信息的多少，单位为 bit/符号，如式（1.3）所示

$$H=-\sum_{j=0}^{M-1} P_j \log_2 P_j \tag{1.3}$$

因为式（1.3）与热力学和统计力学中系统熵的计算公式相似，故常将平均信息量称为信息熵。可以证明上式中，当 $P_0=P_1=\cdots=P_{M-1}$ 时取最大值，此时

$$H=-\sum_{j=0}^{M-1} \frac{1}{M} \log_2 \frac{1}{M}=\log_2 M \tag{1.4}$$

【例 1.2】   某信源有 8 种相互独立的状态，其发生的概率分别是 1/8、1/8、0、1/4、0、0、0、1/2，则信源传递给信宿的平均信息量是多少？

解   根据式（1.3）可得：

$$\begin{aligned}
H &= -\sum_{j=0}^{M-1} P_j \log_2 P_j \\
&= -\{P_1 \log_2 P_1 + P_2 \log_2 P_2 + \cdots + P_8 \log_2 P_8\} \\
&= -\left\{2 \times \frac{1}{8} \log_2 \frac{1}{8} + \frac{1}{4} \log_2 \frac{1}{4} + \frac{1}{2} \log_2 \frac{1}{2}\right\} \\
&= \frac{7}{4} (\text{bit}/\text{符号})
\end{aligned}$$

因此，信源传递给信宿的平均信息量为 $\dfrac{7}{4}$ bit/符号。

4. 数据

数据就是赋予一定含义的数字、字母、文字等符号及其组合，它是消息的一种表现形式。比如说数字 0、1、2、3、4、5、6、7、8、9，字母 a、b、c、d 等，让它们事先约定具有某种含义，就都成为数据。数据通信就是用来传输这些数据，通信中传输的时候一般用电信号或者是光信号。以电信号为例，如果每个数据都用电平来表示，这些数据就需要多个电平来传输，这显然是不可能实现的，那么如何解决这种复杂问题？若将数据用传输代码来表示，就变成了数据信号。数据涉及事物的形式，而信息涉及的是这些数据的内容。数据又分为模拟数据和数字数据。模拟数据和数字数据都可以用模拟信号和数字信号表示和传播。而模拟信号和数字信号都可以在合适的传输介质上传输。通常，将传输过程中使用模拟信号的传输方式称为模拟数据传输（可能需要调制解调器）；将传输过程中使用数字信号的传输方式称为数字数据传输（可能需要编解码）。

1.1.2 传输代码

在数据通信中，数据常常用"代码"来表示。所谓代码是利用数字的一种组合来表示某一种基本数据单元，可以是文字信息中的字符、图形信息中的图符和图像信息中的像素等，这些都是最基本的数据单元。比如数字 5 可以用 0110101 来表示，字母 A 可以用 1000001 来表示。每一种的数据都可以利用"0"和"1"的组合来表示，这就解决了需要多个电平来表示不同数据字符的矛盾。这种二进制的组合就是所说的传输代码，即二进制代码。目前，常用的二进制代码有国际 5 号码（IA5）、EBCDIC 码和国际电报 2 号码（ITA2）等。

1. 博多码

博多码（国际 2 号电码或 ITA2），有时也称为电传码，是第一个固定长度的字符代码。博多码由一位法国邮政工程师摩雷（Thomas Murray）在 1875 年开发，并以电报打印的先驱博多（Emile Baudot）命名。它是使用 5 比特来表示一个字符或字母。

2. 国际 5 号码

国际 5 号码是一种 7 单位代码，采用 7 位二进制编码，可以表示 128 个字符。字符分为图形字符与控制字符两类。图形字符包括数字、字母、运算符号、商用符号等，如表 1.1 所示。国际 5 号码是美国国家标准局最先公布的美国国家标准信息交换码（American Standard Code for Information Interchange），又称 ASCII 码。ASCII 码本来是一个信息交换编码的国家标准，后来被国际标准化组织接受，成为国际标准 ISO646。

表 1.1 **国 际 5 号 码**

列 \ 行				b7	0	0	0	0	1	1	1	1
				b6	0	0	1	1	0	0	1	1
				b5	0	1	0	1	0	1	0	1
b4	b3	b2	b1		0	1	2	3	4	5	6	7
0	0	0	0	0	NUL	TC7（DLE）	SP	0	@	P	`	p
0	0	0	1	1	TC1（SOH）	DC1	!	1	A	Q	a	q
0	0	1	0	2	TC2（STX）	DC2	"	2	B	R	b	r
0	0	1	1	3	TC3（ETX）	DC3	#	3	C	S	c	s
0	1	0	0	4	TC4（EOT）	DC4	¤	4	D	T	d	t

续表

列　　　行					0	1	2	3	4	5	6	7
b7					0	0	0	0	1	1	1	1
b6					0	0	1	1	0	0	1	1
b5					0	1	0	1	0	1	0	1
b4	b3	b2	b1									
0	1	0	1	5	TC5（ENQ）	TC8（NAK）	%	5	E	U	e	u
0	1	1	0	6	TC6（ACK）	TC9（SYN）	&	6	F	V	f	v
0	1	1	1	7	BEL	TC10（ETB）	'	7	G	W	g	w
1	0	0	0	8	FE0（BS）	CAN	(	8	H	X	h	x
1	0	0	1	9	FE1（HT）	EM	)	9	I	Y	i	y
1	0	1	0	10	FE2（LF）	SUB	*	:	J	Z	j	z
1	0	1	1	11	FE3（VT）	ESC	+	;	K	[	k	{
1	1	0	0	12	FE4（FF）	IS4（FS）	,	<	L	\	l		
1	1	0	1	13	FE5（CR）	IS3（GS）	—	=	M	]	m	}
1	1	1	0	14	SO	IS2（RS）	.	>	N	^	n	—
1	1	1	1	15	SI	IS1（US）	/	?	O	-	o	DEL

3. EBCDIC 码

EBCDIC 码是 IBM 开发的一种扩展的二—十进制交换码，它是一种八位码，有 28 种或 256 种组合，是最强大的字符集，但只选用其中一部分。0～9 十个数字符的高 4 位编码为 1111，低 4 位仍为 0000～1001。大、小写英文字母的编码同样满足正常的排序要求，而且有简单的对应关系，即同一个字母的大小写的编码值仅最高的第 2 位的值不同，易于识别与变换。

4. 条形码

条形码在商店里几乎每件商品上都可以看到的那些万能的黑白条状粘贴物。条形码是一系列由白色间隔分隔的黑条。黑条的宽度以及它们的反光能力代表二进制的"1"和"0"，用来识别商品的品种和价格。

1.1.3　模拟通信、数字通信和数据通信

按照传统的理解，所谓通信（Communication）就是信息的传输与交换，是把消息从一地传送到另一地。

通信系统中传输的具体对象是消息，但通信的最终目的是传递信息；信道则是指信号的传输媒介，如电缆、光缆、双绞线、微波等。

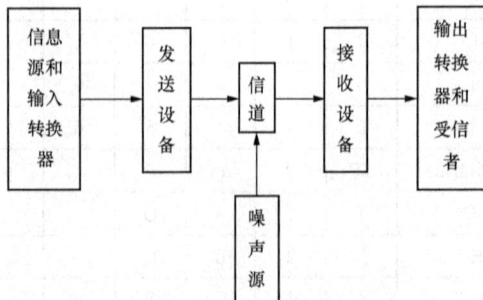

以点对点通信模型为例，一个通信系统由三部分组成：发送端、接收端和介于两者之间的信道，如图 1.3 所示。

信息源（即信源）出来的信号称为基带信号，即没有经过调制的原始电信号，如电话系统中的电话机。基带信号的频率成分较低，有模拟基带信号与数字基带信号之分。为了使原始信号能够在信道上传输，通信系统中需要经

图 1.3　一般通信系统的模型

过两种变换。在发送端将消息变换成原始电信号，那么原始电信号又需要变换成其频道适合信道传输的信号，这个过程由发送设备来完成，再送入信道。所谓信道是指信号传输的通道。在接收端，接收设备的功能正好与发送设备相反，它将接收到的信号恢复成相应的原始电信号，受信者最终将复原的原始电信号转换成相应的消息，比如电话机将对方传来的电信号还原成声音。对于信号在信道传递过程中，难免会受到噪声源的干扰，这里所说的噪声源是指信道中的所有噪声以及分散在通信系统中其他各处噪声的集合。

1. 模拟通信

所谓模拟通信指的是信源和信道上的信号都是模拟信号。对于一个模拟通信系统，可以将一般通信系统略加改变得到，其模型如图 1.4 所示。

比较模拟通信系统和一般通信系统模型图，可以看出在模拟通信系统中发送设备和接收设备是由调制器和解调器来充当。在模拟通信系统中，同样需要两种变换。首先，发送端所发送的连续消息要变换成原始电信号，接收端收到信号后要反变换成原始的连续信号。这

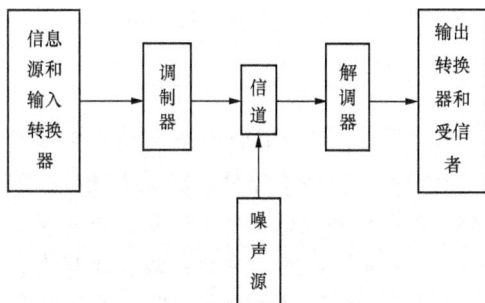

图 1.4 模拟通信系统的模型

里所说的原始电信号指的就是基带信号，即具有频率较低的频谱分量，一般不适于在信道中直接传输。可见，在模拟通信系统中还需要第二种变换，这种变换由调制器和解调器来完成。将原始电信号变换成其频带适合信道传输的信号，这个过程称为调制，经过调制后的信号称为频带信号，在接收端进行反变换，即恢复成原始电信号，这个过程称为解调。

需要说明的是，在信号传输中，以上两种变换使信号起决定性变化，但在模拟通信系统中并非只经过以上两种变换，除此之外，可能还有滤波、放大、天线辐射与接收、控制等过程。这些过程对信号并不起到决定性作用，只是对信号进行放大和改善信号特性，一般不去讨论它们。

2. 数字通信

所谓数字通信指信源是模拟信号，信道上传输的是数字信号。可见相对于模拟通信系统而言，在数字通信系统中，发送端需要一个模/数转换装置，在接收端需要一个数/模转换装置。

数字通信中存在以下几个突出问题：首先，在数字信号传输过程中，由于信道噪声或者干扰会引起差错，这些差错可以通过差错控制编码来控制，因此，在发送端需要增加一个编码器，相应的在接收端就需要一个解码器；其次，假如在数字信号传输过程中需要实现保密通信，那么就需要对数字基带信号进行扰乱，即加密，相应的在接收端就必须进行解密；第三，由于数字通信传输是一个接一个按一定节拍来传送数字信号，因此在接收端就必须有一个与发送端相同的节拍，否则，就会因为收发步调不一致而引起混乱。另外，为了表述消息内容，基带信号都是按消息特征进行编组的，于是，在收发之间一组组的编码的规律也必须一致，否则接收时消息的真正内容将无法恢复。在数字通信中，将节拍称为"位同步"或"码元同步"，而称编组为"群同步"或"帧同步"，因而在数字通信中还必须注意"同步"这个重要问题。

分析数字通信所存在的这些问题，在数字通信中，信号进入调制前，还必须经过信源编

码与信道编码，信源编码用以提高信道传输的有效性，信道编码用以提高信道传输的可靠性。在一般通信系统中的发送设备和接收设备可以由以下几个设备来组合完成，如图 1.5 和图 1.6 所示。

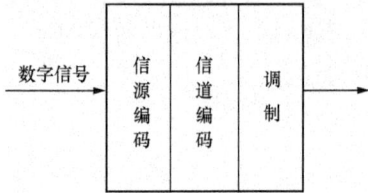

图 1.5　发送设备

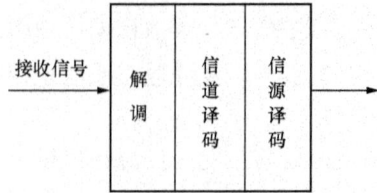

图 1.6　接收设备

综上所述，对一般通信系统模型加以改变得到点对点的数字通信系统模型如图 1.7 所示，图 1.7 中并没有同步环节，这是因为同步的位置往往不是固定的。需要注意的是，实际的数字通信系统并非包括图 1.7 中所有的环节。比如调制与解调、加密与解密、编码与解码等环节究竟是否采用，还取决于具体设计方法及要求。但在一个系统中，如果发送端有调制/加密/编码，则接收端必须有解调/解密/译码。通常把有调制器/解调器的数字通信系统称为数字频带传输通信系统。

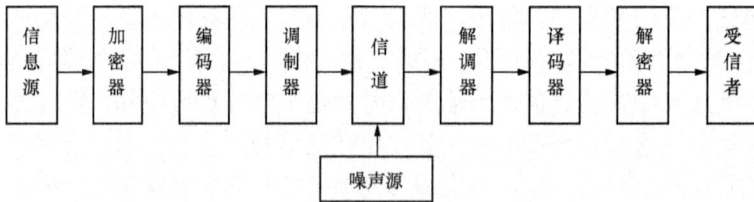

图 1.7　数字频带传输通信系统

与数字频带传输通信系统相对应，把没有调制器/解调器的数字通信系统称为数字基带传输通信系统，如图 1.8 所示。

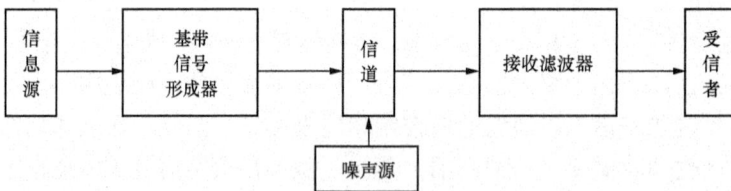

图 1.8　数字基带传输通信系统

图 1.8 中的基带信号形成器可能包括编码器、加密器以及波形变换等，接收滤波器也可能包括译码器、解密器等。这些具体内容，将在第 4 章详细介绍。

一般来说，数字通信的许多优点都是用模拟通信占据更宽的系统频带而换来的。以电话为例，一路模拟电话通常只占据 4kHz 带宽，而一路传输质量相同的数字电话则可能要占用数十千赫的带宽。在系统频带紧张的场合下，数字通信的这一缺点显得很突出，但是相对于模拟通信而言，数字通信存在以下优点：

（1）抗干扰能力强，尤其是数字信号通过中继再生后可消除噪声积累。

（2）数字信号通过差错控制编码，可以提高通信的可靠性。

（3）由于数字通信传输一般采用二进制编码，所以可以使用计算机对数字信号进行处理，实现复杂的远距离大规模自动控制系统和自动数据处理系统，实现以计算机为中心的通信网。

（4）在数字通信中，各种消息（模拟的和离散的）都可以变成统一的数字信号进行传输。在系统中对数字信号传输的监控信号、控制信号及业务信号都可以采用数字信号。数字传输和数字交换技术结合起来组成的 ISDN 对于来自不同信源的信号自动地进行变换、综合、传输、处理、存储和分离，实现各种综合业务。

（5）数字信号易于加密处理，使数字通信保密性强。

数字通信的缺点是比模拟信号多占带宽，但由于毫米波和光纤通信的出现，带宽已不成问题。

3．数据通信

与模拟通信系统和数字通信系统不同，在数据通信系统中，信源是数字信号（数据信号），不管广义信道上信号为何种形式，都称为数据通信。所谓的数据通信是指按照一定的通信协议，利用数据传输技术在两个终端之间传递数据信息的一种通信方式和通信业务。它可以实现计算机和计算机、计算机和终端以及终端与终端之间的数据信息传递，是继电报、电话业务之后的第三种最大的通信业务。数据通信中传递的信息均以二进制数据形式来表现。

数字通信与数据通信的区别主要有两点，一个是数字通信中需要将模拟信号进行模/数转换后变成数字信号进行传输，而数据通信中在数据终端产生的直接就是数字形式的信号；第二个区别在于，虽然它们当中都有基带传输和频带传输，基带传输，表面上看来概念是一样，但是它们所用的设备是不一样的，也就是它们的构成是有区别的。频带传输，二者概念就有很大区别，数字通信中，需要将基带数字信号搬移到微波、卫星等无线信道上传输，而数据通信中，将基带数据信号的频带搬移到话音频带上传输。

1.1.4 数据通信的特点

从数据传输的角度来讲，数据通信中数据都是经过编码后以二进制或者多进制的形式传输的，所以数据通信可以认为是数字通信的一种形式。但和传统的数字通信（如 PCM 数字电话通信）相比，具有如下特点：

（1）计算机终端作为主体直接参与通信。

（2）数据终端发出的数据是离散信号（数字信号），既可利用现有的 PSTN，又可利用数据网络来完成。

（3）需要建立通信控制规程，也就是要制定出严格的通信协议或标准。

（4）数据传输的可靠性要求高，即误码率要低。

（5）数据通信的业务量呈突发性，即数据通信速率的平均值和高峰值差异较大。

（6）数据通信要求有灵活的接口能力。

（7）不同的数据通信业务对通信时延的要求也不同，且时延要求的变化范围大。

（8）数据通信每次呼叫平均持续时间短，数据通信要求接续和传输响应时间快。

（9）容易加密，且加密技术、加密手段优于传统通信方式。

（10）数据通信从面向终端发展到今天的面向网络，而且数据通信总是与远程信息处理相联系的，包括科学计算、过程控制和信息检索等广义的信息处理。

1.1.5   数据通信研究的内容

数据通信是通过计算机与通信技术相结合，来完成编码信息的传输、转接、存储和处理加工，及时、准确地向对方提供数据的通信技术。对于数据通信，它传输和处理的是离散数字信号，而不是连续模拟信号；它是计算机或其他终端间的通信；速度快，可靠性高。从通信内容上看不限于单一的语音，包括图像、语音、文件等数据，从信道上看不限于某种具体的传输媒介。可见数据通信研究的内容比较复杂，范围较广。将数据通信研究的内容归纳为以下几个部分：

（1）数据传输：主要解决如何为数据提供一个可靠而有效的传输通路，有基带传输和频带传输之分。

（2）差错控制：主要是抗干扰编码，使数据传输有较高的可靠性。

（3）通信协议：是通信网络中的"大脑"，它与网络操作系统、网络管理软件共同控制和管理着数据网络的运行。

（4）数据交换：在网络通信中，数据交换是完成数据传输的关键。交换描述了网络中各节点之间的信息交互方式，可以分为电路交换、报文交换和分组交换等。

（5）同步：数据通信的一个重要方面，主要有码元同步、帧同步和网同步。

除此之外，数据通信还研究有关网络管理、网络安全等相关技术。

1.2 数 据 通 信 系 统

1.2.1   数据通信系统的组成

数据通信系统是通过数据电路将分布在远端的数据终端设备与中央计算机系统连接起来，实现数据传输、交换、存储和处理功能的一个系统。由数据终端设备（DTE）、数据电路以及中央计算机系统三大部分组成，如图 1.9 所示。

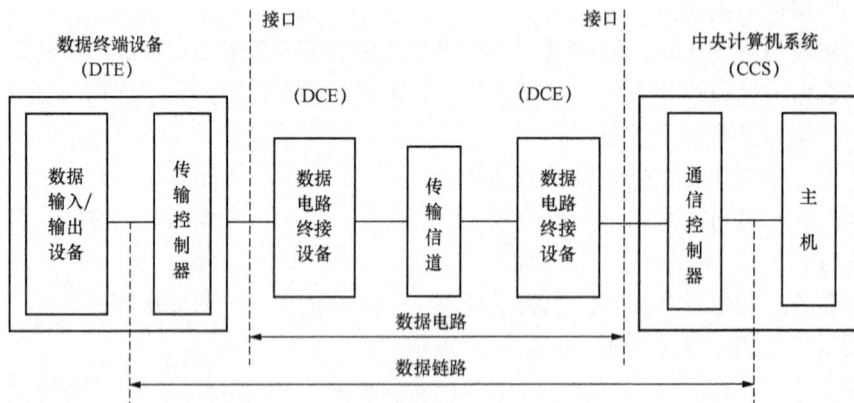

图 1.9 数据通信系统基本组成

1. 数据终端设备（Data Terminal Equipment，DTE）

数据终端设备由数据输入设备（信源）、数据输出设备（信宿）和传输控制器组成。

数据 I/O 设备是操作人员和终端之间的界面；传输控制器主要执行通信网络中的通信控制，包括对数据进行差错控制、实施通信协议等。可见，DTE 相当于人机之间的接口。但是并非每一个 DTE 都包含以上三部分，如打印机就为一个简单的 DTE。一般，DTE 就是一台计算机，传输控制器相当于计算机内相应的控制软/硬件。

2. 数据电路（Data Circuit，DC）

数据电路由传输信道和数据电路终接设备（Data Circuit Terminating Equipment，DCE）组成。位于 DTE 和 DTE 之间，或 DTE 与中央计算机系统之间，为数据通信提供传输信道。

DCE 是 DTE 与传输信道之间的接口设备，主要功能是完成信号变换，即将 DTE 输出的信号变换为适合于在信道中传输的信号，或者反之，使信道中传输的信号变换为适合于 DTE 接收的信号，以适应具体的传输信道要求。

如果传输信道是模拟信道（调制信道），则 DCE 就是调制解调器（Modem），如果传输信道是数字信道，则 DCE 就是一个数字接口适配器，作用是对数据信号进行码型变换、电平变换、抽样、定时、信号再生等，以便能可靠、有效地传输数据信号。

3. 中央计算机系统（Centre Computer System，CCS）

中央计算机系统由通信控制器、主机及外围设备组成，其主要功能是处理与管理 DTE 来的数据信息，并将结果向相应的 DTE 输出。

通信控制器是数据电路和计算机系统的接口，其主要功能是差错控制、终端接续控制、确认控制、传输顺序和切断控制以及串/并、并/串变换等功能。

主机（中央处理机）由 CPU、主存储器、I/O 设备及其他外围设备组成。其主要功能是进行数据处理。

4. 数据链路（Data Link，DL）

数据链路是一个广义的信道，是指包括数据电路及其两端 DTE 中的传输控制器在内的信号通路。一般来说，在数据通信中，只有首先建立起数据链路后，才能真正完成数据传输。

1.2.2　数据通信系统的分类

数据通信种类有多种划分方式，如从通信内容、传输信号形式、信道等角度都可以进行划分。

1. 按通信业务分类

按通信业务来分，数据通信有话务通信和非话务通信。电话业务在电信领域中一直占主导地位，近年来，非话务通信发展迅速。非话务通信主要是分组数据业务、计算机通信、数据库检索、电子信箱、电子数据交换、传真存储转发、可视图文及会议电视、图像通信等。由于电话通信最为发达，因而其他通信常常借助于公共的电话通信系统进行。综合业务数字通信网中各种用途的消息都能在一个统一的通信网中传输。此外，还有遥测、遥控、遥信和遥调等控制通信业务。

2. 按调制方式分类

根据是否调制，可以将通信系统分为基带传输系统和频带传输系统。基带传输是指未经调制的信号直接传送，如电话音频信号传输。频带传输是对各种信号调制后传输的总称。

3. 按信号特征分类

按照信道中所传输的是模拟信号还是数字信号，相应地把通信系统分成模拟通信系统和数字通信系统。

4. 按传输媒介分类

按照传输媒介来分，通信系统可分为有线通信系统和无线通信系统两大类。有线通信系统又包括有线电通信和光纤通信。无线通信系统又可以分为短波通信、微波通信、卫星通信和红外线通信。

5. 按信号复用方式分类

按照信号复用方式来分，通信系统可分为频分复用系统、时分复用系统和码分复用系统三种。

1.3 数据传输方式

数据传输是数据通信中的一个重要部分，根据数据信号的传输模式和工作方式的不同可以将数据传输方式分为以下四类。

1.3.1 基带传输与频带传输

1. 基带传输

所谓基带就是指电信号所固有的基本频带，简称基带。数据通信系统中 DTE 直接产生的信号就是基带信号。数字信号的基本频带是从 0 至若干兆赫，由传输速率决定。当利用数据传输系统直接传送基带信号，经过码型变换、电平转换等必要处理后，不经频谱搬移直接在信道上传输，称之为基带传输，这种数据传输系统就称为基带传输系统。基带传输的传输距离一般在几千米到十几千米范围之内，因此常用于短距离的数据传输系统中，大多数的局域网使用的都是基带传输。

2. 频带传输

所谓频带传输，就是把二进制信号（数字信号）进行调制交换，成为能在公用电话网中传输的音频信号（模拟信号），将音频信号在传输介质中传送到接收端后，再由调制解调器将该音频信号解调变换成原来的二进制电信号。这种把数据信号经过调制后再传送，到接收端后又经过解调还原成原来信号的传输，称为频带传输，如图 1.10 所示。频带传输不仅克服了目前许多长途电话线路不能直接传输基带信号的缺点，而且能够实现多路复用，从而提高了通信线路的利用率。但是频带传输在发送端和接收端都要设置调制解调器，将基带信号变换为通带信号再传输。频带传输较复杂，传送距离较远，若通过市话系统配备 Modem，则传送距离可不受限制。

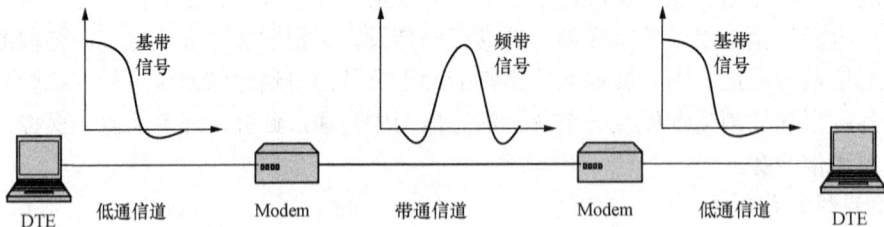

图 1.10　频带传输

基带传输和频带传输最大的区别就是要不要经过调制，通俗点就是需要不需要调制解调器，基带传输是按照数字信号原有的波形（以脉冲形式）在信道上直接传输，频带传输是一种采用调制、解调技术的传输形式。

1.3.2 并行传输与串行传输

在数据通信系统中，按照数字信号代码排列的顺序可以将数据传输方式分为并行传输和串行传输两种。

1. 并行传输

并行传输指的是数据以成组的方式，在多条并行信道上同时进行传输，如图 1.11 所示。常用的就是将构成一个字符代码的几位二进制码，分别在几条并行信道上进行传输。例如，采用 8 单位代码的字符，可以用 8 个信道并行传输。一次传送一个字符，因此收、发双方不存在字符的同步问题，不需要另加"起"、"止"信号或其他同步信号来实现收、发双方的字符同步，这是并行传输的一个主要优点。但是并行传输在传输的时候是在多条信道上进行，所以它必须有多条并行信道，成本比较高，不适宜远距离传输，这个是并行传输的缺点，因此在实际应用中受到限制。通常并行传输都是在计算机设备内部或两个设备之间距离比较近时的外线上采用，比如像计算机到打印机，它们之间的数据传输就是采用并行传输。

2. 串行传输

串行传输指的是数据流以串行方式，在一条信道上传输，如图 1.12 所示。一个字符的 8 个二进制代码，由高位到低位顺序排列，再接下一个字符的 8 位二进制码，这样串接起来形成串行数据流传输。串行传输只需要一条传输信道，易于实现，是目前主要采用的一种传输方式，通常用于远距离传输。但是串行传输存在一个收、发双方如何保持码组或字符同步的问题，这个问题不解决，接收方就不能从接收到的数据流中正确地区分出一个个字符来，因而传输将失去意义。如何解决码组或字符的同步问题，目前有两种不同的解决办法，即异步传输方式和同步传输方式。

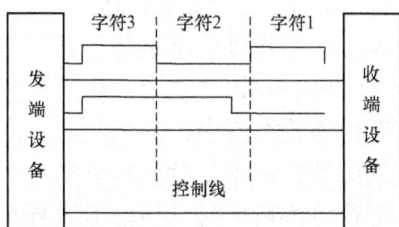

图 1.11 并行传输　　　　　　　图 1.12 串行传输

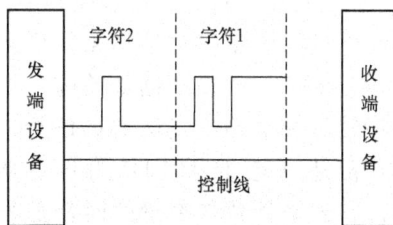

1.3.3 异步传输与同步传输

根据串行数据传输实现方式的不同，可以分为异步传输和同步传输两大类。

1. 异步传输

异步传输一般以字符为单位，不论所采用的字符代码长度为多少位，在发送每一字符代码时，前面均加上一个"起"信号，其长度规定为 1 个码元，极性为"0"，即空号的极性；字符代码后面均加上一个"止"信号，其长度为 1 或 2 个码元，极性皆为"1"，即与信号极性相同，加上起、止信号的作用就是为了能区分串行传输的"字符"，也就是实现串行传输收、发双方码组或字符的同步，如图 1.13 所示。

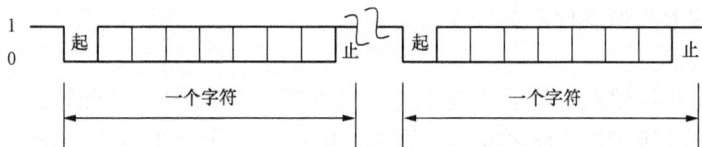

图 1.13 异步传输

异步传输又称为起止式传输，利用起止法来达到收发同步。异步传输时，每次只传送一个字符，用起始位和停止位来指示被传输字符的开始和结束。由于异步传输中后一字符的发送时间与前一字符的发送时间无关，因此实现字符同步较简单，收发双方的时钟信号不需要精确的同步。但是每发送一个字符都需要加上起止信号，因此降低了传输效率。异步传输主要应用于 1200bit/s 及其以下的低速数据传输，比如在终端与计算机之间进行通信通常采用的是异步传输方法，终端可以在任何时刻发送代码。

2. 同步传输

同步传输是以同步的时钟节拍来发送数据信号，在一个串行的数据流中，各信号码元之间的相对位置都是固定的（即同步的），如图 1.14 所示。

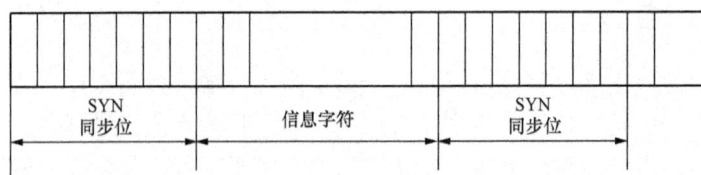

图 1.14   同步传输

接收端为了从收到的数据流中正确地区分出一个个信号码元，首先必须建立准确的时钟信号。数据的发送一般以组（或称为帧）为单位，一组数据包含多个字符收发之间的码组或帧同步，是通过传输特定的传输控制字符或同步序列来完成的，传输效率较高。

同步传输以固定时钟节拍来发送数据信号，每次发送不是以一个字符而是以一个数据块为传输单位，并在数据块的前、后加上标志来表明块的开始与结束。由于同步传输是以同步的时钟节拍来发送数据信号，因此在一个串行的数据流中，各信号码元之间的相对位置都是固定的（即同步的）。接收端为了从收到的数据流中正确地区分出一个个信号码元，首先必须建立准确的时钟信号，在技术上较异步传输来得复杂。但比异步传输快得多，它不需要对每一个字符单独加起、止信号作为识别字符的标志，只是在一串字符的前后加上标志序列，故其数据传输效率高，常用于速率为 2400bit/s 及其以上的高速数据通信中。

1.3.4   单工、半双工与全双工传输

按照消息传送的方向和时间的关系，数据传输可以分为单工、半双工与全双工传输三种方式。

1. 单工传输

所谓单工传输是指消息只能单向传输，即两地间只能在一个指定的方向上进行传输，一个数据站固定作为发送方，而另一个数据站固定作为接收方，如图 1.15 所示。接收端可向发送端传送一些简单的控制信号，在二线连接时可能出现这种工作方式。如计算机与监视器及键盘、计算机之间的数据传输、遥测等。

2. 半双工传输

半双工传输是指通信双方都能收发消息，但不能在两个方向上同时进行传输，当其中一端发送时，另一端只能接收，反之亦然，如图 1.16 所示。可见半双工传输方式在传输信号时占用信道的整个带宽，如对讲机、使用同一载频工作的无线电机等。

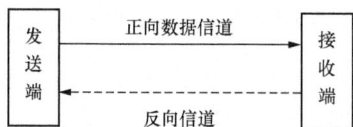

图 1.15　单工传输

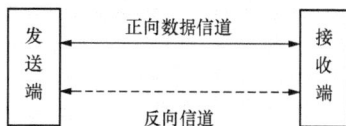

图 1.16　半双工传输

3. 全双工传输

全双工传输是指通信双方可同时进行收发消息的工作方式。可以是四线或二线传输。四线传输时有两条物理上独立的信道，一条发送，一条接收，两个方向的信号可以采用频分复用或时分复用的方法将信道的带宽一分为二。二线传输可以采用回波抵消技术使两个方向的数据共享信道带宽，如普通电话，各种手机等，如图 1.17 所示。

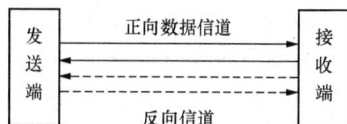

图 1.17　全双工传输

1.4　多　路　复　用

数据通信系统或计算机网络系统中，传输媒体的带宽或容量往往超过传输单一信号的需求，为了有效地利用通信线路，希望一个信道同时传输多路信号，这就是所谓的多路复用技术（Multiplexil1g）。举个生活中常见的例子，比如要从 A 地到 B 地，坐公交车需要 2 元，坐出租车需要 20 元，为什么坐公交车会便宜呢？这里所讲的就是"多路复用"的原理。采用多路复用技术能把多个信号组合起来在一条物理信道上进行传输，在远距离传输时可大大节省电缆的安装和维护费用。平时上网最常用的电话线就采取了多路复用技术，在上网的同时，也可以打电话。多路复用有频分多路复用（FDMA），时分多路复用（TDM），波分多路复用（WDM）和码分多路复用（CDM）等。

1.4.1　频分多路复用（FDM）

所谓频分多路复用是按频谱划分信道，多路基带信号被调制在不同的频谱上。它们在频谱上不会重叠，即在频率上正交，但在时间上是重叠的，可以同时在一个信道内传输。也就是说把信道的可用频带分成多个互不交叠的频段（带），每个信号占其中一个频段。接收时用适当的滤波器分离出不同信号，分别进行解调接收。如图 1.18 所示，在一对传输线路上可以有 N 对话路信息传送，而每一对话路所占用的只是其中的一个频段。频分多路通信又称载波通信，它是模拟通信的主要手段。

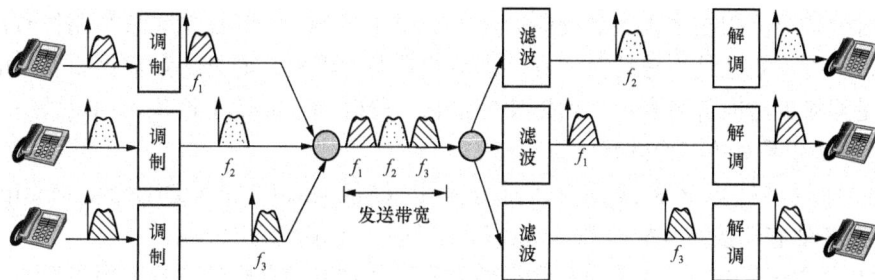

图 1.18　频分多路复用

假设信道带宽是 B，n 路信号带宽分别为 f_i，防止各频分复用信道之间相互干扰，假设保护间隔为 B_g，则有：

$$B=\sum_{i=1}^{n}f_i+(n-1)B_g \qquad (1.5)$$

频分复用的关键技术是通过调制将各路信号的频谱搬移到信道的不同频带范围内，位置由副载波频率决定，接收端再经过解调将其恢复，为减小信号频谱搬移过程中对信号的损伤，一般采用线性调制技术，此外选用不同的调制解调方式，对系统的传输可靠性也很重要。

1.4.2　时分多路复用

时分复用原理是将信道占用时间分成若干个小的时间片，称之为时隙，每个时隙就是一条时分复用信道，可以传输一个用户的信号。也就是说各路信号可以同时在同一信道中传输时占有不同的时间间隔。这时就需要将时间分成均匀的时间间隔，将每路信号分配在不同的时间间隔内传输，达到互相分开的目的。时分复用是建立在抽样定理基础上的。抽样定理使连续（模拟）的基带信号有可能被在时间上离散出现的抽样脉冲值所代替。这样，当抽样脉冲占据较短时间时，在抽样脉冲之间就留出了时间空隙，利用这种空隙便可以传输其他信号的抽样值。因此，这就有可能沿一条信道同时传送若干个基带信号。

时分多路复用可以分为同步时分复用和异步时分复用两种。

1. 同步时分复用（STDM）

同步时分复用技术按照信号的路数划分时间片，每一路信号具有相同大小的时间片。时间片轮流分配给每路信号，该路信号在时间片使用完毕以后要停止通信，并把物理信道让给下一路信号使用。当其他各路信号把分配到的时间片都使用完以后，该路信号再次取得时间片进行数据传输。这种方法叫做同步时分多路复用技术，如图 1.19 所示。

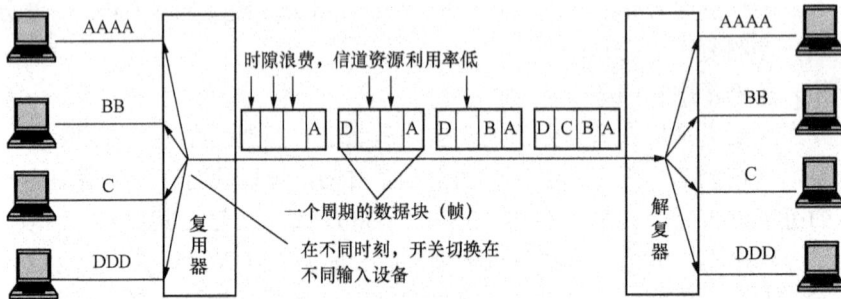

图 1.19　同步时分复用

同步时分多路复用技术优点是控制简单，实现起来容易。缺点是如果某路信号没有足够多的数据，不能有效地使用它的时间片，则造成资源的浪费；而有大量数据要发送的信道又由于没有足够多的时间片可利用，所以要拖很长一段时间，降低了设备的利用效率。

2. 异步时分复用（ATDM）

异步时分复用技术又被称为统计时分复用（Statistical Time Division Multiplexing，STDM），它能动态地按需分配时隙，避免每个时间段中出现空闲时隙。

ATDM 就是只有当某一路用户有数据要发送时才把时隙分配给它。当用户暂停发送数据时，则不给它分配时隙。电路的空闲时隙可用于其他用户的数据传输。

在所有的数据帧中，除最后一个帧外，其他所有帧均不会出现空闲的时隙，从而提高了资源的利用率，也提高了传输速率，如图 1.20 所示。

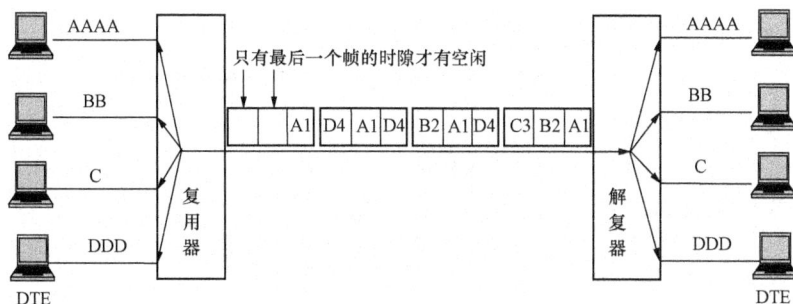

图 1.20　异步时分复用

异步时分复用与同步时分复用相比，在各终端与线路的接口处要增加两个功能：缓冲存储功能和信息流控制功能，主要用于解决用户终端争用线路资源时可能产生的冲突。

1.4.3　波分多路复用（WDM）

波分多路复用是指在同一根光纤中同时让两个或两个以上的光波长信号通过不同光信道各自传输信息，称为光波分复用技术，简称 WDM。光波分复用包括频分复用和波分复用。光频分复用（FDM）技术和光波分复用（WDM）技术无明显区别，因为光波是电磁波的一部分，光的频率与波长具有单一对应关系。通常也可以这样理解，光频分复用指光频率的细分，光信道非常密集。光波分复用指光频率的粗分，光信道相隔较远，甚至处于光纤不同窗口。

光波分复用一般应用波长分割复用器和解复用器（也称合波/分波器）分别置于光纤两端，实现不同光波的耦合与分离，这两个器件的原理是相同的。光波分复用器的主要类型有熔融拉锥型、介质膜型、光栅型和平面型四种。其主要特性指标为插入损耗和隔离度。通常，由于光链路中使用波分复用设备后，光链路损耗的增加量称为波分复用的插入损耗。光波分复用的技术特点与优势如下：

（1）充分利用光纤的低损耗波段，增加光纤的传输容量，使一根光纤传送信息的物理限度增加一倍至数倍。目前只是利用了光纤低损耗谱（1310～1550nm）极少一部分，波分复用可以充分利用单模光纤的巨大带宽约 25THz，传输带宽充足。

（2）具有在同一根光纤中，传送 2 个或数个非同步信号的能力，有利于数字信号和模拟信号的兼容，与数据传输速率和调制方式无关，在线路中间可以灵活取出或加入信道。

（3）对已建光纤系统，尤其早期铺设的芯数不多的光缆，只要原系统有功率余量，可进一步增容，实现多个单向信号或双向信号的传送而不用对原系统作大改动，具有较强的灵活性。

（4）由于大量减少了光纤的使用量，大大降低了建设成本，当出现故障时，恢复起来也迅速、方便。

（5）有源光设备的共享性，对多个信号的传输或新业务的增加降低了成本。

（6）系统中有源设备得到大幅减少，提高了系统的可靠性。

目前，由于多路载波的光波分复用对光发射机、光接收机等设备要求较高，技术实施有一定难度，同时多纤芯光缆的应用对于传统广播电视传输业务未出现特别紧缺的局面，因而

WDM 的实际应用还不多。但是，随着有线电视综合业务的开展，对网络带宽需求的日益增长，各类选择性服务的实施、网络升级改造经济费用的考虑等，WDM 的特点和优势在 CATV 传输系统中逐渐显现出来，表现出广阔的应用前景，甚至将影响 CATV 网络的发展格局。

1.4.4　码分多路复用（CDMA）

所谓码分多路复用是一种以扩频通信为基础的载波调制和多址连接技术。打个比方，将带宽想象成一个大房子，所有的人都将进入这个唯一的大房子，如果他们使用完全不同的语言，他们就可以清楚地听到同伴的声音而只受到一些来自别人谈话的干扰。在这里，屋里的空气可以被想象成宽带的载波，而不同的语言即被当作编码，可以不断地增加用户直到整个背景噪声限制住为止。如果能控制住用户的信号强度，在保持高质量通话的同时，就可以容纳更多的用户。

在码分多址通信系统中，不同用户传输信息所用的信号不是靠频率不同或时隙不同来区分，而是用各自不同的编码序列来区分，或者说，靠信号的不同波形来区分。如果从频域或时域来观察，多个 CDMA 信号是互相重叠的。接收机用相关器可以在多个 CDMA 信号中选出其中使用预定码型的信号。其他使用不同码型的信号因为和接收机本地产生的码型不同而不能被解调。它们的存在类似于在信道中引入了噪声和干扰，通常称之为多址干扰。

在 CDMA 蜂窝通信系统中，用户之间的信息传输是由基站进行转发和控制。为了实现双工通信，正向传输和反向传输各使用一个频率，即通常所谓的频分双工。无论正向传输或反向传输，除去传输业务信息外，还必须传送相应的控制信息。为了传输不同的信息，需要设置相应的信道。但是，CDMA 通信系统既不分频道又不分时隙，无论传输何种信息的信道都靠采用不同的码型来区分。类似的信道属于逻辑信道，这些逻辑信道无论从频域或者时域来看都是相互重叠的，或者说它们均占用相同的频段和时间。

CDMA 最早由美国高通公司推出，近几年由于技术和市场等多种因素作用得以迅速发展，目前全球用户已突破 5000 万，我国也在北京、上海等城市开通了 CDMA 电话网。

CDMA 具有以下技术特点：

1. CDMA 是扩频通信的一种，它具有扩频通信的所有特点

（1）抗干扰能力强。这是扩频通信的基本特点，也是所有通信方式无法比拟的。

（2）宽带传输，抗衰落能力强。

（3）由于采用宽带传输，在信道中传输的有用信号的功率比干扰信号的功率低得多，因此信号好像隐蔽在噪声中；即功率话密度比较低，有利于信号隐蔽。

（4）利用扩频码的相关性来获取用户的信息，抗截获的能力强。

2. 在扩频 CDMA 通信系统中，由于采用了新的关键技术而具有一些新的特点

（1）采用了多种分集方式。除了传统的空间分集外，宽带传输起到了频率分集的作用，同时在基站和移动台采用了 RAKE 接收机技术，相当于时间分集的作用。

（2）采用了话音激活技术和扇区化技术。CDMA 系统的容量直接与所受的干扰有关，采用话音激活和扇区化技术可以减小干扰，可以使整个系统的容量增大。

（3）采用了移动台辅助的软切换。通过它可以实现无缝切换，保证了通话的连续性，降低了掉话的可能性。处于切换区域的移动台通过分集接收多个基站的信号，可以减小自身的发射功率，从而减小了对周围基站的干扰，这样有利于提高反向联路的容量和覆盖范围。

（4）采用了功率控制技术，从而降低了平均发射功率。

（5）具有软容量特性。可以在话务量高峰期通过提高误帧率来增加可以用的信道数。当相邻小区的负荷一轻一重时，负荷重的小区可以通过减少导频的发射功率，使本小区的边缘用户由于导频强度的不足而切换到相邻小区，使负担分担。

（6）兼容性好。由于 CDMA 的带宽很大，功率分布在广阔的频谱上，功率话密度低，对窄带模拟系统的干扰小，因此两者可以共存，即兼容性好。

（7）CDMA 的频率利用率高，不需频率规划。

（8）CDMA 高效率的 OCELP 话音编码。话音编码技术是数字通信中的一个重要课题。OCELP 是利用码表矢量量化差值的信号，并根据语音激活的程度产生一个输出速率可变的信号。这种编码方式被认为是目前效率最高的编码技术，在保证有较好话音质量的前提下，大大提高了系统的容量。这种声码器具有 8kbit/s 和 13kbit/s 两种速率的序列。8kbit/s 序列从 1.2～9.6kbit/s 可变，13kbit/s 序列则从 1.8～14.4kbit/s 可变。最近，又有一种 8kbit/s EVRC 型编码器问世，也具有 8kbit/s 声码器容量大的特点，话音质量也有了明显的提高。

尽管 CDMA 具有以上所描述的这些优势，但 CDMA 还存在以下这些问题：

（1）在小区的规划问题上，虽然 CDMA 无需频率规划，但它的小区规划却并非十分容易。由于所有的基站都使用同一个频率，相互之间是存在干扰的，如果小区规划做得不好，将直接影响话音质量和使系统容量打折扣，因而在进行站距、天线高度等方面的设计时应当小心谨慎。

（2）其次，在标准的问题上，CDMA 的标准并不十分完善。许多标准都仍在研究和制定之中。如 A 接口，目前各厂家有的提供 Is-634 版本 0，有的支持 Is-634 版本。还有的使用 Is-634/TSB-80。对于系统运营商来说，选择统一的 A 接口是比较困难的。

（3）由于功率控制的误差所导致的系统容量的减小。

1.5　数据通信网与计算机通信网

1.5.1　计算机通信与数据通信

计算机通信是由两个主要技术领域发展演变而来得，一个是计算机技术，另一个是通信技术。计算机与通信的相互结合主要有两个方面：一方面，通信网络为计算机之间的数据传递和交换提供了必要的手段；另一方面，计算机技术的发展渗透到通信技术中，又提高了通信网络的各种性能。

数据通信是计算机出现并广泛应用之后，为了实现远距离资源共享，计算机技术与通信技术相结合的一种产物；是计算机与计算机、计算机与终端以及终端与终端之间的通信。计算机与通信的结合，克服了时间和空间上的限制，使人们可以利用终端在远距离共同使用计算机，提高了计算机的利用率，使计算机的应用范围扩大到社会生活的各个领域，从而使信息化社会进一步向前推进。

广义地讲，数据通信是指两个数据终端（DTE）之间的通信。计算机属于智能化程度较高的数据终端，计算机通信应归入数据通信的范畴。

1.5.2　数据通信网与计算机通信网

1. 数据通信网

数据通信网是由数据终端、传输、交换和处理等设备组成的系统，其功能是对数据进行传输、交换、处理以及共享网内资源（包括通信线路、硬件和软件等）。因此，数据通信网是由分布在各处的数据传输设备、数据交换设备及通信线路等组成的通信网，通过网络协议的支持完成网中各设备之间的数据通信。有关数据通信网的详细内容参见教材第9章。

2. 计算机网络

计算机网络涉及计算机和通信两个领域，通信技术与计算机技术的结合是产生计算机网络的基本条件。一方面，通信网为计算机之间的数据传输和交换提供了必要的手段；另一方面，计算机技术的发展渗透到通信技术中，又提高了通信网的各种性能。对于计算机网络通常可以表述为：计算机网络是用通信线路和网络连接设备将分布在不同地点的多台独立式计算机系统互相连接，按照网络协议进行数据通信，实现资源共享，为用户提供各种应用服务的信息系统。

典型的计算机网络系统示意图如图1.21所示。从图1.21中可以看出，一个计算机网络由资源子网和通信子网构成。资源子网负责信息处理，通信子网负责网中的信息传递。

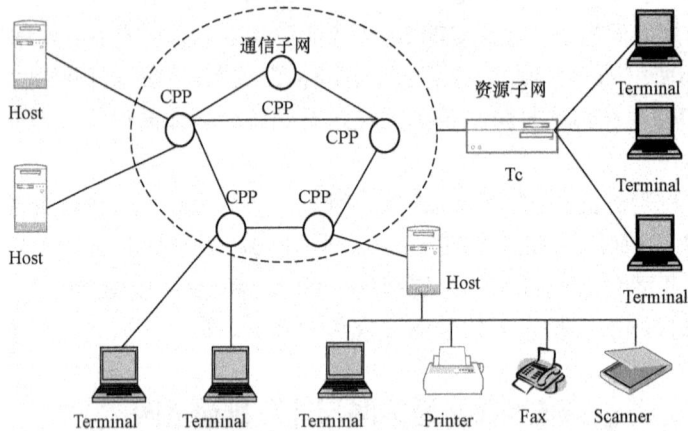

图1.21　计算机网络系统示意图

通信子网处于网络的内层，是由负责数据通信处理的通信控制处理机（Communication Control Processor，CCP）和传输链路组成的独立的数据通信系统，它承担着全网的数据传输、加工和变换等通信处理工作。

资源子网处于网络的外围，它代表网络的数据处理资源和数据存储资源，是由主机、终端、外设、各种软件资源和信息资源等构成的，其任务是负责信息处理，向网络用户提供可用的资源及网络服务。

从不同的角度出发，对计算机网络可以有多种分类方法。

按计算机网络地理分布，可以分为局域网、城域网和广域网三类。

（1）局域网LAN（Local Area Network）。地理范围一般在几百米到2万米之间，适用于一个建筑物（办公楼）或相邻的大楼内，属于一个部门或者单位组建的专用网络，如公司或高校的校园内部网络。

（2）广域网WAN（Wide Area Network）。广域网是一种跨度大的地域网络，通常覆盖一个国家或州。网络上的计算机称为主机（host），通过通信子网连接，实现资源子网中的资源共享。

（3）城域网 MAN（Metropolitan Area Network）。城域网是一种大型的局域网，使用类似于局域网的技术，它可能覆盖一个城市。其数据传输速率通常在 10Mbit/s 以上，作用距离在 10～50km 之间。

1.6　数据通信系统的主要性能指标

所谓性能指标是指用来衡量一个通信系统性能优劣的技术指标。对于数据通信系统，主要性能指标也称主要质量指标。它们是从整个系统上综合提出或规定的。

数据通信系统的性能指标归纳起来有以下几个方面：

（1）有效性：指系统中传输数据的"速度"问题，即快慢问题。

（2）可靠性：指传输数据的"质量"问题，即好坏问题。

（3）有效性：指数据传输系统对频带资源的利用水平和有效程度。

（4）适应性：指系统使用的环境条件与要求。

（5）标准性：指系统中各接口、结构和协议等是否符合国际、国内标准。

（6）维修性：指系统是否维修方便。

（7）工艺性：指系统对各种工艺的要求。

（8）经济性：指系统的价格成本。

对于数据通信系统来说，从数据传输的角度出发主要讨论有效性和可靠性两个指标，这也是通信技术讨论的重点内容。

1.6.1　有效性指标

数据通信系统的传输有效性是指在给定信道内传输信息的多少，具体可用数据传输速率来衡量，数据传输速率越高，则系统的有效性越好。主要通过数据传输速率和频带利用率来描述。

1. 码元传输速率

所谓码元传输速率是指给定信道内单位时间传输码元的多少，其单位是波特（Baud），用 R_B 表示。其中码元是指携带数据信息的波形或信号脉冲，这里的码元可以是二进制、也可以是多进制，如二电平信号，一个码元有两种状态："0"或"1"；四电平信号，一个码元有四种状态："00"、"01"、"10"、"11"，电平信号如图 1.22 和图 1.23 所示。

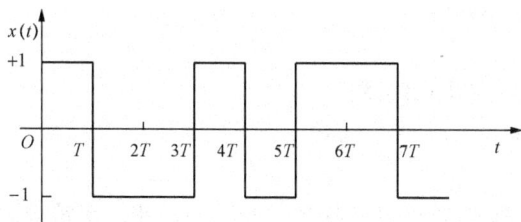

图 1.22　二电平信号　　　　　　　　　　图 1.23　四电平信号

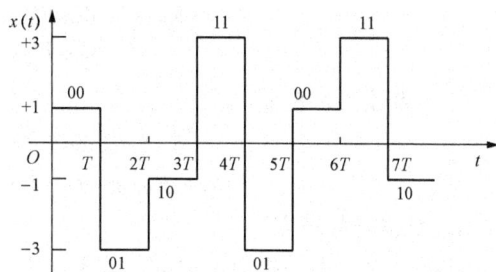

码元传输速率反映信号波形变换的频繁程度，又称调制速率或传码率、波特率、符号速率，实际上就是指每秒传输信号码元的个数。在出现概率相等的条件下，每个码元包含的信息量相等，如 M 进制的每个码元所包含的信息量为 $\log_2 M$。假如码元的宽度为 T_b，即一个码

元波形的持续时间，则 $R_B = 1/T_b$，可见不管是何进制的数字信号，码元速率与进制数都是无关的。

2. 信息传输速率

信息传输速率是指给定信道内单位时间传输信息的多少，单位是比特/秒（bit/s），信息速率又称为传信率、比特率，用 R_b 表示。前面提到码元传输速率跟码元宽度成反比，而信息传输速率与码元传输速率有关，存在如下关系：

（1）一个 M 进制数，每个码元可能出现的状态有 M 个，设每个状态出现的概率 P 是相同的，则 $P = 1/M$，每个码元的信息量为 $I = \log_2 1/P = \log_2 M$（bit），因此，其信息传输速率为

$$R_b = R_B \times I = R_B \log_2 M \text{(bit/s)} \tag{1.6}$$

所以，R_b 与 R_B 两者间存在关系为 $\quad R_b = R_B \log_2 M \text{(bit/s)}$

（2）若各码元不等概率出现，则

$$R_b = R_B H \tag{1.7}$$

其中 H 为平均信息量。

【例 1.3】 某数据通信系统传输 128 个符号，其中有 64 个符号出现的概率分别为 1/256，有 32 个符号出现的概率分别为 1/128，另外 32 个符号的出现概率分别为 1/64，且每个符号的持续时间为 0.1ms，求此时系统的信息传输速率。

解 由题意可知系统的码元传输速率为

$$R_B = 1/T_b = 10\,000 \text{（Baud）}$$

由于各符号出现概率不同，则平均信息量为

$$H = 64 \times \frac{1}{256} \log_2 256 + 32 \times \frac{1}{128} \log_2 128 + 32 \times \frac{1}{64} \log_2 64 = 6.25 \text{（bit/符号）}$$

所以信息传输速率 $R_b = R_B H = 100 \times 6.25 = 625 \text{（bit/s）}$

【例 1.4】 已知二进制数字信号在 2min 内共传送了 72 000 个码元。

（1）其码元速率和信息速率各为多少？

（2）如果码元宽度不变，但改为八进制数字信号，则其码元传输速率为多少？信息传输速率又为多少？

解 （1）在 $2 \times 60\text{s}$ 内传送了 72 000 个码元，则

$$R_B = 72\,000/(2 \times 60) = 600 \text{（Baud）}$$

$$R_b = R_B = 600 \text{（bit/s）}$$

（2）若改为八进制，则

$$R_B = 72\,000/(2 \times 60) = 600 \text{（Baud）}$$

$$R_b = R_B \log_2 M = 600 \times \log_2 8 = 1800 \text{（bit/s）}$$

3. 数据传输速率

数据传输速率是指单位时间内在数据传输系统中的相应设备之间传送的比特、字符或码组平均数，即在相应设备之间实际能达到的平均数据转移速率。单位可以为 bit/s、字符/s、码组/s，随数据单位而异。

数据传信速率是传输数据的速率，与发送的比特有关。而数据传输速率不仅与发送的比特率有关，还与差错控制方式、通信规程以及信道差错率有关，即与传输的效率有关。因此，数据传输速率总是小于数据传信速率。

在讨论信道特性，特别是传输频带宽度时，通常使用调制速率；在研究传输数据速率时，采用数据传信速率；在涉及系统实际的数据传送能力时，则使用数据传输速率。

4. 频带利用率

频带利用率反映数据传输系统对频带资源的利用水平和有效程度，是用系统单位频带内所实现的数据传输速率来衡量，用 η 来表示。单位为 Baud/Hz，或者 bit/s·Hz，这主要取决于用哪种速率来计算。

$$\eta = \frac{R_B}{B} \quad （单位为 \text{ Baud/Hz}） \tag{1.8}$$

或

$$\eta = \frac{R_b}{B} \quad [单位为 \text{ bit/（s·Hz）}] \tag{1.9}$$

其中，B 为系统带宽，单位为 Hz。若 B 相同，R_B 或 R_b 越大，则频带利用率越高。系统的频带利用率越高，则系统的有效性越好。

【**例 1.5**】 某信道占用频带 $300 \sim 3400\text{Hz}$，如采用 8 电平传输，若调制速率为 1600Baud，求信道的频带利用率。

解 根据题意，信道占用频带为 $300 \sim 3400\text{Hz}$，则 $B = 3400 - 300 = 3100$（Hz）

$$\eta = \frac{R_B}{B} = \frac{1600}{3100} = \frac{16}{31} \quad （\text{Baud/Hz}）$$

$$R_b = R_B \log_2 M = 1600 \times \log_2 8 = 4800 \quad （\text{bit/s}）$$

$$\eta = \frac{R_b}{B} = \frac{4800}{3100} = \frac{48}{31} \quad [\text{bit/（s·Hz）}]$$

1.6.2 可靠性指标

在数据通信系统中，存在各种噪声的干扰，因此接收到的码元可能会发生错误而影响到通信质量。在数据通信系统中，常通过误码率、误比特率等差错率来描述通信系统的传输可靠性。

1. 误码率

误码率是指通信过程中，系统传输错误的码元数与所传输码元总数之比，用 P_e 来表示。

$$P_e = \frac{n_e}{n} \quad (n \to \infty) \tag{1.10}$$

其中 n 表示系统传输的总码元数，n_e 表示系统传输错误的码元数目。

2. 误比特率

误比特率是指在通信过程中，系统传输错误的比特数与所传输的总比特数之比，用 P_b 来表示。

$$p_b = \frac{n_{be}}{n_b} \quad (n_b \to \infty) \tag{1.11}$$

其中 n_b 表示系统传输的总比特数，n_{be} 表示传输出错的比特数目。

【**例 1.6**】 某数据通信系统调制速率为 1200Baud，采用 8 电平传输，假设 100 秒误了 1 个比特，求误比特率。设系统的带宽为 600Hz，求频带利用率为多少 bit/（s·Hz）。

解 由于各个码元出现的概率相同，则信息速率

$$R_b = R_B \log_2 M = 1200 \times \log_2 8 = 3600 \quad （\text{bit/s}）$$

误比特率 $\qquad p_b = \dfrac{接收出现差错的比特数}{总的发送比特数} = \dfrac{1/100}{3600} = 2.8 \times 10^{-6}$

频带利用率 $\qquad \eta = \dfrac{R_b}{B} = \dfrac{3600}{600} = 6$（bit/s·Hz）

3. 误码组率

误码组率是指在通信过程中，系统出错的码组数与系统传输的总码组数之比，用 p_g 来表示。

$$p_g = \frac{n_{ge}}{n_g} (n_g \to \infty) \qquad\qquad (1.12)$$

其中 n_{ge} 表示传输出错的码组数，n_g 表示系统传输的总码组数。

1.7 数据通信系统的应用与发展

1.7.1 数据通信系统应用

1. 有线数据通信的应用

（1）数字数据电路（DDN）的应用范围。

1）组建公用数字数据通信网。

2）可为公用数据交换网、各种专用网、无线寻呼系统、可视图文系统、高速数据传输、会议电视、ISDN（2B+D 信道或 30B+D 信道）、邮政储汇计算机网络等提供中继或数据信道。

3）为帧中继、虚拟专用网、LAN 以及不同类型的网络提供网间连接。

4）利用 DDN 实现大用户局域网联网。

5）提供租用线，让大用户自己组建专用数字数据传输网。

6）使用 DDN 作为集中操作维护的传输手段。

（2）分组交换网的应用。分组交换网能提供永久虚电路（PVC）及交换虚电路（SVC）等多种业务。利用分组交换网的通信平台，还可以开发与提供一些增值数据业务：

1）电子信箱业务。

2）电子数据交换业务。

3）传真存储转发业务。

4）可视图文业务。

（3）帧中继技术的应用。帧中继技术适用于对广域网进行数据访问和高速数据传输。帧中继也是一种 ISDN 承载业务，主要用于局域网互联和高速主机环境下作为宽带网的数据入口，是向未来宽带 ATM 交换过渡的手段之一。常用于：

1）组建帧中继公用网，提供帧中继业务。

2）在分组交换机上安装帧中继接口，提供业务。

3）为用户提供低成本的虚拟宽带业务。

4）在专用网中，采用复用的物理接口可以减少局域网互联时的桥接器、路由器和控制器所需的端口数量，并减少互连设备所需通信设施的数量。帧中继的数字链路连接鉴别（DLCI）寻址功能可允许单个中继接入设备与上千个接入设备通信。其本地管理接口（LMI）

可大大简化帧中继网的配置和管理。

5）局域网（LAN）与广域网（WAN）的高速连接。

6）LAN 与 LAN 的互联。

7）远程计算机辅助设计/制造文件的传送、图像查询以及图像监视、会议电视等。

2. 无线数据通信的应用

无线数据通信也称为移动数据通信。它的业务范围很广，也有广泛的应用前景。

（1）移动数据通信在业务上的应用。移动数据通信的业务，通常分为基本数据业务和专用数据业务两种：基本数据业务的应用有电子信箱、传真、信息广播、局域网（LAN）接入等。专用业务的应用有个人移动数据通信、计算机辅助调度、车、船、舰队管理、GPS 汽车卫星定位、远程数据接入等。

（2）移动数据通信在工业及其他领域的应用。移动数据通信在这些领域的应用可分为固定式应用、移动式应用和个人应用三种类型。

1）固定式应用是指通过无线接入公用数据网的固定式应用系统及网络。如边远山区的计算机入网、交警部门的交通监测与控制、收费停车场、加油站以及灾害的遥测和告警系统等。

2）移动式应用是指野外勘探、施工、设计部门及交通运输部门的运输车、船队和快递公司为发布指示或记录实时事件，通过无线数据网络实现业务调度、远程数据访问、报告输入、通知联络、数据收集等均需采用移动式数据终端。移动数据终端在公安部门的刑警、巡警、交警也开始应用。

3）个人应用是指专业性很强的业务技术人员、公安外线侦察破案人员等需要在外办公时，通过无线数据终端进行远程打印、传真、访问主机、数据库查询、查证。股票交易商也可以通过无线数据终端随时随地跟踪查询股票信息，即使度假也可以从远程参加股票交易。

1.7.2 数据通信系统发展

在 NII（国家信息基础设施）的建设中，大容量、高速率的通信网是主干，NII 的目标在很大程度上依靠通信网实现，因此通信网的发展备受瞩目。通信网技术的发展，制约着计算机网络的发展，制约着政治、经济、军事、文化等各行各业的发展，及时了解和掌握现代通信网新技术及发展趋势，并将之应用于军事装备的设计和规划中，对于提高军事发展水平有重要意义。

通信网的发展趋势是宽带化、智能化、个人化和综合化，能够支持各类窄带和宽带、实时和非实时、恒定速率和可变速率，尤其是多媒体业务。目前规模最大的三大网是电信网、有线电视网（CATV）、计算机网，它们都各有自己的优点和不足。

计算机网络虽能很好地支持数据业务，但实时性（QoS，服务质量）差，宽带性不够，不支持电话和实时图像业务，网络管理的安全性不够。

电话网虽可高质量地支持话音业务，但带宽不够，所有的程控交换机均按传输话音的带宽设计（64kbit/s）。同时智能不够，虽有部分智能网业务（如 800），但目前还达不到计算机网络的智能。

有线电视网虽然实时性和宽带能力均很好，但不能双向通信，无交换和网络管理。

三种网都在逐步演变，使自己具备其他两网的优点。电信网通过采用光纤、*x*DSL、以太网和 ATM，提供 Internet 的高速接入和交互多媒体业务；CATV 铺设光缆，以更换同轴电缆，采用 HFC 技术进行双向化改造；网络公司围绕 Internet 技术建网，力争在同一个网上支持全业务。目前靠单一网络的发展，难以实现通信网的发展要求，因此提出"三网融合"的概念。

"三网融合"不是指三网在物理上的兼并合一，而是指高层业务应用的融合，即技术上互相渗透，网络层上实现互通，应用层上使用相同的协议，但运行和管理是分开的。三网将在GII（全球信息基础结构）概念下，共同存在，向互通融合的趋势发展。"三网融合"有利于最大限度地共享现有资源，为推动"三网融合"，ITU提出了GII概念，其目标是通过三网资源的无缝融合，构成一个具有统一接入和应用界面的高效网络，满足用户在任何时间、任何地点，以可接收的质量和费用，安全地享受多种业务（声音、数据、图像、影像等）。

下一代网络中软交换、能动网和分布式面向对象的网络结构（DONA）将是新的发展思路。

在现代通信新技术中，这里主要介绍宽带网核心技术（IP与ATM）、接入网技术、光纤接入技术、第三代移动通信技术及蓝牙、超宽带等无线通信技术。

1. 宽带网核心技术

现有的电信网是基于电路交换的窄带PSTN/ISDM和基于分组（信元）面向连接的宽带ATM网，它将日趋宽带化。

宽带网的业务特点是：速率跨度大、业务突发性强、对差错敏感程度不同、对时延敏感程度不同、多播（multicast）和广播（broadcast）。

（1）电路交换与分组交换。电路交换虽然时延小、通信质量有保证、控制简单，但呼叫建立需要时间、带宽固定，不能适应不同速率的业务和突发业务，因而不适于宽带业务。

分组交换带宽可变、统计复用资源利用率高，但时延大、协议复杂。部分适用于宽带业务。X.25是传统的分组交换，帧中继、ATM等均属于分组交换。

目前，帧中继在国内外仍广泛应用，速率可达100Mbit/s，但由于端到端的传输时延会发生变化，只适用于非实时多媒体业务，且网络功能不够简单，差错控制有限。

ATM是一种面向连接的快速分组交换，属于异步传递模式。在这种模式中，信息被分成信元来传递，而包含同一用户信息的信元不需要在传输链路上周期性地出现；它不进行逐段链路差错和流量控制，面向连接，信头功能简单，信元长度小而固定，用户信息透明地穿过网络。ATM具有光纤的速率，误码率低，既支持局域网、城域网和广域网等固定网，又支持移动网、卫星网等无线网；既支持核心网，又支持接入网。

（2）ATM与IP的比较。随着网络的普及，ATM与IP这两种主流网络技术已逐步从幕后走向台前，为人们所津津乐道。ATM与IP作为两种不同的网络技术，两者在许多方面还存在着一定的差异。

ATM是宽带综合业务数字网（B-ISDN）的传递方式，支持不同速率、不同突发性、不同实时性的任何业务。通过统计复用技术能有效利用网络资源，可实现单一通信网（B-ISDN）。ATM网具有电信级QoS，具有新型网络结构应达到的性能。IP网目前还做不到这一点。IP是Internet协议，是面向无连接的，主要用于数据业务，解决不同网络间的通信。影响IP网发展的关键因素是：地址空间、服务质量、安全性移动管理、计费带宽等。

（3）发展趋势。ATM最大的优势是与光纤连用，我国光纤的发展与SDH有关，现用的ATM均是基于光纤的。现阶段ATM最广泛的应用是利用其高速率大、容量和支持多业务的优势，作为传送数据业务平台，完成链路层功能，但效率低。ATM支持各种业务，理论上可行，实际应用中仍面临许多问题，目前尚难以与IP桌面应用竞争。

ATM 曾被认为是一种十分完美的、用来统一整个通信网的技术，未来的所有话音、数据、视频等多种业务均通过 ATM 来传送。国际上，特别是电信标准化机构对该项技术进行了多年的研究，而且也得到了实际应用。但事与愿违，ATM 没有能够达到原来所期望的目标。与此同时，IP 的发展速度大大出乎人们的预料，但一方面在若干年前自始至终没有一种独立的 IP 骨干网技术；另一方面，IP 在高速发展的同时确实有一定的缺陷，如 QoS 不高等。因此，在宽带 IP 骨干网中首先产生的是 IP over ATM（IPOA）技术，该技术已广泛用于骨干网，但带宽管理、QoS 机制尚不成熟。

ATM 将向 MPLS 演进，形成 MPLS 与传统 ATM 混合的网络结构，在未来的通信网中，扮演多业务接入的角色；卫星通信 ATM 将成为下一代卫星网络的标准；基于 ATM 的宽带光接入网 ATM-PON（无源光网络）设备的开发，将在宽带接入中有重要作用。

IP 将成为电信网的主导通信协议，可同时支持现有电路交换网、ATM 网、以太网和宽带 IP 网，最终将是以 IP 为基础的无缝融合网。

2. 接入网（Access Network，AN）

接入网是在公用电信网中连接核心网与用户或用户驻本地网的桥梁，是本地交换机到用户终端的实施系统，它通过 V5 接口与交换设备连接，无交换功能，主要完成传输、复用、交叉连接；AN 采用 ATM 以支持多业务接入（电话、数据、视像和多媒体业务等）。

接入网分为有线接入和无线接入，主要技术有：xDSL、OAN、HFC、SDV、宽带无线接入。

xDSL 技术是用数字技术对现有的模拟电话用户线进行改造，使之承载宽带业务。DSL 即 Digital Subscriber Line（数字用户线），x＝A，H，S，V；ADSL（非对称 DSL）是其中的代表，ADSL 的上行和下行速率不对称，适于支持 Internet、VOD 和远程 LAN 业务，同时能在保证原 POT 业务的前提下，不改动原有铜缆设施就能提供宽带业务，因此 ADSL 在北美和欧洲有限好的推广应用，我国也正在发展应用中。

光纤接入网（OAN）是在接入网中采用光纤作为主要传输媒质，实现接入网功能的技术，它具有带宽宽、不需要中继器、传输质量好、市场看好等特点；OAN 技术由于其性能和带宽的优势，将在宽带接入中发挥主要作用。

"最后一公里"即从用户家庭到电话网端局的用户线长度。我国实际用户线的平均长度为 3.38km，比一公里要大。目前电信网中，传输网和交换网已分别实现宽带化、数字化和程控化，而用户接入网中以铜线为主的"最后一公里"发展缓慢，成为影响制约通信网发展的瓶颈。"最后一公里"采用何种技术，是接入网需要解决的问题。

FTTx（Fiber To The "x"）即光纤到"x"，指"最后一公里"的解决方案，x＝大楼（building）、路边（curb）、家（home）、小区（zone）。

美国前几年已实行 FTTC 战略，通过光纤到远端模块或电节点再经铜线分配至用户的 FTTR 方式，有源双星结构的 ADS-FTTC 方式和 PON 实现。对于 FTTH 计划的实施，采用 AON、PON、WDM 与路由器相结合的 PON 方案进行；美国有线电视网非常发达，对有线电视网的改造采用"电话和电视（模拟）HFC 方案"，综合 HFC 方案（即信令、数字电话、模拟和数字电视）以及"宽带接入 HFC 方案"。

北京、上海等城市正在进行 FTTZ 的建设，部分高校内采用 FTTB 建立自己的吉比特局域网，中国电信将在 3～5 年内，建成适合全业务要求的灵活可靠的宽带接入网，通过统一接入平台，满足不同速率、不同类型、不同服务质量的要求，到 2005 年，使宽带用户到 2000 万以上；中国网通宽带接入网的建设，将以 IP 为切入点，以实现各类电信业务的融合为方向。

无线接入是指从业务节点接口到用户终端部分或全部采用无线方式。目前无线接入网所能传送的业务主要是电话、传真和短消息，对数字视频和因特网浏览等数字业务的支持正处于积极研究阶段，并已有相关产品问世，如 WAP 手机、掌上电脑。

目前的接入网与业务节点：PSTN、CATV、ATM 分别有各自的 SNI 接口，未来的接入网与业务节点的接口仅需一个 SNI 接口。

未来宽带接入网中，有线和无线共存，光纤接入是主流，无线接入因其组网方便、使用灵活和成本低等特点也将占有一席之地。

3. 第三代数字蜂窝移动通信系统（3G）

蜂窝移动通信系统是将所要覆盖的地区划分为若干个小区，每个小区的半径可视用户的分布密度在 1～10km 左右，在每个小区设立一个基站，为本小区范围内的用户服务。

从 1997 年起，第三代移动通信（3G）的基本框架、网络技术、主要特征、业务种类已经基本成形。3G 的优点是：用户容量大服务性能较好，频谱利用率较高，用户终端小巧，电池使用时间长，辐射小等。2G 是为话音业务所设计，3G 则支持移动多媒体业务，具有高保密性，为全球范围无缝漫游系统。

目前我国移动通信处于第二代向第三代过渡时期，3G 将更支持数据和多媒体业务，支持 IP 的移动接入；码分多址和分组传送是 3G RTT 的公认发展趋势，3G 核心网也将向 IP、ATM 技术相结合的方向发展。

4. 蓝牙技术

蓝牙是一种革命性的无线解决方案，适用于短距离通信，它无需线缆，可临时组网，能够建立"Ad hoc"连接，无需网络基础设施，可以任意方式动态连接，所有的节点都可以自由地移动，实现任何人、任何时间、任何地点、任何设备的无缝连接。它具有尺寸小、价格低廉、标准开放等优点，非常适用于移动设备，频段内无需执照，抗干扰的能力较强，适合于集成到各种各样的设备中，与其他无线设备的能耗相比，其功耗可忽略。

蓝牙技术发展迅速，被称为"爆发性技术"，1998 年 2 月成立蓝牙特殊兴趣小组，1999 年 7 月发布蓝牙规范 1.0A 版本。现在蓝牙不再是虚拟的技术，也不再停留在理论的标准规范上，蓝牙产品以惊人的速度覆盖市场，蓝牙无线接入可用于超市及零售店、办公室、家庭、飞机场、火车和地铁、饭店、展会等各行各业。

另一方面，由于蓝牙协议较复杂，且只能在 500kbit/s～1Mbit/s 范围内使用，传输距离近（比 802.11 近），应用上有一定局限性，蓝牙标准化组织（Bluetooth SIG，蓝牙特别兴趣小组）正在制定下一代的蓝牙标准。未来的蓝牙技术将适应市场的需求和技术的发展，提出更多、更具有使用价值的模型及应用规范，使传输速率更高、传输距离更远。

5. 超宽带技术（UWB）

超宽带（Ultra-wideband，UWB）指信号带宽大于 1.5GHz，或信号带宽与中心频率之比大于 25%；信号带宽与中心频率之比在 1%～25%之间为宽带，小于 1%为窄带。

UWB 技术的最初发展，起源于 20 世纪 50 年代末，随着无线通信的飞速发展，人们对高速无线通信提出更高的要求，超宽带技术又重新被提出，并备受关注。UWB 信号以基带传输，具有以下优点：相对带宽大，具有高距离分辨率；采用调时序列，能够抗多径干扰；

容量大，具有高分辨率（ns 级）；带宽宽，干扰小，穿透能力很强，可用来精确地定位，定位精度可达 1cm；UWB 系统发射功率谱密度非常低，完全淹没在噪声中，被截获概率很小，被检测概率也很低，与窄带相比，有较好的电磁兼容和频谱利用率。

由于这些特点，在军事上有极大的应用价值。如 UWB 雷达，UWBLPI/D 无线内通系统（预警机、舰船等）、战术手持和网络的 LPI/D 电台，警戒雷达，UAV/UGV 数据链、探测地雷、检测地下埋藏的军事目标或以叶簇伪装的物体。

在民用方面，UWB 用于 UWB 地波通信系统、防撞雷达（民航）、防撞感应器、WLAN、PWAN 中，包括 Ad hoc 无线网络、高速（20Mbit/s）WLAN、WPAN 等。

UWB 由于具有高距离分辨率、高度隐蔽性、穿透能力强、低截获率和抗干扰性等优点，同时与蓝牙、802.11b、802.15 等无线通信相比，可以提供更快、更远、更高的传输速率，越来越多的研究者投入到 UWB 领域，在军事需求和商业市场的推动下，UWB 技术将进一步地发展和成熟起来。

小 结

数据通信是指按照一定的通信协议，利用数据传输技术在两个终端之间传递数据信息的一种通信方式和通信业务。包括利用计算机进行数据处理和利用通信设备和传输线路进行数据传输两方面的内容。

（1）数据、消息、信号和信息之间的关系：所谓消息是指通信过程中传输的具体原始对象。把消息转换成适合于信道传输的物理量，就是信号。信号携带着消息，它是消息的运载工具。数据就是赋予一定含义的数字、字母、文字等符号及其组合，它是消息的一种表现形式。信息是对消息的不确定性的描述，可以理解为消息中对人们有意义的内容，消息中包含信息的多少即信息量。

（2）数据通信系统的组成及各组成部分的功能：数据通信系统是通过数据电路将分布在远端的数据终端设备与中央计算机系统连接起来，实现数据传输、交换、存储和处理功能的一个系统。由数据终端设备（DTE）、数据电路、中央计算机系统三大部分组成。

（3）常用的传输代码有国际 5 号码、国际电报 2 号码、EBCDIC 码和信息交换用汉字代码。

（4）数据的传输方式：根据数据信号的传输模式和工作方式的不同，数据传输可以分为基带传输和频带传输，并行传输和串行传输，异步传输和同步传输，单工传输、半双工传输和全双工传输几种模式。

（5）信道复用的目的是让不同的计算机连接到相同的信道上，共享同一条信道上的资源，比如频率、占用时间等。信道中有四种信道复用方式：频分复用 FDM、时分复用 TDM、波分复用 WDM 和码分复用。

（6）数据通信系统的主要性能指标：从数据传输的角度出发主要有有效性和可靠性两个指标。衡量有效性的主要指标有码元速率、信息速率和频带利用率。衡量可靠性的主要指标有误码率和误比特率。

（7）数据通信网是由分布在各地的 DTE、数据交换设备和通信线路所构成的、可以分为硬件和软件两个组成部分。硬件包括数据传输设备、数据交换设备和线路；软件是为了支持这些硬件而配置的网络协议等。

（8）计算机通信网是用通信线路和网络连接设备将分布在不同地点的多台独立式计算机系统互相连接，按照网络协议进行数据通信，实现资源共享，为用户提供各种应用服务的信息系统。计算机通信网分为资源子网和通信子网，通信子网在功能上和数据通信网是等价的。

习　　题

1.1　什么是数据通信？数据通信的特点是什么？

1.2　数据通信中有哪些常见的通信方式？

1.3　试画出数据通信系统的组成框图，并简要说明各部分的作用。

1.4　衡量数据通信系统的主要性能指标有哪些？

1.5　什么是码元速率？什么是信息速率？它们之间的关系如何？

1.6　按传输信号的复用方式，数据通信系统如何分类？

1.7　已知英文字母 a 和 d 出现的概率分别是 0.125 和 0.25，试求 a 和 d 的信息量各为多少？

1.8　某信源符号集由 A、B、C、D、E、F 组成，设每个符号独立出现，其概率分别为 1/4、1/4、1/16、1/8、1/16、1/4，试求该信息源输出符号的平均信息量。

1.9　设一信息源的输出由 128 个不同符号组成。其中 16 个出现的概率为 1/32，其余 112 个出现概率为 1/224。信息源每秒发出 1000 个符号，且每个符号彼此独立。试计算该信息源的平均信息速率。

1.10　已知某数据传输系统传送八进制信号，信息速率为 3600bit/s，试问码元速率应为多少？

1.11　已知二进制信号的传输速率为 4800bit/s，试问变换成四进制和八进制数字信号时的传输速率为多少？

1.12　对于二进制信号，每秒传输 300 个码元，问码元速率为多少？若数字信号 0 和 1 出现是独立等概的，那么信息速率为多少？

1.13　已知某四进制数据信号传输系统的信息速率为 2400bit/s，接收端在 1h 内共收到 108bit 错误码元，试计算系统的误比特率。

1.14　某系统经过长期测定，它的误码率 $P_e = 10^{-5}$，系统码元速率为 1200Baud，问在多长时间内能收到 360 个误码元？

第2章 随机过程分析

2.1 引　　言

在通信与信息领域，遇到的信号通常都具有某种随机性，如语音信号、图像信号、视频信号等。这种信号的某个或某几个参数不能预知或不能完全被预知，具有随机性的时间信号称为随机信号。通信网中必然有噪声的存在，噪声更不能预测。由于通信是有用信号通过通信系统的过程，在这个过程中，通信系统各点通常都伴有噪声的影响，并将此噪声与有用信号一起在系统中传输。这些噪声是不能预测的，统称为随机噪声，简称为噪声。因此，分析与研究通信系统，总离不开对信号和噪声的分析。由于随机信号和噪声都是随机的，不能用一个确定的时间函数来描述，但其随机性变化表现在时间的进程中，是一个随机过程，因而必须用随机过程的理论来分析。

2.2　随机过程的描述

2.2.1　随机过程的概念

随机过程的简单描述：设ξ是一个随机变量，则ξ的取值是随机的，常用概率密度函数$f(x)$描述。如果ξ随时间t改变，表示为$\xi(t)$，这时称$\xi(t)$是一个随机时程。因此，无穷多个样本函数的集合称为随机过程，记为$\xi(t)$。

通信过程中的随机信号和噪声都可看成是时间参数t的随机过程。随机过程的基本特征有：

（1）在给定的观察区间内，是一个时间t的函数。其中每个时间函数称为实现，随机过程就可以看成是一个由全部可能实现构成的总体。

（2）任一时刻上观察到的值不确定，是一个随机变量，即$\xi(t)$在t时刻的取值是随机变化的。

例如，从$t=0$时刻开始，用"无数个""完全一样"的录音机在车辆来往的马路上录音，记录噪声的波形，会得到无数个各不完全相同的、随时间起伏的波形，如图 2.1 所示。其中一个波形就是一个实现，无数个这样的实现就构成了总体。

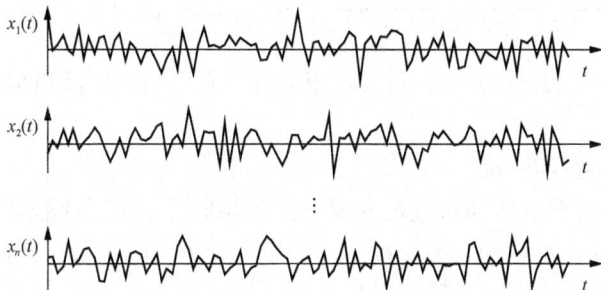

图 2.1　随机过程的一般形式

与随机变量相比，随机过程和随机变量在定义方法上相似，但样本空间不同：

1）随机变量的样本空间是一个实数集合。

2）随机过程的样本空间是一个时间函数的集合。即随机过程是含有随机变量的时间函数，同时随机过程是在时间进程中处于不同时刻的随机变量的集合。

因此，随机过程具有随机变量和时间函数的特点，就如图 2.1 所示的典型的随机过程是写不出数学表达式的，研究随机过程正是利用了这两个特点。

2.2.2　随机过程的一般描述

设 $\xi(t)$ 表示一个随机过程，则在任意一个时刻 t_1 上，$\xi(t)$ 是一个随机变量。显然，这个随机变量的统计特性，可以用概率分布函数或概率密度函数加以描述。

设随机过程在任意时刻 $t_1 \in T$ 的值 $\xi(t_1)$，把 $\xi(t_1) \leqslant x_1$ 的概率记为 $F_1(x_1, t_1)$，称为随机过程 $\xi(t)$ 的一维分布函数，即

$$F_1(x_1, t_1) = p[\xi(t_1) \leqslant x_1] \tag{2.1}$$

可见，$F_1(x_1, t_1)$ 既是 x_1 的函数，又是 t_1 的函数。若 $F_1(x_1, t_1)$ 对 x_1 的偏导数存在，则称

$$\frac{\partial F_1(x_1, t_1)}{\partial x_1} = f_1(x_1, t_1) \tag{2.2}$$

为 $\xi(t)$ 的一维概率密度函数。

显然，在一般情况下仅用一维分布函数或一维概率密度函数来描述随机过程的完整统计特性是不充分的，因为它们只描述了随机过程在任一瞬间的统计特性，而没有说明随机过程在不同瞬间的内在联系。因此，常常还需要在足够多的时刻上考虑随机过程的多维分布函数。

设随机过程在任意两个时刻 t_1，$t_2 \in T$ 的值分别为 $\xi(t_1)$ 和 $\xi(t_2)$，则随机变量 $\xi(t_1)$ 和 $\xi(t_2)$ 构成了一个二元随机变量 $\{\xi(t_1), \xi(t_2)\}$，则称

$$F_2(x_1, x_2; t_1, t_2) = p[\xi(t_1) \leqslant x_1, \xi(t_2) \leqslant x_2] \tag{2.3}$$

为随机过程 $\xi(t)$ 的二维分布函数。如果 $F_2(x_1, x_2; t_1, t_2)$ 对 x_1，x_2 的偏导数存在，则称

$$\frac{\partial^2 F_2(x_1, x_2; t_1, t_2)}{\partial x_1 \cdot \partial x_2} = f_2(x_1, x_2; t_1, t_2) \tag{2.4}$$

为 $\xi(t)$ 的二维概率密度函数。

同理，随机过程 $\xi(t)$ 的 n 维分布函数定义为

$$F_n(x_1, x_2, \cdots, x_n; t_1, t_2, \cdots, t_n) = p[\xi(t_1) \leqslant x_1, \xi(t_2) \leqslant x_2, \cdots, \xi(t_n) \leqslant x_n] \tag{2.5}$$

如果 $F_n(x_1, x_2, \ldots, x_n; t_1, t_2, \ldots, t_n)$ 对 $x_1, x_2, \ldots, x_n$ 的偏导数存在，则称

$$\frac{\partial^n F_n(x_1, x_2, \cdots, x_n; t_1, t_2, \cdots, t_n)}{\partial x_1 \cdot \partial x_2 \cdot \cdots \cdot \partial x_n} = f_n(x_1, x_2, \cdots, x_n; t_1, t_2, \cdots, t_n) \tag{2.6}$$

为 $\xi(t)$ 的 n 维概率密度函数。可见，n 越大，用 n 维分布函数或 n 维概率密度函数去描述 $\xi(t)$ 的统计特性就越充分。

2.2.3　随机过程的数字特征

在实际应用中，有时要确定随机过程的 n 维分布并加以分析是比较困难甚至是不可能的。而数字特征既能刻画随机过程的重要特征，又便于计算和实际测量。因此，除了关心随机过程的 n 维分布外，通常还需要关心随机过程的数字特性，比如，随机过程的数学期望、方差及相关函数等。

1. 数学期望

数学期望或称均值，是随机过程 $\xi(t)$ 在同一时刻所有样本取值的统计平均值。它可以定义如下：设随机过程 $\xi(t)$ 在任一时刻 t_1 的值为 $\xi(t_1)$，且为一随机变量，其一维概率密度函数为 $f_1(x_1,t_1)$，则 $\xi(t_1)$ 的数学期望为

$$E[\xi(t_1)]=\int_{-\infty}^{\infty} x_1 f_1(x_1,t_1)\mathrm{d}x_1 \tag{2.7}$$

因为 t_1 是任意的，所以可以把 t_1 直接写成 t，x_1 直接写成 x，上式就变为随机过程在任意时刻的数学期望，记作 $a(t)$，于是有

$$a(t)=E[\xi(t)]=\int_{-\infty}^{\infty} x f_1(x,t)\mathrm{d}x \tag{2.8}$$

$a(t)$ 是时间的函数，它表示随机过程各个时刻的数学期望随时间的变化情况，它本质上就是随机过程所有样本函数的统计平均函数，或者说，它表示随机过程的 n 个样本函数曲线的摆动中心。

2. 方差

方差是随机过程在均值上下波动程度的一种统计特征。随机过程 $\xi(t)$ 的方差定义为

$$D[\xi(t)]=E\{[\xi(t)-a(t)]^2\} \tag{2.9}$$

由此可得

$$\begin{aligned}D[\xi(t)]&=E[\xi^2(t)]-2a(t)E[\xi(t)]+E[a(t)]^2\\&=E[\xi^2(t)]-[a(t)]^2\\&=\int_{-\infty}^{\infty} x^2 f(x,t)\mathrm{d}x-[a(t)]^2\end{aligned} \tag{2.10}$$

方差 $D[\xi(t)]$ 常记作 $\sigma^2(t)$，称为随机过程 $\xi(t)$ 的方差或均方差，它表示随机过程在时刻 t 对于均值的偏离程度。

3. 协方差函数和相关函数

数学期望 $a(t)$ 和方差 $\sigma^2(t)$ 描述了随机过程在各个孤立时刻的特征，无法反映随机过程在不同时刻的联系。为描述随机过程在两个不同时刻的随机变量之间的关联程度，常用协方差函数 $B(t_1,t_2)$ 和相关函数 $R(t_1,t_2)$ 来表示。

协方差函数定义为

$$\begin{aligned}B(t_1,t_2)&=E\{[\xi(t_1)-a(t_1)]\cdot[\xi(t_2)-a(t_2)]\}\\&=\int_{-\infty}^{\infty}\int_{-\infty}^{\infty}[x_1-a(t_1)][x_2-a(t_2)]f_2(x_1,x_2;t_1,t_2)\mathrm{d}x_1\mathrm{d}x_2\end{aligned} \tag{2.11}$$

其中，t_1 与 t_2 为任意两个时刻，$a(t_1)$ 与 $a(t_2)$ 为在 t_1 与 t_2 上所得到的数学期望，$f_2(x_1,x_2;t_1,t_2)$ 为二维概率密度函数。

相关函数定义为

$$R(t_1,t_2)=E[\xi(t_1)\xi(t_2)]=\int_{-\infty}^{\infty}\int_{-\infty}^{\infty}x_1x_2 f_2(x_1,x_2;t_1,t_2)\mathrm{d}x_1\mathrm{d}x_2 \tag{2.12}$$

由式（2.11）和式（2.12）可得

$$B(t_1,t_2)=R(t_1,t_2)-a(t_1)\cdot a(t_2) \tag{2.13}$$

式（2.13）中若 $a(t_1)$ 为零（或 $a(t_2)$ 为零），则 $B(t_1,t_2)$ 和 $R(t_1,t_2)$ 完全相同。

上述的 $B(t_1,t_2)$ 和 $R(t_1,t_2)$ 是衡量同一个随机过程，因此，又分别称为自协方差函数和自相

关函数。如果把上述概念推广到两个或多个随机过程中，可得互协方差函数和互相关函数。

设 $\xi(t)$ 和 $\eta(t)$ 分别表示两个随机过程，则互协方差函数定义为

$$B_{\xi,\eta}(t_1,t_2)=E\{[\xi(t_1)-a_\xi(t_1)]\cdot[\eta(t_2)-a_\eta(t_2)]\} \tag{2.14}$$

而互相关函数定义为

$$R_{\xi,\eta}(t_1,t_2)=E[\xi(t_1)\eta(t_2)] \tag{2.15}$$

从以上讨论可知，随机过程的统计特性一般都与时刻 t_1，t_2，…有关。就相关函数而言，它的相关程度与选择时刻 t_1 和 t_2 有关。如果 $t_1>t_2$，可令 $t_2=t_1+\tau$，则相关函数 $R(t_1,t_2)$ 可表示为 $R(t_1,t_1+\tau)$，这说明，相关函数依赖于起始时刻 t_1 及时间间隔 τ，即相关函数是 t_1 和 τ 的函数。因此，协方差函数和相关函数用来衡量随机过程在任意两个时刻上获得的随机变量的统计相关特性。

【例 2.1】 设 $z(t)=x_1\cos(\omega_0 t)-x_2\sin(\omega_0 t)$ 是一个随机过程，若 x_1 和 x_2 是彼此独立且具有均值为零、方差为 σ^2 的正态随机变量，求：

（1）数学期望 $E[z(t)]$、$E[z^2(t)]$；

（2）$z(t)$ 的一维概率密度函数 $f(t)$；

（3）相关函数 $R(t_1,t_2)$。

解 （1）因为 x_1 和 x_2 是彼此独立且具有均值为零、方差为 σ^2，

即 $E[x_1]=0$，$E[x_2]=0$，$E[x_1^2]=E[x_2^2]=\sigma^2$，所以有

$$\begin{aligned}
E[z(t)]&=E[x_1\cos(\omega_0 t)-x_2\sin(\omega_0 t)]\\
&=E[x_1\cos(\omega_0 t)]-E[x_2\sin(\omega_0 t)]\\
&=\cos(\omega_0 t)E[x_1]-\sin(\omega_0 t)E[x_2]\\
&=0
\end{aligned}$$

$$\begin{aligned}
E[z^2(t)]&=E[x_1^2\cos^2(\omega_0 t)+x_2^2\sin^2(\omega_0 t)-2x_1 x_2\cos(\omega_0 t)\sin(\omega_0 t)]\\
&=\cos^2(\omega_0 t)E[x_1^2]+\sin^2(\omega_0 t)E[x_2^2]\\
&=\sigma^2
\end{aligned}$$

（2）因为 x_1 和 x_2 是正态随机变量，所以有

$$f(z)=\frac{1}{\sqrt{2\pi}\sigma}\exp\left(-\frac{z^2}{2\sigma^2}\right)$$

（3）
$$\begin{aligned}
R(t_1,t_2)&=E[z(t_1)\cdot z(t_1)]\\
&=E[x_1^2\cos(\omega_0 t_1)\sin(\omega_0 t_2)+x_2^2\sin(\omega_0 t_1)\cos(\omega_0 t_2)\\
&\quad -x_1 x_2\cos(\omega_0 t_1)\sin(\omega_0 t_2)-x_1 x_2\sin(\omega_0 t_1)\cos(\omega_0 t_2)]\\
&=\sigma^2[\cos(\omega_0 t_1)\sin(\omega_0 t_2)+\sin(\omega_0 t_1)\cos(\omega_0 t_2)]\\
&=\sigma^2\cos\omega_0(t_1-t_2)\\
&=\sigma^2\cos\omega_0\tau
\end{aligned}$$

可见，相关函数 $R(t_1,t_2)$ 只与时间间隔 τ（$\tau=t_1-t_2$）有关。

2.3 平稳随机过程

2.3.1 平稳随机过程概述

随机过程种类很多，下面着重讨论在通信系统中占重要地位的一种特殊而又广泛应用的

随机过程，即平稳随机过程。因为在实际应用中，特别在通信中所遇到的大多属于平稳随机过程或接近于平稳随机过程，而且平稳随机过程可用一维或二维数字特征很好地描述。

所谓平稳随机过程，是指它的任何 n 维分布函数或概率密度函数与时间起点无关。即，对于任意正整数 n 和任意实数 h，随机过程 $\xi(t)$ 的 n 维概率密度函数满足

$$f_n(x_1,x_2,\cdots,x_n;t_1,t_2\cdots,t_n)=f_n(x_1,x_2,\cdots,x_n;t_1+h,t_2+h,\cdots,t_n+h) \tag{2.16}$$

则称 $\xi(t)$ 为平稳随机过程。这种概率密度函数不随时间平移而变化的特性反映在平稳随机过程的数字特征中有着自身的规律，它的一维分布与时间 t 无关，二维分布只与时间间隔 τ 有关。

设 $\xi(t)$ 是一个平稳随机过程，则由上式可得一维概率密度函数，即 $n=1$，令 $h=-t_1$，于是有

$$f_1(x_1;t_1)=f_1(x_1;t_1+h)=f_1(x_1;0) \tag{2.17}$$

可见平稳随机过程的一维概率密度函数与时间 t 无关，这样就可把时间 t 省略把它记作 $f_1(x_1)$。因此，$\xi(t)$ 的数学期望为

$$E[\xi(t)]=\int_{-\infty}^{\infty}x_1f_1(x_1)\mathrm{d}x_1=a \tag{2.18}$$

所以平稳随机过程的数学期望是一个常数，说明平稳随机过程的各样本函数是围绕着一条水平线而起伏的，即平稳性。同样，可以证明平稳随机过程的方差和均方差也是一个常数，这说明它的起伏偏离数学期望的程度也是常数。

若要得到平稳随机过程的二维概率密度函数，即 $n=2$，令 $h=-t_1$，$\tau=t_1-t_2$，则有

$$f_2(x_1,x_2;t_1,t_2)=f_2(x_1,x_2;t_1+h,t_2+h)=f_2(x_1,x_2;0,t_1-t_2)=f_2(x_1,x_2;\tau) \tag{2.19}$$

显然，平稳随机过程的二维概率密度函数仅依赖于时间间隔 τ，而与时间的个别值 t_1、t_2 无关。因此，设 $t_1=t$，$t_2=t+\tau$，其自相关函数为

$$E[\xi(t)\xi(t+\tau)]=\int_{-\infty}^{\infty}\int_{-\infty}^{\infty}x_1x_2f_2(x_1,x_2;\tau)\mathrm{d}x_1\mathrm{d}x_2=R(\tau) \tag{2.20}$$

即自相关函数是单变量 τ 的函数。

由上述可得，对于平稳随机过程，它的一些数字特征也变得简明了：数学期望和方差与时间 t 无关，均为常数；自相关函数与时间起点无关，只与时间间隔 τ 有关，即

$$R(t_1,t_2)=R(t_1,t_1+\tau)=R(\tau) \tag{2.21}$$

上面这一特征只涉及一维、二维数字特征，则称这个随机过程是宽平稳随机过程或广义平稳随机过程；而称式（2.16）定义的随机过程为严平稳或狭义平稳随机过程。

对于狭义平稳随机过程，只要上述数字特征存在，则必定是广义平稳的；但反过来，则不一定成立。今后若不特别说明，一般所说的平稳随机过程均指广义平稳随机过程。

【例 2.2】 随机过程 $x(t)$ 的均值为常数 a，自相关函数为 $R_x(\tau)$，随机过程 $y(t)=x(t)-x(t-T)$，T 为常数，求证 $y(t)$ 是否是平稳随机过程？

解 依题意可知，$x(t)$ 是平稳随机过程，则 $y(t)$ 的均值为

$$E[y(t)]=E[x(t)-x(t-T)]=E[x(t)]-E[x(t-T)]=a-a=0$$

$y(t)$ 的自相关函数为

$$R_y(t,t+\tau)=E[y(t)y(t+\tau)]$$
$$=E\{[x(t)-x(t-T)][x(t+\tau)-x(t+\tau-T)]\}$$
$$=E[x(t)x(t+\tau)-x(t)x(t+\tau-T)-x(t-T)x(t+\tau)+x(t-T)x(t+\tau-T)]$$
$$=R_x(\tau)-R_x(\tau-T)-R_x(\tau+T)+R_x(\tau)$$
$$=2R_x(\tau)-R_x(\tau-T)-R_x(\tau+T)$$
$$=R_y(\tau)$$

可见，$y(t)$的均值与时间 t 无关，自相关函数只与时间间隔 τ 有关，所以，$y(t)$ 是平稳随机过程。

2.3.2　平稳随机过程的各态历经性

平稳随机过程在满足一定条件下有一个非常重要的特性，即随机过程的各个实现（样本函数）如果都同样经历了随机过程的各种许可状态，该特性称为各态历经性，又称遍历性。而这种具有各态历经性的平稳随机过程称为遍历平稳随机过程。

遍历平稳随机过程的数字特征完全可由该过程的任一实现的数字特征来决定，即可用时间平均值来代替统计平均值。即

$$a=E[\xi(t)]=\lim_{T\to\infty}\frac{1}{T}\int_{-\frac{T}{2}}^{\frac{T}{2}}x(t)\mathrm{d}t=a \tag{2.22}$$

$$\sigma^2=D[\xi(t)]=\lim_{T\to\infty}\frac{1}{T}\int_{-\frac{T}{2}}^{\frac{T}{2}}[x(t)-a^2]\mathrm{d}t=\sigma^2 \tag{2.23}$$

$$R(\tau)=E[\xi(t)\xi(t+\tau)]=\lim_{T\to\infty}\frac{1}{T}\int_{-\frac{T}{2}}^{\frac{T}{2}}x(t)x(t+\tau)\mathrm{d}t=R(\tau) \tag{2.24}$$

因此，遍历平稳随机过程可用一个实现的统计特性来了解整个过程的统计特性，从而使"统计平均"化为"时间平均"，使实际测量和计算的问题大为简化。

值得注意的是，具有各态历经性的随机过程必定是平稳随机过程，但平稳随机过程不一定是各态历经的，在通信系统中所遇到的随机信号和噪声，一般均能满足各态历经性条件。

2.3.3　平稳随机过程的自相关函数

对于平稳随机过程，相关函数是一个特别重要的函数，因为平稳随机过程的统计特性可通过相关函数来描述，而且自相关函数与平稳随机过程的频谱特性有着内在的联系。

设 $\xi(t)$ 为实平稳随机过程，则它的自相关函数为

$$R(\tau)=E[\xi(t)\xi(t+\tau)] \tag{2.25}$$

自相关函数有如下性质：

（1）$R(0)$ 为平稳随机过程的平均功率，即

$$R(0)=E[\xi(t)^2]=S \quad（平均功率） \tag{2.26}$$

（2）$R(\infty)$ 为平稳随机过程的直流功率，即

$$R(\infty)=E^2[\xi(t)] \quad（直流功率） \tag{2.27}$$

（3）$R(0)-R(\infty)=$方差，为平稳随机过程的交流功率。其物理意义：平稳随机过程的平均功率与直流功率之差等于其交流功率，当均值为 0 时，有 $R(0)=\sigma^2$

（4）自相关函数为时间间隔 τ 的偶函数，即

$$R(\tau)=R(-\tau) \tag{2.28}$$

（5）自相关函数在时间间隔 $\tau=0$ 处有最大值，即

$$|R(\tau)|\leqslant R(0) \qquad R(\tau)\text{的上界} \tag{2.29}$$

因此，相关函数可以表述 $\xi(t)$ 的主要数字特征，而且相关函数的性质具有明显的实用意义。

2.3.4 平稳随机过程的功率谱密度

傅里叶变换明确了确定信号时域和频域的关系，那么为什么随机过程在频率域中还要讨论功率谱密度，而不讨论傅里叶变换呢？主要原因有二：

（1）对于随机过程来说，它由许许多多个样本函数来构成，所以无法求其傅里叶变换，可以说，随机过程不存在傅里叶变换。

（2）随机过程属于功率信号而不属于能量信号。

确定信号的自相关函数与其谱密度之间有确定的傅里叶变换关系。那么，对于随机过程而言，其自相关函数 $R_\xi(\tau)$ 和功率谱密度 $P_\xi(\omega)$ 是否也是一对傅里叶变换关系？

对于任意的确定功率信号 $f(t)$ 的功率谱密度 $P_{sT}(\omega)$ 为

$$P_{sT}(\omega)=\lim_{T\to\infty}\frac{|F_T(\omega)|^2}{T} \tag{2.30}$$

其中，$F_T(\omega)$ 是 $f(t)$ 的截短函数 $f_T(t)$ 的频谱函数。对于功率型的平稳随机过程 $\xi(t)$ 有许许多多次实现，每一实现也是功率信号，其功率谱密度也可由式（2.30）表示。但随机过程中哪一实现出现是不能预知的，所以，某一实现的功率谱密度不能作为随机过程的功率谱密度。随机过程的功率谱密度可以看做是每一个样本函数的功率谱密度的统计平均（即数学期望）。

设平稳随机过程 $\xi(t)$ 的功率谱密度为 $P_\xi(\omega)$，$\xi(t)$ 的某一个样本函数的截短函数为 $\xi_T(t)$，且 $\xi_T(t)$ 的频谱函数为 $F_T(\omega)$，这样，整个随机过程的平均功率谱为

$$P_\xi(\omega)=E[P_{\xi T}(\omega)]=E\left[\lim_{T\to\infty}\frac{|F_T(\omega)|^2}{T}\right]=\lim_{T\to\infty}\frac{E[|F_T(\omega)|^2]}{T} \tag{2.31}$$

该随机过程的平均功率 S 表示为

$$S=\frac{1}{2\pi}\int_{-\infty}^{\infty}P_\xi(\omega)\mathrm{d}\omega=\frac{1}{2\pi}\int_{-\infty}^{\infty}\lim_{T\to\infty}\frac{E[|F_T(\omega)|^2]}{T}\mathrm{d}\omega \tag{2.32}$$

式（2.32）中，有

$$\frac{E[|F_T(\omega)|^2]}{T}=E\left\{\frac{1}{T}\int_{-T/2}^{T/2}\xi_T(t)e^{-\mathrm{j}wt}\mathrm{d}t\int_{-T/2}^{T/2}\xi_T(t')e^{-\mathrm{j}wt'}\mathrm{d}t'\right\}$$

$$=E\left\{\frac{1}{T}\int_{-T/2}^{T/2}\xi(t)e^{-\mathrm{j}wt}\mathrm{d}t\int_{-T/2}^{T/2}\xi(t')e^{-\mathrm{j}wt'}\mathrm{d}t'\right\} \tag{2.33}$$

$$=\frac{1}{T}\int_{-T/2}^{T/2}\int_{-T/2}^{T/2}R(t-t')e^{-\mathrm{j}w(t-t')}\mathrm{d}t'\mathrm{d}t$$

令 $\tau=t-t'$，由概率与数理统计的相关知识可将式（2.33）简化为

$$\frac{E[|F_T(\omega)|^2]}{T} = \frac{1}{T}\int_{-T}^{T}\left(1-\frac{|\tau|}{T}\right)R(\tau)e^{-jw\tau}d\tau \tag{2.34}$$

所以有

$$\begin{aligned}
P_\xi(\omega) &= \lim_{T\to\infty}\frac{E[|F_T(\omega)|^2]}{T}\\
&= \lim_{T\to\infty}\frac{1}{T}\int_{-T}^{T}\left(1-\frac{|\tau|}{T}\right)R(\tau)e^{-jw\tau}d\tau \tag{2.35}\\
&= \int_{-\infty}^{\infty}R(\tau)e^{-jw\tau}d\tau
\end{aligned}$$

由此可知，自相关函数 $R_\xi(\tau)$ 和功率谱密度 $P_\xi(\omega)$ 也是一对傅里叶变换关系，即

$$\begin{cases}
P_\xi(\omega) = \int_{-\infty}^{\infty}R(\tau)e^{-j\omega\tau}d\tau\\
R(\tau) = \frac{1}{2\pi}\int_{-\infty}^{\infty}P_\xi(\omega)e^{j\omega\tau}d\omega
\end{cases} \tag{2.36}$$

或

$$\begin{cases}
P_\xi(f) = \int_{-\infty}^{\infty}R(\tau)e^{-j2\pi f\tau}d\tau\\
R(\tau) = \int_{-\infty}^{\infty}P_\xi(f)e^{j2\pi f\tau}df
\end{cases} \tag{2.37}$$

这就是维纳—辛钦定理，它对确知信号和随机信号都适用。

结合自相关函数的性质，平稳随机过程的功率谱密度 $P_\xi(\omega)$ 具有如下性质：

（1）$P_\xi(\omega)$ 为 ω 的偶函数，因为自相关函数为偶函数；

（2）随机过程的平均功率等于功率谱密度在频域上的积分，即

$$R_\xi(0) = \frac{1}{2\pi}\int_{-\infty}^{\infty}P_\xi(\omega)d\omega = E[\xi(t)^2] = S \tag{2.38}$$

（3）$P_\xi(\omega)$ 为非负函数，$P_\xi(\omega)\geq 0$。

功率谱密度有双边功率谱密度和单边功率谱密度。根据 $P_\xi(\omega)$ 的偶函数性质，把负频率范围的谱密度折算到正频率范围内，定义为单边功率谱密度。即

$$P_{\xi单}(\omega) = \begin{cases}
2P_{\xi双}(\omega), & \omega\geq 0\\
0, & \omega < 0
\end{cases} \tag{2.39}$$

【例 2.3】　　已知一随机过程 $x(t)=m(t)\cos(\omega_0 t+\theta)$，它是广义平稳随机过程 $m(t)$ 对一载波信号进行振幅调制的结果。此载波信号的相位 θ 在 $(0, 2\pi)$ 上均匀分布，设 $m(t)$ 与 θ 是统计独立的，且 $m(t)$ 的自相关函数 $R_m(\tau)$ 为

$$R_m(\tau) = \begin{cases}
1+\tau, & -1<\tau<0\\
1-\tau, & 0\leq\tau<1\\
0, & 其他\,\tau
\end{cases}$$

（1）证明 $x(t)$ 是广义平稳的；

（2）画出自相关函数 $R_x(\tau)$ 的波形；

（3）求功率谱密度 $P_x(\omega)$ 及功率 S。

解 （1）若 $x(t)$ 是广义平稳的，则 $x(t)$ 的均值与时间无关是一个常数，$x(t)$ 的自相关函数仅与时间间隔 τ 有关。

由题意得，$m(t)$ 是广义平稳随机过程，其均值 $E[m(t)]$ 为常数，载波信号的相位 θ 在（0，2π）上均匀分布，即 $f(\theta)=1/2\pi$，则 $x(t)$ 的均值为

$$
\begin{aligned}
E[x(t)] &= E[m(t)\cos(\omega_0 t+\theta)] \\
&= E[m(t)] \cdot E[\cos(\omega_0 t+\theta)] \qquad (\text{因为 } m(t) \text{ 与 } \theta \text{ 统计独立}) \\
&= E[m(t)] \cdot \int_0^{2\pi} \cos(\omega_0 t+\theta)\frac{1}{2\pi}\mathrm{d}\theta \\
&= 0
\end{aligned}
$$

$x(t)$ 的自相关函数为

$$
\begin{aligned}
R_x(t_1,t_2) &= E[x(t_1)x(t_2)] \\
&= E[m(t_1)\cdot\cos(\omega_0 t_1+\theta)\cdot m(t_2)\cdot\cos(\omega_0 t_2+\theta)] \\
&= E[m(t_1)\cdot m(t_2)]\cdot E[\cos(\omega_0 t_1+\theta)\cdot\cos(\omega_0 t_2+\theta)] \\
&= R_m(\tau)\cdot E\left\{\frac{1}{2}\cos[2\theta+\omega_0(t_1+t_2)]+\frac{1}{2}\cos\omega_0(t_1-t_2)\right\} \\
&= R_m(\tau)\cdot\left\{E\left[\frac{1}{2}\cos[2\theta+\omega_0(t_1+t_2)]\right]+E\left[\frac{1}{2}\cos\omega_0(t_1-t_2)\right]\right\} \\
&= R_m(\tau)\cdot\left[0+\frac{1}{2}\cos\omega_0(t_1-t_2)\right] \\
&= R_m(\tau)\cdot\frac{1}{2}\cos\omega_0\tau \\
&= R_x(\tau)
\end{aligned}
$$

可见，$x(t)$ 的均值是一个常数，自相关函数仅与时间间隔 τ 有关，所以 $x(t)$ 广义平稳。

（2）
$$
R_x(\tau)=\frac{1}{2}R_m(\tau)\cdot\cos\omega_0\tau
$$

$$
=\begin{cases}
\dfrac{1}{2}(1+\tau)\cos\omega_0\tau, & -1<\tau<0 \\[2mm]
\dfrac{1}{2}(1-\tau)\cos\omega_0\tau, & 0\leqslant\tau<1 \\[2mm]
0, & \text{其他 } \tau
\end{cases}
$$

其波形如图 2.2 所示。

（3）因为 $x(t)$ 广义平稳，所以其功率谱密度 $P_x(\omega)$ 和自相关函数 $R_x(\tau)$ 是一对傅里叶变换关系。由于 $R_m(\tau)$ 是一个三角波，$R_x(\tau)$ 是此三角波与余弦信号的乘积，$R_m(\tau)$ 的傅里叶变换为

$$
FT[R_m(\tau)]=\frac{1}{2}Sa^2\left(\frac{\omega}{2}\right)
$$

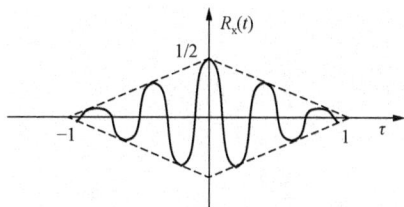

图 2.2　自相关函数的波形

余弦信号 $\cos\omega_0\tau$ 的傅里叶变换为

$$FT[\cos\omega_0\tau] = \pi[\delta(\omega+\omega_0)+\delta(\omega-\omega_0)]$$

所以根据傅里叶变换的性质可得 $x(t)$ 的功率谱密度为：

$$P_x(\omega) = \frac{1}{2\pi} \cdot \pi[\delta(\omega+\omega_0)+\delta(\omega-\omega_0)] \cdot \frac{1}{2}Sa^2\left(\frac{\omega}{2}\right)$$

$$= \frac{1}{4}\left[Sa^2\left(\frac{\omega+\omega_0}{2}\right) + Sa^2\left(\frac{\omega-\omega_0}{2}\right)\right]$$

$x(t)$ 的功率为

$$S = R_x(0) = \frac{1}{2}$$

2.4 高 斯 过 程

2.4.1 高斯过程的定义及性质

高斯过程又称正态随机过程，它普遍存在并十分重要，是通信领域中最重要的一种过程。如在通信信道中的噪声通常是一种高斯过程，因而在信道建模中常用到高斯过程。

对于随机过程 $\xi(t)$，若其任意 n 维（$n=1$，2，…）分布服从正态分布，则称为高斯过程。

高斯过程具有如下性质：

（1）对随机过程 $\xi(t)$ 在 t_1、t_2、…、t_n 时刻观察得到一组随机变量 x_1、x_2、…、x_n。若随机过程 $\xi(t)$ 是高斯过程，则随机变量 x_1、x_2、…、x_n 的 n 维联合概率密度函数仅由各随机变量的数学期望、方差和两两之间的归一化协方差函数决定。

（2）如果高斯过程广义平稳，即其均值与时间无关，协方差只与时间间隔 τ 有关，而与时间起点无关，则它的 n 维分布也与时间起点无关，所以它也是狭义平稳的。也就是说，高斯过程若广义平稳，则其狭义也平稳。

（3）对一高斯过程 $\xi(t)$ 取样，得一组随机变量，若两两互不相关，则这些随机变量也是统计独立的。

（4）高斯过程通过线性网络，输出仍是高斯过程。

2.4.2 高斯过程的统计特征

高斯过程 $\xi(t)$ 在任一时刻上的样值是一个一维高斯随机变量，其一维概率密度函数可表示为

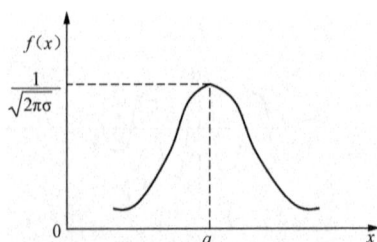

图 2.3 高斯分布的密度函数

$$f(x) = \frac{1}{\sqrt{2\pi}\sigma}\exp\left[-\frac{(x-a)^2}{2\sigma^2}\right] \qquad (2.40)$$

则称 ξ 为服从正态分布的随机变量。式中，a、σ^2 为常量，分别表示高斯过程的数学期望和方差。$F(x)$ 可由如图 2.3 所示的曲线表示。

由式（2.40）和图 2.3 可知 $f(x)$ 具有如下特性：

（1）对称于 $x=a$ 的直线，即 $f(a+x)=f(a-x)$。

（2）$f(x)$ 在 $(-\infty, a)$ 内单调上升，在 (a, ∞) 内单调下降，且在点 a 处达到极大值 $\dfrac{1}{\sqrt{2\pi}\sigma}$。当 $x\to-\infty$ 或 $x\to+\infty$ 时，$f(x)\to0$。

（3）
$$\int_{-\infty}^{\infty} f(x)\mathrm{d}x=1 \tag{2.41}$$

和
$$\int_{-\infty}^{a} f(x)\mathrm{d}x=\int_{a}^{\infty} f(x)\mathrm{d}x=\frac{1}{2} \tag{2.42}$$

（4）a 表示分布中心。对不同的 a，表现为 $f(x)$ 的图形左右平移。

（5）σ^2 表示集中程度，$f(x)$ 的图形将随 σ 的减小而变高变窄。当 $a=0$，$\sigma=1$ 时，
$$f(x)=\frac{1}{\sqrt{2\pi}}\exp\left(-\frac{x^2}{2}\right) \tag{2.43}$$

称为标准正态分布的密度函数。

正态分布函数是概率密度函数的积分，它表示高斯随机变量 ξ 小于或等于任意取值 x 的概率 $p(\xi\leqslant x)$，即
$$F(x)=p(\xi\leqslant x)=\int_{-\infty}^{x}\frac{1}{\sqrt{2\pi}\sigma}\exp\left[-\frac{(z-a)^2}{2\sigma^2}\right]\mathrm{d}z \tag{2.44}$$

式（2.44）的积分无法用闭合形式来计算，常采用在数学手册上有数值和曲线可查的特征函数来表示，多采用误差函数或互补误差函数来表述。

误差函数记为 $erf(x)$，定义为
$$erf(x)=\frac{2}{\sqrt{\pi}}\int_{0}^{x}e^{-t^2}\mathrm{d}t \tag{2.45}$$

它是自变量 x 的递增函数，并且有
$$erf(0)=0, \quad erf(\infty)=1, \quad erf(-x)=-erf(x)$$

并称 $1-erf(x)$ 为互补误差函数，记为 $erfc(x)$，即
$$erfc(x)=1-erf(x)=\frac{2}{\sqrt{\pi}}\int_{x}^{\infty}e^{-t^2}\mathrm{d}t \tag{2.46}$$

它是自变量 x 的递减函数，并且有
$$erfc(0)=1, \quad erfc(\infty)=0, \quad erfc(-x)=2-erfc(x)$$

当 $x\gg1$ 时（实际应用中只要 $x>2$ 即可近似），有
$$erfc(x)\approx\frac{1}{\sqrt{\pi}x}e^{-x^2} \tag{2.47}$$

概率积分函数记为 $\Phi(x)$，定义为
$$\Phi(x)=\frac{1}{\sqrt{2\pi}}\int_{x}^{\infty}e^{-t^2/2}\mathrm{d}t, x\geqslant0 \tag{2.48}$$

这是一个在数学手册上有数值和曲线的特殊函数，有 $\Phi(\infty)=1$。

Q 函数称为马库姆概率积分函数，是一种经常用于表示高斯尾部曲线下的面积的函数，其定义为

$$Q(x)=1-\varPhi(x)=\frac{1}{\sqrt{2\pi}}\int_x^{\infty}e^{-t^2/2}\mathrm{d}t,x\geqslant 0 \qquad (2.49)$$

比较式（2.46）与式（2.48）和式（2.49），可得

$$Q(x)=\frac{1}{2}erfc\left(\frac{x}{\sqrt{2}}\right) \qquad (2.50)$$

$$erfc(x)=2Q(\sqrt{2}x)=2[1-\varPhi(\sqrt{2}x)] \qquad (2.51)$$

将以上特殊函数与式（2.42）联系，以表示正态分布函数 $F(x)$。若对式（2.44）进行变量代换，令新积分变量 $t=(z-a)/\sigma$，就有 $\mathrm{d}z=\sigma\mathrm{d}t$，再与式（2.48）联系，则有

$$F(x)=\varPhi\left(\frac{x-a}{\sigma}\right) \qquad (2.52)$$

若对式（2.44）进行变量代换，令新的积分变量 $t=\frac{z-a}{\sqrt{2}\sigma}$，则 $\mathrm{d}z=\sqrt{2}\sigma\mathrm{d}t$，并利用式（2.46）和式（2.47），则分布函数 $F(x)$ 可表示为

$$F(x)=\begin{cases}\frac{1}{2}+\frac{1}{2}erf\left(\frac{x-a}{\sqrt{2}\sigma}\right), & \text{当}x\geqslant a\text{时}\\ 1-\frac{1}{2}erfc\left(\frac{x-a}{\sqrt{2}\sigma}\right), & \text{当}x\leqslant a\text{时}\end{cases} \qquad (2.53)$$

用误差函数表示分布函数 $F(x)$ 的好处是，借助于一般数学手册所提供的误差函数表，可方便查出不同 x 值时误差函数的近似值（参见附录 A），避免了式（2.44）的复杂积分运算。此外，误差函数的简明特性特别有助于通信系统的抗噪性能分析。

2.4.3 高斯过程实例分析

若噪声 $n(t)$ 的功率谱密度在整个频率范围内都是均匀分布的，则称该噪声为白噪声。白噪声是一个宽带过程，是理想化的噪声模型，对通信系统中的噪声分析都是以白噪声为基础。

白噪声的功率谱密度为

$$P_{\xi}(\omega)=\frac{N_0}{2}(\mathrm{W/Hz}) \qquad (2.54)$$

其中 N_0 为常数，单位为瓦/赫兹。相应的自相关函数为

$$R(\tau)=\frac{N_0}{2}\delta(\tau) \qquad (2.55)$$

白噪声的自相关函数 $R(\tau)$ 仅在 $\tau=0$ 处才有值，而在所有 $\tau\neq 0$ 的位置上，$R(\tau)=0$，如图 2.4 所示。这说明，白噪声只有在 $\tau=0$（同一时刻）时才相关，而其他任意两个时刻上的随机变量都是不相关的。

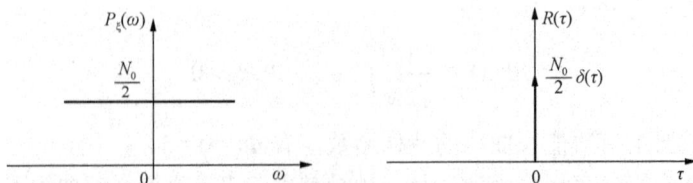

图 2.4 白噪声的功率谱密度和自相关函数

一般情况下，只要噪声所具有的频谱宽度远远大于系统的带宽，且在该频谱宽度中其频谱密度基本上可作为常数来考虑，就可把它作为白噪声处理。

若白噪声被限制在（$-f_0, f_0$）之内，即在该频率区上有 $P_\xi(\omega) = N_0/2$，而在该区间外 $P_\xi(\omega) = 0$，即

$$P_\xi(\omega) = \begin{cases} \dfrac{N_0}{2}, & |f| \leqslant f_0 \\ 0, & \text{其他} \end{cases} \qquad (2.56)$$

其自相关函数为

$$R(\tau) = \int_{-\infty}^{\infty} P_\xi(f) e^{\mathrm{j}2\pi f\tau} \mathrm{d}f = \int_{-f_0}^{f_0} \frac{N_0}{2} e^{\mathrm{j}2\pi f\tau} \mathrm{d}f = \frac{N_0}{\tau} \sin(2\pi f_0\tau) = 2\pi N_0 f_0 Sa(2\pi f_0\tau) \qquad (2.57)$$

带限白噪声的功率谱密度和自相关函数如图 2.5 所示。所以，带限白噪声只有在 $\tau = \dfrac{k}{2f_0}$（$k = 1, 2, 3, \cdots$）上得到的随机变量才不相关。从这一结论可知，若对带限白噪声按抽样定理抽样，则各抽样值是互不相关的随机变量。

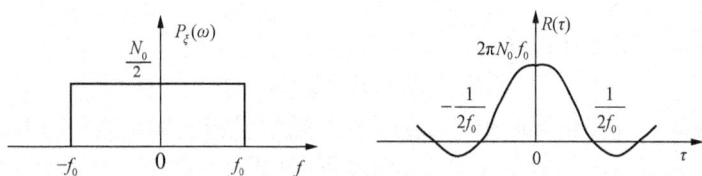

图 2.5　带限白噪声的功率谱密度和自相关函数

若白噪声又服从高斯分布，则称之为高斯型白噪声。高斯白噪声在任意两个时刻上的取值之间，不仅互不相关，而且还是统计独立的。在实际中遇到的噪声，如热噪声、散弹噪声、宇宙噪声等都可近似地认为是高斯白噪声。

2.5 窄 带 随 机 过 程

2.5.1 窄带随机过程的定义及表示

任何一个通信系统都有发送机和接收机，通信原理示意如图 2.6 所示。由图 2.6 可以看出为了提高系统的可靠性，使输出信噪比达到最大，通常在接收机的输入端接有一个带通滤波器，信道内的噪声构成了一个随机过程，经过该带通滤波器之后，则变成了窄带随机过程。因此，研究窄带随机过程的规律是重要的且具有实际的意义，如无线电广播系统的中频信号和噪声就是窄带随机过程。

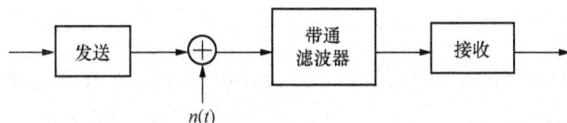

图 2.6　通信系统示意图

设系统的中心频率为 f_c，带宽为 Δf，当 $\Delta f \ll f_c$ 时，就可认为满足窄带条件，这样的

系统就称为窄带系统。窄带系统输出的信号和噪声分别称为窄带信号和窄带噪声，对应的波形就称为窄带波形。若随机过程的功率谱满足该条件则称为窄带随机过程。若带通滤波器的传输函数满足该条件则称为窄带滤波器。因此，随机过程通过窄带滤波器传输之后变成窄带随机过程。如图 2.7 所示给出了窄带随机过程的一个实现的波形及窄带频谱示意图。

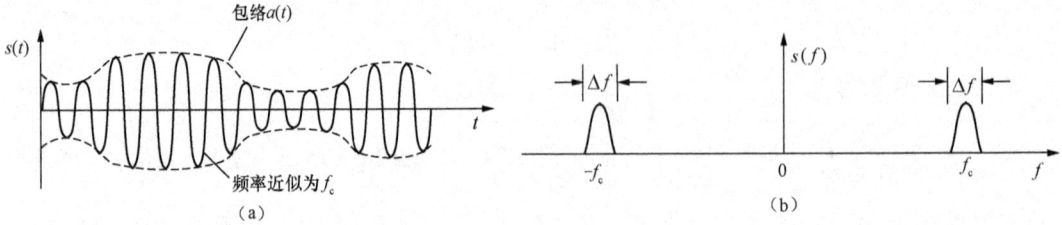

图 2.7　窄带波形及其频谱示意图

由窄带条件可知，窄带过程是功率谱限制在 f_c 附近的很窄范围内的一个随机过程，这个过程中的一个样本函数（一个实现）的波形是一个频率为 f_c 且幅度和相位都做缓慢变化的正弦波，如图 2.7 所示，它可以表示为

$$\xi(t)=a_\xi(t)\cos[\omega_c t+\varphi_\xi(t)] \tag{2.58}$$

其中，$a_\xi(t)$ 是窄带随机过程包络函数，$\varphi_\xi(t)$ 是窄带随机过程的随机相位函数，二者均为随机过程；ω_c 是正弦波的中心角频率。显然，包络随时间做缓慢变化，看起来比较直观，而相位的变化，则要缓慢得多。

式（2.58）也可以表示为

$$\begin{aligned}\xi(t)&=a_\xi(t)\cos\omega_c t\cos\varphi_\xi(t)-a_\xi(t)\sin\omega_c t\sin\varphi_\xi(t)\\&=\xi_C(t)\cos\omega_c t-\xi_S(t)\sin\omega_c t\end{aligned} \tag{2.59}$$

其中，$\xi_C(t)=a_\xi(t)\cos\varphi_\xi(t)$，称为 $\xi(t)$ 的同相分量；$\xi_S(t)=a_\xi(t)\sin\varphi_\xi(t)$，称为 $\xi(t)$ 的正交分量。可见 $\xi(t)$ 的统计特性可由 $a_\xi(t)$ 和 $\varphi_\xi(t)$ 或 $\xi_C(t)$ 和 $\xi_S(t)$ 的统计特性来确定。

2.5.2　窄带随机过程的统计特征

设窄带随机过程 $\xi(t)$ 是均值为零的平稳高斯随机过程，即窄带高斯过程，则该过程 $\xi(t)$ 的数学期望为

$$\begin{aligned}E[\xi(t)]&=E[\xi_C(t)\cos\omega_c t-\xi_S(t)\sin\omega_c t]\\&=E[\xi_C(t)]\cos\omega_c t-E[\xi_S(t)]\sin\omega_c t\end{aligned} \tag{2.60}$$

因为 $\xi(t)$ 的均值为零，即 $E[\xi(t)]=0$，所以 $E[\xi_C(t)]=0$，$E[\xi_S(t)]=0$。

由于 $\xi(t)$ 是平稳的，自相关函数 $R_\xi(\tau)$ 与时间 t 无关，所以有

$$\begin{aligned}R_\xi(\tau)&=R_\xi(t,t+\tau)\\&=E\{[\xi_C(t)\cos\omega_c t-\xi_S(t)\sin\omega_c t]\cdot[\xi_C(t+\tau)\cos\omega_c(t+\tau)-\xi_S(t+\tau)\sin\omega_c(t+\tau)]\}\\&=R_{\xi_C}(t,t+\tau)\cos\omega_c t\cos\omega_c(t+\tau)-R_{\xi_C\xi_s}(t,t+\tau)\cos\omega_c t\sin\omega_c(t+\tau)\\&\quad-R_{\xi_S\xi_C}(t,t+\tau)\sin\omega_c t\cos\omega_c(t+\tau)+R_{\xi_S}(t,t+\tau)\sin\omega_c t\sin\omega_c(t+\tau)\end{aligned} \tag{2.61}$$

其中，

$$R_{\xi_C}(t,t+\tau)=E[\xi_C(t)\xi_C(t+\tau)]$$
$$R_{\xi_C\xi_S}(t,t+\tau)=E[\xi_C(t)\xi_S(t+\tau)]$$
$$R_{\xi_S\xi_C}(t,t+\tau)=E[\xi_S(t)\xi_C(t+\tau)]$$
$$R_{\xi_S}(t,t+\tau)=E[\xi_S(t)\xi_S(t+\tau)]$$

(2.62)

因为 $\xi(t)$ 是平稳的,要求上式右边与时间 t 无关,而只与时间间隔 τ 有关,即

$$R_{\xi_C}(t,t+\tau)=R_{\xi_C}(\tau)$$
$$R_{\xi_C\xi_S}(t,t+\tau)=R_{\xi_C\xi_S}(\tau)$$
$$R_{\xi_S\xi_C}(t,t+\tau)=R_{\xi_S\xi_C}(\tau)$$
$$R_{\xi_S}(t,t+\tau)=R_{\xi_S}(\tau)$$

(2.63)

所以有

$$R_\xi(\tau)=R_{\xi_C}(\tau)\cos\omega_c t\cos\omega_c(t+\tau)-R_{\xi_C\xi_S}(\tau)\cos\omega_c t\sin\omega_c(t+\tau)$$
$$-R_{\xi_S\xi_C}(\tau)\sin\omega_c t\cos\omega_c(t+\tau)+R_{\xi_S}(\tau)\sin\omega_c t\sin\omega_c(t+\tau)$$

(2.64)

当 $t=0$ 时,

$$R_\xi(\tau)=R_{\xi_C}(\tau)\cos\omega_c t-R_{\xi_C\xi_S}(\tau)\sin\omega_c\tau$$

(2.65)

当 $t=\dfrac{\pi}{2\omega_c}$ 时,

$$R_\xi(\tau)=R_{\xi_S}(\tau)\cos\omega_c\tau+R_{\xi_S\xi_C}(\tau)\sin\omega_c\tau$$

(2.66)

因此,若 $\xi(t)$ 是平稳的,则 $\xi_C(t)$ 和 $\xi_S(t)$ 也是广义平稳的。

比较式(2.65)和式(2.66),则有

$$R_{\xi_C}(\tau)=R_{\xi_S}(\tau)$$
$$R_{\xi_C\xi_S}(\tau)=-R_{\xi_S\xi_C}(\tau)$$

(2.67)

根据互相关函数的性质:

$$R_{\xi_C\xi_S}(\tau)=R_{\xi_S\xi_C}(-\tau)$$

(2.68)

式(2.68)代入式(2.67),得

$$R_{\xi_S\xi_C}(\tau)=-R_{\xi_S\xi_C}(-\tau)$$

(2.69)

式(2.69)说明 $R_{\xi_S\xi_C}(\tau)$ 是时间间隔 τ 的奇函数。显然奇函数均过 0 点,所以

$$R_{\xi_S\xi_C}(0)=0$$

(2.70)

同理可得

$$R_{\xi_C\xi_S}(0)=0$$

(2.71)

令 $\tau=0$,由式(2.65)和式(2.66)得

$$R_\xi(0)=R_{\xi_C}(0)=R_{\xi_S}(0)$$

(2.72)

所以,一个均值为零的窄带平稳高斯过程,其同相分量 $\xi_C(t)$ 和正交分量 $\xi_S(t)$ 也是均值为零的平稳高斯过程,且方差相同,而在同一时刻上得到的 $\xi_C(t)$ 和 $\xi_S(t)$ 是不相关的。

由式（2.59）得

$$a_{\xi}(t)=\sqrt{\xi_C^2(t)+\xi_S^2(t)}$$
$$\varphi_{\xi}(t)=\arctan\frac{\xi_S(t)}{\xi_C(t)} \tag{2.73}$$

可用随机变量变换的关系求 $a_{\xi}(t)$ 和 $\varphi_{\xi}(t)$ 的概率密度函数，从而可得 $a_{\xi}(t)$ 服从瑞利分布，$\varphi_{\xi}(t)$ 服从均匀分布。所以，窄带平稳高斯过程的包络和相位是统计独立的。

2.6　随机过程通过线性系统

2.6.1　输出与输入随机过程的关系

随机过程通过线性系统是建立在信号通过线性系统分析原理的基础之上的。从广义的角度看，随机过程通过一个传输系统就是对其进行某种数学运算或变换，由系统的网络特性来建立激励与响应之间的关系。

设线性时不变系统的单位冲激响应为 $h(t)$，其传输特性为 $H(\omega)$，则该系统的响应 $y(t)$ 与系统输入信号 $x(t)$ 的关系为

$$y(t)=x(t)*h(t)=\int_{-\infty}^{\infty}x(\tau)h(t-\tau)\mathrm{d}\tau=\int_{-\infty}^{\infty}h(\tau)x(t-\tau)\mathrm{d}\tau \tag{2.74}$$

若线性系统是物理可实现的，即 $t<0$ 时单位冲激响应 $h(t)=0$，则

$$y(t)=x(t)*h(t)=\int_{-\infty}^{t}x(\tau)h(t-\tau)\mathrm{d}\tau=\int_{0}^{t}h(\tau)x(t-\tau)\mathrm{d}\tau \tag{2.75}$$

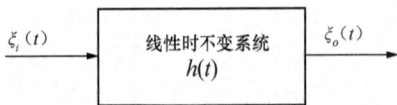

下面来观察随机过程输入线性系统的响应统计特性及功率谱密度的变化。如图 2.8 所示，当线性系统的输入端加上随机过程 $\xi_i(t)$ 时，对于 $\xi_i(t)$ 的每一个样本函数 $x_i(t)$（$i=1,2,\cdots$），系统的输出端都有一个 $y_i(t)$ 与它相对应，而 $y_i(t)$ 的整个集合就构成了输出过程 $\xi_o(t)$。

$\xi_i(t)$ → 线性时不变系统 $h(t)$ → $\xi_o(t)$

图 2.8　线性系统输入与输出关系模型

显然随机过程 $\xi_i(t)$ 的每个样本 $x_i(t)$ 与输出过程 $\xi_o(t)$ 的相应样本 $y_i(t)$ 之间都满足式（2.75）的关系，因此，就整个过程而言，便有

$$\xi_o(t)=\int_0^{\infty}h(\tau)\xi_i(t-\tau)\mathrm{d}\tau \tag{2.76}$$

即输出随机过程等于输入随机过程与系统单位冲激响应的卷积。

2.6.2　输出随机过程的数学期望

由式（2.76）可知，输出随机过程的数学期望为

$$E[\xi_o(t)]=E\Big[\int_0^{\infty}h(\tau)\xi_i(t-\tau)\mathrm{d}\tau\Big]=\int_0^{\infty}h(\tau)E[\xi_i(t-\tau)]\mathrm{d}\tau \tag{2.77}$$

因为输入随机过程是平稳的，所以

$$E[\xi_i(t-\tau)]=E[\xi_i(t)]=a_{\xi} \tag{2.78}$$

即输入随机过程的数学期望与时间 t 无关。于是有

$$E[\xi_o(t)]=a_{\xi}\int_0^{\infty}h(\tau)\mathrm{d}\tau \tag{2.79}$$

因为 $H(\omega)=\int_0^\infty h(t)e^{-\mathrm{j}\omega t}\mathrm{d}t$ ，可求得 $H(0)=\int_0^\infty h(t)\mathrm{d}t$ ，所以有

$$E[\xi_o(t)]=a_\xi H(0) \tag{2.80}$$

即输出随机过程的数学期望等于输入随机过程的数学期望乘以 $H(0)$ 。其物理意义是，平稳随机过程通过线性系统后输出的直流分量等于输入的直流分量乘以系统的直流传递函数。

2.6.3　输出随机过程的自相关函数

根据式（2.20）自相关函数的定义，可得输出随机过程的自相关函数为

$$
\begin{aligned}
R_o(t_1,t_1+\tau)&=E[\xi_o(t_1)\xi_o(t_1+\tau)]\\
&=E[\int_0^\infty h(\alpha)\xi_i(t_1-\alpha)\mathrm{d}\alpha\int_0^\infty h(\beta)\xi_i(t_1+\tau-\beta)\mathrm{d}\beta]\\
&=\int_0^\infty\int_0^\infty h(\alpha)h(\beta)E[\xi_i(t_1-\alpha)\xi_i(t_1+\tau-\beta)]\mathrm{d}\alpha\mathrm{d}\beta
\end{aligned} \tag{2.81}
$$

根据输入随机过程的平稳性，可知

$$E[\xi_i(t_1-\alpha)\xi_i(t_1+\tau-\beta)]=R_i(t_1-\alpha,t_1+\tau-\beta)=R_i(\tau+\alpha-\beta) \tag{2.82}$$

所以有

$$
\begin{aligned}
R_o(t_1,t_1+\tau)&=E[\xi_o(t_1)\xi_o(t_1+\tau)]\\
&=\int_0^\infty\int_0^\infty h(\alpha)h(\beta)R_i(\tau+\alpha-\beta)\mathrm{d}\alpha\mathrm{d}\beta\\
&=R_o(\tau)
\end{aligned} \tag{2.83}
$$

可见，输出随机过程的自相关函数只与时间间隔 τ 有关，而与时间的起点 t_1 无关。所以输出随机过程 $\xi_o(t)$ 广义平稳。

因此，可得推论如下：

（1）输入是各态历经的随机过程，输出也是各态历经的随机过程；

（2）输入是高斯过程，输出也是高斯过程，只是均值和方差发生了变化。

2.6.4　输出随机过程的功率谱密度

根据式（2.36）平稳随机过程与自相关函数的傅里叶变换关系，有

$$
\begin{aligned}
p_{\xi_o}(\omega)&=\int_{-\infty}^\infty R_o(\tau)e^{-\mathrm{j}\omega\tau}\mathrm{d}\tau\\
&=\int_{-\infty}^\infty\left[\int_0^\infty\int_0^\infty h(\alpha)h(\beta)R_i(\tau+\alpha-\beta)\mathrm{d}\alpha\mathrm{d}\beta\right]e^{-\mathrm{j}\omega\tau}\mathrm{d}\tau
\end{aligned} \tag{2.84}
$$

令 $\tau'=\tau+\alpha-\beta$ ，则 $\tau=\tau'-\alpha+\beta$ ，代入上式得

$$
\begin{aligned}
p_{\xi_o}(\omega)&=\int_0^\infty h(\alpha)e^{\mathrm{j}\omega\alpha}\mathrm{d}\alpha\int_0^\infty h(\beta)e^{-\mathrm{j}\omega\beta}\mathrm{d}\beta\int_{-\infty}^\infty R_i(\tau)e^{-\mathrm{j}\omega\tau}\mathrm{d}\tau\\
&=H^*(\omega)\cdot H(\omega)\cdot p_{\xi_i}(\omega)\\
&=|H(\omega)|^2\cdot p_{\xi_i}(\omega)
\end{aligned} \tag{2.85}
$$

其中， $\int_0^\infty h(\alpha)e^{\mathrm{j}\omega\alpha}\mathrm{d}\alpha=\int_0^\infty h(\alpha)e^{-\mathrm{j}(-\omega)\alpha}\mathrm{d}\alpha=H(-\omega)=H^*(\omega)$

即系统输出的平稳随机过程的功率谱密度是输入随机过程的功率谱密度与系统的 $|H(\omega)|^2$ 的乘积。

【例 2.4】　理想低通滤波器的传输特性为 $H(\omega)=\begin{cases} K_0 e^{-j\omega t_d} & |\omega| \leqslant \omega_H \\ 0 & 其他 \end{cases}$，试求功率谱密度为 $n_0/2$ 的白噪声通过该滤波器后的功率谱密度、自相关函数和噪声平均功率。

解　由题意可得：$|H(\omega)|^2 = \begin{cases} K_0^2 & |\omega| \leqslant \omega_H \\ 0 & 其他 \end{cases}$

所以，输出功率谱密度为

$$P_{\xi_o}(\omega) = |H(\omega)|^2 \cdot P_{\xi_i}(\omega) = \begin{cases} K_0^2 \dfrac{n_0}{2} & |\omega| \leqslant \omega_H \\ 0 & 其他 \end{cases}$$

自相关函数为

$$R(\tau) = \frac{1}{2\pi} \int_{-\infty}^{\infty} P_{\xi}(\omega) e^{j\omega\tau} d\omega = \frac{K_0^2 n_0}{4\pi} \int_{-\omega_H}^{\omega_H} e^{j\omega\tau} d\omega = K_0^2 n_0 f_H \frac{\sin \omega_H \tau}{\omega_H \tau}$$

其中 $f_H = \dfrac{\omega_H}{2\pi}$。

由平稳随机过程的自相关函数的性质可得白噪声的平均功率为

$$S = R(0) = K_0^2 n_0 f_H$$

2.6.5　输入输出的互相关函数

互相关函数指的是系统输入输出之间的相关性。由互相关函数的定义可知，输入输出的互相关函数为

$$
\begin{aligned}
R_{io}(t, t+\tau) &= E[\xi_i(t)\xi_o(t+\tau)] \\
&= E[\xi_i(t) \int_{-\infty}^{\infty} h(\alpha)\xi_i(t+\tau-\alpha)d\alpha] \\
&= \int_{-\infty}^{\infty} h(\alpha) E[\xi_i(t)\xi_i(t+\tau-\alpha)]d\alpha \quad (2.86)\\
&= \int_{-\infty}^{\infty} h(\alpha) R(\tau-\alpha)d\alpha \\
&= h(\tau) * R_i(\tau)
\end{aligned}
$$

可见，输入输出的互相关函数等于输入的自相关函数与系统冲激响应的卷积。下面通过一个例题来说明这一结果。

【例 2.5】　输入是功率谱密度为 $N_0/2$ 的高斯白噪声，求其线性网络输入与输出的互相关函数。

解　高斯白噪声的自相关函数 $R_i(\tau) = \dfrac{N_0}{2}\delta(\tau)$

输入输出的互相关函数为

$$R_{io}(\tau) = R_i(\tau) * h(\tau) = \frac{N_0}{2}\delta(\tau) * h(\tau) = \frac{N_0}{2} h(\tau)$$

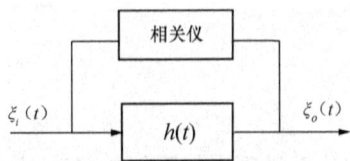

图 2.9　冲激响应测试方法

可见，互相关函数就是该系统的冲激响应。这实际上提供了一种测量冲激响应的方法，如图 2.9 所示冲激响应测试方法。输入是一个高斯白噪声（功率谱是均匀的），用

相关仪测出输入输出的互相关函数，即可得到系统的冲激响应。

2.7　平稳随机过程通过乘法器

平稳随机过程通过线性系统传输后输出仍然是平稳随机过程，但是在通信系统中除线性系统外，还有许多非线性系统，最典型的非线性系统就是乘法器。

与线性系统相对应，随机过程经过乘法器传输，若输入是平稳随机过程，那么输出是否还是平稳的？输出信号的功率谱密度与输入随机过程的功率谱密度之间有什么关系呢？

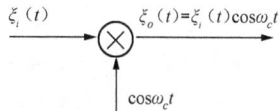

图 2.10　随机过程经过乘法器

如图 2.10 所示为平稳随机过程经过乘法器示意图，其输出为

$$\xi_o(t) = \xi_i(t)\cos\omega_c t \qquad (2.87)$$

$\xi_o(t)$ 的均值为

$$E[\xi_o(t)] = E[\xi_i(t)\cos\omega_c t] = E[\xi_i(t)]\cos\omega_c t \qquad (2.88)$$

由式（2.88）可知，当输入 $\xi_i(t)$ 是平稳的，$E[\xi_i(t)]$ 为一常数，但 $E[\xi_o(t)]$ 与 t 有关，不为常数。所以输出 $\xi_o(t)$ 是不平稳的。

$\xi_o(t)$ 的自相关函数为

$$
\begin{aligned}
R_o(t,t+\tau) &= E[\xi_o(t)\xi_o(t+\tau)] \\
&= E[\xi_i(t)\cos\omega_c t\,\xi_i(t+\tau)\cos\omega_c(t+\tau)] \\
&= \frac{1}{2}R_i(\tau)[\cos\omega_c\tau + \cos\omega_c(2t+\tau)]
\end{aligned} \qquad (2.89)
$$

可见，$\xi_o(t)$ 的自相关函数也与时间 t 有关。由此也可知平稳随机过程经乘法器传输后，输出也不再是平稳随机过程。

$\xi_o(t)$ 的自相关函数的时间平均值为

$$
\begin{aligned}
\overline{R_o(t,t+\tau)} &= \overline{\frac{1}{2}R_i(\tau)[\cos\omega_c\tau + \cos\omega_c(2t+\tau)]} \\
&= \frac{1}{2}R_i(\tau)\cos\omega_c\tau
\end{aligned} \qquad (2.90)
$$

由于平稳随机过程经乘法器传输后输出已不再是平稳随机过程，因此，输出信号的功率谱密度为

$$
\begin{aligned}
P_{\xi_o}(\omega) &= \int_{-\infty}^{\infty} \overline{R_o(t,t+\tau)}\,e^{-j\omega\tau}\mathrm{d}\tau \\
&= \int_{-\infty}^{\infty} \frac{1}{2}R_i(\tau)\cos\omega_c\tau \cdot e^{-j\omega\tau}\mathrm{d}\tau
\end{aligned}
$$

因此，有

$$P_{\xi_o}(\omega) = \frac{1}{4}[P_{\xi_i}(\omega-\omega_c) + P_{\xi_i}(\omega+\omega_c)] \qquad (2.91)$$

所以，平稳随机过程经乘法器后，输出信号的功率谱密度的幅度为原来的 1/4，位置分别移到载波角频率 $\pm\omega_c$ 处，如图 2.11 所示。

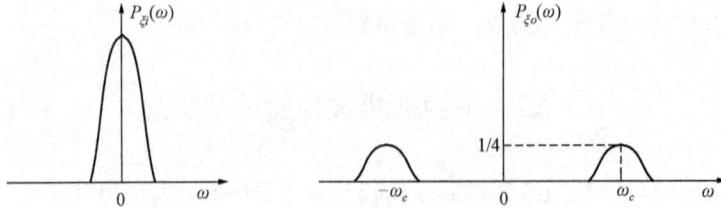

图 2.11　随机过程经过乘法器的功率谱密度

【例 2.6】　将一功率谱密度为 $N_0/2$ 的高斯白噪声加到如图 2.12 所示系统的输入端，试确定其输出信号的功率谱密度和功率。

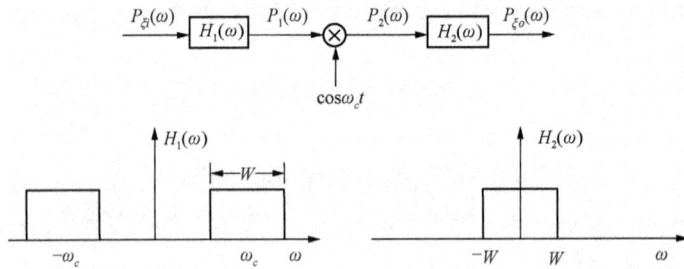

图 2.12　白噪声经过接收机

解　因为输入为高斯白噪声，所以：

$$P_1(\omega)=P_{\xi_i}(\omega)|H_1(\omega)|^2=\frac{N_0}{2}|H_1(\omega)|^2=\begin{cases}\dfrac{N_0}{2}, & \omega_c-\dfrac{W}{2}\leqslant\omega\leqslant\omega_c+\dfrac{W}{2}\\[2mm] 0, & \text{其他}\end{cases}$$

$$P_2(\omega)=\frac{1}{4}[P_1(\omega-\omega_c)+P_1(\omega+\omega_c)]=\begin{cases}\dfrac{N_0}{4}, & -\dfrac{W}{2}\leqslant\omega\leqslant\dfrac{W}{2}\\[2mm]\dfrac{N_0}{8}, & 2\omega_c-\dfrac{W}{2}\leqslant\omega\leqslant 2\omega_c+\dfrac{W}{2}\\[2mm]0, & \text{其他}\end{cases}$$

$$P_{\xi_o}(\omega)=P_2(\omega)|H_2(\omega)|^2=\begin{cases}\dfrac{N_0}{4}, & -\dfrac{W}{2}\leqslant\omega\leqslant\dfrac{W}{2}\\[2mm]0, & \text{其他}\end{cases}$$

所以，平均功率为：

$$S=\frac{1}{2\pi}\int_{-\infty}^{\infty}P_{\xi_o}(\omega)\mathrm{d}\omega=\frac{1}{2\pi}\int_{-W/2}^{W/2}\frac{N_0}{4}\mathrm{d}\omega=\frac{N_0}{8\pi}W$$

小　　　结

（1）随机信号和噪声不能用一个确定的时间函数来描述，是一个随机过程，必须用随机过程的理论来分析。

随机过程就是无数个样本函数（每个样本函数与某一概率相对应）的集合（总体），或是在时间上连续的无数个随机变量的集合（总体），其统计特性和数字特征可以用 n 维分布函数 $F_n(x_1, x_2, \cdots, x_n; t_1, t_2, \cdots, t_n)$ 或 n 维概率密度函数 $f_n(x_1, x_2, \cdots, x_n; t_1, t_2, \cdots, t_n)$ 来描述。

（2）随机过程的数学期望 $a(t)$ 通常为一时间函数，它表示随机过程各个时刻的数学期望随时间的变化情况；方差 $\sigma^2(t)$ 表示随机过程在时刻 t 对于均值的偏离程度，一般也是时间函数。采用协方差函数 $B(t_1, t_2)$ 和相关函数 $R(t_1, t_2)$ 来描述随机过程在任意两个时刻上获得的随机变量的统计相关特性，若衡量的是同一个随机过程，则 $B(t_1, t_2)$ 和 $R(t_1, t_2)$ 分别称为自协方差函数和自相关函数，自相关函数表示随机过程在 t_1，t_2 两个时刻取值的相关程度，一般 $R(t_1, t_2)$ 不仅和两个时刻的时间间隔 $\tau = t_2 - t_1$ 有关，而且和时间起点 t_1 有关。

（3）平稳随机过程的任何 n 维分布函数或概率密度函数与时间起点无关，它的数学期望、方差和均方差都是一个常数。平稳随机过程的自相关函数与时间起点无关，只与时间间隔 τ 有关，表示为 $R(\tau)$。这样的平稳随机过程也称为宽平稳随机过程或广义平稳随机过程。若平稳随机过程的各个实现（样本函数），都同样经历了随机过程的各种许可状态，称为各态历经性（遍历性）。平稳随机过程的自相关函数 $R_\xi(\tau)$ 和功率谱密度 $P_\xi(\omega)$ 是一对傅里叶变换关系，通过自相关函数，可确定平稳随机过程的平均功率、直流功率和交流功率。

（4）高斯过程的任意 n 维分布服从正态分布。高斯噪声是高斯过程的实例，若高斯噪声的功率谱密度是均匀分布的，又可称为高斯白噪声，散弹噪声和热噪声就属于高斯噪声。

（5）若随机过程的功率谱满足窄带条件则称为窄带随机过程，随机过程通过窄带滤波器传输之后变成窄带随机过程。窄带随机过程可用包络函数 $a_\xi(t)$ 和相位函数 $\varphi_\xi(t)$ 表示，也可分解为同相分量 $\xi_c(t)$ 的正交分量 $\xi_s(t)$。因此，窄带随机过程的统计特性可由 $a_\xi(t)$ 和 $\varphi_\xi(t)$ 或 $\xi_c(t)$ 和 $\xi_s(t)$ 的统计特性来确定。

（6）由线性系统理论，输入和输出之间的关系为卷积积分。平稳随机过程通过线性系统时，系统的输出随机过程也是平稳的。输出平稳随机过程的数学期望等于输入平稳随机过程的数学期望乘以系统的直流传递函数；输出过程的功率谱密度等于输入过程的功率谱密度乘以系统传递函数绝对值的平方。

（7）平稳随机过程通过乘法器，输出随机过程的自相关函数与时间 t 有关，是不平稳的。但乘法输出信号的功率谱密度的幅度为原来的 1/4，位置分别移到载波角频率 $\pm\omega_c$ 处。

习　　题

2.1　什么是随机过程？为什么要研究随机过程？

2.2　随机过程有哪些基本特征？它和随机变量有什么区别？

2.3　随机过程的数字特征有哪些？这些数字特征分别描述随机过程的哪些性质？

2.4　什么是平稳随机过程？平稳随机过程的自相关函数有哪些性质？

2.5　什么是各态历经性？一个具有各态历经性的平稳随机过程，其数学期望和方差分别代表什么？它的自相关函数在 $\tau = 0$ 时的值 $R(0)$ 又代表什么？

2.6　什么是高斯过程？高斯过程的一维概率密度函数有什么特性？

2.7　高斯随机过程、高斯白噪声、带限高斯白噪声各有什么特点？

2.8　什么是窄带随机过程？窄带随机过程的波形有什么特点？它的包络和相位各服从

什么概率分布？

2.9　平稳随机过程通过线性系统时，输出随机过程和输入随机过程的数学期望、自相关函数及功率谱密度之间有什么关系？

2.10　平稳随机过程通过乘法器，输出是否是平稳的？其输出信号的功率谱密度与输入随机过程的功率谱密度之间有什么样的关系？

2.11　设随机过程 $\xi(t)$ 可表示成 $\xi(t)=2\cos(2\pi t+\theta)$，式中 θ 是一个离散随机变量，且 $P(\theta=0)=1/2$，$P(\theta=\pi/2)=1/2$，试求：

（1）当 $t=1$ 时，$\xi(t)$ 的均值 $E[\xi(1)]$；

（2）当 $t=0$ 和 $t=1$ 时的自相关函数 $R_\xi(0,1)$。

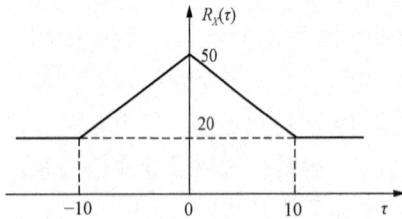

图 2.13　习题 2.13 图

2.12　已知 $X(t)$ 与 $Y(t)$ 是统计独立的平稳随机过程，且它们的自相关函数分别为 $R_X(\tau)$、$R_Y(\tau)$，求：乘积 $Z(t)=X(t)Y(t)$ 的自相关函数。

2.13　如图 2.13 所示为随机过程 $X(t)$ 的自相关函数 $R_X(\tau)$。求：

（1）$E[X(t)]$；

（2）均方值 $E[X^2(t)]$；

（3）方差 σ^2。

2.14　已知噪声 $n(t)$ 的自相关函数 $R_n(\tau)=\dfrac{a}{2}\exp(-a|\tau|)$，其中 a 为常数；

（1）求噪声功率谱 $P_n(\omega)$ 和平均功率 S；

（2）绘出 $R_n(\tau)$ 与 $P_n(\omega)$ 的波形。

2.15　有两个随机过程为：

$$X(t)=A\cos\omega_0 t+B\sin\omega_0 t$$

$$Y(t)=B\cos\omega_0 t+A\sin\omega_0 t$$

其中 A、B 都是随机变量，为常数，若已知 A 与 B 互不相关，均值都为 0，方差相等为 σ^2。试求：

（1）$X(t)$ 和 $Y(t)$ 的互相关函数 $R_{X,Y}(t,t+\tau)$；

（2）$Z(t)=X(t)+Y(t)$ 是否广义平稳？

2.16　设随机过程 $X(t)=\xi\cos(\omega_0 t+\Theta)$，其中 ξ 是均值为零、方差为 σ^2 的高斯变量，Θ 是 $(-\pi,\pi)$ 内的均匀分布的相位随机变量，且 ξ 与 Θ 统计独立。

（1）证明 $X(t)$ 为广义平稳；

（2）$X(t)$ 是否是遍历平稳？

（3）求 $X(t)$ 的功率谱 $P_X(\omega)$ 和平均功率 S。

2.17　随机过程 $X(t)$ 的功率谱如图 2.14 所示。求：

（1）自相关函数 $R_X(\tau)$，并绘出波形；

（2）$X(t)$ 包含的直流分量；

（3）$X(t)$ 包含的交流分量。

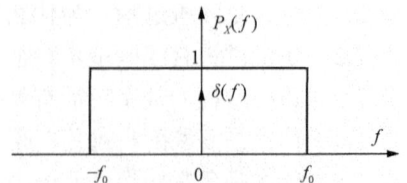

图 2.14　习题 2.17 图

2.18　设 $\xi(t)$ 是一个平稳随机过程，它的自相关函数是周期为 2 的周期函数。在区间 $(-1,1)$ 上，该自相关函数 $R(\tau)=1-|\tau|$。试求 $\xi(t)$ 的功率谱密度 $P_\xi(\omega)$ 并画出波形图。

2.19　将一个均值为 0，功率谱密度为 $n_0/2$ 的高斯白噪声加到一个理想带通滤波器（如图 2.15 所示）上，该滤波器的中心角频率为 f_c、带宽为 B。

（1）求滤波器输出噪声的自相关函数；

（2）写出输出噪声的一维概率密度函数。

2.20　设 RC 低通滤波器如图 2.16 所示，求当输入均值为 0，功率谱密度为 $n_0/2$ 的白噪声时，求：

（1）输出过程的功率谱密度和自相关函数；

（2）输出过程的一维概率密度函数。

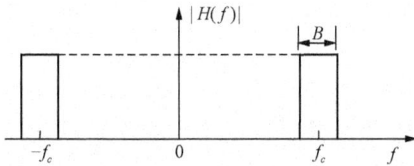

图 2.15　习题 2.19 图　　　　图 2.16　习题 2.20 图

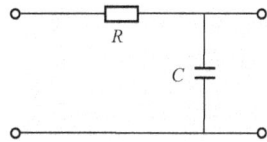

2.21　平稳随机过程 $X(t)$ 的均值为 1，方差为 2，现有另一个随机过程 $Y(t)=2+3X(t)$，求：

（1）$Y(t)$ 是否是广义平稳随机过程？

（2）$Y(t)$ 的平均功率；

（3）$Y(t)$ 的方差。

2.22　如图 2.17 所示系统，若输入 $X(t)$ 是平稳随机过程，其功率谱密度为 $P_X(\omega)$，求 $X(t)$ 通过该系统后的自相关函数及功率谱密度。

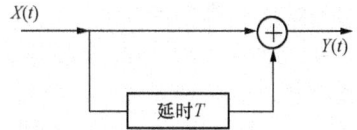

图 2.17　习题 2.22 图

2.23　信号在信道介入了高斯白噪声为 $n(t)$，通过接收滤波器（BPF）为理想带通高斯白噪声 $n_i(t)$，中心频率 $f_0=1\text{MHz}$，带宽 $W=10\text{kHz}$，白噪声单边功率谱为 $n_0=2\times10^{-10}\text{W/Hz}$。通过乘法器后，以基带带宽 $B=10\text{kHz}$ 理想低通滤波器（LPF）输出。如图 2.18 所示。

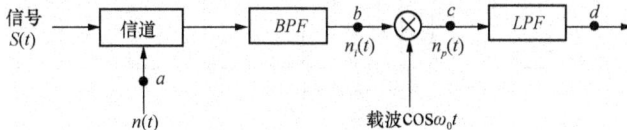

图 2.18　习题 2.23 图

（1）画出图中 a、b、c、d 四点处的噪声功率谱；

（2）计算 b、d 点的噪声功率。

第 3 章 数据传输的信道与噪声

3.1 信道定义与数学模型

信道是通信系统必不可少的组成部分，任何一个通信系统都可以认为由发送设备、信道和接收设备三个部分组成。信道通常是指以传输媒质为基础的信号通道，而信号在信道中传输遇到噪声又是不可避免的，即信道允许信号通过的同时又给信号加以限制和损害。因而，对信道和噪声的研究是研究通信其他问题的基础。

3.1.1 信道的定义

信道是指以传输媒介为基础的信号通路。具体地说，信道是指由有线或无线线路提供的信号通路；抽象地说，信道是指定的一段频带，它让信号通过，同时又给信号以限制和损害。信道的作用是传输信号。

通常信道有两种理解：一种是指信号的传输介质，如对称电缆、同轴电缆、超短波及微波视距传播（包括卫星中继）路径、短波电离层反射路径、对流层散射路径以及光纤等，称此种类型的信道为狭义信道。狭义信道包括有线信道和无线信道。

另一种是将传输介质和各种信号形式的转换、耦合等设备都归在一起，包括发送设备、接收设备、馈线与天线、调制器等部件和电路在内的传输路径或传输通路，这种范围扩大了的信道称为广义信道。广义信道按照所包括的功能，可以分为调制信道和编码信道。

调制信道与编码信道的示意图如图 3.1 所示。

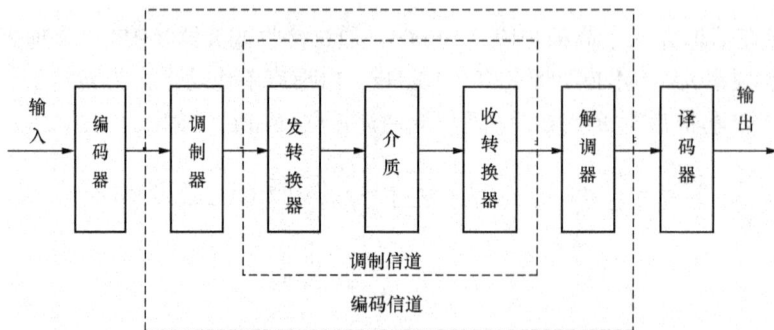

图 3.1 调制信道与编码信道

所谓调制信道是从研究调制与解调的基本问题出发而构成的。它的范围是从调制器输出端到解调器输入端。从调制和解调的角度来看，由调制器输出端到解调器输入端的所有转换器及传输介质。不管其中间过程如何，它们不过是把已调信号进行了某种变换而已，变换过程中需要关心的是最终结果，而无需关心形成这个最终结果的详细过程。因此，研究调制与解调问题时，定义一个调制信道是方便和恰当的。调制信道通常用在模拟通信中。

在数字通信系统中，如果研究编码与译码问题时，则采用编码信道会使得问题分析更容易。所谓编码信道是指编码器输出端到译码器输入端的部分，即编码信道包括调制器、调制信道和解调器。

在信道中发生的基本物理过程是电（或光）信号的传播，不论是何种类型的信道，都有以下几个特征：

（1）所有信道都有输入和输出；

（2）大多数信道的输入和输出存在线性叠加关系，但在某些条件下会存在非线性关系；

（3）信号经过信道时要衰减；

（4）信号经过信道时产生延迟；

（5）所有信道都存在噪声或干扰。

3.1.2　信道的数学模型

信道的数学模型用来表征实际物理信道的特性，它对通信系统的分析和设计是十分方便的。

1．调制信道的模型

调制信道的范围是从调制器输出端到解调器输入端。通常它具有如下性质：

（1）有一对（或多对）输入端和一对（或多对）输出端；

（2）绝大部分信道都是线性的，即满足叠加原理；

（3）信号通过信道会出现迟延时间；

（4）信道对信号有损耗，它包括固定损耗或时变损耗；

（5）即使没有信号输入，在信道的输出端仍可能有一定的功率输出（噪声）。

根据以上几条性质，调制信道可以用一个二端口或多端口线性时变网络来表示。这个网络便称为调制信道模型，如图 3.2 所示。

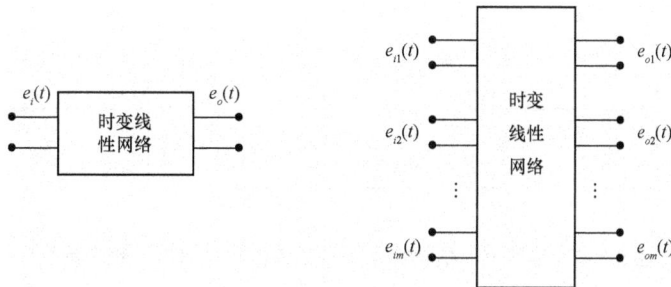

图 3.2　调制信道模型

对于二对端的信道模型来说，其输出与输入之间的关系式可表示成

$$e_o(t) = f[e_i(t)] + n(t) \qquad (3.1)$$

将上式进一步简化可以写成

$$e_o(t) = k(t) \cdot e_i(t) + n(t) \qquad (3.2)$$

其中，$e_i(t)$ 为输入的已调信号；$e_o(t)$ 为调制信道对输入信号的响应输出波形；$n(t)$ 为加性噪声，$n(t)$ 相互独立 $e_i(t)$。$f[e_i(t)]$ 反映了信道特性，不同的物理信道具有不同的特性。一般情况 $f[e_i(t)]$ 可以表示为信道单位冲激响应 $h(t)$ 与输入信号的卷积，即

$$e_o(t) = h(t) * e_i(t) \qquad (3.3)$$

或 $$E_o(\omega) = H(\omega) \cdot E_i(\omega) \qquad (3.4)$$

其中，$H(\omega)$ 依赖于信道特性。对于信号来说，$H(\omega)$ 可看成乘性干扰。

通常信道特性 $h(t)$ 是一个较复杂的函数，它可能包括各种线性失真、非线性失真、交调失真、衰落等。根据信道传输函数 $H(\omega)$ 的时变特性的不同可以分为两大类：一类是信道传输函数 $H(\omega)$ 基本不随时间变化，即信道对信号的影响是固定的或变化极为缓慢的，这类信道称为恒参信道；另一类信道传输函数 $H(\omega)$ 随时间随机快变化，这类信道称为随参信道。

这样信道对信号的影响可归纳为两点：一是乘性干扰 $k(t)$，二是加性干扰 $n(t)$。不同特性的信道，仅反映信道模型有不同的 $k(t)$ 及 $n(t)$。

（1）恒参信道。恒参信道对信号传输的影响是确定的或者是变化极其缓慢的。因此，其传输特性可以等效为一个线性时不变网络。

线性网络的传输特性可以用幅度频率特性和相位频率特性来表征。

1）理想恒参信道特性。理想恒参信道就是理想的无失真传输信道，其等效的线性网络传输特性为

$$H(\omega)=K_0 e^{-j\omega t_d} \tag{3.5}$$

其中 K_0 为传输系数；t_d 为时间延迟，$|H(\omega)|=K_0$。

$$\varphi(\omega)=\omega t_d \tag{3.6}$$

信道的相频特性通常还采用群迟延—频率特性来衡量，如式（3.6）所示。群迟延—频率特性可以表示为

$$\tau(\omega)=\frac{\mathrm{d}\varphi(\omega)}{\mathrm{d}\omega}=t_d \tag{3.7}$$

理想信道的幅频特性、相频特性和群迟延特性曲线如图 3.3 所示。

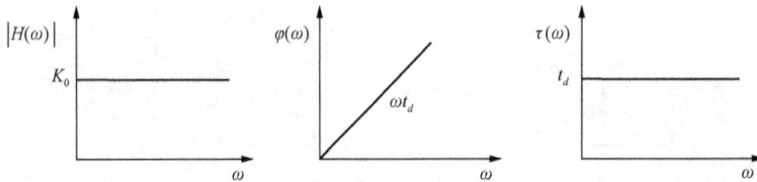

图 3.3　理想信道的幅频特性、相频特性和群迟延—频率特性

理想恒参信道的冲激响应为

$$h(t)=K_0\delta(t-t_d) \tag{3.8}$$

若输入信号为 $s(t)$，则理想恒参信道的输出为

$$r(t)=K_0 s(t-t_d) \tag{3.9}$$

由此可见，理想恒参信道对信号传输的影响是：对信号在幅度上产生固定的衰减；对信号在时间上产生固定的迟延。

这种情况也称为信号是无失真传输。

由理想的恒参特性可知，在整个频率范围其幅频特性为常数（或在信号频带范围之内为常数），其相频特性为 ω 的线性函数（或在信号频带范围之内为 ω 的线性函数）。如果信道的幅度—频率特性在信号范围之内不是常数，则会使信号产生幅度—频率失真；如果信道的相位—频率特性在信号频带范围之内不是 ω 的线性函数，则会使信号产生相位—频率失真。

2）幅度—频率失真。幅度—频率失真是由实际信道的幅度频率特性的不理想所引起

的，这种失真又称为频率失真，属于线性失真。
CCITTM.1020 建议规定的典型音频电话信道的幅
度衰减特性如图 3.4 所示。

　　信道的幅度—频率特性不理想会使得通过它的
信号波形产生失真，若在这种信道中传输数字信号，
则会引起相邻数字信号波形之间在时间上的相互重
叠，造成码间干扰。

　　3）相位—频率失真。当信道的相位—频率特
性偏离线性关系时，将会使通过信道的信号产生相
位—频率失真，属于线性失真。图 3.5 和图 3.6 给

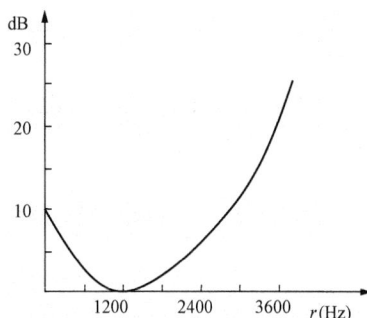

图 3.4　典型音频电话信道的幅度衰减特性

出了一个典型的电话信道的相频特性和群迟延频率特性。可以看出，相频特性和群迟延频率
特性都偏离了理想特性的要求。因此，会使信号产生严重的相频失真或群迟延失真。在话音
传输中，由于人耳对相频失真不太敏感，因此相频失真对模拟话音传输影响不明显。如果传
输数字信号，相频失真同样会引起码间干扰，特别当传输速率较高时，相频失真会引起严重
的码间干扰，使误码率性能降低。

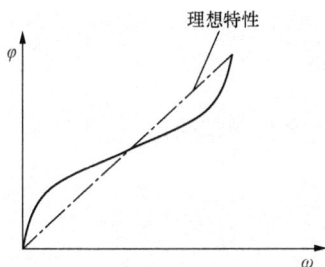

图 3.5　典型电话信道的相位—频率特性

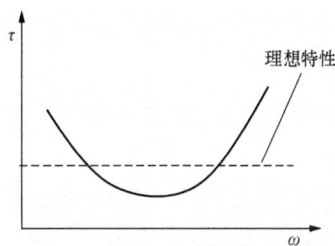

图 3.6　典型电话信道的群迟延特性

（2）随参信道。随参信道的传输媒质具有以下三个特点：

1）对信号的衰耗随时间变化；

2）信号传输的时延随时间随机变化；

3）多径传播。

由于随参信道比恒参信道复杂得多，它对信号传输的影响也比恒参信道严重得多。

①多径衰落与频率弥散。假设发送信号为单一频率正弦波，即

$$s(t) = A\cos\omega_c t \qquad (3.10)$$

多径信道一共有 n 条路径，各条路径具有时变衰耗和时变传输时延且各条路径到达接收
端的信号相互独立，则接收端接收到的合成波为

$$r(t) = a_1(t)\cos\omega_c[t - \tau_1(t)] + a_2(t)\cos\omega_c[t - \tau_2(t)] + \cdots + a_n(t)\cos\omega_c[t - \tau_n(t)]$$
$$= \sum_{i=1}^{n} a_i(t)\cos\omega_c[t - \tau_i(t)] \qquad (3.11)$$

其中，$a_i(t)$ 为第 i 条路径到达接收端信号振幅，$\tau_i(t)$ 为第 i 条路径的传输时延。传输时延可以
转换为相位的形式，即

$$r(t)=\sum_{i=1}^{n}a_i(t)\cos[\omega_c t+\varphi_i(t)] \tag{3.12}$$

其中，$\varphi_i(t)=-\omega_c\tau_i(t)$ 为第 i 条路径到达接收端信号的随机相位。

式（3.12）可变换为

$$\begin{aligned}r(t)&=\sum_{i=1}^{n}a_i(t)\cos\varphi_i\cos\omega_c t-\sum_{i=1}^{n}a_i(t)\sin\varphi_i\sin\omega_c t\\&=X(t)\cos\omega_c t-Y(t)\sin\omega_c t\end{aligned} \tag{3.13}$$

式（3.13）中，$X(t)=\sum_{i=1}^{n}a_i(t)\cos\varphi_i$；$Y(t)=\sum_{i=1}^{n}a_i(t)\sin\varphi_i$

由于 $X(t)$ 和 $Y(t)$ 都是相互独立的随机变量之和，根据概率论中心极限定理，当 n 足够大时，$X(t)$ 和 $Y(t)$ 都趋于正态分布。通常情况下 $X(t)$ 和 $Y(t)$ 的均值为零，方差相等，其一维概率密度函数为

$$f(x)=\frac{1}{\sqrt{2\pi}\sigma_x}\exp\left(-\frac{x^2}{2\sigma_x^2}\right) \tag{3.14}$$

$$f(y)=\frac{1}{\sqrt{2\pi}\sigma_y}\exp\left(-\frac{y^2}{2\sigma_y^2}\right) \tag{3.15}$$

其中，$\sigma_x=\sigma_y$，式（3.14）和式（3.15）也可以表示为包络和相位的形式，即

$$r(t)=V(t)\cos[\omega_c t+\varphi(t)] \tag{3.16}$$

式（3.16）中，$V(t)=\sqrt{X^2(t)+Y^2(t)}$；$\varphi(t)=\arctan\dfrac{Y(t)}{X(t)}$

包络 $V(t)$ 的一维分布服从瑞利分布，相位 $\varphi(t)$ 的一维分布服从均匀分布，可表示为

$$f(v)=\frac{v}{\sigma_v}\exp\left(-\frac{v^2}{2\sigma_v^2}\right) \tag{3.17}$$

$$f(\varphi)=\begin{cases}\dfrac{1}{2\pi} & 0\leqslant\varphi\leqslant 2\pi\\0 & 其他\varphi\end{cases} \tag{3.18}$$

且有，$\sigma_x=\sigma_y=\sigma_v=\sigma$。

路径幅度 $a_i(t)$ 和相位函数 $\varphi_i(t)$ 随时间变化与发射信号载波频率相比要缓慢得多。因此，相对于载波来说，$V(t)$ 和 $\varphi_i(t)$ 是慢变化随机过程，于是 $r(t)$ 可以看成是一个窄带随机过程。$r(t)$ 的包络服从瑞利分布，是一种衰落信号，$r(t)$ 的频谱是中心在 f_c 的窄带谱。

由此可以得到以下两个结论：

- 多径传播使单一频率的正弦信号变成了包络和相位受调制的窄带信号，这种信号称为衰落信号，即多径传播使信号产生瑞利型衰落；
- 多径传播使单一谱线变成了窄带频谱，即多径传播引起了频率弥散。

②频率选择性衰落与相关带宽。当发送信号是具有一定频带宽度的信号时，多径传播除

了会使信号产生瑞利型衰落之外，还会产生频率选择性衰落。

假设多径传播的路径只有两条，信道模型如图3.7所示。其中，k 为两条路径的衰减系数，$\Delta\tau(t)$ 为两条路径信号传输相对时延差。

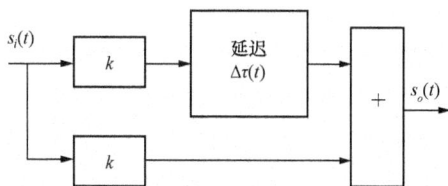

图 3.7　两条路径信道模型

当信道输入信号为 $s_i(t)$ 时，输出信号为

$$s_o(t) = ks_i(t) + ks_i[t - \Delta\tau(t)] \qquad (3.19)$$

其频域表示式为

$$S_o(\omega) = kS_i(\omega) + kS_i(\omega)e^{-j\omega\Delta\tau(t)} = kS_i(\omega)[1 + e^{-j\omega\Delta\tau(t)}] \qquad (3.20)$$

信道传输函数为

$$H(\omega) = \frac{S_0(\omega)}{S_i(\omega)} = k[1 + e^{-j\omega\Delta\tau(t)}] \qquad (3.21)$$

信道幅频特性为

$$
\begin{aligned}
\left|H(\omega)\right| &= \left|k[1 + e^{-j\omega\Delta\tau(t)}]\right| \\
&= k\left|1 + \cos\omega\Delta\tau(t) - j\sin\omega\Delta v\tau(t)\right| \\
&= k\left|2\cos^2\frac{\omega\Delta\tau(t)}{2} - j2\sin\frac{\omega\Delta\tau(t)}{2}\cos\frac{\omega\Delta\tau(t)}{2}\right| \\
&= 2k\left|\cos\frac{\omega\Delta\tau(t)}{2}\right|\left|\cos\frac{\omega\Delta\tau(t)}{2} - j\sin\frac{\omega\Delta\tau(t)}{2}\right| \\
&= 2k\left|\cos\frac{\omega\Delta\tau(t)}{2}\right|
\end{aligned}
\qquad (3.22)
$$

对于固定的 $\Delta\tau_i$，信道幅频特性如图3.8所示。式（3.22）表示，对于信号不同的频率成分，信道将有不同的衰减。显然，信号通过这种传输特性的信道时信号的频谱将产生失真。当失真随时间随机变化时就形成频率选择性衰落。

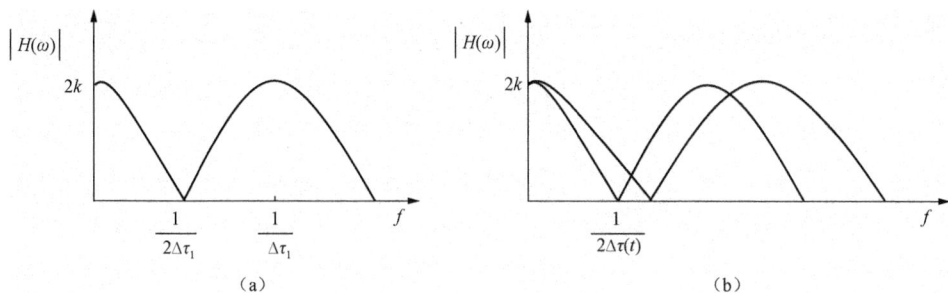

（a）　　　　　　　　　　　　　　（b）

图 3.8　信道幅频特性

另外，相对时延差 $\Delta\tau_i$ 通常是时变参量，故传输特性中零点、极点在频率轴上的位置也随时间随机变化，这使传输特性变得更复杂，其特性如图3.8（b）所示。

对于一般的多径选择，信道的传输特性将比两条路径信道传输特性复杂得多，但同样存在频率选择性衰落现象。多径传播时的相对时延差通常用最大多径时延差来表征。设信道最

大多径时延差为 $\Delta\tau_m$，则定义多径传播信道的相关带宽为：

$$B_c = \frac{1}{\Delta\tau_m} \qquad (3.23)$$

式（3.23）表示信道传输特性相邻两个零点之间的频率间隔。如果信号的频谱比相关带宽宽，则将产生严重的频率选择性衰落。为了减小频率选择性衰落，就应使信号的频谱小于相关带宽。在工程设计中，为了保证接收信号质量，通常选择信号带宽为相关带宽的 1/5～1/3。

当在多径信道中传输数字信号时，特别是传输高速数字信号，频率选择性衰落将会引起严重的码间干扰。为了减小码间干扰的影响，就必须限制数字信号传输速率。

2. 编码信道的模型

编码信道输入是离散的时间信号，输出也是离散时间信号，对信号的影响则是将输入数字序列变成另一种输出数字序列。由于信道噪声或其他因素的影响，将导致输出数字序列发生错误，因此输入输出数字序列之间的关系可以用一组转移概率来表征。二进制数字传输系统的一种简单的编码信道模型如图 3.9 所示。

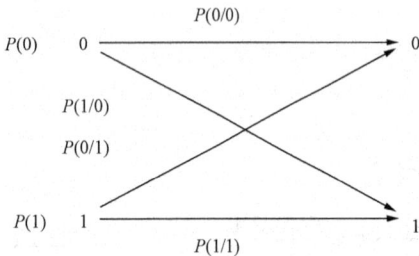

模型中，把 $P(0/0)$、$P(0/1)$、$P(1/0)$、$P(1/1)$ 称为信道转移概率。以 $P(1/0)$ 为例，其含义是"经信道传输，把 0 转移为 1 的概率"。

转移概率由编码信道的特性决定，一个特定的编码信道就会有相应确定的转移概率。在如图 3.9 所示的编码信道模型中，由于信道噪声或其他因素影响导致输出数字序列发生错误是统计独立的。因此这种信道是无记忆编码信道。根据无记忆编码信道的性质可以得到

图 3.9 二进制编码信道模型

$$P(0/0) + P(1/0) = 1 \qquad (3.24)$$
$$P(1/1) + P(0/1) = 1 \qquad (3.25)$$

由二进制无记忆编码信道模型，可以容易地推广到多进制无记忆编码信道模型。如果编码信道是有记忆的，即信道噪声或其他因素影响导致输出数字序列发生错误是不独立的，则编码信道模型要复杂得多。

3.2 有 线 信 道

信道是信号的传输介质，它可分为有线信道与无线信道两类。其中有线信道包括明线、对称电缆、同轴电缆及光缆等。

3.2.1 双绞线

1. 双绞线的定义

双绞线采用了一对互相绝缘的金属导线互相绞合的方式来抵御一部分外界电磁波干扰。把两根绝缘的铜导线按一定密度互相绞在一起，可以降低信号干扰的程度，每一根导线在传输中辐射的电波会被另一根线上发出的电波抵消。"双绞线"的名字也是由此而来。双绞线一般由两根 22～26 号绝缘铜导线相互缠绕而成，实际使用时，双绞线是由多对双绞线一起包在一个绝缘电缆套管里的。典型的双绞线有四对的，也有更多对双绞线放在一个电缆套管里的。

这些称之为双绞线电缆。在双绞线电缆（也称双扭线电缆）内，不同线对具有不同的扭绞长度，一般地说，扭绞长度在 3.81~14cm 内，按逆时针方向扭绞。相邻线对的扭绞长度在 12.7mm 以上，一般扭线的越密其抗干扰能力就越强，与其他传输介质相比，双绞线在传输距离，信道宽度和数据传输速度等方面均受到一定限制，但价格较为低廉。

2. 双绞线的分类

双绞线常见的有三类线、五类线和超五类线，以及最新的六类线，前者线径细而后者线径粗，型号如下：

（1）一类线：主要用于传输语音（一类标准主要用于 20 世纪 80 年代初之前的电话线缆），不用于数据传输。

（2）二类线：传输频率为 1MHz，用于语音传输和最高传输速率 4Mbit/s 的数据传输，常见于使用 4Mb/s 规范令牌传递协议的旧的令牌网。

（3）三类线：指目前在 ANSI 和 EIA/TIA568 标准中指定的电缆，该电缆的传输频率为 16MHz，用于语音传输及最高传输速率为 10Mbit/s 的数据传输，主要用于 10BASE-T。

（4）四类线：该类电缆的传输频率为 20MHz，用于语音传输和最高传输速率 16Mbit/s 的数据传输，主要用于基于令牌的局域网和 10BASE-T/100BASE-T。

（5）五类线：该类电缆增加了绕线密度，外套一种高质量的绝缘材料，传输率为 100MHz，用于语音传输和最高传输速率为 10Mbit/s 的数据传输，主要用于 100BASE-T 和 10BASE-T 网络。这是最常用的以太网电缆。

（6）超五类线：具有衰减小，串扰少，并且具有更高的衰减与串扰的比值（ACR）和信噪比（Structural Return Loss）、更小的时延误差，性能得到很大提高。超五类线主要用于千兆位以太网（1000Mbit/s）。

（7）六类线：该类电缆的传输频率为 1~250MHz，六类布线系统在 200MHz 时综合衰减串扰比（PS-ACR）应该有较大的余量，它提供两倍于超五类的带宽。六类线的传输性能远远高于超五类标准，用于传输速率高于 1Gb/s 的应用。

六类与超五类的一个重要的不同点在于：改善了在串扰以及回波损耗方面的性能，对于新一代全双工的高速网络应用而言，优良的回波损耗性能是极重要的。六类标准中取消了基本链路模型，布线标准采用星形的拓扑结构，要求的布线距离为永久链路的长度不能超过 90m，信道长度不能超过 100m。

目前，双绞线可分为非屏蔽双绞线（UTP＝UNSHILDED TWISTED PAIR）和屏蔽双绞线（STP＝SHIELDED TWISTED PAIR），如图 3.10 和图 3.11 所示。

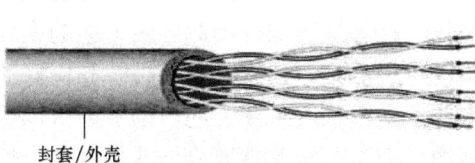

图 3.10 非屏蔽双绞线　　　　　　　图 3.11 屏蔽双绞线

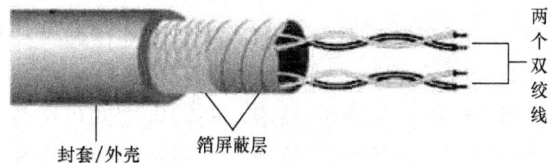

屏蔽双绞线电缆的外层由铝铂包裹，以减小辐射，但并不能完全消除辐射，屏蔽双绞线价格相对较高，安装时要比非屏蔽双绞线电缆困难。

在这两大类中又分 100 欧姆电缆，双体电缆，大对数电缆，150 欧姆屏蔽电缆等。

3. 双绞线的特点

双绞线具有以下的特点：

（1）低成本，易于安装：相对于各种同轴电缆，双绞线是比较容易制作的，它的材料成本与安装成本也都比较低，这使得双绞线得到了广泛的应用。

（2）应用广泛：目前在世界范围内已经安装了大量的双绞线，绝大多数以太网线和用户电话线都是双绞线。

（3）带宽有限：由于材料与本身结构的特点，双绞线的频带宽度是有限的。像在千兆以太网中就不得不使用 4 对导线同时进行传输，此时单对导线已无法满足要求。

（4）信号传输距离短：双绞线的传输距离只能达到 100m 左右，这对于很多场合的布线存在比较大的限制，而且传输距离的增长还会伴随着传输性能的下降。

（5）抗干扰能力不强：双绞线对于外部干扰很敏感，特别是外来的电磁干扰，而且湿气、腐蚀以及相邻的其他电缆这些环境因素都会对双绞线产生干扰。在实际的布线中双绞线一般不应与电源线平行布置的，否则就会引入干扰；而且对于需要埋入建筑物的双绞线，还应套入其他防腐防潮的管材中，以消除湿气的影响。

3.2.2 同轴电缆

1. 同轴电缆的定义

同轴电缆是由对地不对称的同轴管构成的一种通信回路。其内导体是一铜质芯线，外面包有绝缘层和网状编织物的外导体屏蔽层，最外面是塑料保护外层。电磁场封闭在内外导体之间，故辐射损耗小，受外界干扰影响小。常用于传送多路电话和电视。同轴电缆的结构如图 3.12 所示。

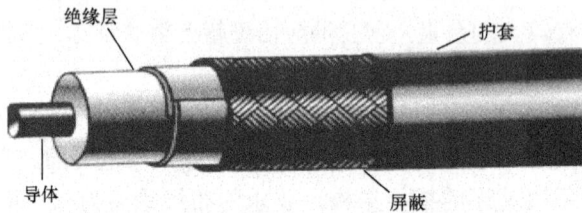

图 3.12　同轴电缆的结构示意图

同轴电缆的传输性能优于双绞线，这主要是缘于同轴电缆使用更粗的铜导体和更好的屏蔽层。更粗的铜导体可以提供更宽的频谱，一般可达数百 MHz。另外信号传输时的衰减更小，也可以提供更长的传输距离。普通的非屏蔽双绞线是没有接地屏蔽的，因此同轴电缆的误码率大大优于双绞线，可以达到 10^{-9} 的水平。同轴电缆的这种结构，使它具有高带宽和极好的噪声抑制特性。实际应用中，同轴电缆的可用带宽取决于电缆长度。1km 的电缆最高可以达到 1～2Gbit/s 的数据传输速率。也可以使用更长的电缆，但是传输率就要降低或需要使用信号放大器。

2. 同轴电缆的分类

同轴电缆根据其直径大小可以分为粗同轴电缆与细同轴电缆。粗缆适用于比较大型的局部网络，它的标准距离长，可靠性高，由于安装时不需要切断电缆，因此可以根据需要灵活调整计算机的入网位置,但粗缆网络必须安装收发器电缆,安装难度大,所以总体造价高。相反,细缆安装则比较简单,造价低,但由于安装过程要切断电缆,两头需装上基本网络连接头(BNC),然后接在 T 型连接器两端,所以当接头多时容易产生不良的隐患,这是目前运行中的以太网所发生的最常见故障之一。

无论是粗缆还是细缆均为总线拓扑结构,即一根缆上接多部机器,这种拓扑适用于机器密集的环境,但是当一接点发生故障时,故障会串联影响到整根缆上的所有机器。故障的诊断和修复都很麻烦,因此,在网络通信上将被非屏蔽双绞线或光缆取代。

3. 同轴电缆的特点

(1)可用频带宽:同轴电缆可供传输的频谱宽度最高可达 1GHz,比双绞线更适于提供视频或是宽带接入业务,也可以采用调制和复用技术来支持多信道传输。

(2)抗干扰能力强,误码率低,但这会受到屏蔽层接地质量的影响。

(3)性能价格比高:虽然同轴电缆的成本要高于双绞线,但是它也有明显优于双绞线的传输性能,而且绝对成本并不很高,因此其性能价格比还是比较合适的。

(4)安装较复杂:双绞线和同轴电缆一样,线缆都是制作好的,使用时需要的是截取相应的长度并与相应的连接件相连。在这一环节中,由于同轴电缆的铜导体较粗,因此一般需要通过焊接与连接件相连,其安装比双绞线更为复杂。

4. 同轴电缆的应用

同轴电缆以其良好的性能在很多方面得到了应用。

(1)局域网:目前仍有相当数量的以太网采用同轴电缆作为传输介质,当用于 10M 以太网时,传输距离可以到 1000m。很多早期的网卡均同时提供连接同轴电缆和双绞线的两种接口。

(2)局间中继线路:同轴电缆也被广泛的用于电话通信网中局端设备之间的连接,特别是作为 PCME1 链路的传输介质。

(3)有线电视(CATV)系统的信号线:直接与用户电视机相连的电视电缆多是采用同轴电缆。这一电缆一般既可以用于模拟传输,也可以用于数字传输。在传输电视信号时一般是利用调制和频分复用技术将声音和视频信号在不同的信道上分别传送。

(4)射频信号线:同轴电缆也经常在通信设备中被用作射频信号线,例如基站设备中功率放大器与天线之间的连接线。相对于用作基带信号传输的同轴电缆(如以太网线),用于射频信号传输的同轴电缆对于屏蔽层接地的要求更为严格。

3.2.3　光纤

光纤又称光导纤维,通常由非常透明的石英玻璃拉成细丝状,是一根很细的、能传导光束的介质。光纤的构造和同轴电缆相似,但没有网状屏蔽层。中心是玻璃纤芯,芯外面包围着一层玻璃封套,又叫包层,再外面是一层薄的塑料外壳,用来保护玻璃封套。

1. 光纤的物理原理

塑料制成的外壳可以吸收光线,防止串音,保护外层表面;透明玻璃制成的纤芯和包层可使光线沿着纤芯传播,并在它们之间的接触面上进行光的反射;纤芯的折射率要高于包层,以保证光线在纤芯中传输时比在包层中慢,这样就使从纤芯向包层传送的光波能被反射回纤芯,并沿光纤传播。

2. 光纤的传输原理

利用光导纤维传递光脉冲来完成通信。光源被放置在发送端,如采用发光二极管或半导体激光器，并使之在电脉冲的作用下产生光脉冲，有光脉冲相当于"1"，无光脉冲相当于"0"，在接收端利用光电二极管制成光检测器，在检测到光脉冲时便可还原出电脉冲。

3. 光纤的分类

（1）按光在光纤中的传输模式可分：单模光纤和多模光纤。

单模光纤：中心玻璃芯较细（芯径一般为 9μm 或 10μm），只能传一种模式的光。一般光纤跳线用黄色表示，接头和保护套为蓝色；传输距离较长。因此，其模间色散很小，适用于远程通信，但其色度色散起主要作用，这样单模光纤对光源的谱宽和稳定性有较高的要求，即谱宽要窄，稳定性要好。

多模光纤：中心玻璃芯较粗（50μm 或 62.5μm），可传多种模式的光。但其模间色散较大，这就限制了传输数字信号的频率，而且随距离的增加会更加严重。例如：600Mb/km 的光纤在 2km 时则只有 300Mb 的带宽了。一般光纤跳线用橙色表示，也有的用灰色表示，接头和保护套用米色或者黑色；传输距离较短。因此，多模光纤传输的距离就比较近，一般只有几公里。

（2）按最佳传输频率窗口分：常规型单模光纤和色散位移型单模光纤。

常规型光纤：光纤生产厂家将光纤传输频率最佳化在单一波长的光上，如 1300nm。

色散位移型光纤：光纤生产厂家将光纤传输频率最佳化在两个波长的光上，如 1300nm 和 1550nm。

（3）按折射率分布情况分：突变型光纤和渐变型光纤。

突变型光纤：光纤中心芯到玻璃包层的折射率是突变的。其成本低，模间色散高。适用于短途低速通信，如：工控。但单模光纤由于模间色散很小，所以单模光纤都采用突变型。

渐变型光纤：光纤中心芯到玻璃包层的折射率是逐渐变小，可使高模光按正弦形式传播，这能减少模间色散，提高光纤带宽，增加传输距离，但成本较高，现在的多模光纤多为渐变型光纤。

4. 光纤的规格

光纤的类型由（玻璃或塑料纤维）及纤芯和包层尺寸决定，纤芯的尺寸决定光的传输质量。常见的光纤类型如表 3.1 所示。

表3.1   常 用 的 光 纤 类 型

光 纤 类 型	纤芯直径（μm）	包层直径（μm）	工作模式
8.3/125	8.3	125	单模
50/125	50	125	多模
62.5/125	62.5	125	多模
100/140	100	140	多模

5. 光纤的连接方式

光纤有三种连接方式。第一种，可以将它们接入连接头并插入光纤插座。连接头要损耗 10%～20%的光，但是，它使重新配置系统很容易。第二种，可以用机械方法将其接合。方法是将两根切割好的光纤的一端放在一个套管中，然后钳起来。可以让光纤通过接合处来调整，以使信号达到最大。机械接合需要训练过的人员花大约 5 分钟的时间完成，光的损失大约为 10%。第三种，两根光纤可以被融合在一起形成坚实的连接。融合方法形成的光纤和单根光纤差不多是相同的，但也有一点衰减。对于这三种连接方法，接合处都有反射，且反射的能量会和信号交互作用。

6. 光纤的特点

从传输特性等分析，无论何种光纤，都有以下共同特点：

（1）传输频带宽，速率高。

（2）传输损耗低，传输距离远。

（3）抗雷电和电磁的干扰性好。

（4）保密性好，不易被窃听或截获数据。

（5）传输的误码率很低，可靠性高。

（6）体积小、重量轻。

（7）光纤的缺点是接续困难，光纤接口比较昂贵。

3.3　无 线 信 道

3.3.1　无线信道的基本概念

信道是对无线通信中发送端和接收端之间的通路的一种形象比喻，对于无线电波而言，它从发送端传送到接收端，其间并没有一个有形的连接，它的传播路径也有可能不只一条，但是为了形象地描述发送端与接收端之间的工作，可以想象两者之间有一个看不见的道路衔接，把这条衔接通路称为信道。信道具有一定的频率带宽，正如公路有一定的宽度一样。无线通信不使用物理导体来传输电磁波，而是将信号以电磁波形式通过空间传播。按通信设备的工作频率不同可分为长波通信、中波通信、短波通信、微波通信、光通信等。

3.3.2　电磁波在无线信道中的传播

电磁波传播的特性是研究任何无线通信系统首先要遇到的问题。传播特性直接关系到通信设备的能力、天线高度的确定、通信距离的计算以及为实现优质可靠的通信所必须采用的技术措施等一系列系统设计问题。不仅如此，对于移动通信系统的无线信道环境而言，其信道环境比固定无线通信的信道环境更复杂，因而不能简单地用固定无线通信的电波传播模式来分析，必须根据移动通信的特点按照不同的传播环境和地理特征进行分析。

对于不同频段的无线电波，其传播方式和特点是不相同的。在陆地移动系统中，移动台处于城市建筑群之中或处于地形复杂的区域，其天线将接收从多条路径传来的信号，再加上移动台本身的运动，使得移动台和基站之间的无线信道越发多变而且难以控制。

1. 基本传播机制

无线信号最基本的四种传播机制为直射、反射、绕射和散射。

（1）直射：即无线信号在自由空间中的传播。

（2）反射：当电磁波遇到比波长大得多的物体时，发生反射，反射一般在地球表面，建筑物、墙壁表面发生。

（3）绕射：当接收机和发射机之间的无线路径被尖锐的物体边缘阻挡时发生绕射。

（4）散射：当无线路径中存在小于波长的物体并且单位体积内这种障碍物体的数量较多的时候发生散射，散射发生在粗糙表面、小物体或其他不规则物体上，一般树叶、灯柱等会引起散射。

2. 无线信道的指标

（1）传播损耗。多种传播机制的存在使得任何一点接收到的无线信号都极少是经过直线传播的原有信号。一般认为无线信号的损耗主要由以下三种构成：

1）路径损耗：由于电波的弥散特性造成的，反映了在公里量级的空间距离内，接收信号电平的衰减，也称大尺度衰落；

2）阴影衰落：即慢衰落，是接收信号的场强在长时间内的缓慢变化，一般由于电波在传播路径上遇到由于障碍物的电磁场阴影区所引起的；

3）多径衰落：即快衰落，是接收信号场强在整个波长内迅速的随机变化，一般主要由于多径效应引起的。

（2）传播时延：包括传播时延的平均值、传播时延的最大值和传播时延的统计特性等。

（3）时延扩展：信号通过不同的路径沿不同的方向到达接收端会引起时延扩展，时延扩展是对信道色散效应的描述。

（4）多普勒扩展：是一种由于多普勒频移现象引起的衰落过程的频率扩散，又称时间选择性衰落，是对信道时变效应的描述。

（5）干扰：包括干扰的性质以及干扰的强度。

3.3.3 无线信道的特点

1. 频谱资源有限

虽然可供通信用的无线频谱从数十兆赫兹到数十吉赫兹，但由于无线频谱在各个国家都是一种被严格管制使用的资源，因此对于某个特定的通信系统来说，频谱资源是非常有限的，而且目前移动用户处于快速增长中，因此必须精心设计移动通信技术，以使用有限的频谱资源。

2. 传播环境复杂

电磁波在无线信道中会存在多种传播机制，这会使得接收端的信号处于极不稳定的状态，接收信号的幅度、频率、相位等均可能处于不断变化之中。

3. 存在多种干扰

电磁波在空气中的传播处于一个开放环境之中，而很多的工业设备或民用设备都会产生电磁波，这就对相同频率的有用信号的传播形成了干扰，此外，由于射频器件的非线性还会引入互调干扰，同一通信系统内不同信道间的隔离度不够还会引入邻道干扰。

4. 网络拓扑处于不断变化之中

无线通信产生的一个重要原因是可以使用户自由的移动。同一系统中处于不同位置的用户以及同一用户的移动行为，都会使得在同一移动通信系统中存在着不同的传播路径，并进一步会产生信号在不同传播路径之间的干扰。此外，近年来兴起的自组织网络，更是具有接收机和发射机同时移动的特点，也会对无线信道的研究产生新的影响。

3.3.4 无线传输介质

1. 微波中继信道

微波频段的频率范围一般在几百 MHz 到几十 GHz 范围，其传输特点是在自由空间沿视距传输。由于受地形和天线高度的限制，两点间的传输距离一般为 30～50km，当长距离通信时，需要在中间建立多个中继站，如图 3.13 所示。

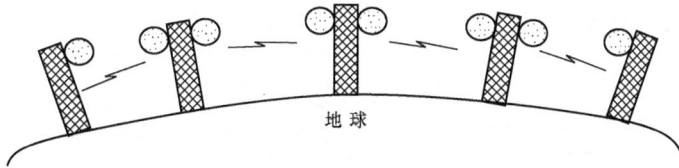

图 3.13　微波中继信道的构成

　　微波中继信道具有传输容量大、长途传输质量稳定、节约有色金属、投资少、维护方便等优点。因此，被广泛用来传输多路电话及电视等。

　　2. 卫星中继信道

　　卫星中继信道是利用人造卫星作为中继站构成的通信信道。若卫星运行轨道在赤道平面、离地面高度为 35780km 时，绕地球运行一周的时间恰为 24 小时与地球自转同步,这种卫星称为静止卫星。不按静止轨道运行的卫星称为移动卫星。

　　若以静止卫星作为中继站，采用三个相差120°的静止通信卫星就可以覆盖地球的绝大部分地域（两极盲区除外），如图 3.14 所示。若采用中、低轨道移动卫星，则需要多颗卫星覆盖地球。所需卫星的个数与卫星轨道高度有关，轨道越低所需卫星数越多。

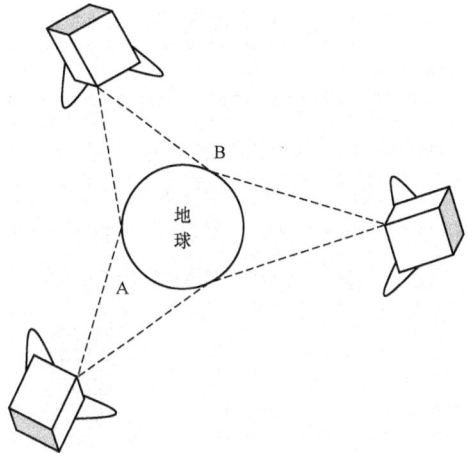

图 3.14　卫星中继信道示意图

　　卫星中继信道的主要特点是通信容量大、传输质量稳定、传输距离远、覆盖区域广等突出的优点。另外，由于卫星轨道离地面较远，信号衰减大，电波往返所需要的时间较长。卫星中继信道主要用来传输多路电话、电视和数据。

　　3. 陆地移动信道

　　陆地移动通信工作频段主要在 VHF 和 UHF 频段，电波传播特点是以直射波为主。但是，由于城市建筑群和其他地形地物的影响，电波在传播过程中会产生反射波、散射波以及它们的合成波，电波传输环境较为复杂，因此移动信道是典型的随参信道。

　　（1）自由空间传播。当移动台和基站天线在视距范围之内，这时电波传播的主要方式是直射波。设发射机输入给天线功率为 $P_T(W)$，则接收天线上获得的功率为

$$P_R = P_T G_T G_R \left(\frac{\lambda}{4\pi d} \right)^2 \tag{3.26}$$

其中，G_T 为发射天线增益，G_R 为接收天线增益，d 为接收天线与发射天线之间直线距离，$\frac{\lambda^2}{4\pi}$ 为各向同性天线的有效面积。当发射天线增益和接收天线增益都等于 1 时，上式简化为

$$P_R = P_T \left(\frac{\lambda}{4\pi d} \right)^2 \tag{3.27}$$

将自由空间传播损耗定义为

$$L_{fs}=\frac{P_T}{P_R} \tag{3.28}$$

将式（3.26）代入式（3.28）得

$$L_{fs}=\left(\frac{4\pi d}{\lambda}\right)^2 \tag{3.29}$$

用 dB 可表示为

$$[L_{fs}]=20\lg\frac{4\pi d}{\lambda}=32.44+20\lg d+20\lg f \text{(dB)} \tag{3.30}$$

式（3.30）中，d 为接收天线与发射天线之间直线距离，单位为 km；f 为工作频率，单位为 MHz。

1）反射波与散射波。当电波辐射到地面或建筑物表面时，会发生反射或散射，从而产生多径传播现象，如图 3.15 所示。

2）折射波。电波在空间传播中，由于大气中介质密度随高度增加而减小，导致电波在空间传播时会产生折射、散射等，如图 3.16 所示。大气折射对电波传输的影响通常可用地球等效半径来表征。地球的实际半径和地球等效半径之间的关系为

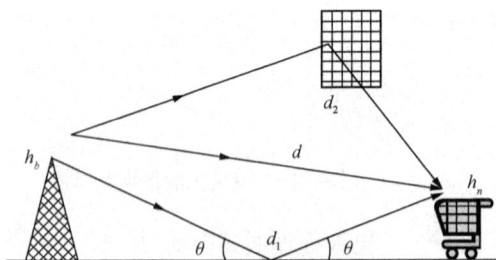

图 3.15　移动信道的传播路径

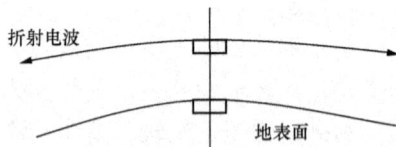

图 3.16　电波折射示意图

$$k=\frac{r_e}{r_o} \tag{3.31}$$

式（3.31）中，k 称为地球等效半径系数，$r_o=6370\text{km}$ 为地球实际半径，r_e 为地球等效半径。在标准大气折射情况下，地球等效半径系数 $k=4/3$，此时地球等效半径为

$$r_e=kr_o=\frac{4}{3}\times6370=8493\text{km}$$

（2）短波电离层反射信道。短波电离层反射信道是利用地面反射的无线电波在电离层，或电离层与地面之间的一次反射或多次反射所形成的信道。离地面 60～600km 的大气层成为电离层。电离层是由分子、原子、粒子及自由电子组成。当频率范围为 3～30MHz 的无线电波射入电离层时，由于折射现象会使电波发生反射，返回地面，从而形成短波电离层反射信道。

电离层厚度有数百千米，可分为 D、E、F_1 和 F_2 四层，如图 3.17 所示。由于太阳辐射的变化，电离层的密度和厚度也随时间随机变化，因此短波电离层反射信道也是随参信道。在白天，由于太阳辐射强，所以 D、E、F_1 和 F_2 四层都存在。在夜晚，由于太阳辐射减弱，D

层和 F_1 层几乎完全消失，F_2 层是反射层一次反射的最大距离约为 4000km。

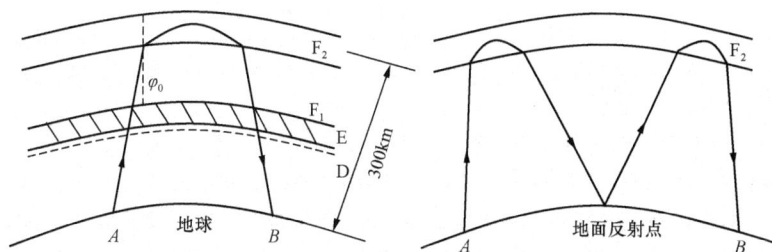

图 3.17　电离层结构示意图

由于电离层密度和厚度随时间随机变化，因此短波电波满足反射条件的频率范围也随时间变化。通常用最高可用频率给出工作频率上限。最高可用频率是指当电波以 φ_0 角入射时，能从电离层反射的最高频率，可表示为

$$f_{MUF}=f_0 \sec \varphi_0 \tag{3.32}$$

式（3.32）中，f_0 为 $\varphi_0=0$ 时能从电离层反射的最高频率（称为临界频率）。

在白天，电离层较厚，F_2 层的电子密度较大，最高可用频率较高。在夜晚，电离层较薄，F_2 层的电子密度较小，最高可用频率要比白天低。

短波电离层反射信道最主要的特征是多径传播，多径传播有以下几种形式：

1）电波从电离层的一次反射和多次反射。

2）电离层反射区高度所形成的细多径。

3）地球磁场引起的寻常波和非寻常波。

4）电离层不均匀性引起的漫射现象。

以上四种形式如图 3.18 所示。

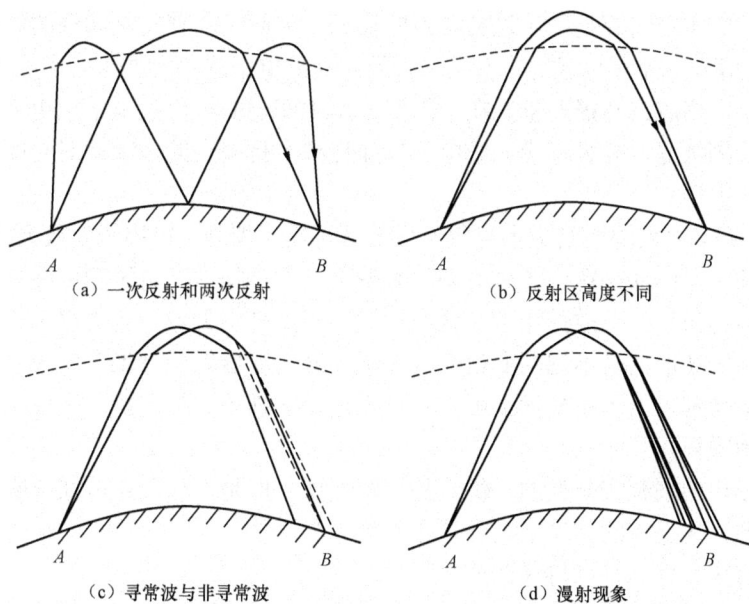

（a）一次反射和两次反射　　　（b）反射区高度不同

（c）寻常波与非寻常波　　　（d）漫射现象

图 3.18　多径传播示意图

3.4 信道的噪声及特性描述

3.4.1 噪声的定义及分类

任何通信系统的各个环节都有可能受到噪声和干扰的影响。为了方便分析，将各个环节产生的噪声及受到的干扰集中于信道中考虑。按噪声或干扰与信号的关系，将噪声分为加性噪声和乘性噪声两类。加性噪声的存在独立于信号，而乘性噪声的存在与信号的存在密切相关。实际上，在恒参信道和随参信道中所存在的噪声通常为加性噪声。这里所说的噪声是指通信系统中对信号有影响的所有干扰的集合。

信道内噪声的来源有很多，而且表现形式也多种多样。根据来源，可以将噪声分为以下四类：

（1）无线电噪声。它来源于各种用途的无线电发射机。这类噪声的频率范围很宽广，从甚低频到特高频都可能有无线电干扰存在，并且干扰的强度有时很大，但它有个特点，就是干扰频率是固定的，因此可以预先设法防止，特别是在加强了无线电频率的管理工作后，无论在频率的稳定性、准确性以及谐波辐射等方面都有严格的规定，使得信号受它的影响可减到最低程度。

（2）工业噪声。它来源于各种电气设备，如电力线、点火系统、电车、电源开关、电力铁道、高频电炉等。这类干扰来源分布很广泛，无论是城市还是农村，内地还是边疆，各地都有工业干扰存在。尤其是在现代化社会里，各种电气设备越来越多，因此这类干扰的强度也就越来越大。但它也有个特点，就是干扰频谱集中于较低的频率范围，例如几十兆赫兹以内。因此，选择高于这个频段工作的信道就可防止受到它的干扰。另外，也可以在干扰源方面设法消除或减小干扰的产生，例如加强屏蔽和滤波措施，防止接触不良和消除波形失真。

（3）天电噪声。它来源于闪电、大气中的磁暴、太阳黑子以及宇宙射线（天体辐射波）等。可以说整个宇宙空间都是产生这类噪声的根源。因此它的存在是客观的。由于这类自然现象和发生的时间、季节、地区等很有关系，因此受天电干扰的影响也是大小不同的。例如，夏季比冬季严重，赤道比两极严重，在太阳黑子发生变动的年份天电干扰更为加剧。这类干扰所占的频谱范围很宽，并且不像无线电干扰那样频率是固定的，因此对它所产生的干扰影响很难防止。

（4）内部噪声。它来源于信道本身所包含的各种电子器件、转换器以及天线或传输线等。例如，电阻及各种导体都会在分子热运动的影响下产生热噪声，电子管或晶体管等电子器件由于电子发射不均匀等产生散弹噪声。这类干扰的特点是由无数个自由电子作不规则运动所形成的，因此它的波形也是不规则变化的，在示波器上观察就像一堆杂乱无章的茅草一样，通常称之为起伏噪声。由于在数学上可以用随机过程来描述这类干扰，因此又可称为随机噪声，或者简称为噪声。

以上是从噪声的来源来分类的，优点是比较直观。但是，从防止或减小噪声对信号传输影响的角度考虑，按噪声的性质上来分类会更为有利。

从噪声性质来区分，可以将噪声分为三类：

（1）单频噪声。它主要指无线电干扰。因为电台发射的频谱集中在比较窄的频率范围内，因此可以近似地看做是单频性质的。另外，像电源交流电，反馈系统自激振荡等也都属于单频干扰。它的特点是一种连续波干扰,并且其频率是可以通过实测来确定的,因此在采取适当的措施后就有可能防止。

(2)脉冲干扰。它包括工业干扰中的电火花,断续电流以及天电干扰中的闪电等。它的特点是波形不连续,呈脉冲性质。并且发生这类干扰的时间很短,强度很大,而周期是随机的,因此它可以用随机的窄脉冲序列来表示。由于脉冲很窄,所以占用的频谱必然很宽。但是,随着频率的提高,频谱幅度逐渐减小,干扰影响也就减弱。因此,在适当选择工作频段的情况下,这类干扰的影响也是可以防止的。

(3)起伏噪声。它主要指信道内部的热噪声和散弹噪声以及来自空间的宇宙噪声。它们都是不规则的随机过程,只能采用大量统计的方法来寻求其统计特性。由于起伏噪声来自信道本身,因此它对信号传输的影响是不可避免的。

根据以上分析,可以认为,尽管对信号传输有影响的加性干扰种类很多,但是影响最大的是起伏噪声,它是通信系统最基本的噪声源。通信系统模型中的"噪声源"就是分散在通信系统各处加性噪声(以后简称噪声),主要是起伏噪声的集中表示,它概括了信道内所有的热噪声、散弹噪声和宇宙噪声等。

3.4.2 白噪声

白噪声是指功率谱密度在整个频域内均匀分布的噪声。所有频率具有相同能量的随机噪声称为白噪声。从耳朵中可听到非常明亮的"咝"声(每高一个八度,频率就升高一倍,因此高频率区的能量也显著增强)。

白噪声或白杂讯,是一种功率频谱密度为常数的随机信号或随机过程。换句话说,此信号在各个频段上的功率是一样的,由于白光是由各种频率(颜色)的单色光混合而成,因而此信号的这种具有平坦功率谱的性质被称是"白色的",此信号也因此被称作白噪声。相对而言,其他不具有这一性质的噪声信号被称为有色噪声。

白噪声的功率谱密度通常被定义为

$$P_n(\omega) = \frac{n_0}{2} \quad (-\infty < \omega < \infty) \tag{3.33}$$

式(3.33)中,n_0 是一个常数,单位为 W/Hz。若采用单边频谱,即频率在(0～+∞)的范围内,白噪声的功率谱密度函数又常写成

$$P_n(\omega) = n_0 \quad (-\infty < \omega < \infty) \tag{3.34}$$

由信号分析的有关理论可知,功率信号的功率谱密度与其自相关函数 R(τ)互为傅氏变换对,即

$$R_n(\tau) \leftrightarrow P_n(\omega) \tag{3.35}$$

因此,白噪声的自相关函数为

$$R_n(\tau) = \frac{1}{2\pi} \int_{-\infty}^{+\infty} \frac{n_0}{2} e^{j\omega\tau} d\omega = \frac{n_0}{2} \delta(\tau) \tag{3.36}$$

式(3.36)表明,白噪声的自相关函数是一个位于 τ=0 处的冲激函数。这说明,白噪声只有在 $n_0/2$ 时才相关,而在任意两个不同时刻上的随机取值都是不相关的。白噪声的功率谱密度及其自相关函数,如图 3.19 所示。

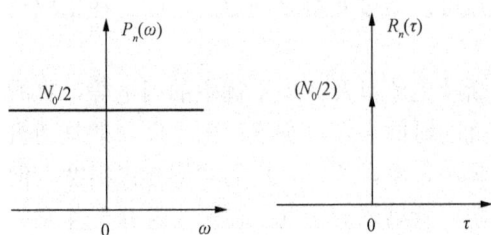

图 3.19　白噪声的功率谱密度与自相关函数

理想的白噪声具有无限带宽，因而其能量是无限大，这是不可能存在的。实际上，常常将有限带宽的平整信号视为白噪声，因为这让在数学分析上更加方便。然而，白噪声在数学处理上比较方便，因此它是系统分析的有力工具。一般，只要一个噪声过程所具有的频谱宽度远远大于它所作用系统的带宽，并且在该带宽中其频谱密度基本上可以作为常数来考虑，就可以把它作为白噪声来处理。例如，热噪声和散弹噪声在很宽的频率范围内具有均匀的功率谱密度，通常可以认为它们是白噪声。

3.4.3　高斯噪声

在实际信道中，另一种常见噪声是高斯噪声。所谓高斯噪声是指它的概率密度函数服从高斯分布（即正态分布）的一类噪声。其一维概率密度函数可用数学表达式（2.39）表示，有关密度函数的图形表示及性质请参见 2.4.2 小节。

通常，通信信道中噪声的均值 $a=0$。由此，可得到一个重要的结论：在噪声均值为零时，噪声的平均功率等于噪声的方差。证明如下：

因为噪声的平均功率为

$$P_n = \frac{1}{2\pi} \int_{-\infty}^{+\infty} P_n(\omega)\,\mathrm{d}\omega = R(0) \tag{3.37}$$

而噪声的方差为

$$\begin{aligned}\sigma^2 &= D[n(t)] = E\{[n(t)-E(n(t))]^2\} \\ &= E[n^2(t)] - \{E[n(t)]\}^2 = R(0) - a^2 = R(0)\end{aligned} \tag{3.38}$$

所以，有 $P_n = \sigma^2$。

上述结论非常有用，在通信系统的性能分析中，常常通过求自相关函数或方差的方法来计算噪声的功率。

3.4.4　高斯型白噪声

上面介绍到所谓白噪声是根据噪声的功率谱密度是否均匀来定义的，而高斯噪声则是根据它的概率密度函数呈正态分布来定义的，那么什么是高斯型白噪声呢？

高斯型白噪声也称高斯白噪声，是指噪声的概率密度函数满足正态分布统计特性，同时它的功率谱密度函数是常数的一类噪声。这里值得注意的是，高斯型白噪声同时涉及噪声的两个不同方面，即概率密度函数的正态分布性和功率谱密度函数均匀性，二者缺一不可。

在通信系统的理论分析中，特别是在分析、计算系统抗噪声性能时，经常假定系统中信道噪声（即前述的起伏噪声）为高斯型白噪声。其原因在于，一是高斯型白噪声可用具体的数学表达式表述，便于推导分析和运算；二是高斯型白噪声确实反映了实际信道中的加性噪声情况，比较真实地代表了信道噪声的特性。

3.4.5　窄带高斯噪声

通信的目的在于传递信息，通信系统的组成往往是为携带信息的信号提供一定带宽的通道，其作用在于一方面让信号畅通无阻，同时最大限度的抑制带外噪声。所以实际通信系统往往是一个带通系统。下面研究带通情况下的噪声情况。

当高斯噪声通过以 ω_c 为中心角频率的窄带系统时，就可形成窄带高斯噪声。窄带高斯噪声的特点是频谱局限在 $\pm\omega_c$ 附近很窄的频率范围内，其包络和相位都在作缓慢随机变化。如用示波器观察其波形，它是一个频率近似为 f_c，包络和相位随机变化的正弦波。

因此，窄带高斯噪声 $n(t)$ 可表示为

$$n(t)=\rho(t)\cos[\omega_c t+\varphi(t)] \tag{3.39}$$

式（3.39）中，$\rho(t)$ 为噪声 $n(t)$ 的随机包络；$\varphi(t)$ 为噪声 $n(t)$ 的随机相位。相对于载波 $\cos\omega_c t$ 的变化而言，它们的变化要缓慢的多。

窄带高斯噪声的频谱和波形示意图如图 2.7 所示。

窄带高斯噪声的统计特性参见 2.5.2 节。

3.5 信 道 容 量

3.5.1 信道容量的定义

所谓信道容量是指信道中信息无差错传输的最大速率。前面介绍过两种广义信道：调制信道和编码信道。这两种信道分别为连续信道和离散信道。因此信道容量也存在连续信道的信道容量和离散信道的信道容量两种。

3.5.2 香农公式

设信道带宽为 B(Hz)，信道输出信号功率为 S(W)，输出加性高斯噪声功率为 N(W)，则可以证明该信道容量（bit/s）为

$$C=B\log_2\left(1+\frac{S}{N}\right) \tag{3.40}$$

式（3.40）是为著名的香农公式，用于计算信道容量。它表明当信号与信道加性高斯噪声的平均功率给定时，在具有一定频带宽度 B 的信道上，理论上单位时间内可能传输的信息量的极限数值。

香农公式表明，信道的带宽或信道中的信噪比越大，则信息的极限传输速率就越高。它给出了信息传输速率的极限，即对于一定的传输带宽（以赫兹为单位）和一定的信噪比，信息传输速率的上限就确定了。这个极限是不能够突破的。要想提高信息的传输速率，或者必须设法提高传输线路的带宽，或者必须设法提高所传信号的信噪比。

由于噪声功率 N 与信道带宽 B 有关，若噪声单边功率谱密度为 n_0，则噪声功率 N 将等于 n_0B。因此，香农公式可以表示为另外一种形式

$$C=B\log_2\left(1+\frac{S}{n_0B}\right) \tag{3.41}$$

那么对于模拟信道的信道容量就是根据香农定理来计算。

【例 3.1】 有一个经调制解调器传输数据信号的电话网信道，该信道带宽为 3000Hz，信道噪声为加性高斯白噪声，其信噪比为 20dB，求该信道的信道容量。

解 $(S/N)\text{dB}=10\lg(S/N)(\text{dB})$

$S/N=10^2=100$

$$C=B\log_2\left(1+\frac{S}{N}\right)=3000\log_2(1+100)=19\,974\quad(\text{bit/s})$$

【例 3.2】　　已知仅存在加性高斯白噪声的信道容量为 33.6kbit/s，其信号噪声功率比为 30dB，求此模拟信道的带宽为多少？

解　$10\lg(S/N)=30\text{dB}$

$S/N=10^3=1000$

$$C=B\log_2\left(1+\frac{S}{N}\right)=B\log_2 1001=33.6\quad(\text{kbit/s})$$

$$B=\frac{33.6\times1000}{\log_2 1001}=3371\quad(\text{Hz})$$

3.5.3　数字信道的信道容量

典型的数字信道是平稳、对称、无记忆的离散信道，它可以用二进制或多进制传输。所谓离散是指信道内传输的信号是离散的数字信号；对称是指任何码元正确传输和错误传输的概率与其他码元一样；平稳是指对任何码元来说，错误概率的取值都是相同的；无记忆是指接收到的第 i 个码元仅与发送的第 i 个码元有关，而与第 i 个码元以前的发送码元无关。

根据奈奎斯特准则，带宽为 B 的信道所能传送的信号最高码元速率为 $2B$ 波特。因此，无噪声数字信道容量为

$$C=2B\log_2 M\quad(\text{bit/s})\tag{3.42}$$

其中 M 为传输时数据信号的取值状态，也就是进制数。

【例 3.3】　　假设一个传四进制数字信号的无噪声数字信道，带宽为 3000Hz，求其信道容量。

解　$C=2B\log_2 M=2\times3000\times\log_2 4=12\,000\quad(\text{bit/s})$

小　　　结

信道是通信系统必不可少的组成部分，信道通常是指以传输媒质为基础的信号通道，而信号在信道中传输遇到噪声又是不可避免的，因而信道和噪声均是通信系统中要研究的主要问题。

（1）信道是信号传输的通道，它允许信号通过，但又会对信号损耗。信道有狭义信道和广义信道两种。狭义信道可以分为有线信道和无线信道。有线信道包括明线、对称电缆、同轴电缆及光缆等。无线信道按通信设备的工作频率不同可分为长波通信、中波通信、短波通信、微波通信、光通信等。广义信道可以分为调制信道和编码信道。调制信道可以分为恒参信道和随参信道。

（2）恒参信道对信号传输的影响是确定的或者是变化极其缓慢的。因此，其传输特性可以等效为一个线性时不变网络，其传输特性可以用幅度频率特性和相位频率特性来表征。

（3）随参信道的参数随时间在不断变化，因此，它对信号影响也比较大，有慢衰落和快衰落两种。由于信道中参数变化所引起的信号衰落为慢衰落，由于多径传播造成的信号衰落为快衰落。

（4）信道中的噪声是指通信系统中对信号有影响的所有干扰的集合。按照来源，可以将噪声分为无线电噪声、工业噪声、天电噪声和内部噪声四类。按照性质，可以将噪声分为单频噪声、脉冲噪声和起伏噪声。目前通信系统中常见的噪声有白噪声、高斯噪声、高斯白噪声和窄带高斯噪声等。

（5）信道容量是在一定条件下能达到的最大信息传输速率。在信号平均功率受限，高斯白噪声的模拟信道中，信道的极限信息传输速率（信道容量）为

$$C = B \log_2 \left(1 + \frac{S}{N} \right)$$

无噪声数字信道的信道容量为

$$C = B \log_2 M$$

习　　题

3.1　什么是调制信道？什么是编码信道？

3.2　什么是恒参信道？什么是随参信道？目前常见的信道中，哪些属于恒参信道？哪些属于随参信道？

3.3　什么是群迟延频率特性？它与相位频率特性有何关系？

3.4　试画出二进制数字系统无记忆编码信道的模型图。

3.5　信道中常见的起伏噪声有哪些？它们的主要特点是什么？

3.6　信道容量是如何定义的？解释奈奎斯特信道容量公式和香农公式？

3.7　具有 6.5MHz 带宽的某高斯信道，若信道中信号功率与噪声功率谱密度之比为 45.5MHz，试求其信道容量。

3.8　设高斯信道的带宽为 4kHz，信号与噪声的功率比为 63，试确定利用这种信道的理想通信系统之传信率和差错率。

3.9　若希望以 9.6kbit/s 的速率在 2.7kHz 带宽的模拟话音信道上传输数据，且仅考虑高斯白噪声的影响，则要求信道信噪比是多少？

3.10　某一待传输的图片约含 2.25×10^6 个像元。为了很好地重现图片需要 12 个亮度电平。假若所有这些亮度电平等概率出现，试计算用 3min 传送一张图片时所需的信道带宽（设信道中信噪功率比为 30dB）。

第 4 章　数据信号的基带传输

在数字传输系统中，其传输对象通常是二进制数字信息，它可能来自计算机、网络或其他数字设备的各种数字代码，也可能来自数字电话终端的脉冲编码信号。设计数字传输系统的基本考虑是选择一组有限的离散的波形来表示数字信息。这些离散波形可以是未经调制的不同电平信号，也可以是调制后的信号形式。由于未经调制的脉冲电信号所占据的频带通常从直流和低频开始，因而称为数据基带信号。来自数据终端的原始数据信号，都是数字基带信号。

数据基带传输是数据通信中的基本传输方式，数据终端只要经过简单的电平和码型变换后就可以在信道中直接传输，主要应用在局域网等距离较短的数据传输中，例如，以对称电缆为传输介质的近程数据通信系统采用的就是这种传输方式。

对于大多数信道，如各种无线信道和光信道，则是带通型的，数字基带信号必须经过载波调制，把频谱搬移到高频段才能在信道中传输，故把这种传输称为数字频带（调制或载波）传输。

目前，虽然数字基带传输没有频带传输应用那么广泛，但对于基带传输系统的研究仍然具有十分重要的意义：第一，在利用对称电缆构成的近程数据通信系统广泛采用了这种传输方式；第二，数字基带传输中包含频带传输的许多基本问题，也就是说，基带传输系统的许多问题也是频带传输系统必须考虑的问题；第三，任何一个采用线性调制的频带传输系统可等效为基带传输系统来研究；第四，随着数据通信技术的发展，基带传输技术也在迅速发展起来，不仅可以用在低速数据传输中，而且还可以用在高速数据传输。

4.1　数据信号及特性描述

在实际基带传输系统中，并非所有原始基带数字信号都能在信道中传输。例如，有的信号含有丰富的直流和低频分量，不便于提取同步信号；有的信号易于形成码间干扰等。因此在基带传输系统中首先要考虑的问题就是传输过程中到底选择什么形式的信号以及确定码元脉冲的波形及码元序列的码型。通常，为了在传输信道中能够获得较好的传输特性，一般要对码元进行适当的码型变换，使其能够适合于在信道传输。

对于传输码型的选择，应该考虑以下几点原则：

（1）传输码型中应不含有直流分量，由于传输码中高、低频能量在传输中均有大的衰减，且低频时要求元件尺寸大，高频能量对邻近线路造成串音，因此低频分量和过高频分量也不要太多。

（2）传输码型中应含有定时时钟信息，以利于收端定时时钟的提取。

（3）传输码型应具有误码检测能力，若传输码型有一定的规律性，则就可以根据这个规律性来检测传输质量，以便做到自动检测。

（4）码型变换设备简单、易于实现。

（5）码型没有或者只有很小的误码增值，所谓误码增值是指单个的数字传输错误在收端解码时，造成错误码元的平均个数增加。

（6）编码方案对发送消息类型不应有任何限制，适合于所有的二进制信号。这种与信源统计特性无关的特性称为对信源具有透明性。

（7）码型具有较高的编码效率。

（8）码型具有一定的抗噪声能力。

4.1.1　常用的数据基带信号

数据基带信号是指消息代码的电波形，它是用不同的电平或脉冲来表示相应的消息代码。基带信号的类型有很多，常见的有矩形脉冲、三角波、高斯脉冲和升余弦脉冲等。最常用的是矩形脉冲，因为矩形脉冲易于形成和变换，下面就以矩形脉冲为例介绍几种最常见的基带信号波形。

1. 单极性不归零码（NRZ）

所谓的单极性就是"1"码用高电平来表示，"0"码用零电平来表示，不归零是指在整个码元周期内电平保持不变，如图 4.1 所示。

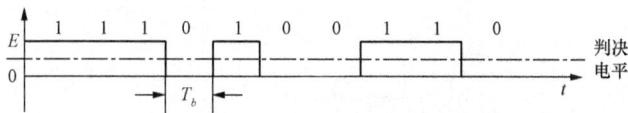

图 4.1　单极性不归零码波形示意图

单极性不归零波形是一种最简单的基带信号波形。具有如下的特点：

（1）发送能量大，有利于提高接收端信噪比。

（2）在信道上占用带宽窄。

（3）包含有大量的直流分量，会导致信号的失真与畸变，而且无法使用一些交流耦合的线路和设备。

（4）位同步信息包含在电平的转换之中，当出现连 0 序列时没有位同步信息。

（5）接收单极性不归零码的判决电平取"1"码电平的一半。由于信道衰减或特性随各种因素变化时，接收波形的振幅和宽度容易变化，因而判决门限不能稳定在最佳电平，使得抗噪性能变坏。

由于单极性不归零码具有以上这些缺点，在实际的基带数据信号传输中很少采用这种码型，通常只适合用于设备内部和短距离通信中。

2. 单极性归零码（RZ）

和单极性不归零码一样，1 码用高电平来表示，0 码用零电平来表示。归零是指脉冲间隔 τ 应小于整个码元周期 T_b。即每个有电脉冲在小于码元长度内总要回到零电平，所以称为归零波形，如图 4.2 所示。

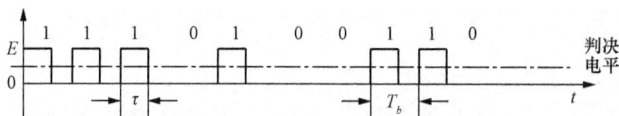

图 4.2　单极性归零码波形示意图

其中，τ 为脉冲间隔，T_b 为码元周期，τ/T_b 为占空比，通常取 50%。

单极性归零码与单极性不归零码相比较，除了具有单极性不归零码的大部分特点外，还具备如下的特点：

（1）相对于单极性不归零码，所占的带宽增大。

（2）可以直接提取同步信息。

由于单极性归零码可以直接提取同步信息，因此是其他波形提取位定时信号时需要采用的一种过渡波形。一般用于设备内部和短距离通信中。

3. 双极性不归零码（BNRZ）

所谓的双极性就是用高电平表示 1 码，用低电平来表示 0 码。双极性不归零码是指在整个码元周期间电平保持不变。如图 4.3 所示。

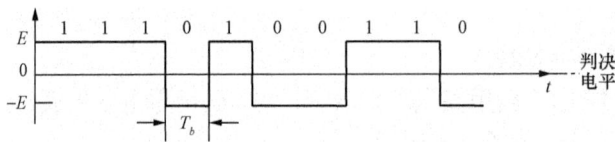

图 4.3　双极性不归零码波形示意图

双极性不归零码具有如下的特点：

（1）发送能量大，有利于提高接收端信噪比。

（2）在信道上占用带宽窄。

（3）不能提取同步信号。

（4）当"0"、"1"符号等概出现时无直流分量，不等概时仍有直流分量。

（5）恢复信号的判决电平为 0，因而不受信道特性变化的影响，抗干扰能力也较强。

（6）可以在电缆等无接地线上传输。

4. 双极性归零码（BRZ）

和双极性不归零码一样，用高电平表示 1 码，用低电平表示 0 码，但每个码元内的脉冲都回到零电平，即相邻脉冲之间必定留有零电位的间隔，即在双极性归零码中存在有占空。如图 4.4 所示。

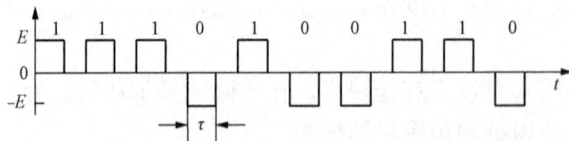

图 4.4　双极性归零码波形示意图

双极性归零码除了具有双极性码所有的优点以外，还比较容易提取同步信息。

5. 差分码

上面介绍的四种码型都只有两种电平，"1" 码表示一种电平，"0" 码表示另外一种电平，这种码型所对应的波形称为绝对码波形，记做 a_n。而差分码是用相邻两个电平变化与否表示"1" 和"0"，所以又称为相对码，记作 b_n。

差分码可以分为两种：传号码和空号码。传号码是指相邻两个电平变化表示为"1"码，如果不变表示为"0"码。其中"1"码用高电平来表示，"0"码用低电平来表示。而空号码则是相反的。相邻两个电平变化表示"0"码，不变表示"1"码，如图 4.5 所示。

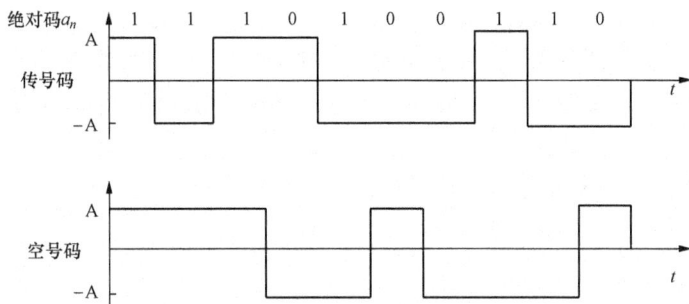

图 4.5　差分码波形示意图

用差分波形传送代码可以消除设备初始状态的影响，特别是在相位调制系统中用于解决载波相位模糊问题。差分码是数据传输系统中的一种常用码型。

6．极性交替码（AMI）

AMI 码是传号交替反转码。其编码规则是将二进制消息代码"1"（传号）交替地变换为传输码的"+1"和"−1"，而"0"（空号）保持不变。这种码型实际上把二进制脉冲序列变为三电平的符号序列，因此又称为伪三元序列，如图 4.6 所示。

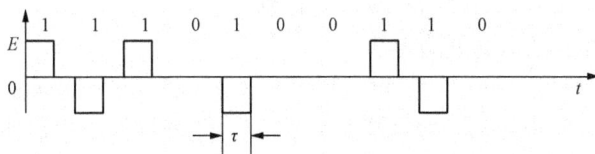

图 4.6　极性交替码波形示意图

极性交替码具有如下特点：

（1）在"1"、"0"码不等概情况下，不包含直流分量，且零频附近低频分量小。因此，对于具有变压器或其他交流耦合的传输信道而言，不易受隔直特性影响。

（2）编译码电路简单，并便于观察误码情况。

（3）可以方便提取定时信息。

（4）若接收端收到的码元极性与发送端完全相反，也能够正确判决。

（5）当它用来获取定时信息时，由于它可能出现长的连 0 串，因而会造成提取定时信号的困难。

由于 AMI 码具有以上这些特点，是 CCITT 建议采用的传输码型之一。

7．三阶高密度双极性码（HDB$_3$）

当信息序列出现连"0"串时，信号的电平长时间不跳变，造成提取定时信号的困难。解决连"0"码问题的有效方法之一是采用高密度双极性码，如 HDB$_1$、HDB$_2$、HDB$_3$ 等，其中 HDB$_3$ 码是采用最广泛而且也是最重要的一种码型。HDB$_3$ 码的全称是三阶高密度双极性码，它是 AMI 码的一种改进型，其目的是为了保持 AMI 码的优点而克服其缺点，使连"0"个数不超过 3 个。其编码规则如下：

（1）当信息序列中连"0"个数不超过 3 时，仍按 AMI 码的规则编码，即传号极性交替。

（2）当连"0"个数超过 3 时，则将第 4 个"0"改为非"0"脉冲，记为 +V 或 −V，称之为破坏脉冲，即用 000V 替代长连零小段 0000，V 码的极性与前一个非零码的极性相同。

（3）检查 V 码是否极性交替。若不交替，将四连"0"的第一个"0"更改为与该破坏脉冲相同极性的脉冲，并记为＋B 或－B，称之为补救脉冲，即把当前的 000V 用 B00V 代替，B 码的极性与前一个非零码的极性相反，加上 B 码后，则后边所有非零码极性相反。HDB₃ 如图 4.7 所示。

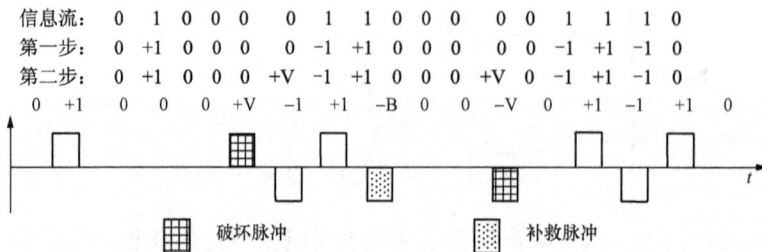

图 4.7　三阶高密度双极性码波形示意图

编码完成后，可以通过以下两个准则来判断是否编码正确：

（1）"1"码与 B 码合起来极性是否交替。

（2）V 码极性是否交替。

满足以上两个交替准则，则可以判断编码正确。

在接收端译码，可以采用以下的方法：

（1）按照上述编码原理，每一个破坏脉冲 V 码总是与前一非 0 码同极性（包括 B 码在内），因此首先检测 V 码，由两个相邻同极性码找到 V 码，即同极性码中后面那个码就是 V 码。

（2）由 V 码向前的第三个码如果不是"0"码，表明该码为补救脉冲 B 码，则用 0000 取代 B00V 或 000V。

（3）V 码和 B 码去掉后则全部是信息序列，将其全波整流还原成单极性码。

HDB₃ 具有如下的特点：

（1）编码比较复杂，但译码却比较简单。

（2）无直流分量，低频成分也少。

（3）除保持了 AMI 码的优点外，还增加了使连 0 串减少到至多 3 个的优点，这对于定时信号的恢复是十分有利的。

（4）HDB₃ 码若产生一个误码，可能造成假 4 连 0，译码端会引起多于一个的误码，即 HDB₃ 码有误码增值。

8. 曼彻斯特码和差分曼彻斯特码

曼彻斯特码又称为数字双相码。在一个码元周期内"1"码用高低电平表示，"0"码用低高电平表示。如图 4.8（a）所示。

差分曼彻斯特码首先将信息序列进行差分码编码，然后对差分码进行曼彻斯特编码。如图 4.8（b）所示。

双相码只有极性相反的两个电平，而不像前面的三种码具有三个电平。因为双相码在每个码元周期的中心点都存在电平跳变，所以含有丰富的位定时信息。又因为这种码的正、负电平各半，所以无直流分量。而且编码过程也简单，但带宽比原信息序列要大 1 倍，当极性反转时候会引起译码错误。

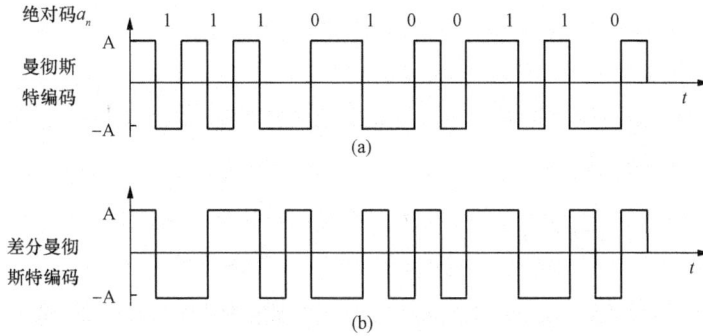

图 4.8　曼彻斯特码和差分曼彻斯特码波形示意图

9. CMI 码

CMI 码是传号反转码的简称，与数字双相码类似，它也是一种双极性二电平码。编码规则如下："1"码交替用"11"和"00"两位码表示；"0"码固定用"01"表示。

CMI 码有较多的电平跃变，因此含有丰富的定时信息。此外，由于 10 为禁用码组，不会出现三个以上的连码，这个规律可用来宏观检错。

由于 CMI 码易于实现，且具有上述特点，因此是 CCITT 推荐的 PCM 高次群采用的接口码型，在速率低于 8.448Mb/s 的光纤传输系统中有时也用作线路传输码型。

在 CMI 码中，每个原二进制信息序列都用一组两位的二进码表示，因此这类码又称为1B/2B 码。

10. nB/mB 码

nB/mB 码是把原信息序列中的 n 位二进制码作为一组，编成 m 位二进制码的新码组。

由于 m>n，新码组可能有 2^m 种组合，故多出（2^m-2^n）种组合。从中选择一部分有利码组作为可用码组，其余为禁用码组，以获得好的特性。在光纤数字传输系统中，通常选 m=n+1，有 1B/2B 码、2B/3B 码、3B/4B 码以及 5B/6B 码等，其中，5B/6B 码型已实用化，用作三次群和四次群以上的线路传输码型。

nB/mB 码具有差分码的特点，比较容易提取同步信息。

4.1.2　基带信号的频谱特性

前面是从时域的角度来分析不同码型和波形的特点，此外，还可以从频域的角度来分析基带信号的频谱特性，频谱特性分析的内容包括信号需要占据的频带宽度、信号所包含的频谱分量、信号有无直流分量以及信号有无定时分量。针对信号频谱的特点可以选择相匹配的信道，以及确定是否可从信号中提取定时信号。

数据基带信号是一个随机脉冲序列，这是由于假如在数据通信系统中所传输的数字序列不是随机的，而是确知的，那么所发送的消息就不携带任何信息，通信也就失去了意义。因此，在分析数据基带信号的频谱特性，是以随机过程功率谱的原始定义为出发点，求出数字随机序列的功率谱公式。

1. 二进制基带信号的功率谱

数据基带信号的消息代码的波形并非一定是矩形，也可以是其他形式。但无论采用什么形式的波形，数据基带信号都可以用数学式表示出来。假设基带信号中各码元波形相同但取值不同，则可以用式（4.1）来表示

$$s(t)=a_n g(t-nT_b) \tag{4.1}$$

式（4.1）中，a_n 是第 n 个信息码元所对应的电平值（0、1 或 1、−1 等），具体取值由信码和编码规律决定；T_b 为码元间隔；$g(t)$ 为某种类型脉冲波形，对于二进制序列，假设 $g_1(t)$ 表示"0"码，$g_2(t)$ 表示"1"码，则

$$a_n g(t-nT_b)=\begin{cases} g_1(t-nT_b) & \text{表示符号 "0"} \\ g_2(t-nT_b) & \text{表示符号 "1"} \end{cases} \tag{4.2}$$

由于 a_n 是一个随机量。因此，通常在实际中遇到的基带信号 $s(t)$ 都是一个随机的脉冲序列。一般情况下，数字基带信号可用随机序列表示，即

$$s(t)=\sum_{n=-\infty}^{\infty} s_n(t) \tag{4.3}$$

其中

$$s_n(t)=\begin{cases} g_1(t-nT_b) & \text{以概率}P\text{出现} \\ g_2(t-nT_b) & \text{以概率}1-P\text{出现} \end{cases} \tag{4.4}$$

T_b 为随机脉冲周期，$g_1(t)$、$g_2(t)$ 分别表示二进制码"0"和"1"，则经推导可得随机脉冲的双边功率谱 $P_x(\omega)$ 为

$$P_x(\omega)=\sum_{m=-\infty}^{\infty}|f_b[pG_1(mf_b)+(1-p)G_2(mf_b)]|^2 \delta(f-mf_b)+f_b p(1-p)|G_1(f)-G_2(f)|^2 \tag{4.5}$$

其中 $G_1(f)$、$G_2(f)$ 分别为 $g_1(t)$、$g_2(t)$ 的傅里叶变换，$f_b=1/T_b$。

从式（4.5）可以得到如下结论：

（1）二进制随机脉冲序列的功率谱一般包含连续谱和离散谱两部分。

（2）对于连续谱而言，由于代表数字信息的 $g_1(t)$ 及 $g_2(t)$ 不能完全相同，故 $G_1(f)\neq G_2(f)$，因而连续谱总是存在的。谱形取决于 $g_1(t)$、$g_2(t)$ 的频谱以及出现的概率 P。根据连续谱可以确定随机序列的带宽。

（3）离散谱是否存在，取决 $g_1(t)$ 和 $g_2(t)$ 的波形及其出现的概率 P。一般情况下，它也总是存在的，但对于双极性信号 $g_1(t)=-g_2(t)=g(t)$ 且概率 $P=1/2$ 时，则没有离散分量 $\delta(f-mf_b)$。而离散谱的存在与否关系到能否从脉冲序列中直接提取定时信号，因此，离散谱的存在非常重要。

对于单极性波形：若设 $g_1(t)=0$，$g_2(t)=g(t)$，则随机脉冲序列的双边功率谱密度为

$$P_s(f)=f_b p(1-p)\sum_{m=-\infty}^{\infty}|f_b(1-p)G(mf_b)|^2 \delta(f-mf_b) \tag{4.6}$$

当"0"和"1"等概（即 $p=1/2$）时，式（4.6）可简化为

$$P_s(f)=\frac{1}{4}f_b|G(f)|^2+\frac{1}{4}f_b^2\sum_{m=-\infty}^{\infty}|G(mf_b)|^2 \delta(f-mf_b) \tag{4.7}$$

（1）若表示"1"码的波形 $g_2(t)=g(t)$ 为不归零矩形脉冲，即

$$G(f)=T_b\left(\frac{\sin \pi T_b}{\pi f T_b}\right)=T_b Sa(\pi f T_b) \tag{4.8}$$

当 $f=mf_b$，$G(mf_b)$ 的取值情况有：$m=0$ 时，$G(mf_b)=T_b Sa(0)\neq 0$，因此离散谱中有直流分

量；m 为不等于零的整数时，$G(mf_b)=T_bSa(n\pi)=0$，离散谱均为零，因此无定时信号。

此时，式（4.7）变成

$$P_s(f)=\frac{1}{4}f_bT_b^2\left(\frac{\sin \pi fT_b}{\pi fT_b}\right)+\frac{1}{4}\delta(f) \tag{4.9}$$

随机序列的带宽取决于连续谱，实际由单个码元的频谱函数 $G(f)$ 决定，该频谱的第一个零点在 $f=f_b$，因此单极性不归零信号的带宽为 $B=f_b$。功率谱结构示意图如图 4.9（a）所示。

（2）若表示"1"码的波形 $g_2(t)=g(t)$ 为半占空归零矩形脉冲，即脉冲宽度 $\tau=T_b/2$ 时，则频谱函数为

$$G(f)=\frac{T_b}{2}Sa\left(\frac{\pi fT_b}{2}\right) \tag{4.10}$$

当 $f=mf_b$，$G(mf_b)$ 的取值情况：$m=0$ 时，$G(mf_b)=T_bSa(0)\neq0$，因此离散谱中有直流分量；m 为奇数时，$G(mf_b)=T_bSa(0)\neq0$，此时有离散谱，其中 $m=1$ 时，$G(mf_b)=\frac{T_b}{2}Sa\left(\frac{m\pi}{2}\right)\neq0$，因而有定时信号；$m$ 为偶数时，$G(mf_b)=\frac{T_b}{2}Sa\left(\frac{m\pi}{2}\right)=0$，此时无离散谱。

这时，式（4.7）变成

$$P_s(f)=\frac{T_b}{16}Sa^2\left(\frac{\pi fT_b}{2}\right)+\frac{1}{16}\sum_{m=-\infty}^{\infty}Sa^2\left(\frac{m\pi}{2}\right)\delta(f-mf_s) \tag{4.11}$$

不难求出，单极性半占空归零信号的带宽为 $B=2f_b$。功率谱结构示意图如图 4.9（b）所示。

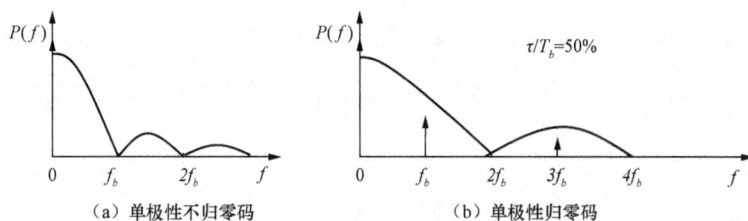

（a）单极性不归零码　　　　（b）单极性归零码

图 4.9　单极性码功率谱结构示意图

对于双极性波形：若设 $g_1(t)=-g_2(t)=g(t)$，则

$$P_s(f)=4f_bp(1-p)\left|G(f)\right|^2+\sum_{m=-\infty}^{\infty}\left|f_s(2p-1)G(mf_s)\right|^2\delta(f-mf_s) \tag{4.12}$$

当"1"码和"0"码等概（即 $p=1/2$）时，式（4.12）变为

$$P_s(f)=f_b\left|G(f)\right|^2 \tag{4.13}$$

若 $g(t)$ 为高为 1，脉宽等于码元周期的矩形脉冲，那么式（4.13）可写成

$$P_s(f)=T_bSa^2(\pi fT_b) \tag{4.14}$$

从前面可以得到：

（1）随机序列的带宽主要依赖单个码元波形的频谱函数 $G_1(f)$ 或 $G_2(f)$，两者之中应取较大带宽的一个作为序列带宽。时间波形的占空比越小，频带越宽。通常以谱的第一个零点作为

矩形脉冲的近似带宽，它等于脉宽 τ 的倒数，即 $B=1/\tau$。由图 4.9 可知，不归零脉冲的 $\tau=T_b$，则 $B=f_b$；半占空归零脉冲的 $\tau=T_b/2$，则 $B=1/\tau=2f_b$。其中 $f_b=1/T_b$，为位定时信号的频率，在数值上与码元速率 R_B 相等。

（2）单极性基带信号是否存在离散谱取决于矩形脉冲的占空比，单极性归零信号中有定时分量，可直接提取。单极性不归零信号中无定时分量，若想获取定时分量，要进行波形变换。"0"、"1" 等概的双极性信号没有离散谱，也就是说无直流分量和定时分量。

综上分析，研究随机脉冲序列的功率谱是十分有意义的，一方面可以根据它的连续谱来确定序列的带宽，另一方面根据它的离散谱是否存在这一特点，明确能否从脉冲序列中直接提取定时分量，以及采用什么方法可以从基带脉冲序列中获得所需的离散分量。这一点，在研究位同步、载波同步等问题时将是十分重要的。

2. AMI 码和 HDB$_3$ 码的功率谱

AMI 码和 HDB$_3$ 码都是三元码，不能利用二进制随机脉冲序列的双边功率谱密度的公式来计算它们的功率谱。但若认为它们是各态历经的，则可利用平稳随机过程的相关函数去求功率谱密度。

图 4.10 为 AMI 码和 HDB$_3$ 码的功率谱结构图。由图 4.10 可见，AMI 码和 HDB$_3$ 码的高、低频分量少，能量主要集中在频率为 1/2 码速处，有利于提高信道的利用率。虽然其功率谱中不存在离散谱，但经过简单的变换就能得到位定时信号。

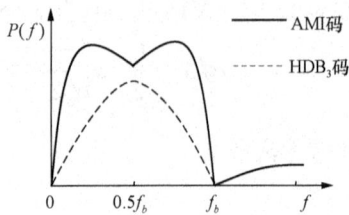

图 4.10　AMI 码和 HDB$_3$ 码功率谱结构图

4.2　基带传输系统的组成

基带传输系统的基本结构如图 4.11 所示。主要由码型变换器、发送滤波器、信道、接收滤波器、同步系统和抽样判决器所组成。

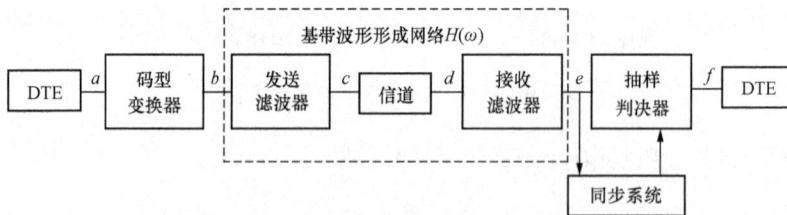

图 4.11　基带传输系统组成图

系统各组成部分的作用如下：

（1）码型变换器。数据终端 DTE 产生的脉冲序列，往往不适合直接在信道中传输。这是因为数据终端产生的这些基带信号含有直流，而信道往往不能传输直流，而且基带信号不便于提取同步信息，这些都是不利于信道的传输。码型变换器的作用就是将数据信号转换成更适合于信道传输的码型，达到与信道匹配的目的。

（2）发送滤波器。码型变换器变换后输出的各种波形为矩形波，这种以矩形为基本波形的码型往往含有大量的低频分量和高频分量，占用频带也比较宽，不利于信道的传输。因此，发送滤波器的作用是限制信号频带并起波形形成作用，如将矩形波变换为升余弦波形。

（3）信道。信道是信号的传输媒介，可以是各种形式的电缆。

（4）接收滤波器。接收滤波器的作用是完成抑制带外噪声、均衡信号波形等功能，使其输出波形更有利于抽样判决。

（5）同步系统。同步系统作用是通过特定方法提取同步信息，并产生同步控制信号。位定时的准确与否将直接影响判决效果。

（6）抽样判决器。抽样判决器是在位同步脉冲的控制下对信号波形抽样，并按照特定码型的判决规则恢复原始数据信号。

图 4.12 给出基带系统的各点波形示意图。其中，a 是原始的数据序列，为单极性非归零码；b 是基带脉冲序列，为双极性非归零码；c 为基带数据信号的波形，即发送滤波器输出波形；d 为信道输出的信号，由于信道频率特性不理想，波形发生失真并叠加了噪声；e 为接收滤波器输出波形，与 d 相比，失真和噪声减弱；cp 为位定时同步脉冲；f 为经抽样脉冲恢复的数据基带信号。其中第 6 个码元发生误码。关于误码产生的原因将在下一节讨论。

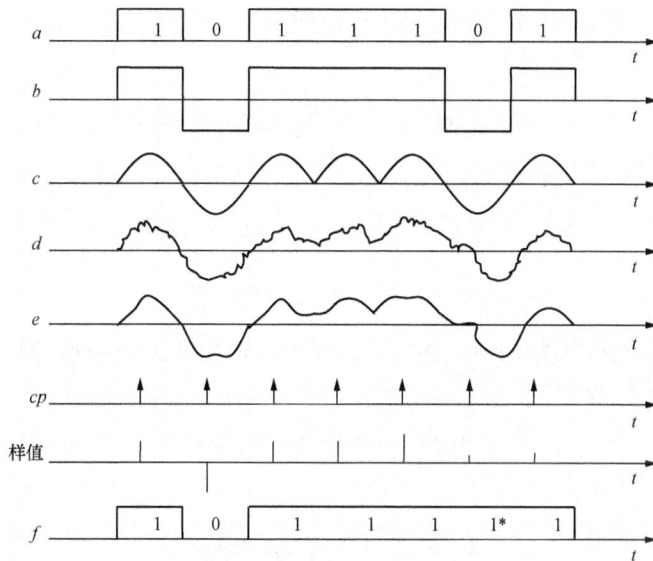

图 4.12　基带系统的各点波形示意图

4.3　无码间干扰的基带传输

4.3.1　码间干扰的概念

上一节给出基带系统的各点波形示意图。经抽样脉冲恢复的数据基带信号的第 6 个码元发生误码。对于误码发生的原因有两个：

（1）信道加性噪声，由于噪声是随机过程，在抽样判决时刻，噪声的值是随机的，大小不一，因此会造成错误判决。

（2）系统的传输总特性，包括发送滤波器、接收滤波器以及信道的特性的不理想引起的波形延迟、展宽、拖尾等畸变，使码元之间相互干扰。

也就是说实际抽样判决值不仅有本码元的值，还有其他码元在该码元抽样时刻的串扰值及噪声。接收端能否正确恢复信息,在于能否有效地抑制噪声和减小码间干扰,这两点就是在下面章节需要讨论的重点。

下面通过分析基带传输系统模型来分析码间干扰。基带传输系统模型如图 4.13 所示。

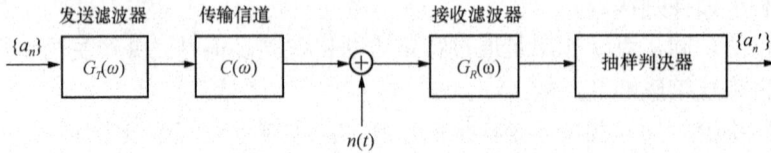

图 4.13　基带传输系统模型

图 4.13 中,$\{a_n\}$ 为发送滤波器的输入符号序列,在二进制的情况下,a_n 取值为 0、1 或 −1、+1。为了分析方便,假设 $\{a_n\}$ 对应的基带信号为

$$d(t)=\sum_{n=-\infty}^{\infty} a_n\delta(t-nT_b) \tag{4.15}$$

$d(t)$ 是间隔为 T_b,强度由 a_n 决定的单位冲激序列。

$d(t)$ 通过发送滤波器产生 $s(t)$

$$s(t)=d(t)*g_T(t)=\sum_{n=-\infty}^{+\infty} a_ng_T(t-nT_b) \tag{4.16}$$

式(4.16)中,"$*$"是卷积符号;$g_T(t)$ 是单个 δ 作用下形成的发送基本波形,即发送滤波器的冲激响应。若发送滤波器的传输特性为 $G_T(\omega)$,则 $g_T(t)$ 由式(4.17)确定

$$g_T(t)=\frac{1}{2\pi}\int_{-\infty}^{\infty} G_T(\omega)e^{j\omega t}d\omega \tag{4.17}$$

若再设信道的传输特性为 $C(\omega)$,接收滤波器的传输特性为 $G_R(\omega)$,则图 4.13 所示的基带传输系统的总传输特性为

$$H(\omega)=G_T(\omega)C(\omega)G_R(\omega) \tag{4.18}$$

其单位冲激响应为

$$h(t)=\frac{1}{2\pi}\int_{-\infty}^{\infty} H(\omega)e^{j\omega t}d\omega \tag{4.19}$$

$h(t)$ 是单个 δ 作用下,$H(\omega)$ 形成的输出波形。因此在 δ 序列 $d(t)$ 作用下,接收滤波器输出信号 $y(t)$ 可表示为

$$y(t)=d(t)*h(t)+nR(t)=\sum_{n=-\infty}^{\infty} a_nh(t-nT_b)+n_R(t) \tag{4.20}$$

式(4.20)中,$n_R(t)$ 是加性噪声 $n(t)$ 经过接收滤波器后输出的噪声。

抽样判决器对 $y(t)$ 进行抽样判决,以确定所传输的数字信息序列 $\{a_n\}$。例如要对第 k 个码元 a_k 进行判决,应在 $t=kT_b+t_0$ 时刻上(t_0 是信道和接收滤波器所造成的延迟)对 $y(t)$ 抽样,由式(4.20)可得

$$y(kT_b+t_0)=a_kh(t_0)+\sum_{n\neq k} a_nh[(k-n)T_b+t_0]+n_R(kT_b+t_0) \tag{4.21}$$

式(4.21)具有如下意义:

(1)第一项 $a_kh(t_0)$ 是第 k 个码元波形的抽样值,包括大小、极性,以及受滤波器、信道

的影响。它是确定 a_k 的依据。

（2）第二项 $\sum\limits_{n\neq k} a_n h[(k-n)T_b+t_0]$ 是除第 k 个码元以外的其他码元波形在第 k 个抽样时刻上的总和，它对当前码元 a_k 的判决起着干扰的作用，所以称为码间串扰值。

（3）第三项 $n_R(kT_b+t_0)$ 信道加性噪声在抽样瞬间的值，它是一种随机干扰，也要影响对第 k 个码元的正确判决。

由于码间干扰和随机噪声的存在，当 $y(kT_b+t_0)$ 加到判决电路时，对 a_k 取值的判决可能判对也可能判错。例如，在二进制数字通信时，a_k 的可能取值为 "0" 或 "1"，判决电路的判决门限为 V_0，且判决规则为当 $y(kT_b+t_0)>V_0$ 时，判 a_k 为 "1"，当 $y(kT_b+t_0)<V_0$ 时，判 a_k 为 "0"。显然，只有当码间干扰值和噪声足够小时，才能基本保证上述判决的正确，否则，有可能发生错判，造成误码。因此，为了使误码率尽可能的小，必须最大限度地减小码间干扰和随机噪声的影响。这也正是研究基带脉冲传输的基本出发点。

4.3.2　消除码间干扰的基本思想

由式（4.21）可以得到，要想消除码间干扰，则

$$\sum_{n\neq k} a_n h[(k-n)T_b+t_0]=0 \tag{4.22}$$

由于 a_n 是随机的，不一定为零，因此，就对 $h(t)$ 的波形提出要求，如果相邻码元的前一个码元的波形在到达后一个码元抽样时刻就衰减为零，如图 4.14（a）所示，前一个码元就不会对后一个码元引起码间干扰。但是由于 $h(t)$ 的波形有很长的拖尾，在实际当中很难实现。因此，只能使 $h[(k-n)T_b+t_0]$ 在 t_0+T_b，t_0+2T_b，…，$(k-n)T_b+t_0$，…等抽样判决时刻上正好为 0，就能消除码间干扰，如图 4.14（b）所示。这也是消除码间干扰的基本思想。

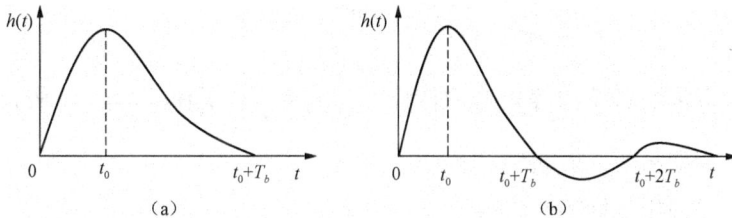

图 4.14　无码间干扰示意图

4.3.3　无码间干扰的时域条件

根据消除码间干扰的基本思想，可以得到，只要基带传输系统的冲激响应 $h(t)$ 在本码元的抽样时刻点上为波形的峰值点，在其他码元的抽样时刻点为零，满足这个条件就可以消除码间干扰。假设信道和接收滤波器所引起的延迟 $t_0=0$，则基带传输系统无码间干扰的冲激响应必须满足下式

$$h(kT_b)=\begin{cases}1 & (k=0)\\0 & (k\neq 0)\end{cases} \tag{4.23}$$

从式（4.23）可以知道，基带传输系统无码间干扰的冲激响应除了 $t=0$ 时取值为峰值，其他抽样时刻 $t=kT_b$ 上的取值均为零，满足这个条件就可以实现无码间干扰。

对于满足这种波形特点的函数有很多，比如 $h(t)=Sa(m\pi t/T_b)$ 和 $h(t)=Sa^2(\pi t/T_b)$，这些

曲线都能在 T_b, $2T_b$, $\cdots$, nT_b 这些特殊点上取值为零。通常基带传输系统的冲激响应采用的是函数 $h(t)=Sa(\pi t/T_b)$，该曲线对应的传输函数满足理想低通特性。

4.3.4 理想低通网络波形形成（奈奎斯特第一准则）

对于上面能满足理想低通特性的冲激响应的函数，下面对该函数进行推导。按照信号与系统理论可知，传输特性 $H(\omega)$ 和单位冲激响应 $h(t)$ 是一对傅氏变换对。

$$h(t)=\frac{1}{2\pi}\int_{-\infty}^{+\infty}H(\omega)e^{j\omega t}\,\mathrm{d}\omega \tag{4.24}$$

当 $t=kT_b$ 时，

$$h(kT_b)=\frac{1}{2\pi}\int_{-\infty}^{+\infty}H(\omega)e^{j\omega kT_b}\,\mathrm{d}\omega \tag{4.25}$$

对上式按照 $\omega_b=2\pi/T_b$ 的长度用分段积分的形式表示为

$$h(kT_b)=\frac{1}{2\pi}\sum_{n=-\infty}^{+\infty}\int_{n\omega_b-\omega_b/2}^{n\omega_b+\omega_b/2}H(\omega)e^{j\omega kT_b}\,\mathrm{d}\omega \tag{4.26}$$

用 $H_n(\omega)$ 表示第 n 个区间内的 $H(\omega)$，则

$$h(kT_b)=\frac{1}{2\pi}\sum_{n=-\infty}^{+\infty}\int_{n\omega_b-\omega_b/2}^{n\omega_b+\omega_b/2}H_n(\omega)e^{j\omega kT_b}\,\mathrm{d}\omega \tag{4.27}$$

令 $\omega'=\omega-n\omega_b$，则 $\omega=\omega'+n\omega_b$，$\mathrm{d}\omega=\mathrm{d}\omega'$，所以

$$
\begin{aligned}
h(kT_b)&=\frac{1}{2\pi}\sum_{-\infty}^{+\infty}\int_{-\omega_b/2}^{\omega_b/2}H_n(\omega'+n\omega_b)e^{j\omega'kT_b}e^{j2n k\pi}\mathrm{d}\omega'\\
&=\frac{1}{2\pi}\int_{-\omega_b/2}^{\omega_b/2}\sum_{n=-\infty}^{+\infty}H_n(\omega+n\omega_b)e^{j\omega kT_b}\mathrm{d}\omega \\
&=\frac{1}{2\pi}\int_{-\omega_b/2}^{\omega_b/2}H_{eq}(\omega)e^{j\omega kT_b}\,\mathrm{d}\omega
\end{aligned}
\tag{4.28}
$$

其中定义基带传输系统的等效传输特性 $H_{eq}(\omega)=\sum_{n=-\infty}^{+\infty}H_n(\omega+n\omega_b)$，从表达式中可以看出，$H_{eq}(\omega)$ 为一周期函数，周期为 ω_b。

若 $H_{eq}(\omega)$ 满足理想传输特性，即

$$H_{eq}(\omega)=\begin{cases}c & |\omega|\leqslant\pi/T_b\\0 & |\omega|>\pi/T_b\end{cases} \tag{4.29}$$

此时系统的冲激响应满足无码间干扰的时域条件，可实现无码间干扰的传输。

从理想传输特性，定义这个基带传输系统的奈奎斯特带宽 $B=f_b/2$。

基带传输系统的等效传输特性是通过将 $H(\omega)$ 在 ω 轴上以 $2\pi/T_b$ 为宽度分割成段，然后将每一段沿 ω 轴平移到 $(-\pi/T_b$，$\pi/T_b)$ 区间内进行叠加，所得到的结果为一常数。也就是说，在实际当中，只要 $H(\omega)$ 的特性能等效成一个理想低通滤波器，就可以实现无码间干扰。

下面来看一个基带传输系统特性，如图 4.15 所示是一个三角传输特性，将其等效传输特性画出，看看在奈奎斯特带宽内是否满

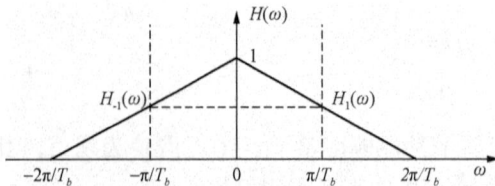

图 4.15　直线滚降特性

足理想低通特性。

经过切割、平移、叠加之后，可以将三角传输特性图等效成一个理想低通滤波器，如图 4.16 所示，则可以认为 $H(\omega)$ 满足奈奎斯特第一准则。因此，对于能够满足奈奎斯特第一准则的 $H(\omega)$ 并不是唯一的。

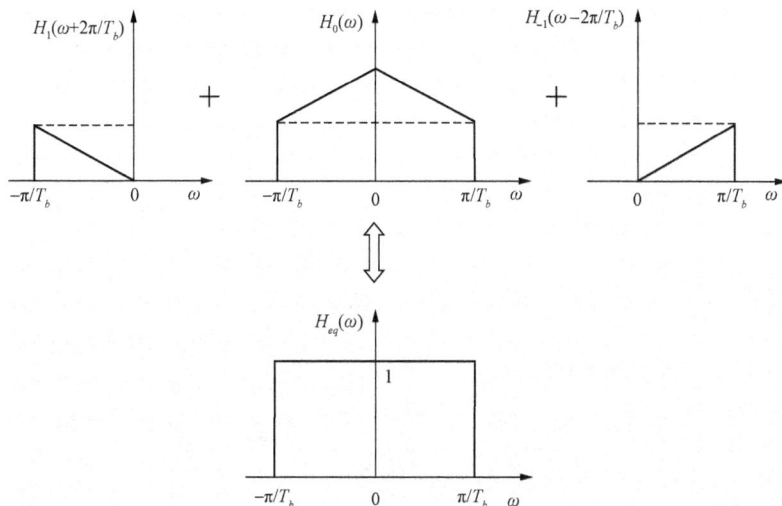

图 4.16　等效传输特性的叠加过程

如果系统的传递函数 $H(\omega)$ 不用分割后再叠加成为常数，其本身就是理想低通滤波器的传递函数，即

$$H(\omega)=H_{eq}(\omega)=\begin{cases} c & |\omega| \leqslant \pi/T_b \\ 0 & |\omega| > \pi/T_b \end{cases} \tag{4.30}$$

如图 4.17 所示。

此时 $H_{eq}(\omega)$ 中 n 取 1，对应的冲激响应为

$$h(t)=\frac{1}{2\pi}\int_{-\infty}^{+\infty}H(\omega)e^{j\omega t}\mathrm{d}\omega=\frac{1}{2\pi}\int_{-\pi/T_b}^{\pi/T_b}e^{j\omega t}\mathrm{d}\omega=\frac{1}{T_b}\frac{\sin(\pi t/T_b)}{\pi t/T_b}=f_b Sa(\pi t/T_b) \tag{4.31}$$

如图 4.18 所示。

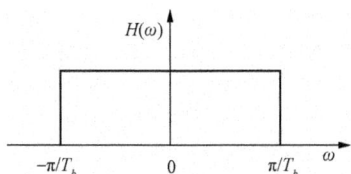

图 4.17　理想传输特性　　　　　　　　　图 4.18　单位冲激响应

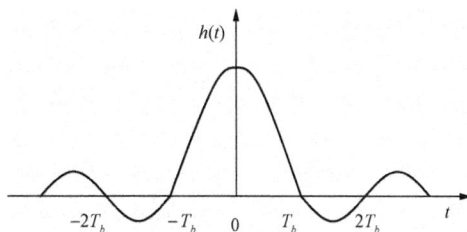

由理想低通系统产生的信号称为理想低通信号。由图 4.18 可知，理想低通信号在 $t = \pm n\pi(n \neq 0)$ 时有周期性零点。如果发送码元波形的时间间隔为 T_b，接收端在 $t = nT_b$ 时抽样，就能达到无码间干扰。

由图 4.18 和式（4.31）可知无码间干扰传输码元周期为 T_b 的序列时，所需的最小传输带宽为 $1/2T_b$。这是在抽样值无干扰条件下，基带系统传输所能达到的极限情况。也就是说，当系统的传输特性在奈氏带宽内是理想低通特性时，若发送端以其截止频率两倍的速率传输信号，接收端仍以间隔 T_b 在码元峰值处抽样就可以消除码间干扰，此时可以得到最大的频带利用率 2Baud/Hz，传输速率为 $R_B=1/T_b=f_b$ Baud，信道带宽为 $B=f_b/2$Hz，所以频带利用率 $\eta=R_B/B=2$Baud/Hz，把这种用于判断一个给定的系统特性 $H(\omega)$ 能否满足无码间干扰的准则称为奈奎斯特第一准则。数据传输示意图如图 4.19 所示。

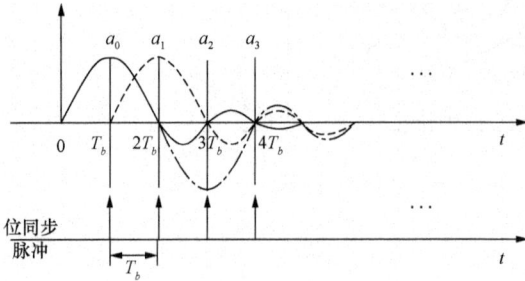

图 4.19 数据传输示意图

由以上分析可知，如果基带传输系统的总传输特性为理想低通特性，则基带信号的传输不存在码间干扰。但是这种传输条件实际上不可能达到，因为理想低通的传输特性意味着有无限陡峭的过渡带，这在工程上是无法实现的。即使获得了这种传输特性，其冲激响应波形的尾部衰减特性很差，尾部仅按 $1/t$ 的速度衰减，且接收波形在再生判决中还要再抽样一次，这样就要求接收端的抽样定时脉冲必须准确无误，若稍有偏差，就会引入码间干扰。所以上式表达的无码间干扰的传递条件只有理论上的意义，但它给出了基带传输系统传输能力的极限值。实际中，一般不采用理想低通传输特性。因此，需要寻找一个传输系统，既可以物理上实现，又能满足奈奎斯特第一准则的基本要求。

4.3.5 具有幅度滚降特性的低通网络波形形成

通过分析理想低通形成网络，之所以物理上不能实现，是因为它的幅频特性 $H(\omega)$ 在截止频率 ω_N 和 $-\omega_N$ 处是陡直变化的。因此可以把理想低通形成网络在 ω_N 处给它平滑一下，或者说给它滚降一下，这样就得到了它的滚降特性图，使得它在 ω_N 处不是垂直截止，而是有一定的缓变过渡特性。如图 4.20 所示，滚降特性图起始的频率是 $\omega_N(1-\alpha)$，终止频率是 $(1+\alpha)\omega_N$，其中 $\alpha=\omega_r/\omega_N$ 为滚降系数。ω_r 是指起始频率 $\omega_N(1-\alpha)$ 到 ω_N 的频率范围，或者是 ω_N 到终止频率 $(1+\alpha)\omega_N$。

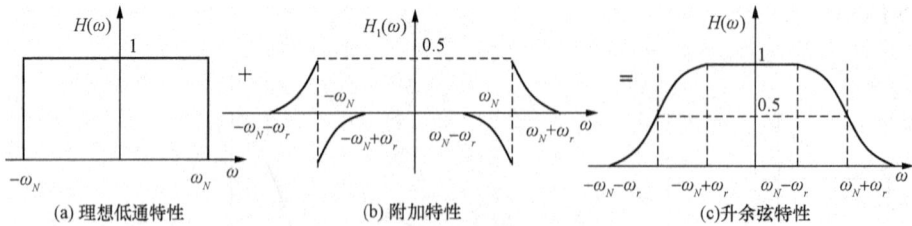

图 4.20 升余弦滚降特性的分解

很显然，α 的取值范围为 $0 \leqslant \alpha \leqslant 1$，当 $\alpha=0$ 时，就是理想低通特性。由此可见，理想低通是滚降低通的一个特例。当 $\alpha=1$ 时，所占频带的带宽最宽，是理想系统带宽的 2 倍，因而频带利用率为 1bit/(s·Hz)。当 $0<\alpha<1$ 时，带宽 $B=(1+\alpha)/2T_b$，频带利用率 $\eta=2/(1+\alpha)$ [bit/(s·Hz)]。由于抽样的时刻不可能完全没有时间上的误差，为了减小抽样定时脉冲误差所带来的影响，滚降系数 α 不能太小，通常选择 $\alpha \geqslant 0.2$。

由于滚降截止频率为 $(1+\alpha)\omega_N$，因此此时系统的带宽 $B=(1+\alpha)f_N=(1+\alpha)f_b/2$，可以计算出系统的频带利用率为

$$\eta=\frac{R_B}{B}=\frac{2f_b}{(1+\alpha)f_b}=\frac{2}{1+\alpha}\text{（Bd/Hz）} \tag{4.32}$$

图 4.20（b）中，对 $|\omega|>\omega_N$ 的频率部分增加了部分传输能力［即增加了 $(1+\alpha)\omega_N$］，而对于小于 ω_N 的频率正好减少这部分传输能力，即关于点 C 旋转 $180°$ 正好补平减少部分的传输缺口，且系统的相频特性仍是线性的。这样的系统，它的冲激脉冲响应的前导和后尾仍是每隔 $T_b=\pi/\omega_N$ 秒经过零点，从而满足按间隔 $T=\pi/\omega_N$ 的取样点上无符号间干扰的要求。

因此，这个滚降低通在物理上是可以实现，同时，若滚降低通网络的幅度特性 $|H(\omega)|$ 以 C 点（ω_N,1/2）呈奇对称滚降，则其输出响应波形 $h(t)$ 在取样判决点无符号间干扰（即满足奈氏第一准则）。

【例 4.1】　一滚降低通网络的幅度特性 $|H(f)|$ 如图 4.21 所示，试判断此滚降低通网络是否满足无符号间干扰的条件。

解　此滚降低通网络可以满足无符号间干扰的条件。

因为其幅度特性呈奇对称滚降，对称点是（f_O，1/2）。

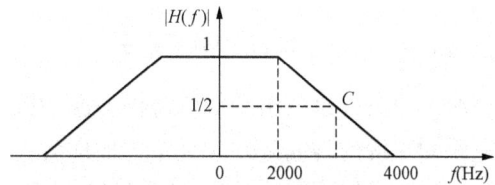

【例 4.2】　一形成滤波器幅度特性如图 4.22 所示。

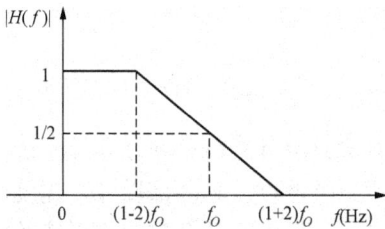

图 4.21　滚降低通网络幅度特性图　　　　图 4.22　形成滤波器幅度特性图

（1）如果符合奈氏第一准则，其符号速率为多少？α 为多少？

（2）采用八电平传输时，传信速率为多少？

（3）频带利用率 η 为多少 Bd/Hz？

解　（1）如果符合奈氏第一准则，$|H(f)|$ 应以 C 点（f_N，0.5）呈奇对称滚降，由图 4.22 可得

$$f_N=2000+\frac{4000-2000}{2}=3000\text{Hz}$$

$$\text{符号速率 } f_s=2f_N=2\times3000=6000\text{Baud}$$

$$\text{滚降系数 } \alpha=\frac{4000-3000}{3000}=\frac{1000}{3000}=\frac{1}{3}$$

（2）传信速率 $R_b=f_s\log_2 M=6000\times\log_2 8=18\ 000\text{bit/s}$

（3）频带利用率 $\eta=\frac{f_s}{B}=\frac{6000}{4000}=1.5\text{Baud/Hz}$

实际中最常用的传递函数为升余弦滚降低通网络，如图 4.23 所示。

升余弦滚降低通特性 $H(\omega)$ 可表示成

$$H(\omega)=\begin{cases}T_b & |\omega|\leqslant\omega_N(1-\alpha)\\ \dfrac{T_b}{2}\left[1+\sin\dfrac{T_b}{2\alpha}(\omega_N-\omega)\right] & (1-\alpha)\omega_N<|\omega|<(1+\alpha)\omega_N\\ 0 & |\omega|>(1+\alpha)\omega_N\end{cases}\qquad(4.33)$$

对应的冲激响应 $h(t)$ 为

$$h(t)=\frac{\sin(\pi t/T_b)}{\pi t/T_b}\cdot\frac{\cos\pi\alpha t/T_b}{1-4\alpha^2t^2/T_b^2}=Sa(\pi t/T_b)\frac{\cos\pi t/T_b}{1-4\alpha^2t^2/T_b^2}\qquad(4.34)$$

冲激响应如图 4.24 所示。

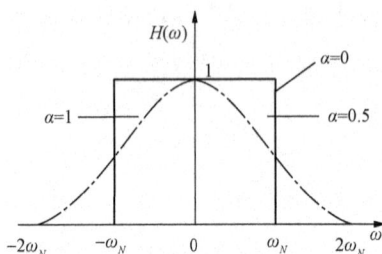

图 4.23　升余弦滚降低通网络图　　　　　　　　图 4.24　升余弦滚降低通冲激响应图

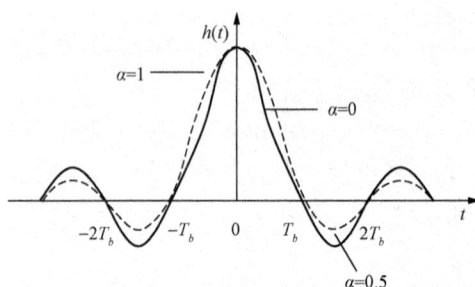

　　通过分析升余弦滚降低通特性冲激响应图可知，升余弦滚降系统的 $h(t)$ 满足在抽样时刻上无码间干扰的传输条件，且在各抽样值之间又增加了一个零点，其尾部以 $1/t^3$ 速度衰减，这有利于减小码间干扰且对定时脉冲精度的要求不会很高。但由于升余弦滚降系统的频带被展宽，因而其频带利用率不能达到极限频带利用率。

4.4　眼　　　图

　　从理论上讲，只要基带传输总特性 $H(\omega)$ 满足奈奎斯特第一准则，就可实现无码间串扰传输。在实际的基带数据传输系统中，由于滤波器设计的误差、传输线路不稳定等因素，完全消除码间干扰是十分困难的，而码间干扰对误码率的影响目前尚无法找到数学上便于处理的统计规律，还不能进行准确计算。为了衡量基带传输系统的性能优劣，在实验室中，通常用示波器观察接收信号波形的方法来分析码间干扰和噪声对系统性能的影响，这就是眼图分析法。

　　眼图是指利用实验的方法估计和改善（通过调整）传输系统性能时在示波器上观察到的一种图形。观察眼图的方法是：用一个示波器跨接在接收滤波器的输出端，然后调整示波器扫描周期，使示波器水平扫描周期与接收码元的周期同步，在示波器上显示的图形很像人的眼睛，因此被称为眼图。

　　二进制信号传输时的眼图只有一只"眼睛"，当传输三元码时，会显示两只"眼睛"。眼图是由各段码元波形叠加而成的，眼图中央的垂直线表示最佳抽样时刻，位于两峰值中间的水平线是判决门限电平，眼图模型如图 4.25 所示。

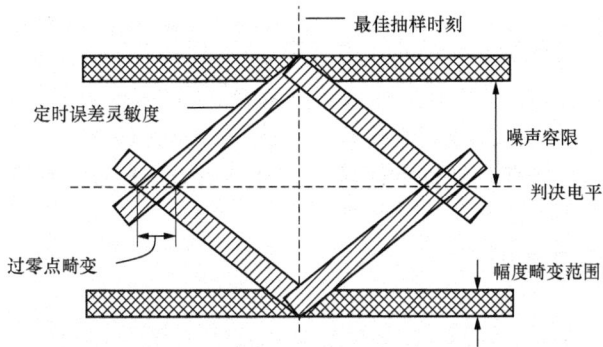

图 4.25 眼图模型

借助图 4.25，了解眼图形成原理。为了便于理解，暂先不考虑噪声的影响。图 4.26（a）是接收滤波器输出的无码间串扰的双极性基带波形，用示波器观察它，并将示波器扫描周期调整到码元周期 T_b，由于示波器的余辉作用，扫描所得的每一个码元波形将重叠在一起，形成如图 4.26（b）所示的迹线细而清晰的大"眼睛"；图 4.26（c）是有码间串扰的双极性基带波形，由于存在码间串扰，此波形已经失真，示波器的扫描迹线就不完全重合，于是形成的眼图线迹杂乱，"眼睛"张开得较小，且眼图不端正，如图 4.26（d）所示。对比图 4.26（b）和图 4.26（d）可知，眼图的"眼睛"张开得越大，且眼图越端正，表示码间串扰越小，反之，表示码间串扰越大。

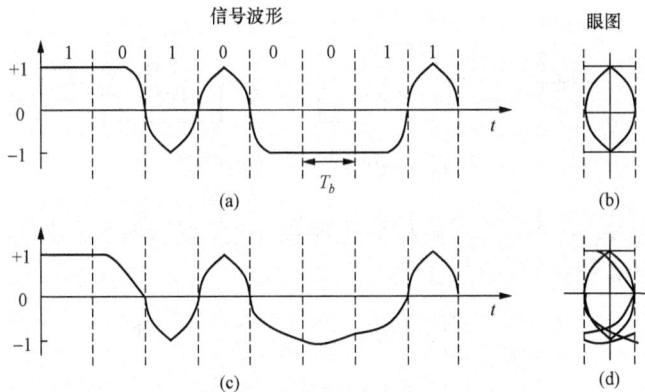

图 4.26 基带传输眼图示意图

从图 4.26 观察可以得到，在无码间干扰和噪声的理想情况下，波形无失真，"眼"开启得最大。当有码间干扰时，波形失真，引起"眼"部分闭合。若再加上噪声的影响，则使眼图的线条变得模糊，"眼"开启得小了，因此，"眼"张开的大小表示了失真的程度。由此可知，眼图能直观地表明码间干扰和噪声的影响，可评价一个基带传输系统性能的优劣。另外也可以用此图形对接收滤波器的特性加以调整，以减小码间干扰和改善系统的传输性能。通常眼图可以用图 4.25 所示的图形来描述。由图可以获得以下信息：

（1）眼图张开的宽度决定了接收波形可以不受串扰影响而抽样再生的时间间隔。显然，最佳抽样时刻应选在眼睛张开最大的时刻。

（2）眼图斜边的斜率，表示系统对定时抖动（或误差）的灵敏度，斜边越陡，系统对定时抖动越敏感。

（3）眼图左（右）角阴影部分的水平宽度表示信号零点的变化范围，称为零点失真量，在许多接收设备中，定时信息是由信号零点位置来提取的，对于这种设备零点失真量很重要。

（4）在抽样时刻，阴影区的垂直宽度表示最大信号失真量。

（5）在抽样时刻上、下两阴影区间隔的一半是最小噪声容限，噪声瞬时值超过它就有可能发生错误判决。

（6）横轴对应判决门限电平。

4.5　无码间干扰基带系统的抗噪声性能

码间干扰和信道噪声是影响接收端正确判决而造成误码的两个因素。上节讨论了不考虑噪声影响时，能够消除码间串扰的基带传输特性。本节来讨论在无码间串扰的条件下，噪声对基带信号传输的影响，即计算噪声引起的误码率。

4.5.1　二电平传输系统的误码率

若认为信道噪声只对接收端产生影响，则分析模型如图 4.27 所示。设二进制接收波形为 $s(t)$，信道噪声 $n(t)$ 通过接收滤波器后的输出噪声为 $nR(t)$，则接收滤波器的输出是信号加噪声的混合波形，即：

$$x(t) = s(t) + nR(t) \tag{4.35}$$

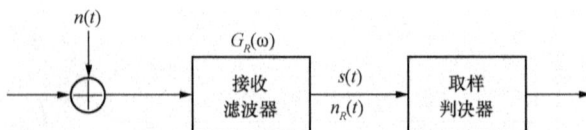

图 4.27　抗噪声性能分析模型

若二进制基带信号为双极性，设它在抽样时刻的电平取值为 $+A$ 或 $-A$（分别对应与信码"1"或"0"），则 $x(t)$ 在抽样时刻的取值为

$$x(kT_b) = \begin{cases} A + nR(kT_b) & \text{发送"1"时} \\ -A + nR(kT_b) & \text{发送"0"时} \end{cases} \tag{4.36}$$

设判决电路的判决门限为 V_d，判决规则为

$$x(kT_b) > V_d, \text{ 判为"1"码}$$

$$x(kT_b) < V_d, \text{ 判为"0"码}$$

上述判决过程的典型波形如图 4.28 所示。其中，图 4.28（a）是无噪声影响时的信号波形，而图 4.28（b）则是图 4.28（a）波形叠加上噪声后的混合波形。

显然，这时的判决门限应选择在 0 电平，不难看出，对图 4.28（a）波形能够毫无差错地恢复基带信号，但对图 4.28（b）的波形就可能出现两种判决错误：原"1"错判成"0"或原"0"错判成"1"，图中带"*"的码元就是错码。下面具体分析由于信道加性噪声引起这种误码的概率 P_e，简称误码率。

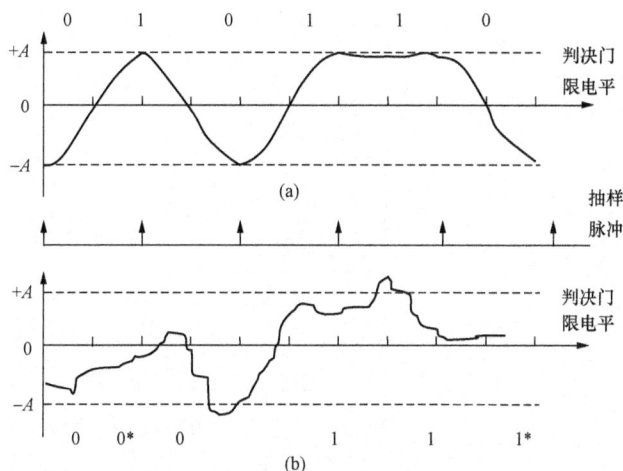

图 4.28　判决过程波形示意图

信道加性噪声 $n(t)$ 通常被假设为均值为 0、双边功率谱密度 $n_0/2$ 的平稳高斯白噪声，而接收滤波器又是一个线性网络，故判决电路输入噪声 $nR(t)$ 也是均值为 0 的平稳高斯噪声，且它的功率谱密度 $P_n(\omega)$ 为

$$P_n(\omega)=\frac{n_0}{2}\left|G_R(\omega)\right|^2 \tag{4.37}$$

方差（噪声平均功率）为

$$\sigma_n^2=\frac{1}{2\pi}\int_{-\infty}^{\infty}\frac{n_0}{2}\left|G_R(\omega)\right|^2\mathrm{d}\omega \tag{4.38}$$

可见，$nR(t)$ 是均值为 0、方差为 σ_n^2 的高斯噪声，因此它的瞬时值的统计特性可用下述一维概率密度函数描述

$$f(v)=\frac{1}{\sqrt{2\pi}\sigma_n}e^{-v^2/2\sigma_n^2} \tag{4.39}$$

式（4.39）中，V 就是噪声的瞬时取值 $nR(kT_b)$。

根据式（4.39），故当发送"1"时，$A+nR(kT_b)$ 的一维概率密度函数为

$$f_1(x)=\frac{1}{\sqrt{2\pi}\sigma_n}\exp\left[-\frac{(x-A)^2}{2\sigma_n^2}\right] \tag{4.40}$$

而当发送"0"时，$-A+nR(kT_b)$ 的一维概率密度函数为

$$f_1(x)=\frac{1}{\sqrt{2\pi}\sigma_n}\exp\left[-\frac{(x+A)^2}{2\sigma_n^2}\right] \tag{4.41}$$

这时，在 $-A$ 到 $+A$ 之间选择一个适当的电平 V_d 作为判决门限，根据判决规则将会出现以下几种情况：

对于"1"码：当 $x>V_d$，判为"1"码（判决正确）；当 $x<V_d$，判为"0"码（判决错误）。

对于"0"码：当 $x<V_d$，判为"0"码（判决正确）；当 $x>V_d$，判为"1"码（判决错误）。

可见，在二进制基带信号传输过程中，噪声会引起两种误码概率：

发"1"错判为"0"的概率 $p(0/1)$

$$p(0/1)=P(x<V_d)=\int_{-\infty}^{V_d} f_1(x)$$

$$=\int_{-\infty}^{V_d}\frac{1}{\sqrt{2\pi}\sigma_n}\exp\left[-\frac{(x-A)^2}{2\sigma_n^2}\right]\mathrm{d}x \qquad (4.42)$$

$$=\frac{1}{2}-\frac{1}{2}erf\left(\frac{V_d+A}{\sqrt{2}\sigma_n}\right)$$

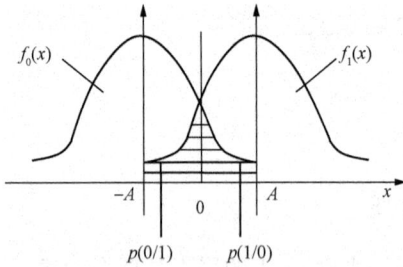

图 4.29 接收端信号概率密度曲线

$p(0/1)$ 和 $p(1/0)$ 分别如图 4.29 中的阴影部分所示。若发送 "1" 码的概率为 $p(1)$，发送 "0" 码的概率为 $p(0)$，则基带传输系统总的误码率可表示为

$$p_e=p(1)p(0/1)+p(0)p(1/0) \qquad (4.43)$$

从式（4.43）可以看出，误码率与 $p(1)$，$p(0)$，$f_0(x)$，$f_1(x)$ 和 V_d 有关，而 $f_0(x)$ 和 $f_1(x)$ 又与信号的峰值 A 和噪声功率 σ_n^2 有关。通常 $p(1)$ 和 $p(0)$ 是给定的，因此误码率最终由 A、σ_n^2 和门限 V_d 决定。在 A 和 σ_n^2 一定的条件下，可以找到一个使误码率最小的判决门限电平，这个门限电平称为最佳门限电平。若令

$$\frac{\mathrm{d}p_0}{\mathrm{d}v_d}=0 \qquad (4.44)$$

则可求得最佳门限电平

$$v_d^*=\frac{\sigma_n^2}{2A}\ln\frac{p(0)}{p(1)} \qquad (4.45)$$

当 $p(1)=p(0)=1/2$ 时，$v^*_d=0$，这时，基带传输系统总误码率为

$$p_e=\frac{1}{2}p(0/1)+\frac{1}{2}p(1/0)=\frac{1}{2}\left[1-erfc\left(\frac{A}{\sqrt{2}\sigma_n}\right)\right]=\frac{1}{2}erfc\left(\frac{A}{\sqrt{2}\sigma_n}\right) \qquad (4.46)$$

从式（4.46）可见，在发送概率相等，且在最佳门限电平下，系统的总误码率仅依赖于信号峰值 A 与噪声均方根值 σ_n 的比值，而与采用什么样的信号形式无关（当然，这里的信号形式必须是能够消除码间干扰的）。若比值 A/σ_n 越大，则 p_e 就越小。

以上分析的是双极性信号的情况。对于单极性信号，电平取值为 $+A$（对应 "1" 码）或 0（对应 "0" 码）。因此，在发 "0" 码时，只需将图 4.29 中 $f_0(x)$ 曲线的分布中心由 $-A$ 移到 0 即可。这时式（4.45）和式（4.46）将分别变成

$$v_d^*=\frac{A}{2} \qquad (4.47)$$

这时

$$P_e=\frac{1}{2}\left[1-erf\left(\frac{A}{2\sqrt{2}\sigma_n}\right)\right]=\frac{1}{2}erfc\left(\frac{A}{2\sqrt{2}\sigma_n}\right) \qquad (4.48)$$

式（4.48）中，A 是单极性基带波形的峰值。

比较式（4.45）与式（4.47）可见，在单极性与双极性基带信号的峰值 A 相等、噪声均

方根值 σ_n 也相同时，单极性基带系统的抗噪声性能不如双极性基带系统。此外，在等概条件下，单极性的最佳判决门限电平为 $A/2$，当信道特性发生变化时，信号幅度 A 将随着变化，故判决门限电平也随之改变，而不能保持最佳状态，从而导致误码率增大。而双极性的最佳判决门限电平为 0，与信号幅度无关，因而不随信道特性变化而变，故能保持最佳状态。因此，基带系统多采用双极性信号进行传输。

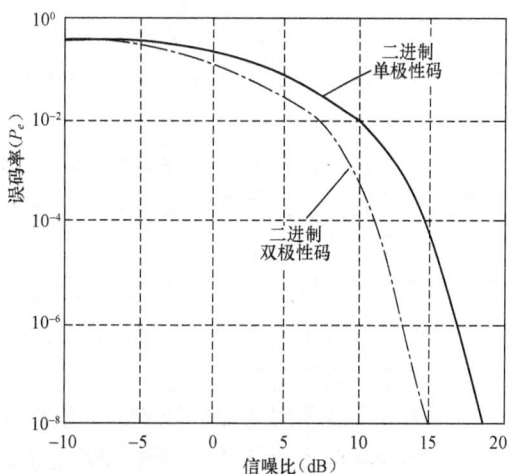

图 4.30　基带传输性能比较

图 4.30 给出了单、双极性基带信号误码率～信噪比（$P_e \sim \rho$）的关系曲线，从图 4.30 中可以得出以下几个结论：

（1）在信噪比 ρ 相同条件下，双极性误码率比单极性低，抗干扰性能好。

（2）在误码率相同条件下，单极性信号需要的信噪功率比要比双极性高 3dB。

（3）$P_e \sim \rho$ 曲线总的趋势是 $\rho\uparrow$，$P_e\downarrow$，但当 ρ 达到一定值后，$\rho\uparrow$，P_e 将大大降低。

4.5.2　多电平传输系统的误码率

对于理想信道下的最佳基带传输系统：$C(\omega)=1$，$G_T(\omega)=G_R(\omega)=H^{1/2}(\omega)$。设输入数据序列 $\{a_n\}$ 有 L 种电平，各电平的出现概率相等且相互独立，L 种电平取值为 $\pm d$，$\pm 3d$，…，$\pm(L-1)d$，则该信号通过最佳基带系统后的误码率为

$$P_e=\left(1-\frac{1}{L}\right)erfc\left[\left(\frac{3}{L^2-1}\cdot\frac{E}{n_0}\right)^{1/2}\right] \tag{4.49}$$

式（4.49）中，E 为码元的平均能量，n_0 为信道加性高斯白噪声的单边功率谱密度。当 $L=2$ 时，有

$$P_e=\frac{1}{2}erfc\left(\sqrt{\frac{E_b}{n_0}}\right) \tag{4.50}$$

4.5.3　误码性能的分析

根据误码率性质，在相同噪声功率谱密度和误码率（符号错误率）下，采用 L 多电平传输，则比特速率将比二电平传输时的提高 $\log_2 L$ 倍，但必需提高信号的发送平均功率；而在相同噪声功率谱密度和比特错误率（误比特率）下，采用多电平传输可以节省传输频带，但也必须提高信号的发送平均功率。

4.6　改善数据传输系统性能的几个措施

从前面的讨论可以知道，只要基带传输特性 $H(f)$ 是理想低通，则以系统频带宽度 B 的两倍大小的速率传输数据信号时，不仅能消除码间干扰，还能实现极限频带利用率。但理想低通传输特性实际上是无法实现的，即使能实现，它的冲激响应 $h(t)$ 的前导和后尾振荡幅

度大，收敛慢，从而对取样判决定时要求十分严格，稍有偏差就会造成码间干扰。于是又提出幅度滚降特性，此特性的 $h(t)$ 虽然前导和后尾振荡幅度减小，对定时也放松要求，但频带利用率下降了，因此不能适应高速传输的发展。可见频带利用率与码间干扰的消除是一对矛盾。

那么是否存在某种系统，能够消除这一对矛盾。这就是本节要讨论的问题，通过改善数据传输系统性能，使得既能够获得高的频带利用率，又能尽量来消除码间干扰。

4.6.1　部分响应技术

上面分析了两种无码间干扰系统，理想低通特性系统和升余弦滚降特性系统，这两种系统都是将冲激响应完全传输的系统，所以称为完全响应系统。另外还有一种仅传输部分响应的系统，称为部分响应系统。

部分响应系统采用增加有规律的和受控制的码间干扰，使干扰信号的拖尾和信号拖尾互相抵消。部分响应系统能使频带利用率提高到理论上的最大值，又可形成"尾巴"衰减大、收敛快的传输波形，从而降低对定时采样精度的要求。改善了系统的频率特性和提高了传码率。用于部分响应系统的传输波形称为部分响应波形。

下面，先通过一个实例对部分响应系统的基本概念加以说明。由于，$Sa(x)=\dfrac{\sin x}{x}$ 波形具有理想矩形频谱且波形"拖尾"严重，但对于相距一个码元间隔的两个 $\dfrac{\sin x}{x}$ 波形的"拖尾"刚好正负相反，因此利用这样的波形组合可以构成"拖尾"衰减很快的脉冲波形。现在，将两个时间上相隔一个码元 T_b 的 $Sa(x)$ 波形相加，如图 4.31（a）所示，则相加后的波形 $g(t)$ 为

$$g(t)=\frac{\sin\left[\dfrac{\pi}{T_b}\left(t+\dfrac{T_b}{2}\right)\right]}{\dfrac{\pi}{T_b}\left(t+\dfrac{T_b}{2}\right)}+\frac{\sin\left[\dfrac{\pi}{T_b}\left(t-\dfrac{T_b}{2}\right)\right]}{\dfrac{\pi}{T_b}\left(t-\dfrac{T_b}{2}\right)}=Sa\left[\dfrac{\pi}{T_b}\left(t+\dfrac{T_b}{2}\right)\right]+Sa\left[\dfrac{\pi}{T_b}\left(t-\dfrac{T_b}{2}\right)\right] \quad (4.51)$$

经过简化后，
$$g(t)=\frac{4}{\pi}\left[\frac{\cos(\pi t/T_b)}{1-(4t^2/T_b^2)}\right] \quad (4.52)$$

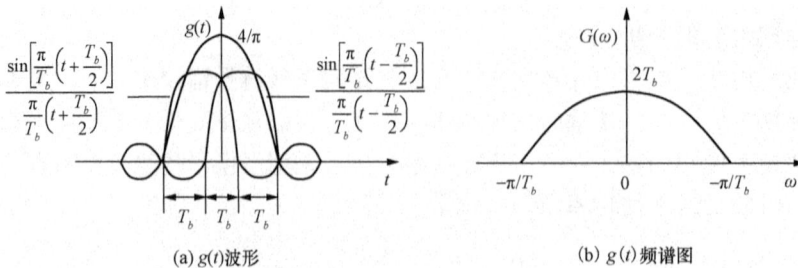

(a) $g(t)$ 波形　　　　　(b) $g(t)$ 频谱图

图 4.31　$g(t)$ 波形及频谱图

由图 4.31（a）可见，除了在相邻的取样时刻 $t=\pm T_b/2$ 处 $g(t)=1$ 外，其余的取样时刻上，$g(t)$ 具有等间隔零点。

对上式进行傅里叶变换，可以得到 $g(t)$ 的频谱函数为

$$G(\omega)=\begin{cases} 2T_b\cos\dfrac{\omega T_b}{2} & |\omega|\leqslant\dfrac{\pi}{T_b} \\[2mm] 0 & |\omega|>\dfrac{\pi}{T_b} \end{cases} \tag{4.53}$$

由图 4.31(b)可见，$g(t)$ 的频谱 $G(\omega)$ 限制在 $\left(-\dfrac{\pi}{T_b},\dfrac{\pi}{T_b}\right)$ 内，且呈缓变的半余弦滤波特性，下面我们来分析 $g(t)$ 的波形特点：

（1）由式（4.52）可见，$g(t)$ 波形的拖尾幅度与 t^2 成反比，而 $Sa(x)$ 波形幅度与 t 成反比，这说明 $g(t)$ 波形比由理想低通形成的 $h(t)$ 衰减大，收敛也快。

（2）若用 $g(t)$ 作为传送波形，且传送码元间隔为 T_b，则在抽样时刻上仅发生发送码元与其前后码元相互干扰，而与其他码元不发生干扰。表面上看，由于前后码元的干扰很大，故似乎无法按 $1/T_b$ 的速率进行传送。但由于这种"干扰"是确定的，在收端可以消除掉，故仍可按 $1/T_b$ 传输速率传送码元。

设输入的二进制码元序列为 $\{a_k\}$，并设 a_k 在抽样点上的取值为 +1 和 -1，则当发送码元 a_k 时，接收波形 $g(t)$ 在抽样时刻的取值 c_k 可由式（4.54）确定

$$c_k=a_k+a_{k-1} \tag{4.54}$$

式（4.54）中，a_{k-1} 表示 a_k 前一码元在第 k 个时刻上的抽样。不难看出，c_k 将可能有 -2、0 及 +2 三种取值。显然，如果前一码元 a_{k-1} 已经判定，则可由下式确定发送码元 a_k 的取值。

$$a_k=c_k-a_{k-1} \tag{4.55}$$

从上面的例子看到，实际中确实能找到频带利用率高（达 2Baud/Hz）和尾巴衰减大、收敛也快的传送波形。而且还看到，在上述例子中，码间干扰被利用（或者说被控制）。这说明，利用存在一定码间干扰的波形，有可能达到充分利用频带和尾巴振荡衰减加快这样两个目的。

（3）上述判决方法虽然在原理上是可行的，但可能会造成误码的传播。因为，由式（4.55）容易看出，只要有一个码元发生错误，则这种错误会相继影响以后的码元，一直到再次出现传输错误时才能纠正过来。

接收方式由此存在的问题：因为 a_k 的恢复不仅仅由 c_k 来确定，而是必须参考前一码元 a_{k-1} 的判决结果。

错误传播现象——如果 $\{c_k\}$ 序列中某个抽样值因干扰而发生差错，则不但会造成当前恢复的 a_k 值错误，而且还会影响到以后所有的 a_{k+1}，a_{k+2}，…的抽样值，这种现象称为错误传播现象。

【例 4.3】

输入序列:	1	0	1	1	0	1	0	0	1	1	0	0	0	1	0
发送端 a_k:	+1	-1	+1	+1	-1	+1	-1	-1	+1	+1	-1	-1	-1	+1	-1
a_{k-1}:		+1	-1	+1	+1	-1	+1	-1	-1	+1	+1	-1	-1	-1	+1
接收端 c_k:		0	0	+2	0	0	0	-2	0	+2	0	-2	-2	0	0
设接收 c'_k:		0	0	+2	0	0	0	0	0	+2	0	-2	-2	0	0
恢复 a'_k:		-1	+1	+1	-1	+1	-1	+1	-1	-3	-3	+1	-3	+3	+3

由［例 4.3］可见，自 $\{c'_k\}$ 出现错误之后，接收端恢复出来的 $\{a'_k\}$ 全部是错误的。此外，在接收端恢复 $\{a'_k\}$ 时还必须有正确的初始值（+1），否则也不可能得到正确的 $\{a'_k\}$ 序列。

那么出现错误传播是因为相邻码间出现相关性，为了克服错误传播，实际应用中，部分响应系统中发送端将 a_k 通过预编码变成 b_k 后发送，即

$$b_k=a_k \oplus b_{k-1} \quad \text{或者} \quad a_k=b_k \oplus b_{k-1} \tag{4.56}$$

式（4.56）中 $\oplus$ 表示模 2 加。

把 $\{b_k\}$ 用双极性二元码波形作为发送序列，则此时对应的式 $c_k=a_k+a_{k-1}$ 改写为

$$c_k=b_k+b_{k-1} \tag{4.57}$$

式（4.57）中 c_k 的关系式称为相关编码。

由于二进制只有两个码元"1"码和"0"码，当 $a_k=1$ 时，$b_k \neq b_{k-1}$，则 $c_k=1$，当 $a_k=0$ 时，$b_k=b_{k-1}$，则 $c_k=2$ 或 0，显然，对上式进行模 2（mod2）处理，则有

$$[c_k]\bmod 2=[b_k+b_{k-1}]\bmod 2=b_k \quad b_{k-1}=a_k$$

或

$$a_k=[c_k]\bmod 2 \tag{4.58}$$

式（4.58）说明，对接收到的 c_k 作模 2 处理后便直接得到发送端的 a_k，此时不需要预先知道 a_{k-1}，因而不存在错误传播现象，预编码解除了码间的相关性。

上述处理过程可概括为"预编码—相关编码—模 2 判决"过程，第 I 类部分响应原理图如图 4.32 所示。

对［例 4.3］用"预编码—相关编码—模 2 判决"方法进行处理，过程如下：

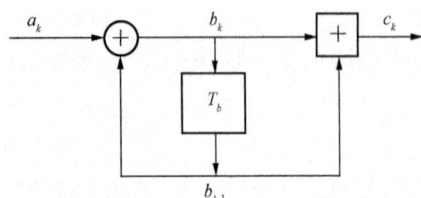

图 4.32　第 I 类部分响应原理图

输入序列：	1	0	1	1	0	1	0	0	1	1	0	0	0	1	0
b_{k-1}：	0	1	1	0	1	1	0	0	0	1	0	0	0	0	1
b_k：	1	1	0	1	1	0	0	0	1	0	0	0	0	1	1
接收端 c_k：	1	2	1	1	2	1	0	0	1	1	0	0	0	1	2
设接收 c'_k：	1	2	1	1	2	1	1	0	1	1	0	0	0	1	2
恢复 a'_k：	1	0	1	1	0	1	1	0	1	1	0	0	0	1	0

从上面处理过程来看，即使接收过程出现一个错误码元也不会引起错误传播。

部分响应波形的形成波是由若干个在时间上错开的 $\dfrac{\sin(\pi t/T_b)}{\pi t/T_b}$ 所组成，其表达式如下所示

$$g(t)=R_1 \frac{\sin \dfrac{\pi}{T_b}t}{\dfrac{\pi}{T_b}t}+R_2 \frac{\sin \dfrac{\pi}{T_b}(t-T_b)}{\dfrac{\pi}{T_b}(t-T_b)}+\cdots+R_N \frac{\sin \dfrac{\pi}{T_b}[[t-(N-1)T_b]}{\dfrac{\pi}{T_b}[t-(N-1)T_b]} \tag{4.59}$$

式（4.59）中，R_1，R_2，$\cdots$，R_N 是 N 个抽样函数的加权系数，一般取 ± 1，0，2，部分响应波形的谱函数为

$$G(\omega)=\begin{cases} T_b \sum\limits_{i=1}^{N} k_i e^{-j\omega(i-1)T_b} & |\omega| \leqslant \dfrac{\pi}{T_b} \\ 0 & |\omega| > \dfrac{\pi}{T_b} \end{cases} \tag{4.60}$$

可见部分响应系统的带宽为奈氏带宽，当发送端以 $R_B = 1/T_b$ 的速率发送数据，就可以实现极限频带利用率。

根据加权系数的不同取值，可以得到不同类型的部分响应系统，其对应的编码方式也就不同。如上面介绍的第一类部分响应系统，其加权系数取 $R_1 = 1$，$R_2 = 1$，其余系数 $R_i = 0$。

若设输入数据序列为 $\{a_k\}$，相应的相关编码电平为 $\{c_k\}$，仿照式（4.56），则

$$c_k = R_1 a_k + R_2 a_{k-1} + \cdots + R_N a_{k-N+1} \tag{4.61}$$

为了避免因相关编码而引起的"错误传播"现象，一般要经过类似于前面介绍的"预编码—相关编码—模 2 判决"过程。先仿照式（4.57）将 a_k 进行预编码：

$$a_k = R_1 b_k + R_2 b_{k-1} + \cdots + R_N b_{k-N+1} \quad （按模 L 相加） \tag{4.62}$$

式（4.62）中，a_k 和 b_k 为 L 进制。

然后，将预编码后的 b_k 进行相关编码：

$$c_k = R_1 b_k + R_2 b_{k-1} + \cdots + R_N b_{k-N+1} \quad （算术和） \tag{4.63}$$

最后对 c_k 作模 L 处理，通过"预编码—相关编码—模 2 判决"处理，不会存在错误传播问题，而且接收端的译码很简单，只需要对 c_k 作模 L 处理即可得到 a_k。

根据加权系数 R 的取值不同，表 4.1 列出了常见的五类部分响应波形、频谱特性和加权系数 R_N，分别命名为 I、II、III、IV、V 类部分响应信号，为了便于比较，把具有 $\sin x/x$ 波形的理想低通也列在表内并称为第 0 类。从表中看出，各类部分响应波形的频谱均不超过理想低通的频带宽度，但它们的频谱结构和对临近码元抽样时刻的串扰不同。目前应用较多的是第 I 类和第 IV 类。第 I 类频谱主要集中在低频段，适于信道频带高频严重受限的场合。

表 4.1　　　　　　　　　　　　　　部 分 响 应 信 号

类别	R_1	R_2	R_3	R_4	R_5	$g(t)$	$\lvert G(\omega) \rvert$, $\lvert \omega \rvert \leq \pi/T_b$	二进制输入时 c_k 的电平数
0	1						$\lvert G(2\pi f) \rvert$	2
I	1	1					$2T_b \cos \dfrac{\omega T_b}{2}$	3
II	1	2	1				$4T_b \cos^2 \dfrac{\omega T_b}{2}$	5
III	2	1	−1				$2T_b \cos \dfrac{\omega T_b}{2} \sqrt{5 - 4\cos(\omega T_b)}$	5

类别	R_1	R_2	R_3	R_4	R_5	$g(t)$	$\lvert G(\omega)\rvert$，$\lvert\omega\rvert\leqslant\pi/T_b$	二进制输入时 c_k 的电平数
IV	1	0	−1				$2T_b\sin^2\omega T_b$	3
V	−1	0	2	0	−1		$4T_b\sin^2\omega T_b$	5

第Ⅳ类无直流分量，且低频分量小，便于通过载波线路，便于边带滤波，实现单边带调制，因而在实际应用中，第Ⅳ类部分响应用得最为广泛。此外，以上两类的抽样值电平数比其他类别的少，这也是它们得以广泛应用的原因之一，当输入为 L 进制信号时，经部分响应传输系统得到的第Ⅰ、Ⅳ类部分响应信号的电平数为 $(2L-1)$。第一类部分响应信号的频谱是余弦型的，对应的功率谱密度也是这样的形状，频率越低，功率谱密度越大。这种信号经过低频特性不好的信道会带来信号失真。若基带信号还要经过单边带调制，则要求基带信号的低频分量越小越好。

基于此，希望得到一个正弦型的频谱信号，这就是下面所要介绍的第Ⅳ类部分响应系统。与第一类部分响应编码不同的是，第Ⅳ类部分响应系统是将两个在时间上错开 $2T_b$ 的理想低通冲激响应波相减作为基本传输信号，即

$$g(t)=\frac{\sin(\pi t/T_b)}{\pi t/T_b}-\frac{\sin[\pi(t-2T_b)/T_b]}{\pi(t-2T_b)/T_b} \tag{4.64}$$

这一系统也可实现每赫兹 2Bd 的极限码速，且可消除码间干扰。

采用第Ⅳ类部分响应系统，其编译码过程如下：

由表 4.1 得：$R_1=1$，$R_2=0$，$R_3=-1$

根据：

$$a_k=R_1b_k+R_2b_{k-1}+\cdots+R_Nb_{k-N+1} \qquad（按模 L 相加）$$

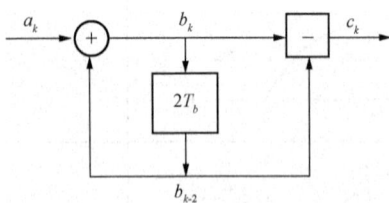

图 4.33　第Ⅳ类部分响应原理图

得：　$a_k=R_1b_k+R_2b_{k-1}+R_3b_{k-2}=b_k-b_{k-2}$ 　（mod 4）

即　　　　　$b_k=a_k\oplus b_{k-2}$ 　　　　　（4.65）

然后，将预编码后的 b_k 进行相关编码

由　　$c_k=R_1b_k+R_2b_{k-1}+\cdots+R_Nb_{k-N+1}$ 　（算术和）

得：　$c_k=R_1b_k+R_2b_{k-1}+R_3b_{k-2}=b_k-b_{k-2}$ 　（4.66）

第Ⅳ类部分响应原理图如图 4.33 所示。

【例 4.4】

输入序列：		1	0	1	1	0	1	1	0	1	1
b_k：	0	0	1	0	0	1	0	0	1	0	0	1
接收端 c_k：		1	0	−1	1	0	−1	1	0	−1	1

设接收 c_k' :	1	0	−1	1	0	−1	1	0	−1	1
恢复 a_k' :	1	0	1	1	0	1	1	0	1	1

综上分析，部分响应系统具有以下这些优点，传输波形的前导和后尾波动衰减较快，低通滤波器是物理可实现的，码元速率可达到 2Bd/Hz 的极限值，即频带利用率高。但同样存在一定的缺点，接收电平数要求大于 a_k 的进制数，如 a_k 为二电平时，c_k 为三电平，其影响是使系统的抗干扰性能变差。若要求有相同的抗干扰性能，则部分响应编码系统应提高传输信号的功率。即系统要付出的代价。但因其有较高的频带利用率，因此应用广泛。

4.6.2　时域均衡技术

实际通信时，由于难免存在滤波器的设计误差和信道特性的变化，系统总的传输特性会偏离设计时的理想特性，从而引起码间干扰，而导致系统性能的下降。理论和实践均证明，在基带系统中插入一种可调（或不可调）的滤波器将能减小码间干扰的影响。这种起补偿作用的滤波器统称为均衡器。

均衡器有时域均衡器和频域均衡器两种类型。

频域均衡是从校正系统的频率特性出发，使包括均衡器在内的基带系统的总特性满足无失真传输条件。主要是利用幅度均衡器和相位均衡器来补偿传输系统的幅频和相频特性的不理想性，以达到所要求的理想形成波形，从而消除码间干扰。

时域均衡是消除接收的时域信号波形的取样点处的码间干扰，并不要求传输波形的所有细节都与奈氏准则所要求的理想波形完全一致。主要是利用均衡器产生的时间波形去直接校正已畸变的波形，使包括均衡器在内的整个系统的冲激响应满足无码间串扰条件，提高判决的可靠性。

由于频域均衡在信道特性不变，且在传输低速数据时是适用的。而时域均衡可以根据信道特性的变化进行调整，能够有效地减小码间串扰，故在高速数据传输中得以广泛应用。

1. 时域均衡器基本构成

时域均衡器又称为横向滤波器，主要是由横截滤波器构成，它是由多级抽头迟延线、可变增益电路和求和器组成的线性系统，如图 4.34 所示。

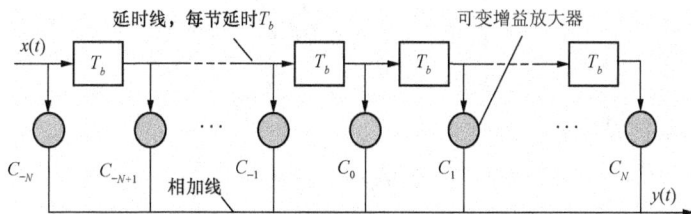

图 4.34　时域均衡器基本构成图

设在基带系统接收滤波器与判决电路之间插入一个具有 $2N+1$ 个抽头的横向滤波器，如上图所示。它的输入（即接收滤波器的输出）为 $x(t)$，$x(t)$ 是被均衡的对象，并设它不附加噪声，每个码元在其他码元的抽样时刻不为零，也就是说 $x(t)$ 在 nT_b 处不一定为 0。

设有限长横向滤波器的单位冲激响应为 $h_e(t)$，则横向滤波器的输出 $y(t)$ 是 $x(t)$ 和 $h_e(t)$ 的卷积，即：

$$y(t)=x(t)*h_e(t)=\sum_{k=-N}^{N}C_kx(t-kT_s) \tag{4.67}$$

于是，在抽样时刻 kT_b+t_0 有

$$y(kT_b+t_0)=x(t)*h_e(t)=\sum_{i=-N}^{N}C_ix[(k-i)T_b+t_0] \tag{4.68}$$

或简写为

$$y_k=\sum_{i=-N}^{N}C_ix_{k-i} \tag{4.69}$$

式（4.69）说明，均衡器在第 k 个抽样时刻上得到的样值 y_k 将由 $2N+1$ 个 C_i 与 x_{k-i} 乘积之和来确定。显然，其中除 y_0 以外的所有 y_k 都属于波形失真引起的码间串扰。当输入波形 $x(t)$ 给定，即各种可能的 x_{k-i} 确定时，通过调整 C_i 使得除 $n=0$ 外，$y(t)$ 在各奈氏取样点上的值均为 0，即

$$y_k=\begin{cases}1, & k=0\\0, & k=\pm1,\pm2,\pm3,\cdots,\pm N\end{cases} \tag{4.70}$$

这样就消除了码间干扰。理论上只有 $N\to\infty$ 时，才能完全消除符号间干扰，（即 1bit 迟延器常有 $2N$ 个，可变增益放大器有 $2N+1$ 个。N 越大，均衡效果越好）但实际上，当 N 足够大时，只要输入波形在大于 $|N|$ 的码间干扰很小，对信号的正确判决就不会造成影响。

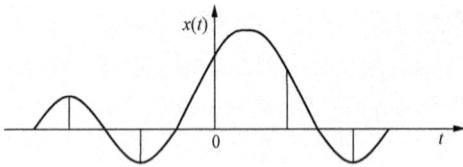

图 4.35 时域均衡器输入波形示意图

【例 4.5】 一个三抽头的时域均衡器，其输入波形如图 4.35 所示，其中：

$$x_{-2}=0.1, x_{-1}=-0.2, x_0=1, x_1=0.4, x_2=-0.2,$$

当 $|k|>2$ 时，$x_k=0$，求当输出波形 $y(t)$ 满足无符号间干扰的条件时，各增益加权系数应为多少？

解 根据

$$y_k=\sum_{i=-N}^{N}c_ix_{k-i}=\sum_{i=-1}^{1}c_ix_{k-i}$$

$$y_{-1}=c_{-1}x_0+c_0x_{-1}+c_1x_{-2}$$
$$y_0=c_{-1}x_1+c_0x_0+c_1x_{-1}$$
$$y_1=c_{-1}x_2+c_0x_1+c_1x_0$$

满足无符号间干扰时，有：

$$c_{-1}-0.2c_0+0.1c_1=0$$
$$0.4c_{-1}+c_0-0.2c_1=1$$
$$-0.2c_{-1}+0.4c_0+c_1=0$$

解方程求得：

$$c_{-1}=0.20$$
$$c_0=0.85$$
$$c_1=-0.30$$

实际上，当输入波形 $x(t)$ 给定，即各种可能的 x_{k-i} 确定时，通过调整 C_i 使指定的 y_k 等于

零是容易办到的，但同时要求所有的 y_k（除 $k=0$ 外）都等于零却是一件很难的事。下面通过一个例子来说明。

【例 4.6】 设有一个三抽头的横向滤波器，其 $C_{-1}=-1/4$，$C_0=1$，$C_{+1}=-1/2$；均衡器输入 $x(t)$ 在各抽样点上的取值分别为：$x_{-1}=1/4$，$x_0=1$，$x_{+1}=1/2$，其余都为零。试求均衡器输出 $y(t)$ 在各抽样点上的值。

解 根据

$$y_k=\sum_{i=-N}^{N} c_i x_{k-i}=\sum_{i=-1}^{1} c_i x_{k-i}$$

当 $k=-2$ 时，可得

$$y_{-2}=\sum_{i=-1}^{1} C_i x_{-2-i}=C_{-1}x_{-1}+C_0 x_{-2}+C_1 x_{-3}=-\frac{1}{16}$$

当 $k=-1$ 时，可得

$$y_{-1}=\sum_{i=-1}^{1} C_i x_{-1-i}=C_{-1}x_0+C_0 x_{-1}+C_1 x_{-2}=0$$

当 $k=0$ 时，可得

$$y_0=\sum_{i=-1}^{1} C_i x_{-i}=C_{-1}x_1+C_0 x_0+C_1 x_{-1}=\frac{3}{4}$$

当 $k=1$ 时，可得

$$y_1=\sum_{i=-1}^{1} C_i x_{1-i}=C_{-1}x_2+C_0 x_1+C_1 x_0=0$$

当 $k=2$ 时，可得

$$y_2=\sum_{i=-1}^{1} C_i x_{2-i}=C_{-1}x_3+C_0 x_2+C_1 x_1=-\frac{1}{4}$$

由［例 4.6］可见，除 y_0 外，所得到的 y 值可以说明，利用有限长横向滤波器减小码间干扰是可能的，但完全消除是不可能的，总会存在一定的码间干扰。所以，我们需要讨论在抽头数有限情况下，如何反映这些码间干扰的大小，如何调整抽头系数以获得最佳的均衡效果。

2. 均衡效果衡量

在抽头数有限情况下，均衡器的输出将有剩余失真，即除了 y_0 外，其余所有 y_k 都属于波形失真引起的码间干扰。为了反映这些失真的大小，一般采用所谓峰值畸变准则和均方畸变准则作为衡量标准。峰值畸变准则定义为

$$D=\frac{1}{y_0}\sum_{\substack{k=-\infty\\k\neq 0}}^{+\infty}|y_k| \tag{4.71}$$

其中除 $k=0$ 以外的各样值绝对值之和反映了码间串扰的最大值，y_0 是有用信号样值，所以峰值失真 D 就是码间串扰最大值与有用信号样值之比。如果能完全消除码间干扰，则 $D=0$，实际应用中 D 越小越好，即失真少。

均衡器的初始峰值畸变值为

$$D_0=\frac{1}{x_0}\sum_{\substack{k=-\infty\\k\neq 0}}^{+\infty}|x_k| \tag{4.72}$$

均方畸变准则定义如下

$$e^2 = \frac{1}{y_0^2} \sum_{\substack{k=-\infty \\ k\neq 0}}^{+\infty} |y_k^2| \qquad (4.73)$$

均方畸变准则的物理意义与峰值畸变准则是相似的。按这两个准则来确定均衡器的抽头系数均可使失真最小，获得最佳的均衡效果。

利用上述公式来求解例 4.6 的峰值畸变值。

初始峰值畸变值为：$D_0 = \frac{1}{x_0} \sum_{\substack{k=-\infty \\ k\neq 0}}^{+\infty} |x_k| = \frac{1}{4} + \frac{1}{2} = 75\%$

均衡后的峰值畸变值为：$D = \frac{1}{y_0} \sum_{\substack{k=-\infty \\ k\neq 0}}^{+\infty} |y_k| = \frac{1/16 + 1/4}{3/4} = 41.67\%$

通过比较初始峰值畸变值和均衡后的峰值畸变值，均衡后的失真减小了 1.8 倍。

3. 时域均衡器的实现

均衡器按照调整方式，可分为手动均衡器和自动均衡器。自动均衡器又可分为预置式均衡器和自适应均衡器。

预置式均衡，是在实际数据传输之前，发送一种预先规定的测试脉冲序列，如频率很低的周期脉冲序列，然后按照"迫零"调整原理，根据测试脉冲得到的样值序列 $\{x_k\}$ 自动或手动调整各抽头系数，直至误差小于某一允许范围。调整好后，再传送数据，在数据传输过程中不再调整。

自适应均衡与预置式均衡一样，也是通过调整横向滤波器的抽头增益来实现均衡的。在数据传输过程根据某种算法不断调整抽头系数，因而能适应信道的随机变化。但自适应均衡器不再利用专门的测试单脉冲进行误差的调整，而是在传输数据期间借助信号本身来调整增益，从而实现自动均衡的目的。由于数字信号通常是一种随机信号，所以，自适应均衡器的输出波形不再是单脉冲响应，而是实际的数据信号。以前按单脉冲响应定义的峰值失真和均方失真不再适合目前情况，而且按最小峰值失真准则设计的"迫零"均衡器存在一个缺点，那就是必须限制初始失真 $D_0 < 1$。因此，自适应均衡器一般按最小均方误差准则来构成。

4.6.3 数据传输的加扰与解扰

前面假定的数据都为随机序列，若数据在一段时间内出现长连"0"或长连"1"或短周期的数据序列，这样对系统会造成不利的影响：

（1）可能产生交调串音。这种序列有很强的单频分量，这些单频可能与载波或已调信号产生交调，造成对相邻信道数据信号的干扰；

（2）可能造成传输系统失步。长 0 长 1 序列可能造成接收端定时信息提取的困难，不能保证系统具有稳定的定时信号；

（3）可能造成均衡器调节信息丢失。长 0 长 1 时，接收端长时间没有波形，均衡器得不到必要的参考来估计响应参数，导致均衡器偏离最佳状态。

而对于具有噪声特性的信号在传输过程中，由于噪声化后的信号，消除了信息模式对系统性能的影响。在数据终端发送数据信息由于存在内在的相关性使得数据终端产生的信号并不具备所要求的随机特性，因此假如可以对这些数据信号进行噪声化就可以解决这个问题。

对数据信号进行噪声化的过程实际上就是对数据进行加扰。所谓扰乱就是在发端将传送的数据序列中存在的短周期的序列或全"0"("1")序列按照某种规律变换为长周期的，且"0"、"1"等概率，前后独立的随机序列。扰乱是由扰乱器来完成，是指将输入数据序列变换为信道上传输的数据序列的数字电路。

经过扰乱的数据通过系统传输后，在接收端需要还原成原始的数据，这就需要在接收端进行扰乱的逆过程，即解扰，由解扰器来完成。

那么在数据传输过程中传输加扰的数据，有以下三个优点：第一，可以防止发送功率密度谱中有固定谱线而易干扰其他系统；第二，数据信号中不会出现长连"1"和长连"0"的形式，这样有利于定时同步信号的提取；第三，当发送的序列中出现全"0"时，接收端就会出现长时间无信号波形，会造成自适应均衡器无法得到必要的参考而偏离最佳状态，因此由于同步的准确程度将有利于自适应均衡器的工作。

具体实现的方法是利用一个随机序列与输入数据序列进行逻辑加，这样就能把任何输入数据序列变换为随机序列。

例如：数据序列：1 0 1 1 0 1 0 1 0 1 1 1 1 1 0 0 0 0 0 1
　　　随机序列：1 0 0 1 0 0 1 1 1 0 1 0 0 1 0 1 1 0 1 0
　　　加扰序列：0 0 1 0 0 1 1 0 1 1 0 1 1 0 0 1 1 0 1 1

将加扰序列发送，假设发送过程没有受到噪声的影响，接收端接收的仍然是该加扰序列，那么接收端必须使用与发送端相同的随机序列进行解扰，才能恢复原始数据，即：

加扰序列：0 0 1 0 0 1 1 0 1 1 0 1 1 0 0 1 1 0 1 1
随机序列：1 0 0 1 0 0 1 1 1 0 1 0 0 1 0 1 1 0 1 0
数据序列：1 0 1 1 0 1 0 1 0 1 1 1 1 1 0 0 0 0 0 1

但是上述过程只是一种理想的情况，实际当中，由于完全随机序列不能再现，所以接收端解扰困难。因此在实际应用中，用伪随机序列代替完全随机序列与输入数据序列进行逻辑加，产生近似扰乱效果，这样的扰乱器称基本扰乱器。

基本扰乱器是由若干个移位寄存器和反馈环所组成，其扰乱特性决定了移位寄存器的个数和不同的反馈环。图 4.36 和图 4.37 为最简单的扰乱器和解扰器的结构图。

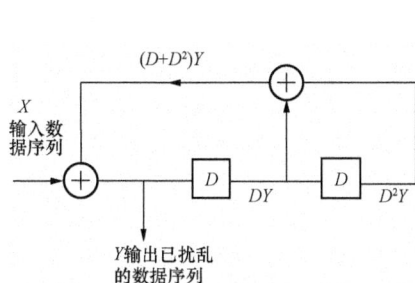

图 4.36　扰乱器结构图　　　　　　　图 4.37　解扰器结构图

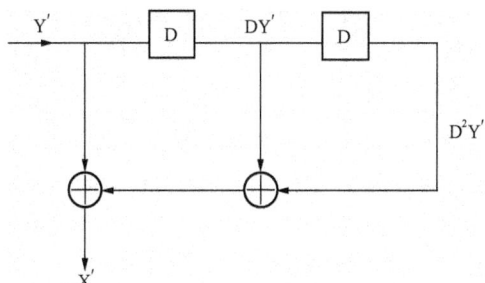

其中每个移位寄存器经过一次移位，在时间上延迟一个码元 T 时间，在计算中可用运算符号 D 表示。设 X、Y 分别表示扰乱器的输入和输出序列。从图 4.36 可得：

$$X \oplus (D \oplus D^2)Y = Y \tag{4.74}$$

由于任何序列自身的模 2 加等于 0，即 $X \oplus X = 0$，$Y \oplus Y = 0 \cdots$。用 $(D + D^2)Y$ 加等式两边得：

$$X \oplus (D \oplus D^2)Y \oplus (D \oplus D^2)Y = Y \oplus (D \oplus D^2)Y$$

即　　　　　　　　　　　$$X \oplus 0 = (1 \oplus D \oplus D^2)Y \tag{4.75}$$

于是输出为：

$$Y = \frac{X}{1 \oplus D \oplus D^2} \tag{4.76}$$

Y 就是已扰乱的数据序列。

从图 4.37，设 Y′ 与 X′ 表示解扰输入和输出序列，则：

$$X' = Y' \oplus DY' \oplus D^2 Y' = (1 \oplus D \oplus D^2)Y' \tag{4.77}$$

如果传输没有误码，则 Y′ = Y。将式（4.76）的 Y 代上式，得

$$X' = (1 \oplus D \oplus D^2) \cdot \frac{1}{1 \oplus D \oplus D^2} \cdot X = X \tag{4.78}$$

这说明解扰器恢复了原来的数据序列。

【例 4.7】　如一数据序列为 "1111100000000000"，即具有短周期 5 个连 "1" 和 11 个连 "0"。试求该序列通过图 4.36 的扰乱器后的输出序列，并比较这两个序列，以说明扰码效果。

该扰乱器输出 Y 与输入 X 的关系为：

$$Y = \frac{X}{1 \oplus D \oplus D^2}$$
$$\approx (1 \oplus D \oplus D^3 \oplus D^4 \oplus D^6 \oplus D^7 \oplus D^9 \oplus D^{10} \oplus D^{12} \oplus D^{13}$$
$$\oplus D^{15} \oplus D^{16} \oplus D^{18} \oplus D^{19} \oplus D^{21} \oplus D^{23} \oplus \cdots)X$$

其中 $D^n X$ 表示将 X 延迟 n 个码。

解　　　　　5 个 1　　10 个 0

```
       X = 1 1 1 1 1 0 0 0 0 0 0 0 0 0 0 0
      D X = 0 1 1 1 1 1 0 0 0 0 0 0 0 0 0 0    0
    D³X = 0 0 0 1 1 1 1 1 0 0 0 0 0 0 0 0    0 0 0
    D⁴X = 0 0 0 0 1 1 1 1 1 0 0 0 0 0 0 0    0 0 0 0
    D⁶X = 0 0 0 0 0 0 1 1 1 1 1 0 0 0 0 0    0 0 0 0 0
    D⁷X = 0 0 0 0 0 0 0 1 1 1 1 1 0 0 0 0    0 0 0 0 0 0
    D⁹X = 0 0 0 0 0 0 0 0 0 1 1 1 1 1 0 0    0 0 0 0 0 0 0 0
   D¹⁰X = 0 0 0 0 0 0 0 0 0 0 1 1 1 1 1 0    0 0 0 0 0 0 0 0 0
   D¹²X = 0 0 0 0 0 0 0 0 0 0 0 0 1 1 1 1    1 0 0 0 0 0 0 0 0 0
   D¹³X = 0 0 0 0 0 0 0 0 0 0 0 0 0 1 1 1    1 1 0 0 0 0 0 0 0 0 0
   D¹⁵X = 0 0 0 0 0 0 0 0 0 0 0 0 0 0 0 1    1 1 1 0 0 0 0 0 0 0 0 0
   D¹⁶X = 0 0 0 0 0 0 0 0 0 0 0 0 0 0 0 0    1 1 1 1 1 0 0 0 0 0 0 0 0 0
```

经模 2 相加后，Y = 1 0 0 1 0 1 1 0 1 1 0 1 1 0 1 1

由此可见，扰乱后的序列 Y 中长连"0"不存在了，且为随机序列。

小　　结

数据基带传输是数据通信中的基本传输方式，数据终端只要经过简单的电平和码型变换后就可以在信道中直接传输，主要应用在局域网等短距离的数据传输中，例如，以对称电缆为传输介质的近程数据通信系统采用的就是这种传输方式。

（1）为了在传输信道中能够获得较好的传输特性，一般要对码元进行适当的码型变换，使其能够适合于在信道传输，对于传输码型的选择需要遵循一定的原则。

（2）数据传输中所用到的基本码型有单极性不归零码、单极性归零码、双极性不归零码、双极性归零码，除此之外，实际应用中常用的码型有差分码、极性交替码、HDB$_3$ 码、曼彻斯特码和差分曼彻斯特码等。

（3）研究基带数据信号的频谱可以了解信号的功率谱结构特点，以便选择合适的传输码型，选择相匹配的信道，以及确定是否可从信号中提取定时信号。

（4）基带数据传输系统是由码型变换器、发送滤波器、信道、接收滤波器、同步系统和抽样判决器所组成。

（5）由于系统的传输特性不理想，致使码元波形畸变，引起前后码元相互干扰的现象称为码间干扰，码间干扰是影响数据传输的重要因素之一。根据消除码间干扰的基本思想，只要基带传输系统的冲激响应 $h(t)$ 在本码元的抽样时刻点上为波形的峰值点，在其他码元的抽样时刻点为零，满足这个条件就可以消除码间干扰。

（6）当系统的传输特性在奈氏带宽内是理想低通特性时，若发送端以其截止频率两倍的速率传输信号，接收端仍以间隔 T_b 在码元峰值处抽样就可以消除码间干扰，此时可以得到最大的频带利用率 2Baud/Hz，传输速率为 $R_B = 1/T_s = f_s$Baud，信道带宽为 $B = f_s/2$Hz，把这种用于判断一个给定的系统特性 $H(\omega)$ 能否满足无码间干扰的准则称为奈奎斯特第一准则。

（7）基于理想低通传输系统存在的问题，在实际当中常用的传输特性有升余弦特性、直线滚降特性等，其频带利用率一般要小于极限频带利用率。

（8）在实验室中，通常用示波器观察接收信号波形的方法来分析码间干扰和噪声对系统性能的影响，这就是眼图分析法。

（9）部分响应系统采用增加有规律的和受控制的码间干扰，使干扰信号的拖尾和信号拖尾互相抵消，能使频带利用率提高到理论上的最大值，又可形成"尾巴"衰减大、收敛快的传输波形。通常使用的部分响应系统有第 I 类和第 IV 类部分响应系统，对于这两种部分响应系统，为了克服错误传播现象，一般要经过"预编码—相关编码—模 2 判决"过程。

（10）时域均衡是消除接收的时域信号波形的取样点处的码间干扰，主要是利用均衡器产生的时间波形去直接校正已畸变的波形，使包括均衡器在内的整个系统的冲激响应满足无码间串扰条件，提高判决的可靠性。

（11）数据加扰的目的是使信道序列随机化，从而有利于接收端同步信息的提取。

习　　题

4.1　简述基带传输系统的构成及各部分功能。

4.2　基带、基带信号和基带传输的含意是什么？

4.3　数据基带信号的功率谱有什么特点？它的带宽主要取决于什么？

4.4　什么是 HDB_3 码和 AMI 码？它们之间有什么区别？

4.5　什么是码间干扰？产生的原因有哪些？

4.6　为了消除码间干扰，基带传输系统应该满足什么样的时域条件和频域条件？

4.7　什么是眼图？由眼图模型可以说明基带传输系统的哪些性能？

4.8　什么是部分响应波形？什么是部分响应系统？

4.9　什么是频域均衡？什么是时域均衡？横向滤波器为什么能实现时域均衡？

4.10　简述数据加扰在数据传输中的重要性。

4.11　已知二进制信息序列为 11100101，设其基本脉冲为矩形脉冲，请分别画出单极性不归零码、双极性不归零码、单极性归零码、双极性归零码的波形。（设占空比为 50%）

4.12　已知二进制信息序列为 1100101，设其基本脉冲为矩形脉冲，请分别画出曼彻斯特码和差分曼彻斯特码的波形。

4.13　已知二进制信息序列为 110000011011000000001，求相应的 AMI 码和 HDB_3 码，并画出对应的波形。

4.14　为了传送码元速率 $R_B = 10^3$ Baud 的数字基带信号，问系统采用如图 4.38 所示的三种特性中的哪一种最好，并简要说明理由。

4.15　设基带传输系统的发送滤波器、信道及接收滤波器组成总特性为 $H(\omega)$，若要求以 $2/T_b$ 波特的速率进行数据传输，试校验如图 4.39 所示各种 $H(\omega)$ 是否满足抽样点上无码间干扰的条件。

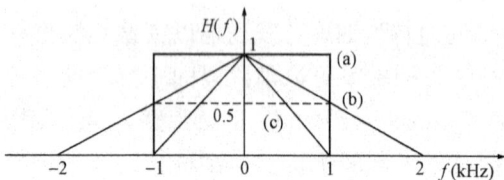

图 4.38　习题 4.14 图

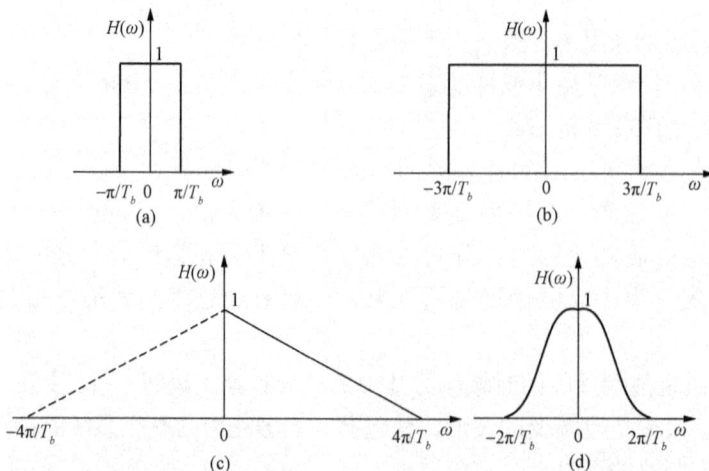

图 4.39　习题 4.15 图

4.16　已知滤波器的传输特性如图 4.40 所示（码元速率变化时特性不变），当采用以下码元速率时：

（a）码元速率 $R_B=1000\text{Baud}$

（b）码元速率 $R_B=4000\text{Baud}$

（c）码元速率 $R_B=1500\text{Baud}$

（d）码元速率 $R_B=3000\text{Baud}$

问：（1）哪种码元速率不会产生码间干扰？

　　（2）哪种码元速率根本不能用？

　　（3）哪种码元速率会引起码间干扰，但还可以用？

4.17　一随机二进制序列为 10010101…，符号"1"对应的基带波形为升余弦波形，持续时间为 T_b；符号"0"对应的基带波形恰好与"1"的相反。

（1）当示波器扫描周期为 T_b 时，试画出眼图。

（2）当示波器扫描周期为 $2T_b$ 时，试画出眼图。

4.18　设有一个三抽头的时域均衡器，如图 4.41 所示，$x(t)$ 在各抽样点的值依次为 $x_{-2}=1/8$、$x_{-1}=1/3$、$x_0=1$、$x_1=1/4$、$x_2=1/16$（在其他抽样点均为零），试求输入波形 $x(t)$ 峰值的畸变值及时域均衡器输出波形 $y(t)$ 峰值的畸变值。

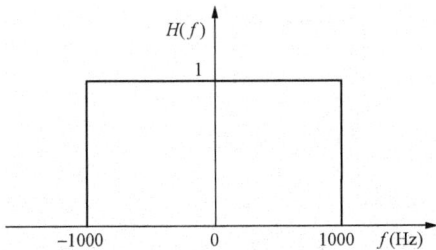

图 4.40　习题 4.16 图

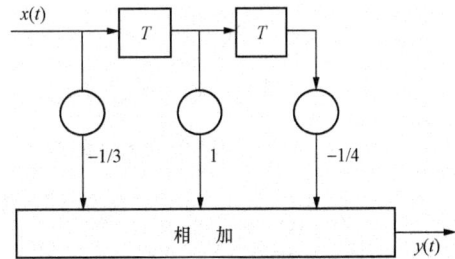

图 4.41　习题 4.18 图

第 5 章   数据信号的频带传输

5.1   频带传输系统的构成

前一章中，数字基带传输系统将信源发出的信息码经码型变换及波形形成后直接传送至接收端，虽然码型变换及波形形成可使基带信号的频谱结构发生某些变化，但其频谱分布的范围仍然在基带范围内。但在实际应用中，大多数信道如无线信道、光纤信道等具有带通或频带受限的传输特性，而由终端产生的数据信号往往是低通型信号，即基带信号，它不能直接在这种带通传输特性的信道中传输，必须先进行调制，产生各种已调信号，即采用频带传输。而接收端采用相反的过程，即解调。如：使用模拟电话信道传输数据信号时，信号的频谱与信道特性如图 5.1 所示，若直接将信号在信道上传输，则低于 300Hz 部分将丢失，将造成接收信号的失真。

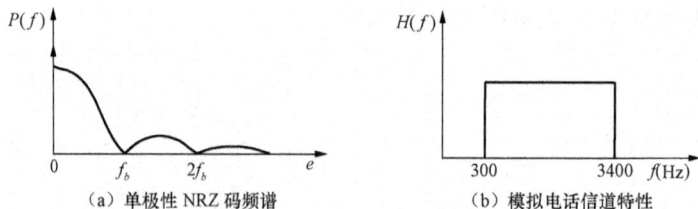

(a) 单极性 NRZ 码频谱   (b) 模拟电话信道特性

图 5.1   模拟电话信道特性

因此，所谓频带传输系统是指在发送端把基带信号经过调制，变换成频带信号进行传输，接收端再由解调器将频带信号恢复成基带信号的传输系统。而调制是指用基带信号对载波波形的某些参量进行控制，使载波的这些参量随基带信号的变化而变化，它在频域中表现为频谱搬移的过程，而解调即是其反过程。

频带传输系统与基带传输系统的区别仅在于频带传输系统增加了调制器（发端）和解调器（收端），以完成信号频谱的变换，实现频带传输。图 5.2 所示即是由调制器、解调器、信道、滤波器、抽样判决器组成的频带传输系统示意图。

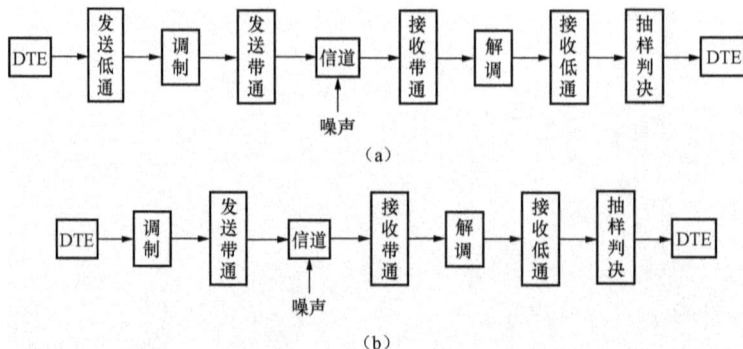

（a）

（b）

图 5.2   频带传输系统组成

图 5.2 中，DTE 产生基带数据信号，在送入信道前，必须先对其进行调制，使它的频率由零频附近搬移到了较高处，由低通型信号变成了带通型信号，随后再经过放大等功能转换，送入信道传输。在接收端，信号通过接收滤波器进入解调器，解调器对信号的变换正好与调制器相反，即把一个高频的已调信号变成低频的基带信号，随后再通过抽样判决器恢复成标准的数据基带信号。

图 5.2（a）与图 5.2（b）的区别是将图 5.2（a）中的发送低通部分的波形形成作用，合并到发送带滤波器中完成。实际应用中，调幅系统一般采用图 5.2（a），调相、调频系统只采用图 5.2（b）。

因此，调制的目的是使数字信号适合在带通信道中传输。在频带系统中，调制器和解调器是核心，调制解调技术也是通信学科中的关键技术和重要内容。调制解调的过程需要载波来完成，载波是频带传输中携带数字基带信号的振荡波，其波形是任意的，但大多数的数字调制系统都选择单频信号，如：正弦波或余弦波 $f(t)=A\sin(\omega t+\varphi)$ 作为载波，因为便于产生与接收。高频载波的参数有幅度、频率和相位，因此，形成了幅移键控（ASK）、频移键控（FSK）、相移键控（PSK）三种基本调制方式。其中 ASK 是线性调制，而 FSK 和 PSK 是非线性调制。

5.2　二进制数字调制解调

若调制信号是二进制数字基带信号，这种调制方式称为二进制数字调制。最常用的二进制调制方式有二进制幅移键控、二进制频移键控和二进制相移键控。

5.2.1　二进制幅移键控

幅移键控（Amplitude Shift Keying，ASK）是用基带数据信号控制一个载波的幅度，又称数字调幅。ASK 是利用数字信号来控制一定形式高频载波的幅度参数，以实现其调制的一种方式。若数字信号是二进制信号，即用二进制的数字信号去调制等幅的载波，则称为二进制幅移键控（2ASK）。若是多（M）进制，则称为 MASK，若 M 趋于无穷大，则 MASK 数字信号就变成了 AM 模拟信号。

1. 2ASK 信号的调制与解调

图 5.3 表示数字调幅基本框图。其中调制解调器实质上就是一个乘法器。

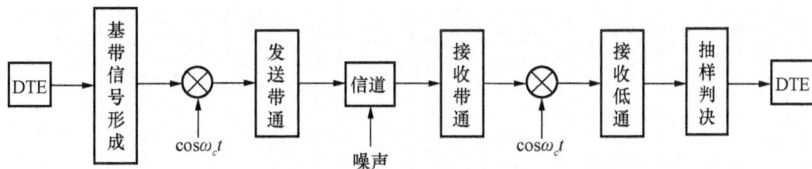

图 5.3　数字调幅基本框图

设发送的二进制数据序列由符号"0"和"1"组成，发送"0"符号的概率为 P，发送"1"符号的概率为 $1-P$，且符号"0"和"1"统计独立，该二进制数据序列为单极性矩形脉冲信号（以后在分析数字调制时均假设调制信号［即数字信号］具有不归零矩形脉冲波形），则可表示为

$$S(t)=\sum_{n=-\infty}^{+\infty} a_n g(t-nT_b) \tag{5.1}$$

式（5.1）中 T_b 为二进制数据序列的码元间隔，a_n 的取值为

$$a_n = \begin{cases} 0, & \text{发送概率为}P \\ 1, & \text{发送概率为}1-P \end{cases} \qquad (5.2)$$

若调制信号为双极性矩形脉冲信号，a_n 取值为

$$a_n = \begin{cases} -1, & \text{发送概率为}P \\ +1, & \text{发送概率为}1-P \end{cases}$$

$g(t)$ 是持续时间为 T_b 的单位矩形脉冲

$$g(t) = \begin{cases} 1, & 0 \leqslant t \leqslant T_b \\ 0, & \text{其他} \end{cases} \qquad (5.3)$$

则 2ASK 信号可表示为

$$e_{2\text{ASK}}(t) = S(t)\cos\omega_c t = \sum_{n=-\infty}^{\infty} a_n g(t-nT_b)\cos\omega_c t \qquad (5.4)$$

2ASK 信号的时间波形如图 5.4 所示，可以看出，2ASK 信号的时间波形 $e_{2\text{ASK}}(t)$ 随二进制基带信号 $s(t)$ 的通断而变化，所以又称为通断键控信号，简称为 OOK（On-Off Keying）信号。

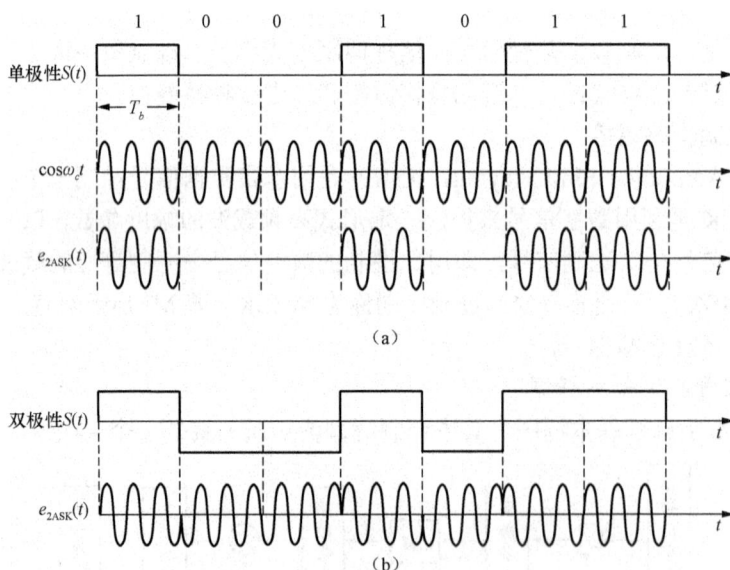

图 5.4   2ASK 信号的时间波形

2ASK 信号可以采用模拟相乘法和数字键控法实现，如图 5.5 所示。

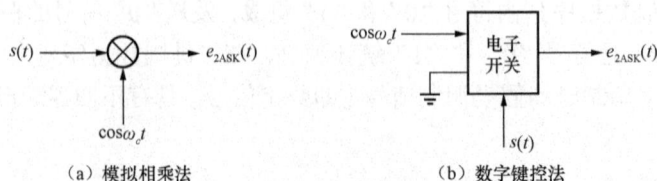

图 5.5   2ASK 信号的实现原理框图

2ASK 信号的解调方式有相干解调和非相干解调两种方式。从图 5.4 中可以发现 2ASK 信号 $e_{2ASK}(t)$ 的幅度包络完全包含了基带信号 $s(t)$ 的信息，所以在接收端，可以使用非相干解调方式来解调，其解调原理如图 5.6（a）所示。另外接收端也可以通过相干解调来恢复基带信号，如图 5.6（b）所示。图中带通滤波器的作用是保证信号无失真通过并且抑制带外噪声。图 5.7 为以非相干解调为例说明调制信号恢复的过程。

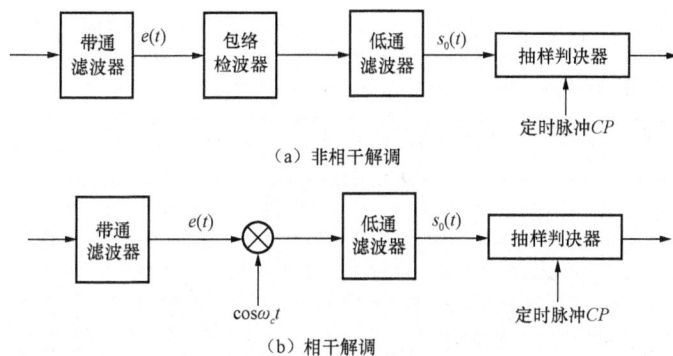

（a）非相干解调

（b）相干解调

图 5.6　2ASK 解调框图

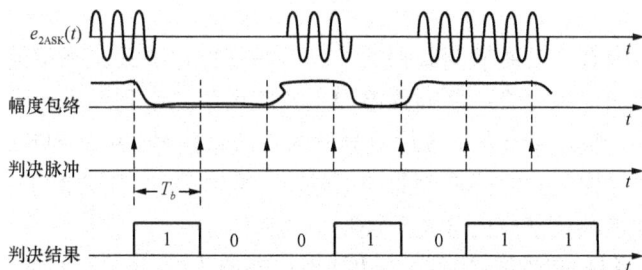

图 5.7　非相干解调信号检测过程

2. 2ASK 信号的功率谱密度

基带信号的功率谱密度 $P_s(f)$ 为

$$P_s(f)=f_sP(1-P)|G_1(f)-G_2(f)|^2$$
$$+\sum_{n=-\infty}^{+\infty}|f_s[PG_1(nf_s)+(1-P)G_2(nf_s)]|^2\,\delta(f-nf_s) \tag{5.5}$$

其中 $f_s=1/T_b$，为二进制数据序列的码元速率。

因为 $s(t)$ 为单极性矩形脉冲信号，$g_1(t)=g(t)$，$g_2(t)=0$，即 $G_1(f)=G(f)$, $G_2(f)=0$。所以，其功率谱密度为

$$P_s(f)=f_sP(1-P)|G(f)|^2+\sum_{n=-\infty}^{+\infty}|f_s|(1-P)G(0)|^2\,\delta(f) \tag{5.6}$$

由式（5.4）可得，调幅时 2ASK 的功率谱密度 $P_e(f)$ 为

$$P_e(f)=\frac{1}{4}[P_s(f+f_c)+P_s(f-f_c)] \tag{5.7}$$

所以

$$P_e(f)=\frac{1}{4}f_sP(1-P)[|G(f+f_c)|^2+|G(f-f_c)|^2]$$
$$+\frac{1}{4}f_s^2(1-P)^2|G(0)|^2[\delta(f+f_c)+\delta(f-f_c)]\qquad(5.8)$$

当概率 $P=1/2$ 时，2ASK 信号的功率谱密度示意图如图 5.8 所示。可见 2ASK 信号的功率谱密度有如下特点：

（1）由连续谱和离散谱组成，其中连续谱是由基带信号经频谱搬移后的双边带谱，离散谱由基带信号的离散谱确定。

（2）2ASK 信号的带宽 B_{2ASK} 是基带信号波形带宽 f_s 的两倍，即

$$B_{2ASK}=2f_s$$

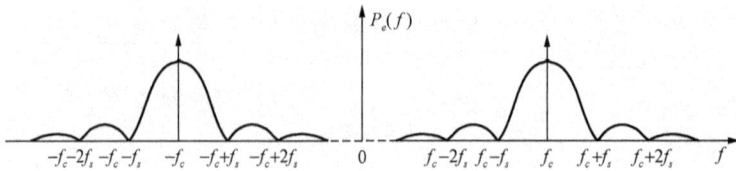

图 5.8　2ASK 信号的功率谱密度

由于 2ASK 信号中有一条离散的载频谱线，该幅度恒定的载波不带信息，从有效利用功率来看，这样是浪费的，因此二进制幅移键控主要应用于功率利用率要求不高的场合。若基带信号为双极性脉冲，则 $e_{ASK}(t)$ 为不含载波分量的双边带信号，称为抑制载频的双边带调幅。

【例 5.1】　用单极性不归零码控制载波的幅度，当发送"1"码时送出载波，发送"0"码时不送载波，试求该幅移键控信号的单边功率谱密度。

解　由式（5.8）得幅移键控信号的单边功率谱密度为

$$P_{e单}(f)=\frac{1}{2}f_sP(1-P)|G(f-f_c)|^2+\frac{1}{2}f_s^2(1-P)^2|G(0)|^2\delta(f-f_c)$$

因为矩形脉冲信号的频谱 $G(f)$ 为

$$G(f)=AT_b\frac{\sin\pi fT_b}{\pi fT_b}e^{-j\pi fT_b}$$

所以，$G(0)=AT_b$，

$$G(f-f_c)=AT_b\frac{\sin\pi(f-f_c)T_b}{\pi(f-f_c)T_b}$$

若"1"和"0"等概率出现，且前后码元相互独立，则

$$P_{e单}(f)=\frac{1}{2}f_s\cdot\frac{1}{2}\cdot\frac{1}{2}|AT_b\frac{\sin\pi(f-f_c)T_b}{\pi(f-f_c)T_b}|^2+\frac{1}{2}f_s^2\cdot\frac{1}{4}\cdot A^2T_b^2\delta(f-f_c)$$

$$=\frac{A^2}{8}\cdot\frac{1}{f_s}\left[\frac{\sin\pi(f-f_c)/f_s}{\pi(f-f_c)/f_s}\right]^2+\frac{A^2}{8}\delta(f-f_c)$$

图 5.9 给出了 2ASK 信号的单边功率谱密度曲线 $P_{e单}(f)$。

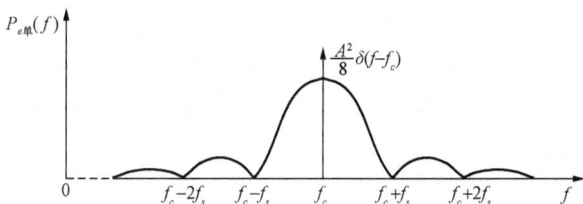

图 5.9　2ASK 信号的单边功率谱密度

5.2.2　二进制频移键控

频移键控（Frequency Shift Keying，FSK）是指用基带数据信号控制载波频率，当传送"1"码时送出一个频率 f_1，传送"0"码时送出另一个频率 f_0，这种调制信号为二进制的信号，称为 2FSK。若是 M 进制，则称 MFSK。当 MFSK 的进制数 M 趋于无穷大时，MFSK 数字信号就变成了 FM 模拟信号。可见，FSK 是用不同频率的载波来传递数字消息的。

根据前后相邻码元的载波相位是否连续，FSK 可分为两种：相位连续的频移键控和相位不连续的频移键控。

1. 2FSK 信号的产生和解调

相位不连续的数字调频（简称 DPFSK）信号可看成是两个数字调幅信号之和，其波形如图 5.10 所示。

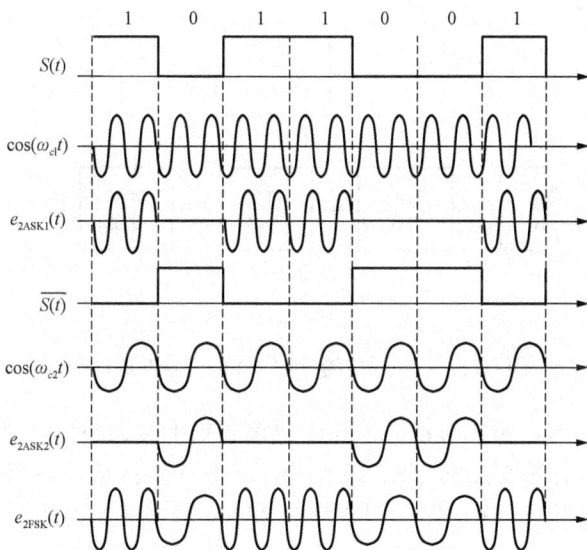

图 5.10　2FSK 信号的时间波形

$$e_{2FSK}(t)= \sum_n a_n g(t-nT_b)\cos\omega_{c1}t + \sum_n \overline{a}_n g(t-nT_b)\cos\omega_{c2}t \tag{5.9}$$

由图 5.10 可以看出，相位不连续的 2FSK 为可表示为
其中 a_n 为第 n 个数据符号的幅度

$$a_n=\begin{cases}0, & \text{概率为}P\\1, & \text{概率为}1-P\end{cases}$$

$\overline{a}_n$ 为 a_n 的反码，即若 $a_n=1$，则 $\overline{a}_n=0$。

　　二进制频移键控信号的产生可以采用模拟相乘电路来实现，也可以采用数字键控方法来实现。对于相位不连续的 2FSK 信号，只要利用数据基带信号来选通两个独立的振荡源便可获得所需的调频信号，如图 5.11 所示。由数据基带信号"0"和"1"分别选通逻辑门电路 1和逻辑门电路 2 来实现调频。

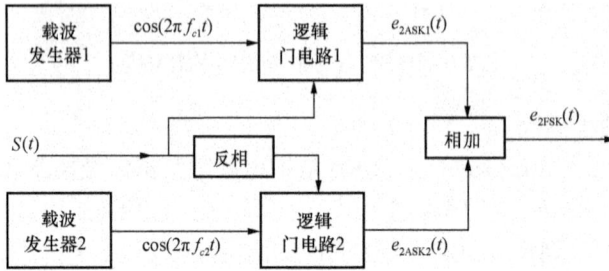

图 5.11　产生相位不连续的 2FSK 信号的原理图

　　相位连续的 2FSK 信号可通过一只受电压控制的振荡器（VCO）实现，如图 5.12（a）所示。一般可用数据信号的不同电压控制半导体二极管，改变振荡器电路的元件参数改变其振荡频率。这种方法实现简单，但频率稳定度和准确度较差，可采用数字式调频器代替，如图5.12（b）所示。这里，采用高稳定的频率可用晶体振荡器，利用数据信号控制可变分频器的分频比，即可达到相位连续和频率高度稳定的 2FSK 信号。该方法适合于输出频率较低的场合。

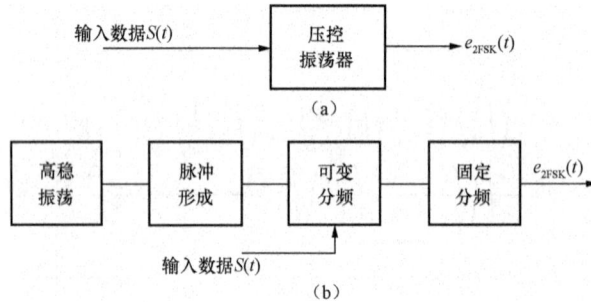

图 5.12　产生相位连续的 2FSK 信号的原理图

　　二进制数字调频信号的解调方法有非相干解调和相干解调两种。非相干解调有分路滤波法、过零点检测法、限幅鉴频法等。图 5.13 给出了用分路滤波法解调 2FSK 信号的原理框图。前面已知，2FSK 信号相当于由两路不同载频的 2ASK 信号叠加而成，利用中心频率为 f_{c1} 和f_{c2} 的带宽为 f_s 的带通滤波器对已调信号分路接收，再经包络检波和相减电路，最后作取样判决。判决规则简单：$v_1(t) > v_2(t)$ 时判为"1"码，反之判为"0"码。当频移指数为 3～5 时，该解调器工作良好，但不利于频带的利用。分路滤波法解调过程时间波形图如图 5.14 所示。

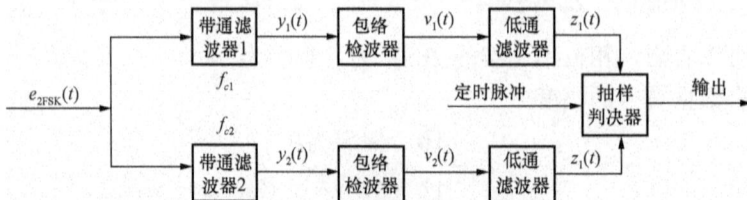

图 5.13　分路滤波法解调器原理图

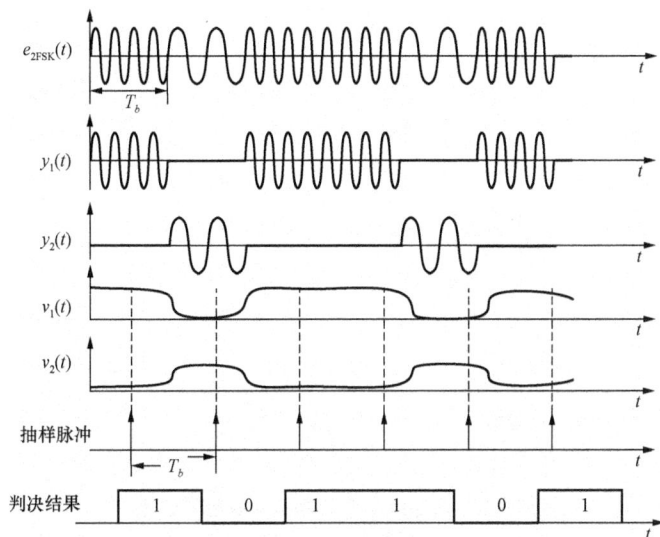

图 5.14　分路滤波法解调过程时间波形图

过零点检测法解调原理框图和各点波形如图 5.15 所示。由于频率是每秒内的振荡次数，因此单位时间内信号经过零点的次数可用来测量频率的高低。图 5.15 中，一个相位连续的 2FSK 信号经过限幅后产生矩形波，经微分、整流后得到频率变化相关的单极性归零尖脉冲，再经过脉冲形成电路得到一定宽度的矩形脉冲序列，由于矩形脉冲序列的密度反映 2FSK 信号频率的高低，所以，经低通滤波后得到基带数据信号。对于过零点检测法，相对频率差越大，区别"1"码和"0"码越容易。

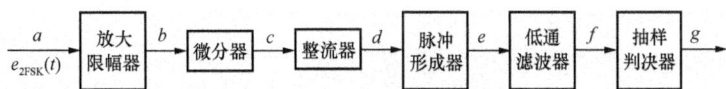

（a）过零点检测法解调原理框图

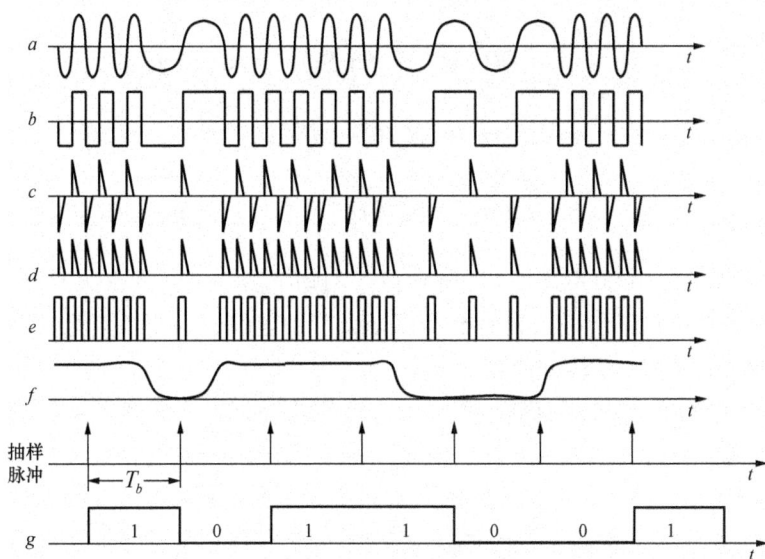

（b）过零点检测法解调各点波形图

图 5.15　过零点检测法解调原理框图和各点波形图

若接收端能产生与接收的 2FSK 信号的频率和相位一致的载频，就能实现 2FSK 信号的相干解调。相干解调原理如图 5.16 所示，其解调原理是将 2FSK 信号分解为上下两路二进制幅移键控信号，分别进行解调，通过对上下两路的抽样值进行比较最终判决出输出信号。

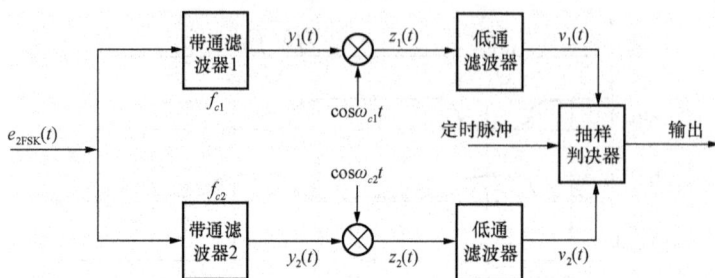

图 5.16 2FSK 信号的相干解调原理框图

2. 2FSK 信号的功率谱密度

对于相位不连续的 2FSK 信号，可以看成由两个不同载波的二进制幅度键控信号的叠加组成的，其中一个频率为 f_{c1}，另一个频率 f_{c2}。因此相位不连续的二进制频移键控信号的功率谱密度可以近似表示成两个不同载波的二进制幅度键控信号功率谱密度的叠加。

由式（5.9）相位不连续的 2FSK 信号的时域表达式，根据 2ASK 信号的功率谱密度，可以得到 2FSK 信号的功率谱密度 $P_{2FSK}(f)$ 为

$$P_{2FSK}(f)=\frac{1}{4}[P_s(f+f_{c1})+P_s(f-f_{c1})]+\frac{1}{4}[P_s(f+f_{c2})+P_s(f-f_{c2})] \tag{5.10}$$

其中 $P_s(f)$ 为二进制数字基带信号的功率谱密度。由式（5.8）得

$$\begin{aligned}
P_{2FSK}(f)=&\frac{1}{4}f_sP(1-P)[|G(f+f_{c1})|^2+|G(f-f_{c1})|^2]\\
&+\frac{1}{4}f_sP(1-P)[|G(f+f_{c2})|^2+|G(f-f_{c2})|^2]\\
&+\frac{1}{4}f_s^2(1-P)^2|G(0)|^2[\delta(f+f_{c1})+\delta(f-f_{c1})]\\
&+\frac{1}{4}f_s^2(1-P)^2|G(0)|^2[\delta(f+f_{c2})+\delta(f-f_{c2})]
\end{aligned} \tag{5.11}$$

由式（5.11）可得，相位不连续的 2FSK 信号的功率谱密度的特点如下：

（1）由连续谱和离散谱组成，如图 5.17 所示，其中连续谱由两个双边带谱叠加而成，而离散谱出现在 f_{c1} 和 f_{c2} 的两个载频位置上。

（2）若两个载频之差较小，如 $|f_{c1}-f_{c2}|$ 小于 f_s，则连续谱出现单峰；如载频之差增大，则连续谱将出现双峰。

（3）由于载频为 f_{c1} 的 2ASK 信号的大部分功率位于 $f_{c1}-f_s$ 到 $f_{c1}+f_s$ 的频带内，而载频为 f_{c2} 的 2ASK 信号的大部分功率位于 $f_{c2}-f_s$ 到 $f_{c2}+f_s$ 的频带内。所以相位不连续的 2FSK 信号的带宽约为

$$B_{2FSK}=2f_s+|f_{c2}-f_{c1}|=(h+2)f_s \tag{5.12}$$

（a）载频之差$|f_{c1}-f_{c2}|$大于f_s时

（b）载频之差$|f_{c1}-f_{c2}|$大于f_s时

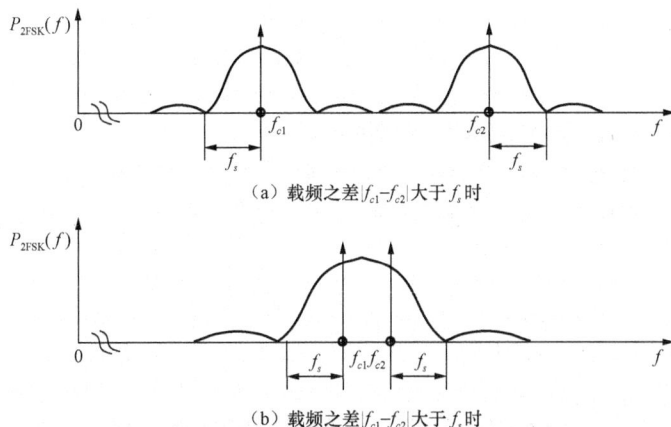

图 5.17　相位不连续的 2FSK 信号的功率谱密度示意图

其中$f_s=1/T_b$为码元速率，$h=|f_{c1}-f_{c2}|/f_s$称为频移指数或调制指数。为保证接收端能够正确接收，$|f_{c1}-f_{c2}|$通常取$2f_s$或更大。则 2FSK 信号的频带利用率为

$$\eta=\frac{f_s}{B}=\frac{f_s}{|f_{c1}-f_{c2}|+2f_s}\leqslant\frac{1}{4} \tag{5.13}$$

由于 2FSK 设备较简单，但在相同传信率下，数字调频需要比数字调幅和数字调相更宽的传输频带，因此数字调频主要应用于低速或中低速的数据传输中。如在话路频带下，一般传信率只能达到 1200bit/s。另外，FSK 也应用于在微波通信系统中传输监控信息，以实现中继站的无人值守。

5.2.3　二进制相移键控

相移键控指的是用基带数据信号控制载波的相位，使它作不连续的、有限取值的变化以实现信息传输的方法，又称数字调相。

1. 二相调相信号及其功率谱密度

根据已调信号参考相位的不同，二相调相可分为二相绝对调相（2PSK）和二相相对调相（2DPSK）。

若已调信号的相位变化都是相对于一个固定的参考相位——未调载波的相位来取值，这样的调制方式称为绝对调相。而且已调信号只有两种相位取值，即 0 或 π，则称之为二相绝对调相，简称 2PSK。如果发送二进制符号"1"时，已调信号$e_{2PSK}(t)$取 0 相位，发送二进制符号"0"时，$e_{2PSK}(t)$取 π 相位。用φ_n表示第 n 个符号的绝对相位，则有

$$\varphi_n=\begin{cases}0, & \text{发送符号"1"}\\ \pi, & \text{发送符号"0"}\end{cases}$$

如图 5.18（c）所示，给出了 2PSK 信号的时间波形图。

若每一个码元载波相位的变化不是以固定相位作参考，而是以前一码元载波相位作参考，这样的调制方式称为相对调相。而且已调信号的前后码元的相位差只有两种取值，即 0 或 π，所以又称为二相相对调相（2DPSK）。如果发送二进制符号"1"时，已调信号 $e_{2DPSK}(t)$ 和前一码元相位差取 π，发送二进制符号"0"时，$e_{2DPSK}(t)$ 和前一码元相位差取 0。用$\Delta\varphi_n$表示第 n 个符号和第 $n-1$ 个符号的相位差，则有：

$$\Delta\varphi_n=\begin{cases}0, & \text{发送符号“0”}\\ \pi, & \text{发送符号“1”}\end{cases}$$

如图 5.18（d）所示，给出了 2DPSK 信号的时间波形图。

　　需要注意的是，图 5.18（c）和（d）中，已调信号的幅度都保持恒定，仅用相位代表数据信息。而且，仅从波形上看，不能区别是 2PSK 还是 2DPSK，只有与基带信号 $S(t)$ 联系起来才能确定。

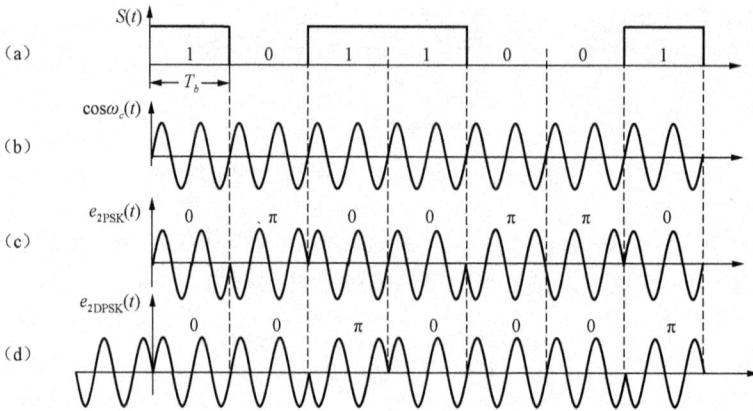

图 5.18　二相数字调相的时间波形图

　　为了掌握 2PSK 和 2DPSK 的特点和相互关系，表 5.1 列出了数据信号与已调载波相位的关系。表中数据说明，数据序号“1”行为绝对调相，“1”码对应 0 相位，“0”码对应 π 相位；序号“2”和“3”行为相对调相，其中“2”行表示，假设初始相位为 0，则 $\{\Delta\varphi_1\}$ 即为数据信号码元对应的相对调相时的码元载波相位（“1”信号时载波波形与前一码元波形相反，“0”信号时载波波形与前一码元波形相同），“3”行表示，假设初始相位为 π，则 $\{\Delta\varphi_2\}$ 即为数据信号码元对应的相对调相时的码元载波相位。但是，不论取哪种相位变化序列，其前后载波码元的相位差 $\{\Delta\varphi_n\}$ 是一样的。因码元初始状态的不同会有两种可能的差分（相对）码序列（1）和（2）。如用相对码序列（1）和（2）对载波作绝对调相就得到 $\{\Delta\varphi_1\}$ 和 $\{\Delta\varphi_2\}$ 的相位序列。由此可见，相对调相本质上就是经过相对码变换后的数字序列的绝对调相。

表 5.1　　　　　　　　　　　　数据码元和已调信号载波相位的关系

数据信号码元（a_n）				1	0	1	1	0	0	1	序号
已调载波每个码元的相位	绝对调相	$\{\varphi_n\}$	码元状态	0	π	0	0	π	π	0	1
	相对调相	$\{\Delta\varphi_1\}$	0		π	π	0	π	π	0	2
		$\{\Delta\varphi_2\}$	π	0	0	π	0	0	0	π	3
		$\{\Delta\varphi_n\}$		π	0	π	π	0	0	π	4
相对码（差分码）		状态（1）	1	0	0	1	0	0	0	1	5
		状态（2）	0	1	1	0	1	1	1	0	6

　　绝对码转换成相对码可表示为

$$b_n=b_{n-1}\oplus a_n \tag{5.14}$$

相对码转换成绝对码可表示为

$$a_n = b_n \oplus b_{n-1} \tag{5.15}$$

其中 "$\oplus$" 表示模 2 加。式（5.15）为式（5.14）的变形，即同时在式（5.14）两端加 b_{n-1}（模 2）即可，由于码元自身模 2 加为 0。实现这一运算的电路如图 5.19 所示，即使用模 2 加法器和延迟器（延迟 1 个码元宽度 T_b）实现的。其中，由绝对码转换成相对码的转换电路称为差分编码器，由相对码转换成绝对码的转换电路称为差分译码器。

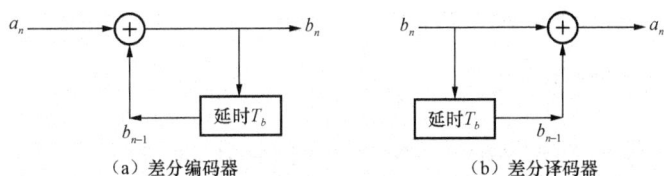

（a）差分编码器　　　　　　　　　　（b）差分译码器

图 5.19　绝对码和相对码的相互转换

差分编码时可以设 b_n 的初始值为 0，如 $\{a_n\}$ 为 $\{1\,0\,1\,1\,0\,0\,1\}$，则 $\{b_n\}$ 为 $\{1\,0\,0\,1\,0\,0\,0\,1\}$；也可以设 b_n 的初始值为 1，则 $\{b_n\}$ 为 $\{0\,1\,1\,0\,1\,1\,1\,0\}$。可见所得的两个结果完全反向，做法不同并不影响差分码的本质。

数字调相的每一个码元波形，若单独看，就是一个初始相位为 φ_n 的 ASK 信号，每个码元可表示为

$$e_n(t) = g(t - nT_b)\cos(\omega_c t + \varphi_n)$$

其中，φ_n 为第 n 个码元的相位，T_b 为码元持续时间，$g(t)$ 为基带调制信号。当基带调制信号是一个随机序列时，完整的 PSK 信号可表示为

$$e(t) = \sum_n e_n(t) = \sum_n g(t - nT_b)\cos(\omega_c t + \varphi_n) \tag{5.16}$$

φ_n 为随机变量，在（0，2π）内取离散值。将式（5.16）展开可得

$$e(t) = \sum_n e_n(t) = \sum_n g(t - nT_b)[\cos(\omega_c t)\cos\varphi_n - \sin(\omega_c t)\sin\varphi_n]$$

$$= \cos(\omega_c t)\sum_n g(t - nT_b)\cos\varphi_n - \sin(\omega_c t)\sum_n g(t - nT_b)\sin\varphi_n$$

$$e(t) = \sum_n a_n g(t - nT_b)\cos(\omega_c t) - \sum_n b_n g(t - nT_b)\sin(\omega_c t) \tag{5.17}$$

其中，$a_n = \cos\varphi_n$，$b_n = \sin\varphi_n$。因 φ_n 在（0，2π）内取离散值，所以 $e(t)$ 在（-1，1）内取离散值。

在 2PSK 中，φ_n 只有两种取值，因此 a_n 和 b_n 也只有两种取值。当 $\varphi_n = 0$ 或 π 时，$b_n = 0$，因此式（5.17）可写为

$$e(t) = \sum_n a_n g(t - nT_b)\cos(\omega_c t) \tag{5.18}$$

式（5.18）与 2ASK 表达式相同，但：

$$a_n = \begin{cases} +1, & \text{概率为} P \\ -1, & \text{概率为} 1-P \end{cases}$$

即基带信号 $S(t) = \sum_n a_n g(t - nT_b)$ 必须是双极性不归零信号。

无论是 2PSK 还是 2DPSK 信号，就波形本身而言，它们都可以等效成双极性基带信号作用下的抑制载频的双边带调幅信号。因此，2PSK 和 2DPSK 信号具有相同形式的表达式，所不同的是 2PSK 表达式中的 $S(t)$ 是数字基带信号，而 2DPSK 表达式中的 $S(t)$ 是由数字基带信号变换而来的差分码数字信号。

与计算 2ASK 信号的功率谱密度一样，利用基带信号功率谱密度计算公式，将 $G_1(f)=-G_2(f)=G(f)$ 代入，且基带信号为双极性矩形波，所以基带信号的功率谱密度为

$$P_s(f)=4f_s p(1-p)|G(f)|^2+f_s^2(1-2p)^2|G(0)|^2\delta(f) \tag{5.19}$$

因为 2PSK 的功率谱密度 $P_{2PSK}(f)=\frac{1}{4}[P_s(f+f_c)+P_s(f-f_c)]$，将式（5.19）代入，可得

$$P_{2PSK}(f)=f_s p(1-p)[|G(f+f_c)|^2+|G(f-f_c)|^2]$$
$$+\frac{1}{4}f_s^2(1-2p)^2|G(0)|^2[\delta(f+f_c)+\delta(f-f_c)] \tag{5.20}$$

可见，当"0"和"1"等概率出现，即 $P=0.5$ 时，式（5.20）中无离散谱（第二项为 0）与抑制载频的 2ASK 相同。但是，2ASK 信号总是存在离散谱，而 2PSK 信号可能无离散谱。

2PSK 和 2DPSK 信号的频带宽度与 2ASK 信号的频带宽度一样，都是基带传输速率的两倍，即

$$B_{2PSK}=B_{2DPSK}=2f_s$$

由于直观性，数字调相波常用矢量图来表示它的相位变化规则。二相数字调相信号矢量图如图 5.20 所示。图中，虚线表示参考矢量。在绝对调相中，它为未调载波的矢量（表示相位的位置）；在相对调相中，它是前一码元载波的矢量相位。若假设每个码元中包含整数个载波周期，则两相邻码元载波的相位差既表示调制引起的相位变化，也表示两码元交界处载波相位的瞬时跳变。按 CCITT 建议，图 5.20（a）称 A 方式，在 A 方式中，每个码元载波相位对于参考相位可取 0 和 π，因此，在相对调相时，若后一码元载波相位相对于前一码元为零，则前后两码元载波相位就是连续的；否则相位在两码元间发生突变。所以 A 方式可能出现码元之间的载波相位连续的情况。图 5.20（b）称为 B 方式，每个码元载波相位相对于参考相位可取 ±π/2。这样，在相对调相时，相邻码元之间的载波相位必然发生突变。接收端可利用这一相位变化规律检测到码元定时信息，因此，B 方式被广泛采用。

（a）A方式　　　（b）B方式

图 5.20　二相数字调相信号矢量图

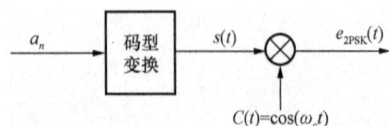

图 5.21　直接调相法实现 2PSK 调制

2. 二相调相信号调制解调的实现

（1）2PSK 信号的调制和解调。2PSK 信号可用双极性基带信号通过乘法器来实现，如图 5.21 所示。还可以采用数字键控的方法实现 2PSK 信号的产生，如图 5.22 所示。

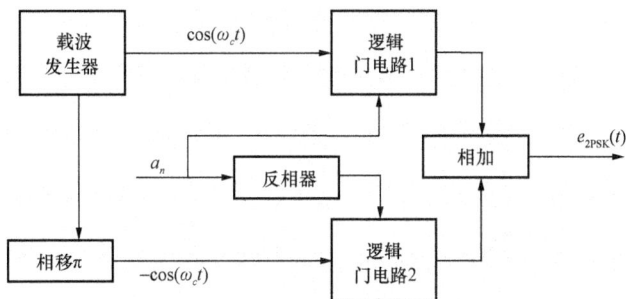

图 5.22 键控法实现 2PSK 调制

由于 PSK 信号是通过相位来携带信息的，所以要用相干解调法（也称极性比较法），解调原理图如图 5.23 所示。PSK 信号的相干解调各点的时间波形如图 5.24 所示。

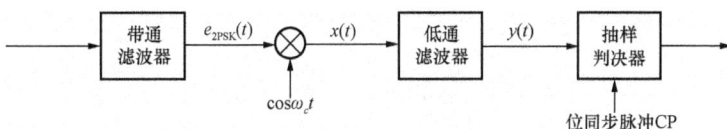

图 5.23 2PSK 信号的解调原理图

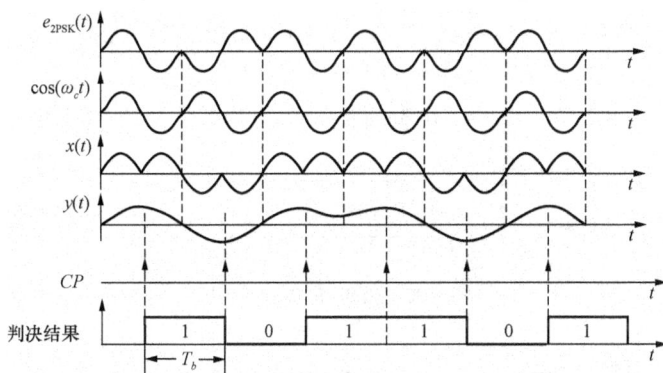

图 5.24 2PSK 信号相干解调各点的正向工作时间波形图

2PSK 信号的相干解调过程需要一个与接收的 2PSK 信号同频同相的相干载波，但 2PSK 信号中不含载波频率成分，接收端无法直接从接收信号中提取相干载波。因此，接收端常采用如图 5.25 所示的倍频/分频电路来获取相干载波。图中输入的 2PSK 信号经全波整流，输出含有 $2f_c$ 频率的周期波，再利用窄带滤波器取出 $2f_c$ 频率，最后由二分频器得到相干载波 f_c，2PSK 信号由相乘器（即鉴相器）进行相干解调，并输出基带信号。

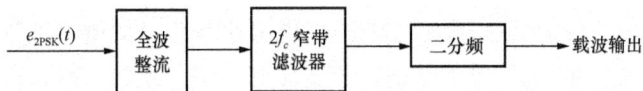

图 5.25 相干载波的获取

2PSK 信号的相干接收时，由于本地载波的相位不确定，二分频器输出存在相位模糊问题，因此，当恢复的相干载波产生 180°倒相时，解调出的数字基带信号将与发送的数字基带信号正好相反，这种现象常称为："倒π现象"，如图 5.26 所示。正是由于 2PSK 信号存在反相工作（相位模糊）现象这一缺点，故实际中一般不采用 2PSK 工作方式，而常采用 2DPSK方式。

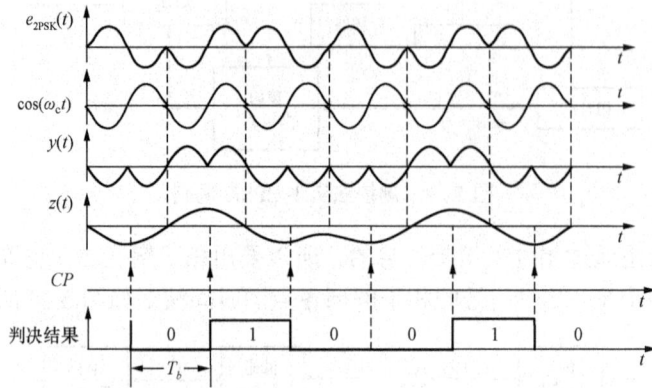

图 5.26　2PSK 信号相干解调各点的反向工作时间波形图

（2）2DPSK 信号的调制和解调。根据 2DPSK 信号与 2PSK 信号的内在联系，由于 2DPSK信号对绝对码 $\{a_n\}$ 来说是相对移相信号，对相对码 $\{b_n\}$ 来说则是绝对移相信号。因此只要将输入序列变换成相对序列，然后用相对序列进行绝对调相，即在 2PSK 调制器前加一个差分编码器，便可产生 2DPSK 信号，如图 5.27 所示。其波形如图 5.28 所示。由于 2PSK 信号的产生有两种方法，2DPSK 信号的产生也有直接调相法和键控法实现两种。

图 5.27　2DPSK 调制实现

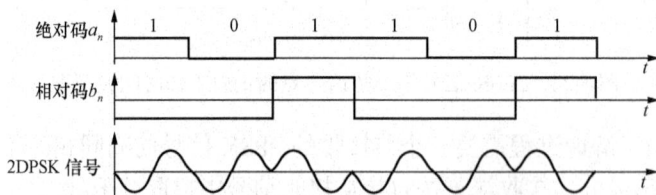

图 5.28　2DPSK 信号调制过程波形图

2DPSK 信号的解调可以采用相干解调方式（极性比较法），解调器原理框图和解调过程各点时间波形如图 5.29 所示。

2DPSK 信号相干解调的原理是，对 2DPSK 信号进行相干解调，恢复出相对码序列，再通过差分译码器变换为绝对码序列，从而恢复发送的二进制数字信号。在解调过程中，若相干载波产生了 180° 相位模糊，使得解调出的相对码产生倒置现象，但经过差分译码器后，输出的绝对码不会产生任何倒置现象，从而解决了载波相位模糊问题。

2DPSK 信号的解调也可用差分检测方式（相位比较法），解调器原理框图和解调过程各点时间波形如图 5.30 所示。其解调原理是将 2DPSK 信号延时 T_b 后与输入 2DPSK 信号比较相位而直接进行调相波的解调，最后通过低通滤波，取样判决而形成码元输出。由于解调的同时完成了码反变换功能，所以解调器中不需要差分译码器。相位比较法解调 2DPSK 信号不需要专门的相干载波，因此是一种非相干解调方法。

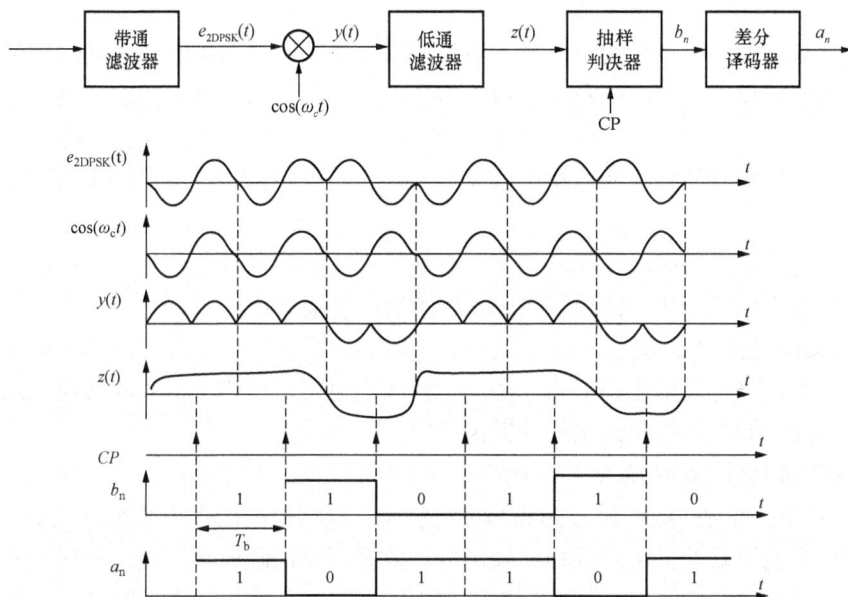

图 5.29 2DPSK 信号的相干解调原理及解调过程各点波形图

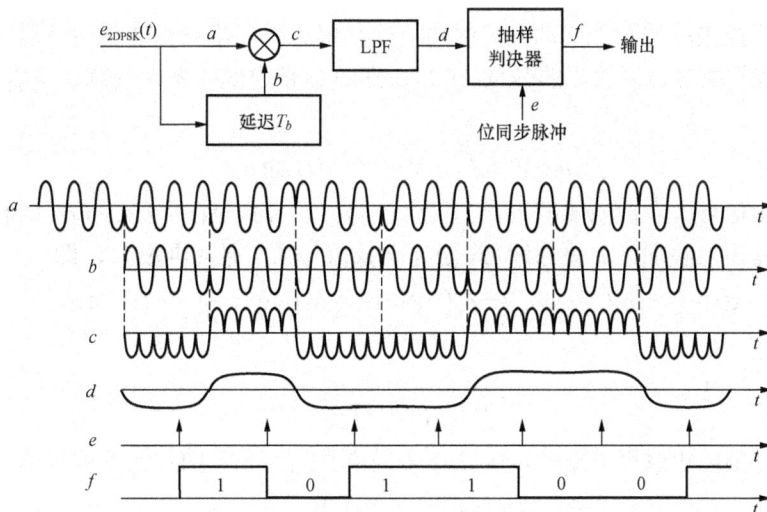

图 5.30 2DPSK 信号的差分检测解调原理及解调过程各点波形图

在抗噪声性能及信道利用率等方面，由于二进制相移键控系统比二进制频移键控及二进制幅移键控优越，因而被广泛应用于数字通信中。但 2PSK 方式有倒 π 现象，故它的改进型 2DPSK 应用较广。相移键控一般应用于中速和中高速（1200～4800bit/s）的数据传输系统中。目前，在话带内以中速传输数据时，2DPSK 是 CCITT 建议选用的一种数字调制方式。相移键控有很好的抗干扰性，在有衰落的信道中也能获得很好的效果。

5.3　二进制数字调制系统性能分析

在通信系统中，信号的传输会受到各种干扰，从而影响信号的恢复。通信系统的抗噪性能就是指系统克服加性噪声影响的能力。当信道内存在高斯白噪声时，对通信质量的影响最终表现在系统的接收端在判决时发生差错，因此，分析二进制幅移键控、二进制频移键控和二进制相移键控这三种数字调制系统的抗噪声性能就是计算由于噪声的影响而产生的误码率。即分析在信道等效加性高斯白噪声条件下系统的误码性能，得出误码率与信噪比之间数学关系。

对于频带传输中误码率的计算，首先分析抽样判决器输入端的信号与噪声的表达式，再根据表达式写出"1"和"0"信号的概率密度函数，从而得出结果。

5.3.1　2ASK 系统的性能

由于 2ASK 信号可采用非相干接收法进行解调，也可采用相干接收法解调。两种解调器的结构形式不同，对系统抗噪性能的分析也不同。

1. 非相干接收时 2ASK 系统的误码率

图 5.6（a）所示，在 ASK 信号的非相干接收中，包络检波的作用是全波或半波整流。包络检波器、低通滤波器的输出送到抽样判决器。根据判决门限电平，在抽样时刻判决脉冲的有无。因此，计算非相干 ASK 接收系统的误码率，需要确定有信号时信号加噪声合成信号包络的概率分布，和无信号时噪声包络的概率分布，再根据判决门限，确定非相干系统的误码率。

假定系统不存在符号间干扰，且信道的特性是理想的，错误判决仅由信道内加性高斯白噪声引起。若接收端带通滤波器的带宽 $\Delta f < f_c$，通过该带通滤波器的噪声就可看作窄带噪声，可表示为

$$n_i(t) = n_c(t)\cos \omega_c t - n_s(t)\sin \omega_c t \tag{5.21}$$

对于 2ASK 信号，在理想情况下，当发送信号"1"时，$S(t) = a\cos \omega_c t$，接收带通滤波器输出是信号和噪声的叠加，其叠加波形 $x(t)$ 为余弦信号加窄带高斯噪声，即

$$x(t) = [a + n_c(t)]\cos \omega_c t - n_s(t)\sin \omega_c t = x_c(t)\cos \omega_c t - x_s(t)\sin \omega_c t \tag{5.22}$$

其包络为

$$V(t) = \sqrt{x_c^2(t) + x_s^2(t)} \tag{5.23}$$

根据窄带高斯随机过程的结论，余弦信号加窄带高斯噪声的包络的概率密度函数为

$$f_1(V) = \frac{V}{\sigma_n^2} \exp\left[-\frac{1}{2\sigma_n^2}(V^2 + a^2)\right] \cdot I_0\left(\frac{aV}{\sigma_n^2}\right), \quad V \geq 0 \tag{5.24}$$

式中 $I_0(x) = \frac{1}{2\pi}\int_0^{2\pi} \exp(x\cos\theta)\mathrm{d}\theta$ 称为第一类修正贝塞尔函数。可见，发送信号"1"时，包络检波器输出的包络服从赖斯分布，如图 5.31 实线所示。

当发送信号"0"时，接收带通滤波器的输出只存在窄带高斯噪声，即

$$x_0(t) = n_c(t)\cos \omega_c t - n_s(t)\sin \omega_c t \tag{5.25}$$

其包络为

$$V(t)=\sqrt{n_c^2(t)+n_s^2(t)} \tag{5.26}$$

其概率密度函数为

$$f_0(V)=\frac{V}{\sigma_n^2}\exp\left(-\frac{V^2}{2\sigma_n^2}\right),\quad V\geqslant 0 \tag{5.27}$$

可见，发送信号"0"时，包络检波器的输出服从
瑞利分布，如图 5.31 虚线所示。

　　显然，波形 $x(t)$ 经包络检波器及低通滤波器后
的输出由式（5.23）及式（5.26）决定。因此，再
经抽样判决后即可确定接收码元是"1"还是"0"。

　　若规定：当 $V(t)$ 的抽样值 $V>b$ 时，则判决为
"1"码；当 $V(t)$ 的抽样值 $V\leqslant b$，则判决为"0"
码。由此可知，选择判决门限电压 b 与判决的正

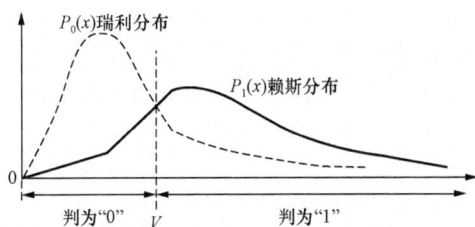

图 5.31　包络检波器输出信号分布

确程度密切相关。选定的 b 值不同，得到的误码率也不同。若发送码元为"1"时，抽样值 $V\leqslant b$，
则发生将"1"误判为"0"，其错误概率为 $P(0/1)$；若发送码元为"0"时，抽样值 $V>b$，则
发生将"0"误判为"1"，其错误概率为 $P(1/0)$。

$$\begin{aligned}
P(0/1)=P(V\leqslant b)&=\int_0^b f_1(V)\mathrm{d}V\\
&=1-\int_b^\infty \frac{V}{\sigma_n^2}\exp\left[-\frac{1}{2\sigma_n^2}(V^2+a^2)\right]\cdot I_0\left(\frac{aV}{\sigma_n^2}\right)\mathrm{d}V\\
&=1-Q\left(\frac{a}{\sigma_n},\frac{b}{\sigma_n}\right)
\end{aligned} \tag{5.28}$$

其中，$Q(\alpha,\beta)=\int_\beta^\infty t\exp\left(-\frac{t^2+\alpha^2}{2}\right)\cdot I_0(\alpha t)\mathrm{d}t$，$t=\frac{V}{\sigma_n}$

　　令 $r=\frac{a^2}{2\sigma_n^2}$ 为解调器的输入信噪比，而 $b_0=\frac{b}{\sigma_n}$ 为归一化门限值，　因此，式（5.28）可表
示为

$$P(0/1)=1-Q(\sqrt{2}r,b_0) \tag{5.29}$$

同理，若发送码元为"0"时，抽样值 $V>b$，则发生将"0"误判为"1"，其错误概率为 $P(1/0)$

$$\begin{aligned}
P(1/0)=P(V>b)&=\int_b^\infty f_0(V)\mathrm{d}V\\
&=\int_b^\infty \frac{V}{\sigma_n^2}\exp\left(-\frac{V^2}{2\sigma_n^2}\right)\mathrm{d}V\\
&=\exp\left(-\frac{b^2}{2\sigma_n^2}\right)\\
&=\exp\left(-\frac{b_0^2}{2}\right)
\end{aligned} \tag{5.30}$$

假设发送端发送码元"1"的概率为 $P(1)$，发送码元"0"的概率为 $P(0)$，则系统总的误码率 P_e 为：

$$P_e = P(1)P(0/1) + P(0)P(1/0)$$
$$= P(1)\int_0^b f_1(V)dV + P(0)\int_b^\infty f_0(V)dV \tag{5.31}$$
$$= P(1)[1 - Q(\sqrt{2}r, b_0)] + P(0)\exp\left(-\frac{b_0^2}{2}\right)$$

在实际应用中，系统一般工作在大信噪比（$r \gg 1$）条件下，因此，最佳判决门限取 $a/2$。若 $P(0) = P(1) = 1/2$，则 2ASK 非相干接收时的误码率为

$$P_e = \frac{1}{4}erfc\left(\sqrt{\frac{r}{4}}\right) + \frac{1}{2}e^{-\frac{r}{4}} \tag{5.32}$$

当 $r \to \infty$ 时，$erfc(\infty) \to 0$，则式（5.32）表示为

$$P_e = \frac{1}{2}e^{-\frac{r}{4}} \tag{5.33}$$

2. 相干接收时 2ASK 系统的误码率

图 5.6（b）所示的 2ASK 相干接收系统中，当 2ASK 信号经过乘法器和低通滤波器之后，抽样判决器输入端得到的波形 $x(t)$ 为

$$x(t) = \begin{cases} a + n_c(t) & \text{发送码元"1"} \\ n_c(t) & \text{发送码元"0"} \end{cases} \tag{5.34}$$

因为 $n_c(t)$ 是高斯模型，因此发送码元"1"时，$x(t)$ 的一维概率密度为

$$f_1(x) = \frac{1}{\sqrt{2\pi}\sigma_n}\exp\left[-\frac{(x-a)^2}{2\sigma_n^2}\right] \tag{5.35}$$

发送码元"0"时，$x(t)$ 的一维概率密度为

$$f_0(x) = \frac{1}{\sqrt{2\pi}\sigma_n}\exp\left(-\frac{x^2}{2\sigma_n^2}\right) \tag{5.36}$$

判决门限电压仍为 b，则可分别求得将"1"错判为"0"的概率 $P(0/1)$ 和将"0"错判为"0"的概率 $P(1/0)$

$$P(0/1) = P(x \leqslant b) = \int_{-\infty}^b f_1(x)dx = \frac{1}{2}\left[1 + erf\left(\frac{b-a}{\sqrt{2}\sigma_n}\right)\right] \tag{5.37}$$

$$P(1/0) = P(x > b) = \int_b^\infty f_0(x)dx = \frac{1}{2}\left[1 - erf\left(\frac{b}{\sqrt{2}\sigma_n}\right)\right] \tag{5.38}$$

若 $P(0) = P(1) = 1/2$，最佳判决门限取 $a/2$，则 2ASK 相干接收时的误码率为

$$P_e = \frac{1}{2}erfc\left(\frac{\sqrt{r}}{2}\right) \tag{5.39}$$

在大信噪比（$r \gg 1$）时，式（5.39）可近似表示为

$$P_e = \frac{1}{\sqrt{\pi r}} e^{-\frac{r}{4}} \qquad (5.40)$$

比较式（5.40）和式（5.33）可以看出，在相同信噪比条件下，相干接收系统的误码性能优于包络检波法的误码性能；在大信噪比条件下，包络检波法的误码性能将接近相干接收系统的性能。但包络检波法不需要相干载波，解调电路较相干接收法简单。

【例 5.2】 在 2ASK 系统中，信号的码元传输速率 $R_B = 2 \times 10^6$ Baud，采用包络检波法或相干接收法解调。信道中加性高斯白噪声的双边功率谱密度 $n_0 = 2 \times 10^{-15}$ W/Hz，接收端解调器输入信号的幅度 $a = 1$ mV，求：

（1）包络检波法解调时系统的误码率。

（2）相干接收法解调时系统的误码率。

解 （1）因为 2ASK 信号的功率主要集中在其频谱的主瓣。所以接收带通滤波器的带宽近似为

$$B = 2R_B = 4 \times 10^6 \text{(Hz)}$$

带通滤波器输出噪声的平均功率为

$$\sigma_n^2 = 2n_0 B = 1.6 \times 10^{-8} \text{(W)}$$

解调器输入信噪比为

$$r = \frac{a^2}{2\sigma_n^2} = \frac{10^{-6}}{2 \times 1.6 \times 10^{-8}} = 31.25$$

由于 $r = 31.25 \gg 1$，可得包络检波法解调时系统的误码率为

$$P_e = \frac{1}{2} e^{-\frac{r}{4}} = \frac{1}{2} e^{-\frac{31.25}{4}} = 2.02 \times 10^{-4}$$

（2）相干解调法解调时系统的误码率为

$$P_e = \frac{1}{\sqrt{\pi r}} e^{-\frac{r}{4}} = \frac{1}{\sqrt{\pi \times 31.25}} e^{-\frac{31.25}{4}} = 4.08 \times 10^{-5}$$

因此，比较两种解调法系统的总误码率，在大信噪比条件下，2ASK 信号的相干接收的误码率低于包络检波法解调的误码率，但两者误码性能相差不大。

5.3.2 2FSK 系统的性能

1. 非相干接收时 2FSK 系统的误码率

图 5.13 所示的 2FSK 非相干接收机模型中，先经过两个中心频率分别为 f_{c1} 和 f_{c2} 的带通滤波器，f_{c1} 和 f_{c2} 分别对准传号和空号的频率。然后通过包络检波器解调。这两个检波器的输出经抽样判决电路进行判决。其判决规则为：如果 f_{c1} 支路输出的电压大于 f_{c2} 支路输出的电压，则判为"1"；否则判为"0"。因此，2FSK 判决时不需要像 ASK 那样，设置一个阈值电压。

用非相干接收法接收 2FSK 信号时，接收端两个支路的误码率情况完全相同，只要分析其中的一种情况即可。下面以"1"错判为"0"为例求出误码率。

当发送码元"1"（对应 f_{c1}）时，带通滤波器 1 的输出包含信号和噪声分量，为

$$y_1(t) = [a + n_{c1}(t)] \cos \omega_{c1} t - n_{s1}(t) \sin \omega_{c1} t \qquad (5.41)$$

此时，带通滤波器 2 的输出端没有信号分量，由于这时频率为 f_{c1} 的信号被中心频率为 f_{c2} 的窄带滤波器所阻止，因此带通滤波器 2 的输出端只有对应于频率 f_{c2} 的噪声分量，即

$$y_2(t) = n_{c2}(t)\cos\omega_{c2}t - n_{s2}(t)\sin\omega_{c2}t \qquad (5.42)$$

因此，两路包络检波器的输出分别为：

$$v_1(t) = \sqrt{[a+n_{c1}(t)]^2 + n_{s1}^2(t)}$$
$$v_2(t) = \sqrt{n_{c2}^2(t) + n_{s2}^2(t)} \qquad (5.43)$$

其中 $y_1(t)$ 为一余弦信号加窄带高斯过程，其包络检波器的输出服从赖斯分布；$y_2(t)$ 为一窄带高斯过程，其包络检波器的输出服从瑞利分布。

假定 v_1、v_2 统计独立，由于抽样判决器根据最大值进行判决，所以在接收码元"1"时，只要 $v_1 < v_2$ 就形成了误码。

因此，"1"误判为"0"的概率为

$$P(0/1) = P(v_1 < v_2) = \int_0^\infty f_1(v_1)\left[\int_{v_2-v_1}^\infty f_2(v_2)dv_2\right]dv_1 = \frac{1}{2}e^{-\frac{r}{2}} \qquad (5.44)$$

发送码元"0"时，接收端错判为码元"1"的误码率与之相同，即 $P(1/0) = P(0/1)$。若发送码元"1"和"0"的概率相同，即 $P(0) = P(1) = 1/2$，则有

$$P_e = \frac{1}{2}P(0/1) + \frac{1}{2}P(1/0) = \frac{1}{2}e^{-\frac{r}{2}} \qquad (5.45)$$

2. 相干接收时 2FSK 系统的误码率

图 5.16 所示的 2FSK 相干接收法中，当发送端发送码元"1"时，两个带通滤波器的输出与非相干接收时相同。经过相干接收机后，则 f_{c1} 通路的输出为 $z_1(t)$，f_{c2} 通路的输出为 $z_2(t)$，分别为

$$z_1(t) = \frac{1}{2}[a+n_{c1}(t)]$$
$$z_2(t) = \frac{1}{2}n_{c2}(t) \qquad (5.46)$$

为分析方便，这里将相干解调器的输出写为

$$z_1(t) = a+n_{c1}(t)$$
$$z_2(t) = n_{c2}(t) \qquad (5.47)$$

由于 $n_{c1}(t)$ 和 $n_{c2}(t)$ 都是高斯过程，且均值为 0，方差为 σ_n^2。因此，$z_1(t)$ 是均值为 a，方差为 σ_n^2 的高斯变量；$z_2(t)$ 是均值为 0，方差为 σ_n^2 的高斯变量。

当 $z_1 < z_2$ 时，码元"1"误判为"0"，误码率为

$$P(0/1) = P(z_1 < z_2) = P(a+n_{c1} < n_{c2}) = P(a+n_{c1}-n_{c2} < 0) \qquad (5.48)$$

令 $x = a+n_{c1}-n_{c2}$，此时，x 也是高斯随机变量，

$$E[x] = a$$
$$\sigma_x^2 = E[(z-a)^2] = 2\sigma_n^2 \qquad (5.49)$$

因此，x 的概率密度函数为

$$f(x)=\frac{1}{\sqrt{2\pi}\sigma_n}\exp\left[-\frac{(x-a)^2}{2\sigma_x^2}\right] \tag{5.50}$$

由 $f(x)$ 可求出误码率，即 $z_1<z_2$ 的概率相当于 $x<0$ 的概率。

$$\begin{aligned}P(0/1)&=P(x<0)\\&=\int_{-\infty}^{0}f(x)\mathrm{d}x\\&=\frac{1}{2}erfc\left(\sqrt{\frac{r}{2}}\right)\end{aligned} \tag{5.51}$$

发送码元"0"时，接收端错判为码元"1"的误码率与之相同，即 $P(1/0)=P(0/1)$。因此，当"0"、"1"等概率出现时，2FSK 系统总误码率为

$$P_e=\frac{1}{2}erfc\left(\sqrt{\frac{r}{2}}\right) \tag{5.52}$$

在大信噪比（$r\gg1$）条件下，式（5.52）可写成

$$P_e=\frac{1}{\sqrt{2\pi r}}e^{-\frac{r}{2}} \tag{5.53}$$

因此，在大信噪比条件下，2FSK 系统的性能是由指数决定的，系数所起的作用很小，且相干接收略优于非相干接收。但由于相干接收时需要有相干载波，设备比较复杂，所以一般情况下，包络检波较为常用。

【例 5.3】　采用 2FSK 方式在有效带宽为 2400Hz 的信道上传送二进制数字序列。已知 2FSK 系统的两个载波频率分别为：$f_{c1}=2025\text{Hz}$，$f_{c2}=2225\text{Hz}$，码元速率 $R_B=300\text{Baud}$，信道输出端的信噪比为 6dB，试求：

（1）2FSK 信号的带宽。

（2）采用包络检波法解调时的误码率。

（3）采用相干接收法解调时的误码率。

解　（1）$B_{2FSK}=|f_{c1}-f_{c2}|+2f_s=|2225-2025|+2\times300=800\text{Hz}$

（2）计算采用包络检波时的误码率，关键求解是解调器的输入信噪比 r。因为码元速率 300Baud，所以图 5.13 接收系统的每个支路带通滤波器的带宽为

$$B_1=2f_s=600\text{Hz}$$

已知信道的有效带宽 $B=2400\text{Hz}$，该值是两个支路带通滤波器带宽的 4 倍，所以带通滤波器输出信噪比 r' 与输入信噪比 r 相比，提高了 4 倍。

因为 $10\log r'=6(\text{dB})$

所以 $r'=4$

由于 $r'=\dfrac{a^2/2}{n_0B}$，而 $r=\dfrac{a^2/2}{n_0B_1}$，

因此，$r=4\dfrac{a^2/2}{n_0B}=4r'=16$

根据式（5.45），可得包络检波法解调时系统的误码率为

$$P_e = \frac{1}{2}e^{-\frac{r}{2}} = \frac{1}{2}e^{-8} = 1.68 \times 10^{-4}$$

（3）同理，根据式（5.53）可得相干接收法解调时系统的误码率

$$P_e = \frac{1}{\sqrt{2\pi r}}e^{-\frac{r}{2}} = \frac{1}{\sqrt{2\pi 16}}e^{-8} = 3.17 \times 10^{-5}$$

5.3.3　2PSK 及 2DPSK 系统的性能

1. 2PSK 信号相干接收时的误码率

2PSK 信号只能采用相干接收，图 5.23 所示的 2PSK 相干接收的模型，相干接收用的本地载波可以单独产生，也可以从接收信号中提取。该模型与 2ASK 相干接收时的模型相同，不同之处在于判决门限为 0，而 2ASK 为的判决门限为 $a/2$。相干接收用的本地载波可以单独产生，也可以从接收信号中提取。

当发送码元"1"时，解调器的输入为

$$e(t) = [a + n_c(t)]\cos\omega_c t - n_s(t)\sin\omega_c t \tag{5.54}$$

此时，解调器的输出为

$$x(t) = a + n_c(t) \tag{5.55}$$

其概率密度函数为

$$f_1(x) = \frac{1}{\sqrt{2\pi}\sigma_n}\exp\left[-\frac{(x-a)^2}{2\sigma_x^2}\right] \tag{5.56}$$

由于噪声的影响，可能出现 $x < 0$ 的情况，使得"1"错判为"0"。所以"1"错判为"0"的概率为

$$P(0/1) = P(x < 0) = \int_{-\infty}^{0} f_1(x)\mathrm{d}x = \frac{1}{2}erfc(\sqrt{r}) \tag{5.57}$$

当发送码元"0"时，解调器的输出为

$$x(t) = -a + n_c(t) \tag{5.58}$$

其概率密度函数为

$$f_0(x) = \frac{1}{\sqrt{2\pi}\sigma_n}\exp\left[-\frac{(x+a)^2}{2\sigma_x^2}\right] \tag{5.59}$$

同样，因噪声的影响，可能出现 $x > 0$ 的情况，使得"0"错判为"1"。所以"0"错判为"1"的概率为

$$P(1/0) = P(x > 0) = \int_{0}^{\infty} f_0(x)\mathrm{d}x = \frac{1}{2}erfc(\sqrt{r}) \tag{5.60}$$

当码元"1"和"0"等概率出现时，系统总的误码率为

$$P_e = P(1)P(0/1) + P(0)P(1/0) = \frac{1}{2}erfc(\sqrt{r}) \tag{5.61}$$

在大信噪比（$r \gg 1$）条件下，式（5.61）可近似为

$$P_e = \frac{1}{2\sqrt{\pi r}} e^{-r} \tag{5.62}$$

2. 2DPSK 信号差分相干接收时的误码率

图 5.30 所示的 2DPSK 信号差分相干接收模型中，不用本地载波，而是使用一个 1bit 的时延电路。其工作原理是：

假设解调器当前输入的码元波形为

$$y_k(t) = a\cos(\omega_c t + \theta_k) \tag{5.63}$$

前一码元的波形为

$$y_{k-1}(t) = a\cos(\omega_c t + \theta_{k-1}) \tag{5.64}$$

经过乘法器后的输出为

$$x_k(t) = \frac{a^2}{2}[\cos(\theta_k - \theta_{k-1}) + \cos(2\omega_c t + \theta_k + \theta_{k-1})] \tag{5.65}$$

再经过低通滤波后的输出为

$$x(t) = \frac{a^2}{2}\cos(\theta_k - \theta_{k-1}) \tag{5.66}$$

其判决规则如表 5.2 所示，当 θ_k 与 θ_{k-1} 相同时，输出为 $\frac{a^2}{2}$，判决为 "0"；当 θ_k 与 θ_{k-1} 相差 π 时，输出为 $-\frac{a^2}{2}$，判决为 "1"。

表 5.2　　　　　　　　　　　　　　判　决　规　则

θ_k	θ_{k-1}	$\cos(\theta_k - \theta_{k-1})$	判决后的数字信号	θ_k	θ_{k-1}	$\cos(\theta_k - \theta_{k-1})$	判决后的数字信号
0	0	+1	0	0	π	−1	1
π	0	−1	1	π	π	+1	0

若信道存在高斯白噪声，当发送码元为 "1"，且前一码元也为 "1" 时，其波形分别表示为

$$y_k(t) = [a + n_{c1}(t)]\cos\omega_c t - n_{s1}(t)\sin\omega_c t \tag{5.67}$$

$$y_{k-1}(t) = [a + n_{c2}(t)]\cos\omega_c t - n_{s2}(t)\sin\omega_c t \tag{5.68}$$

乘法器输出为

$$x_k(t) = y_k(t)y_{k-1}(t) \tag{5.69}$$

经低通滤波后输出为

$$x(t) = \frac{1}{2}\{[a + n_{c1}(t)][a + n_{c2}(t)] + n_{s1}(t)n_{s2}(t)\} \tag{5.70}$$

令 $x_1(t) = a + n_{c1}(t)$，$x_2(t) = a + n_{c2}(t)$，$y_1(t) = n_{s1}(t)$，$y_2(t) = n_{s2}(t)$，于是有

$$x(t) = \frac{1}{2}[x_1(t)x_2(t) + y_1(t)y_2(t)] \tag{5.71}$$

抽样判决器判决：当 $x > 0$ 为正确接收，无误码；当 $x < 0$ 为接收出现误码。即当发送码元 "1" 时，接收错判为 "0" 的概率为

$$P(0/1)=P(x<0)=P(x_1x_2+y_1y_2<0) \tag{5.72}$$

由于：

$$x_1x_2+y_1y_2=\frac{1}{4}[(x_1+x_2)^2+(y_1+y_2)^2-(x_1-x_2)^2-(y_1-y_2)^2] \tag{5.73}$$

所以

$$P(0/1)=P[(2a+n_{c1}+n_{c2})^2+(n_{s1}+n_{s2})^2-(n_{c1}-n_{c2})^2-(n_{s1}-n_{s2})^2<0] \tag{5.74}$$

设

$$R_1=\sqrt{(2a+n_{c1}+n_{c2})^2+(n_{s1}+n_{s2})^2} \tag{5.75}$$

$$R_2=\sqrt{(n_{c1}-n_{c2})^2+(n_{s1}-n_{s2})} \tag{5.76}$$

则

$$P(0/1)=P(R_1<R_2) \tag{5.77}$$

其中 n_{c1}、n_{c2}、n_{s1} 和 n_{s2} 是相互独立的正态随机变量，且均值为 0，方差为 σ^2。

由式（5.43）可知，随机变量 R_1 服从赖斯分布，随机变量 R_2 服从瑞利分布。即

$$f(R_1)=\frac{R_1}{2\sigma_n^2}I_0\left(\frac{aR_1}{\sigma_n^2}\right)\exp\left(-\frac{R_1^2+4a^2}{4\sigma_x^2}\right) \tag{5.78}$$

$$f(R_2)=\frac{R_2}{2\sigma_n^2}\exp\left(-\frac{R_2^2}{4\sigma_x^2}\right) \tag{5.79}$$

在此，R_1 可看成余弦信号 $2a\cos\omega_c t$ 和窄带高斯变量的包络之和，窄带高斯变量的同相分量为 $(n_{c1}+n_{c2})$，正交分量为 $(n_{s1}+n_{s2})$；R_2 可看成是一窄带高斯变量的包络，同相分量为 $(n_{c1}-n_{c2})$， 正交分量为 $(n_{s1}-n_{s2})$，且均值为 0，方差为 σ^2。

将式（5.78）和式（5.79）概率密度函数代入式（5.77），得

$$P(0/1)=P(R_1<R_2)=\int_0^\infty f(R_1)\left[\int_{R_2=R_1}^\infty f(R_2)\mathrm{d}R_2\right]\mathrm{d}R_1=\frac{1}{2}e^{-r} \tag{5.80}$$

同理可得

$$P(1/0)=P(0/1)=\frac{1}{2}e^{-r} \tag{5.81}$$

当码元“1”和“0”等概率出现时，2DPSK 差分相干接收的总误码率为

$$P_e=\frac{1}{2}e^{-r} \tag{5.82}$$

由此可见，2DPSK 差分相干接收的误码率比采用相干接收 2PSK 要高，这是因为相干接收时，采用的本地载波没有噪声， 而在差分相干接收 2DPSK 信号时，代替本地载波的是 1bit 时延电路的输出，它带来了信道噪声，因此使误码率增加。

3. 2DPSK 信号极性比较——码变换法接收时的误码率

采用极性比较——码变换法解调 2DPSK 信号的模型（图 5.29）中，实际上是用相干解调器将 2DPSK 信号解调成相对码，再用差分译码器将相对码变换成绝对码。因此，抽样判决器输出的数字序列（相对码）的误码率与相干接收 2PSK 信号的误码率相同，即由式（5.61）确定。但此时系统的误码率应该是差分译码器输出信号的误码率。

　　因为抽样判决器输出的码为相对码 b_n，而差分译码器的输出为绝对码 a_n，由式（5.15）可知，当差分译码器输入的两相邻码元相同时，输出码元为"0"；两个相邻码元不同时，输出码元为"1"。差分译码器对错码的影响如表 5.3 所示，表中加"*"的码元为错码。

表 5.3　　　　　　　　　　　　　　差分译码器对错码的影响

			发送绝对码										
			1	0	1	1	1	0	0	1	1		
相对码相邻码元错误个数	0	相对码	0	1	1	0	1	0	0	0	1	0	译码输出错误个数
		绝对码	1	0	1	1	1	0	0	1	1	0	
	1	相对码	0	1	0*	0	1	0	0	0	1	0	2
		绝对码	1	1*	0*	1	1	0	0	1	1		
	2	相对码	0	1	0*	1*	1	0	0	0	1	0	2
		绝对码	1	1*	1	0*	1	0	0	1	1		
	多个	相对码	0	1	0*	1*	0*	1*	1*	1*	1	0	2
		绝对码	1	1*	1	1	1	0	0	0*	1		

　　由表 5.3 可知，相对码序列的错误情况由连续一个、两个、…、多个错码组成。若差分译码器输入端相对码序列的误码率为 P_e，经差分译码后绝对码序列的误码率为 P_e'，则

$$P_e' = 2P_1 + 2P_2 + \cdots + 2P_n + \cdots \tag{5.83}$$

式中 P_n 表示连续出现 n 个错码的概率。分析表 5.3 可得

$$\begin{aligned} P_1 &= (1-P_e)P_e(1-P_e) \\ P_2 &= (1-P_e)P_e^2(1-P_e) \\ &\vdots \\ P_n &= (1-P_e)P_e^n(1-P_e) \end{aligned} \tag{5.84}$$

所以

$$P_e' = 2(1-P_e)^2(P_e + P_e^2 + \cdots + P_e^n + \cdots) = 2(1-P_e)^2 P_e(1 + P_e + P_e^2 + \cdots + P_e^n + \cdots) \tag{5.85}$$

由于误码率 P_e 小于 1，有

$$\frac{1}{1-P_e} = 1 + P_e + P_e^2 + \cdots + P_e^n + \cdots \tag{5.86}$$

因此

$$P_e' = 2(1-P_e)P_e \tag{5.87}$$

　　将式（5.61）代入式（5.87），可得 2DPSK 信号采用极性比较加码变换法解调时的误码率为

$$P_e' = erfc(\sqrt{r})\left[1 - \frac{1}{2}erfc(\sqrt{r})\right] \tag{5.88}$$

当 $P_e \ll 1$ 时，P_e 与 P_e' 的关系为

$$P_e' = 2P_e$$

当 P_e 很大时，使得 $P_e = 1/2$，则根据式（5.87），有

$$P_e' = P_e \tag{5.89}$$

由此可见，P_e'/P_e 在 1～2 之间变化，说明码反变换器的使用使得系统误码率增大。

【例 5.4】 采用 2DPSK 方式传送二进制数字序列，已知码元传输速率 $R_B=2400\text{Baud}$，发送端发送的信号幅度为 $A=5\text{V}$，若输入接收端解调器的高斯白噪声的单边功率谱密度 $n_0=2\times10^{-10}\text{W/Hz}$，要求 P_e 不大于 10^{-4}。求：

（1）采用差分相干接收时，从发送端到解调器输入端的信号幅度的最大衰减为多少？

（2）采用相干解调—码变换时，从发送端到解调器输入端的信号幅度的最大衰减为多少？

解 （1）2DPSK 采用差分相干接收时的误码率为

$$P_e=\frac{1}{2}e^{-r}\leqslant10^{-4}$$

解得 $r\geqslant8.52$

接收端带通滤波器的带宽为 $B=2R_B=2\times2400=4800$（Hz）

接收端带通滤波器输出的噪声功率为

$$\sigma_n^2=n_0\cdot B=2\times10^{-10}\times4800=9.6\times10^{-7}$$

因为解调器的输入信噪比 $r=\dfrac{a^2}{2\sigma_n^2}$，所以信号幅度为

$$a\geqslant\sqrt{2r\sigma_n^2}=\sqrt{2\times8.52\times9.6\times10^{-7}}=4.04\times10^{-3}$$

信号幅度的最大衰减为

$$k=20\lg\frac{A}{a}=20\times\lg\frac{5}{4.04\times10^{-3}}=61.85\,(\text{dB})$$

（2）采用相干解调—码变换时，由于 $P_e\ll1$，所以其误码率为

$$P_e'=2P_e=erfc(\sqrt{r})\leqslant10^{-4}$$

查表得 $\sqrt{r}\geqslant2.76$，即 $r\geqslant7.62$。

解调器的输入信号幅度

$$a\geqslant\sqrt{2r\sigma_n^2}=\sqrt{2\times7.62\times9.6\times10^{-7}}=3.82\times10^{-3}$$

信号幅度的最大衰减为

$$k=20\lg\frac{A}{a}=20\times\lg\frac{5}{3.82\times10^{-3}}=62.34\,(\text{dB})$$

该例表明，在大信噪比条件下，2DPSK 信号采用差分相干解调与采用相干解调—码变换法相比，信号幅度的最大衰减小了近 0.5dB。

5.3.4 二进制数字调制系统性能比较

前面对二进制数字调制系统的几种调制解调原理的主要性能做了简要分析，下面从频带宽度、误码率、对信道特性变化的敏感性、对设备的复杂程度要求等不同角度对它们的性能做一个简单的比较。

1. 频带宽度

当码元宽度为 T_b 时，2ASK、2PSK、2DPSK 信号的零点带宽相同，均为 $2/T_b$；而 2DPFSK 信号的零点带宽为 $|f_{c2}-f_{c1}|+2/T_b$，2CPFSK 信号在调制指数 $h<1$ 时，带宽较小，但当调制指数太小时，会导致系统的抗干扰性能下降。因此，2DPFSK 信号的带宽最大，相应的频

带利用率最低。

2. 误码率

当系统满足下列条件：

（1）发送码元"1"和"0"统计独立，且概率相等。

（2）系统为理想传输特性，无码间干扰。

（3）信道的加性噪声模型为高斯白噪声，且均值为零。

（4）接收端采用相干解调时，载波同步理想，无同步误差。

则可得到 2ASK、2FSK、2PSK 和 2DPSK 在不同接收情况下的抗噪性能，如表 5.4 所示。

表 5.4　　　　　　　　　　　　　二进制调制解调系统的误码率

调 制 方 式	解 调 方 式	误 码 率
2ASK	非相干检测	$P_e = \dfrac{1}{2}\exp\left(-\dfrac{r}{4}\right)$
	相干检测	$P_e = \dfrac{1}{2}erfc\left(\dfrac{\sqrt{r}}{2}\right)$
2FSK	非相干检测	$P_e = \dfrac{1}{2}\exp\left(-\dfrac{r}{2}\right)$
	相干检测	$P_e = \dfrac{1}{2}erfc\left(\sqrt{\dfrac{r}{2}}\right)$
2PSK	相干检测	$P_e = \dfrac{1}{2}erfc(\sqrt{r})$
2DPSK	差分检测	$P_e = \dfrac{1}{2}\exp(-r)$
	相干检测	$P_e = erfc\sqrt{r}\left(1 - \dfrac{1}{2}erfc\sqrt{r}\right)$

由此可得各种调制解调方式的误码率 P_e 和解调器输入信噪比 r 的曲线，如图 5.32 所示。

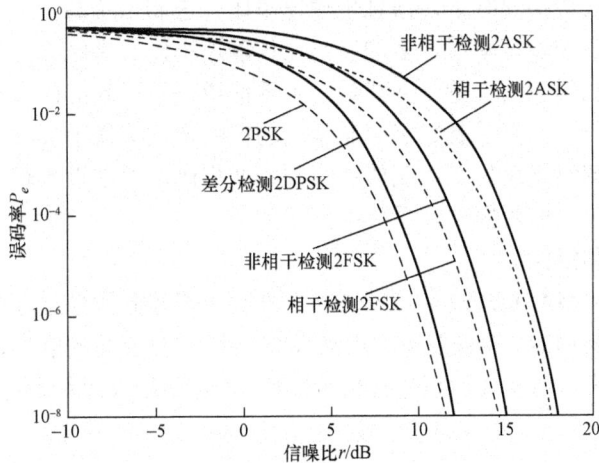

图 5.32　三种数字调制系统的 P_e-r 关系曲线

从表 5.4 和图 5.32 可以看出，在相同误码率条件下，2PSK 调制解调方式对信噪比的要求最小；在相同输入信噪比条件下，2PSK 调制解调方式的误码率最低，2DPSK 次之，2ASK 最大，即 2PSK 抗噪性能最好，2ASK 最差。对于同一种调制方式，输入信噪比相同时，采用相干接收比非相干接收性能好些；对于不同的调制方式，PSK 性能最好，FSK 次之，ASK 最差。

3. 对信道特性变化的敏感性

判决门限对信道特性的敏感性程度，也是选择调制解调方式的因素之一，希望判决门限不随信道变化而变化。经过比较可知：2FSK 最优，因为不需人为设置判决门限，通过直接比较两路解调输出的大小进行判决；2PSK 次之，最佳判决门限为 0，与接收机输入信号的幅度无关；而 2ASK 最差；最佳判决门限为 $a/2$，与接收机输入信号的幅度有关，当信道特性变化时，判决门限随着接收机输入信号的幅度的变化而变化，因此，信道特性不稳定时，不利于 2ASK 调制解调方式的电路设计，此时需要自适应控制电路。

4. 设备的复杂程度

对于几种二进制数字调制方式，发送端的设备复杂程度不相上下，而接收端的设备复杂度与解调方式相关。对于同一种调制方式，由于相干检测需要同步载波，所以以相干检测设备要比非相干检测设备复杂。若同为非相干检测，2DPSK 的设备最复杂，2FSK 次之，2ASK 最简单。

5. 应用

可见，选择调制解调的方式时，需要考虑较多的因素。一般来说，信噪比高的系统常采用非相干解调，而在小信噪比工作的环境中，需采用相干解调。数据传输中最常用的是相对调相 2DPSK 和频移键控 2FSK，相干检测 2DPSK 主要用于高速数据传输系统，而非相干检测 2FSK 主要用于低速数据传输系统中。

5.4　多进制数字调制解调

多进制数字调制系统与二进制数字调制系统相比有如下特点：

（1）在相同的码元传输速率下，信息传输速率比二进制系统高。

（2）在相同的信息传输速率下，多进制码元传输速率比二进制低，但所需的带宽较小。增大码元宽度，会增加码元的能量，并能减小由于信道特性引起的码间干扰的影响。

（3）在相同的噪声下，多进制数字调制系统的抗噪声性能低于二进制数字调制系统。

（4）多进制数字调制系统与二进制数字调制系统相比，通常设备较复杂。

多进制调制常用于高速数据传输系统中。

5.4.1　多进制幅移键控

多进制幅移键控（MASK）调制时，先将二进制基带数据信号进行电平转换，转换成多进制基带数据信号，其调制原理框图和 2ASK 调制相同。接收端的解调可通过相干或非相干解调，得到多进制基带信号，最后再进行电平转换，转换成二进制基带信号。MASK 信号可以用如下表达式表示：

$$e_{\text{MASK}}(t)=S(t)\cos(2\pi f_c t)=\left[\sum_n b_n g(t-nT_s)\right]\cos(2\pi f_c t) \tag{5.90}$$

其中 $S(t)$ 是多进制基带信号，其码元周期为 T_s，b_n 是 M 进制电平码，取值为

$$b_n = \begin{cases} 0 & \text{以概率} P_0 \text{出现} \\ 1 & \text{以概率} P_1 \text{出现} \\ \vdots & \\ M-1 & \text{以概率} P_{M-1} \text{出现} \end{cases} \quad \text{且} \sum_{n=0}^{M-1} P_n = 1 \qquad (5.91)$$

MASK 可以看作是由多个不同幅度的 2ASK 信号叠加组成的，其功率谱密度也是由这些 2ASK 信号的功率谱密度叠加而成，其带宽仍然是 $2f_s$，频带利用率为

$$\eta = \frac{R_b}{B} = \frac{R_B \log_2 M}{B} = \frac{f_s \log_2 M}{2f_s} = \frac{\log_2 M}{2} \quad \text{bit/(s · Hz)} \qquad (5.92)$$

可见，MASK 信号的频带利用率比 2ASK 信号提高了 $\log_2 M$ 倍。但由于是多个电平判决，其误码率比 2ASK 系统增大，特别是在衰弱信道中，其误码率更高，因此，MASK 调制一般只用于信道质量良好的恒参信道中。

下面以 4ASK 为例，说明多进制数字幅移键控的原理及抗噪声性能。

对 4ASK 信号，当基带信号为"0"信号时，发送 0 电平；"1"信号时，发送幅度为 1 的载波；"2"信号时，发送幅度为 2 的载波；"3"信号时，发送幅度为 3 的载波。但实际应用中，传输的大多是二进制数字信号，只有两种状态，多进制信号必须用二进制来表示。而四进制信号有四种状态，两位二进制码正好对应四种状态，这里两位二进制码称为双比特码元，即在 4ASK 中，每个双比特码元对应一种幅度的载波。如当基带信号为"00"时，发 0 电平；"10"时，发送幅度为 1 的载波；"11"时，发送幅度为 2 的载波；"01"时，发送幅度为 3 的载波。由此得到的时间波形如图 5.33 所示。

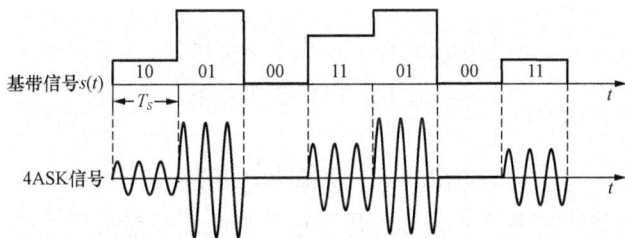

图 5.33　4ASK 信号的时间波形

因为 MASK 信号可以分解成若干个 2ASK 信号相加，所以其带宽与 2ASK 信号的带宽相同。但此时的 T_s 为 M 进制码元的宽度，如在 4ASK 中，$T_s = 2T_b$，其带宽为 $2/T_s = 1/T_b$，其中 T_b 为基带二进制码的码元宽度。因此，多进制调制比二进制调制的带宽窄，有效性高。

假设基带信号码元的振幅为 $\pm d$、$\pm 3d$、$\cdots$、$\pm(L-1)d$，共有 L 个电平，经过调制后变成幅度为 $\pm d$、$\pm 3d$、$\cdots$、$\pm(L-1)d$ 的载波，经接收带通滤波器和相干解调器后，到达抽样判决器之前的可能电平为 $\pm d$、$\pm 3d$、$\cdots$、$\pm(L-1)d$。

此时，抽样判决器判决门限应为 0、$\pm 2d$、$\pm 4d$、$\cdots$、$\pm(L-2)d$。经过理论推导，可得相干解调时，MASK 信号接收的误码率为

$$P_e = \left(1 - \frac{1}{L}\right) erfc \left(\frac{3}{L^2-1} r\right)^{\frac{1}{2}} \qquad (5.93)$$

其中，信噪比 $r = \dfrac{P_s}{\sigma_n^2}$，$P_s$ 为信号功率，σ_n^2 为噪声功率。

5.4.2 多进制频移键控

多进制频移键控（MFSK）用 M 个不同的载波频率代表 M 种数字信息，因此也简称为多频制，是 2FSK 方式的推广。MFSK 和 MASK 类似，系统也需对二进制基带信号进行电平转换，变成多进制基带信号。调制时可由多进制信号控制一个压控振荡器实现，得到 MCPFSK 信号；也可通过键控 M 个不同频率的载波振荡器实现，得到 MDPFSK 信号，组成方框图如图 5.34 所示。图 5.34 中，串/并变换器和逻辑电路将输入的每 k 个码元为一组二进制码对应地转换成有 M（$M=2^k$）种状态的多进制码。这 M 个状态分别对应 M 个不同的载波频率（f_{c1}、f_{c2}、$\cdots$、f_{cM}）。当某组 k 位二进制码到来时，逻辑电路的输出接通某个门电路，让相应的载频发送出去，同时关闭其余所有的门电路。于是当一组组二进制码元输入时，经相加器组合输出的便是一个 M 进制调频波形。

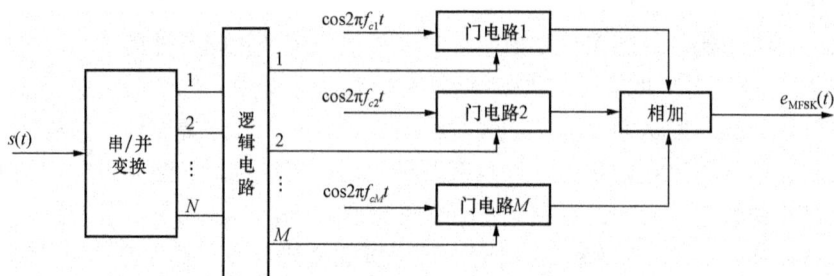

图 5.34　MDPFSK 信号产生原理图

MDPFSK 信号可表示为

$$e_{\mathrm{MFSK}}(t) = \begin{cases} \cos(2\pi f_1 t) & \text{以概率 } P_1 \text{ 出现} \\ \cos(2\pi f_2 t) & \text{以概率 } P_2 \text{ 出现} \\ \quad\vdots \\ \cos(2\pi f_M t) & \text{以概率 } P_M \text{ 出现} \end{cases} \qquad \text{且} \sum_{n=1}^{M} P_n = 1 \qquad (5.94)$$

MFSK 信号的解调有多种方式，实际应用中，接收端一般采用非相干解调方式。MFSK 的解调部分由 M 个带通滤波器、包络检波器及一个抽样判决器和逻辑电路组成，如图 5.35 所示。各带通滤波器的中心频率分别对应发送端各个载频。因而，当某一已调载频信号到来时，在任一码元持续时间内，只有与发送端频率相应的一个带通滤波器有信号通过，其他带通滤波器才有噪声通过。抽样判决器的作用是比较所有包络检波器输出的电压，并选出最大者作为输出，这个输出是一位与发端载频相应的 M 进制数。逻辑电路把这个 M 进制数译成 k 位二进制码，并进一步作为并/串变换恢复二进制序列输出，从而完成数字信号的传输。

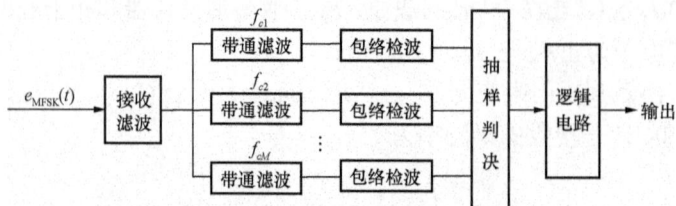

图 5.35　MDPFSK 信号解调原理图

键控法产生的 MFSK 信号，可以看作由 M 个幅度相同、载频不同、时间上互不重叠的 2ASK 信号叠加的结果。设 MFSK 信号码元的宽度为 T_s，即码元传输速率 $f_s = 1/T_s$（Baud），则 M 频制信号的带宽为

$$B_{\text{MFSK}} = f_{cM} - f_{c1} + 2f_s \tag{5.95}$$

式（5.95）中 f_{cM} 和 f_{c1} 分别为最高载频和最低载频。MFSK 信号功率谱 $P_{\text{MFSK}}(f)$ 如图 5.36 所示。

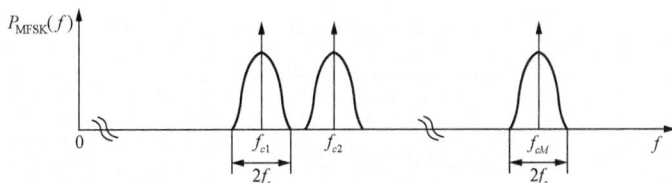

图 5.36　MFSK 信号的功率谱密度示意图

若相邻载频之差等于 $2f_s$，即相邻频率的功率谱主瓣刚好互不重叠，这时的 MFSK 信号的带宽及频带利用率分别为

$$B_{\text{MFSK}} = 2Mf_s \tag{5.96}$$

$$\eta_{\text{MFSK}} = \frac{kf_s}{B_{\text{MFSK}}} = \frac{k}{2M} = \frac{\log_2 M}{2M} \tag{5.97}$$

其中，$M = 2^k$，$k = 2、3、\cdots$。可见，MFSK 信号的带宽随频率数 M 的增大而线性增宽，频带利用率明显下降。与 MASK 的频带利用率比较，MFSK 的频带利用率总是低于 MASK 的频带利用率。

与 2FSK 系统的性能分析方法类似，可得到 MFSK 方式的抗噪性能。非相干接收的误码率为

$$P_e = \int_0^\infty x \exp\left(-\frac{x^2 + a^2}{2\sigma_n^2}\right) I_0\left(\frac{xa}{\sigma_n}\right)\left\{1 - \left[1 - \exp\left(-\frac{x^2}{2}\right)\right]^{M-1}\right\}\mathrm{d}x \tag{5.98}$$

相干接收误码率为

$$P_e = \frac{1}{\sqrt{2\pi}} \int_{-\infty}^\infty \exp\left[-\frac{(x-a)^2}{2\sigma_n^2}\right]\left[1 - \frac{1}{\sqrt{2\pi}} \int_{-\infty}^x \exp\left(-\frac{u^2}{2}\right)\mathrm{d}u\right]^{M-1}\mathrm{d}x \tag{5.99}$$

MFSK 系统和其他多进制调制系统类似，在一定信噪比条件下，M 越大，误码率就越大，但与 MASK 和 MPSK 比较，MFSK 的误码率较小。

5.4.3　多进制相移键控

1. 多进制相移键控信号的表示

多进制相移键控是利用载波的多种不同相位状态来表征数字信息的调制方式，因此也简称为多相制，是二进制调相方式的推广。与二进制相移键控相同，多进制相移键控也有绝对相位调制（MPSK）和相对相位调制（MDPSK）两种。

假设载波为 $\cos\omega_c t$，则 M 进制相移键控信号可表示为

$$e_{MPSK}(t)=\sum_n g(t-nT_s)\cos(\omega_c t+\varphi_n)$$

$$=\cos\omega_c t\sum_n \cos\varphi_n g(t-nT_s)-\sin\omega_c t\sum_n \sin\varphi_n g(t-nT_s) \qquad (5.100)$$

式（5.100）中，$g(t)$是高度为 1，宽度为 T_s 的门函数；T_s 为 M 进制码元的持续时间，亦即 k（$k=\log_2 M$）比特二进制码元的持续时间；φ_n 为第 n 个码元对应的相位，共有 M 种不同取值

$$\varphi_n=\begin{cases}\theta_1 & \text{以概率 } P_1 \text{出现}\\ \theta_2 & \text{以概率 } P_2 \text{出现}\\ \vdots \\ \theta_M & \text{以概率 } P_M \text{出现}\end{cases} \qquad \text{且} \sum_{n=1}^{M}P_n=1 \qquad (5.101)$$

为了使平均差错概率最小，相位的划分一般是在 $0\sim 2\pi$ 范围内等间隔划分，因此相邻相移的差值为

$$\Delta\theta=\frac{2\pi}{M} \qquad (5.102)$$

令 $a_n=\cos\varphi_n$，$b_n=\sin\varphi_n$，式（5.100）转换为

$$e_{MPSK}(t)=\cos\omega_c t\sum_n a_n g(t-nT_s)-\sin\omega_c t\sum_n b_n g(t-nT_s)$$

$$=I(t)\cos\omega_c t-Q(t)\sin\omega_c t \qquad (5.103)$$

其中，$I(t)$ 和 $Q(t)$ 分别为多电平信号

$$I(t)=\sum_n a_n g(t-nT_s) \qquad (5.104)$$

$$Q(t)=\sum_n b_n g(t-nT_s) \qquad (5.105)$$

式（5.103）中第一项常称为同相分量，第二项常称为正交分量。由此可见，MPSK 信号可以看成是两个正交载波进行多电平双边带调制所得两路 MASK 信号的叠加。实际应用中，常用正交调制的方法产生 MPSK 信号。

M 进制相移键控信号还可以用矢量图来描述，当 $M=4$、8 两种情况下的矢量图如图 5.37 所示。根据 CCITT 建议，移相方式有 A 方式和 B 方式两种。图 5.37 中注明了各相位状态及其所代表的 k 比特码元。以 A 方式 4PSK 为例，载波相位有 0、$\pi/2$、π 和 $3\pi/2$ 四种，分别对应信息码元 00、10、11 和 01。虚线为参考相位，对 MPSK 而言，参考相位为载波的初相；对 MDPSK 而言，参考相位为前一已调载波码元的初相。各相位值都是对参考相位而言的，正为超前，负为滞后。

由于 MPSK 信号可以看成是两路载波相互正交的 MASK 信号的叠加组成，所以，MPSK 信号的频带宽度与 MASK 的频带宽度相同。即

$$B_{MPSK}=B_{MASK}=2f_s \qquad (5.106)$$

其中，$f_s=1/T_s$ 是 M 进制码元速率。此时信息速率与 MASK 相同，是 2ASK 及 2PSK 的 $k=\log_2 M$ 倍。即 MPSK 系统的频带利用率是 2PSK 的 k 倍。

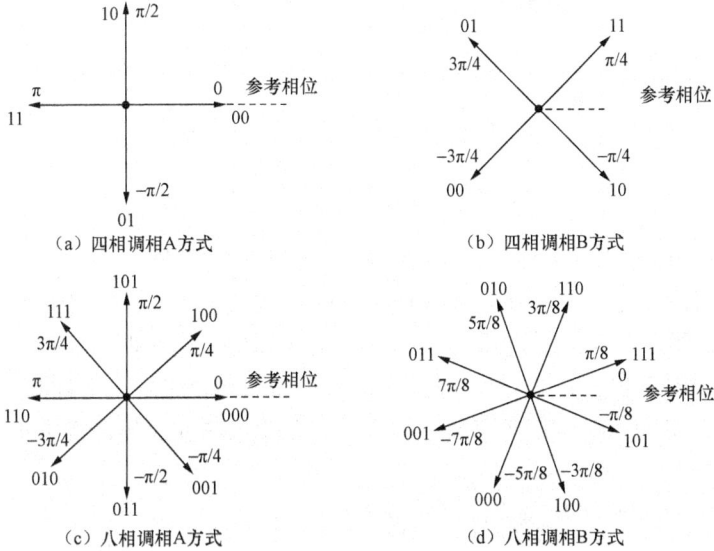

（a）四相调相A方式　　　　（b）四相调相B方式

（c）八相调相A方式　　　　（d）八相调相B方式

图 5.37　多相数字调相信号矢量图

设二元码的信息速率为 $f_b$bit/s，现用 $k=\log_2 M$ 个二元码作为一组，符号速率 $f_{sk}=f_b/k$。如用基带传输，则理论上频带利用率为 $2k$bit/(s·Hz)。调制后用双边带传输，带宽是基带的二倍，所以理论频带利用率为 k(bit/s/Hz)。实际应用中，采用频谱滚降特性，如滚降参数为 α，则多相调相的频带利用率为

$$\eta=\frac{k}{1+\alpha}=\frac{\log_2 M}{1+\alpha}\quad \text{bit}/(\text{s}\cdot\text{Hz})\qquad (5.107)$$

式（5.107）说明，M 越大，不同相位差的载波越多，可以表征的数字输入信息越多，频带利用率也越高，可以减小由于信道特性引起的码间串扰的影响，从而提高数字通信的有效性。但多相调相时，M 越大信号之间的相位差也就越小，接收端在噪声干扰下越容易判错，使可靠性下降。可以证明，16PSK 的抗噪声性能比 16QAM 的差。因此，实际没有采用 16PSK，一般采用 4 相或 8 相调相。

2. 4PSK 信号的产生与解调

在 M 进制相移键控中，四进制绝对相移键控（简称 4PSK，又称 QPSK）和四进制差分相位键控（简称 4DPSK，又称 QDPSK）用的最为广泛。

4PSK 利用载波的四种不同相位来表征数字信息，由于每一种载波相位代表两个比特信息，故每个四进制码元又被称为双比特码元。若把双比特的前一位用 a 表示，后一位用 b 表示，并按格雷码排列，按国际统一标准规定，双比特码元与载波相位的对应关系有两种称为 A 方式和 B 方式，它们的对应关系如表 5.5 所示。

图 5.38 所示为 4PSK 信号的时间波形示意图，图 5.38 中，一个双比特码元宽度内有一个周期的载波。

表 5.5　双比特码元与载波相位的对应关系

双比特码元		载波相位（φ_n）	
a	b	A 方式	B 方式
0	0	0°	225°
1	0	90°	315°
1	1	180°	45°
0	1	270°	135°

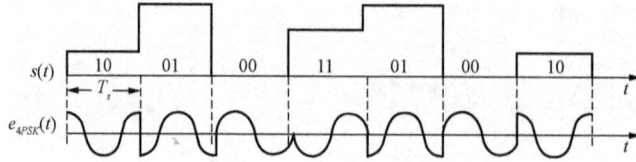

图 5.38 4PSK 信号的时间波形（A 方式）

4PSK 信号的产生常用的方法有：直接调相法及相位选择法。

（1）直接调相法。由式（5.116）可以看出，4PSK 信号可以采用正交调制的方式产生。B 方式 4PSK 时的原理方框图如图 5.39（a）所示。它可以看成是由两个载波正交的 2PSK 调制器构成，分别形成图 5.39（b）中的虚线矢量，再经加法器合成后，得到图 5.39（b）中实线矢量图。若要产生 4PSK 的 A 方式波形，只需适当改变振荡载波相位就可实现。

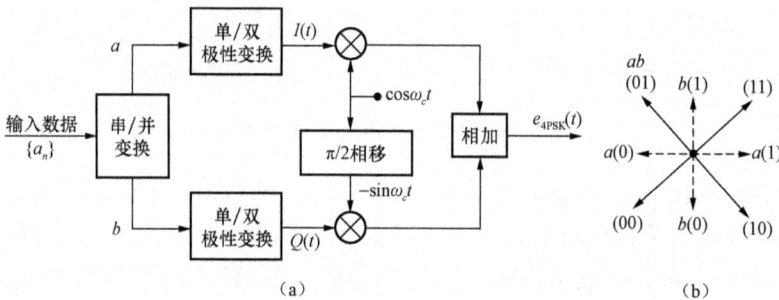

图 5.39 直接调相法产生 4PSK 信号原理框图

（2）相位选择法。由式（5.112）可以看出，在一个码元持续时间 T_b 内，4PSK 信号为载波四个相位中的某一个。因此，可以用相位选择法产生 4PSK 信号，其原理如图 5.40 所示。图中，四相载波发生器产生 4PSK 信号所需的四种不同相位的载波。输入的二进制数码经串/并变换器输出双比特码元。按照输入的双比特码元的不同，逻辑选相电路输出相应相位的载波。例如，B 方式情况下，双比特码元 ab 为 11 时，输出相位为 45°的载波；双比特码元 ab 为 01 时，输出相位为 135°的载波等。

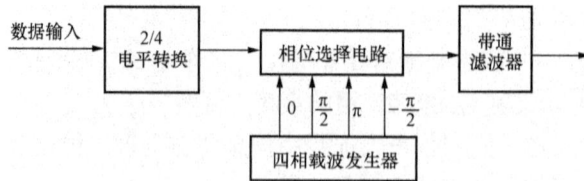

图 5.40 相位选择法产生 4PSK 信号框图

由于 4PSK 信号可以看做是两个载波正交的 2PSK 信号的合成，也称正交 PSK，因此，4PSK 系统的接收端常使用相干检测解调。图 5.41 是 B 方式 4PSK 信号相干解调器的组成方框图。图 5.41 中两个相互正交的相干载波分别检测出两个分量 a 和 b，然后，经并/串变换器还原成二进制双比特串行数字信号，从而实现二进制信息恢复。该方法也称为极性比较法。

4PSK 系统与 2PSK 系统一样，若采用相干接收，容易出现相位模糊的现象，并且是 0°、90°、180°和 270°四个相位模糊。因此，实际中常用的是四进制相对相移键控，即 4DPSK。

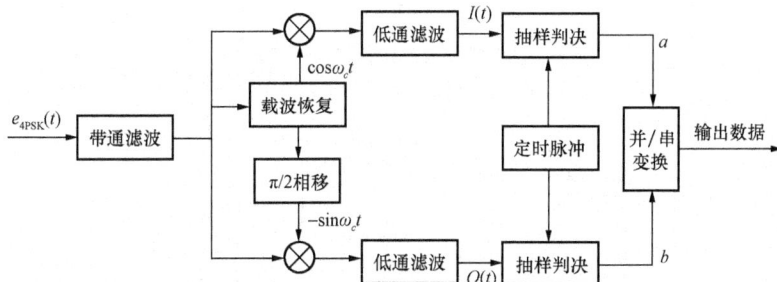

图 5.41　4PSK 信号相干解调原理框图

3. 4DPSK 信号的产生与解调

4DPSK 利用载波的四种不同相位差来表征数字信息，由于每一种载波相位差代表两个比特信息，因此，双比特码元与载波相位差的对应关系如表 5.6 所示。

表 5.6　　　　　　　　　　　　双比特码元与载波相位的对应关系

双比特码元		载波相位差（$\Delta\varphi$）	
a	b	A 方式	B 方式
0	0	0°	225°
1	0	90°	315°
1	1	180°	45°
0	1	270°	135°

4DPSK 信号的时间波形的示意图如图 5.42 所示，其中，一个双比特码元宽度内有一个周期的载波。

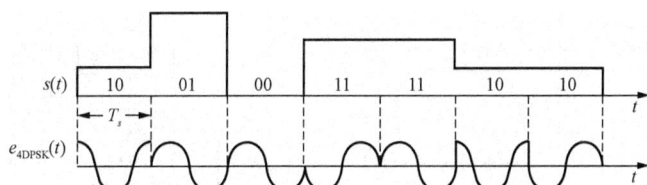

图 5.42　4DPSK 信号的时间波形（A 方式）

与 2DPSK 信号的产生相类似，在直接调相的基础上加码变换器，就可形成 4DPSK 信号。图 5.43 给出了 4DPSK 信号（A 方式）产生原理框图。图 5.43 中的单/双极性变换的规律与4PSK 情况相反，为 0→+1，1→−1，相移网络也与 4PSK 不同，其目的是要形成 A 方式矢量图。图 5.43 中的码变换器用于将并行绝对码 a、b 转换为并行相对码 c、d，其逻辑关系比二进制的逻辑关系复杂得多，但可以由组合逻辑电路或由软件实现，具体方法可参阅有关参考书。4DPSK 信号也可采用相位选择法产生，只需在图 5.40 中的相位选择电路前加入码变换器即可。

4DPSK 信号的解调可以采用相干解调—码反变换器方式（极性比较法），也可采用差分检测法解调（相位比较法）。图 5.44 给出了 4DPSK 信号（B 方式）相干解调原理框图。与 4PSK信号相干解调不同之处在于，并/串变换之前需加码反变换器将相对码转换成绝对码。

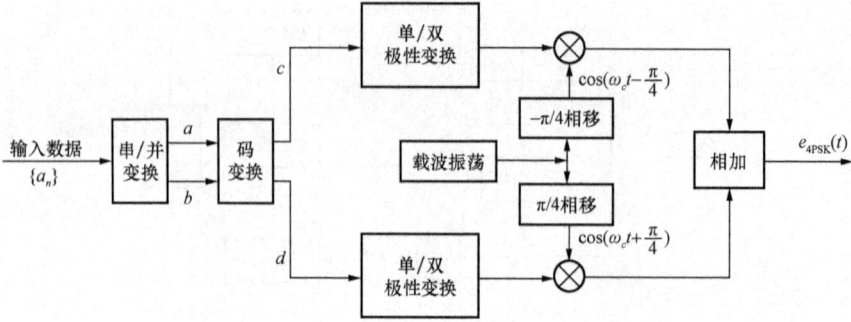

图 5.43 直接调相法产生 4DPSK 信号原理框图

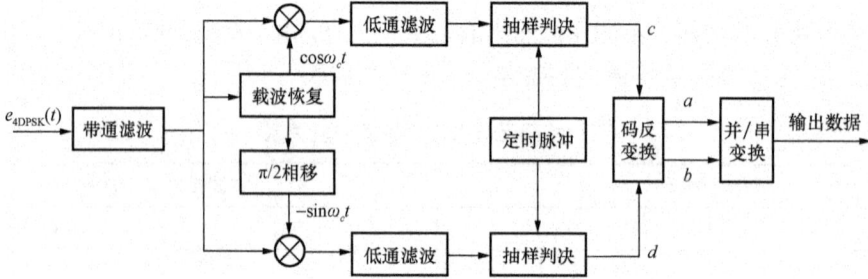

图 5.44 4DPSK 信号相干解调原理框图

4DPSK 信号的差分检测原理图如图 5.45 所示。与 2DPSK 差分检测法相似，用两个正交的相干载波，分别检测出两个分量 a 和 b，然后还原成二进制双比特串行数字信号。

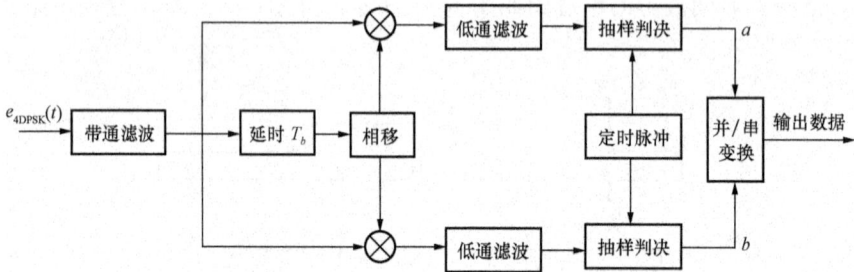

图 5.45 4DPSK 信号的差分检测原理框图

相位比较法与极性比较法相比主要区别在于，相位比较法利用延时电路将前一码元信号延时一码元时间后，分别作为上、下支路的相干载波；因为 4DPSK 信号的信息包含在前后码元相位差中，而相位比较法解调的原理就直接比较前后码元的相位，所以它无需采用码变换器。

5.5 正交幅度调制

2ASK 信号具有两个边带，而且上下边带都含有相同的信息，为了提高信道频带利用率，能否只发送其中的一个边带？这种只需传送一个边带就能实现信息传递的调制方法称为单边带调制，这样信道频带利用率即可提高一倍。

单边带调制的实现是在载波频率 f_c 处用一个锐截止滤波器滤除其中一个边带，这种调制方法通常要对基带信号进行某种处理，使其直流分量为零，低频分量也要尽可能地小，从而使已调 ASK 信号的上下边带之间有一个明显的分界，这样就能用普通滤波器切除一个边带，从而实现单边带调制。

也可用残余边带调制来提高频带利用率。残余边带调制是介于双边带和单边带调制之间的一种调制方法，它的实现是让已调双边带信号通过一只残余边带滤波器，只使它的一个边带的大部分和另一边带的小部分通过，因此残余边带调制的频谱利用率略小于单边带调制。

但是，单边带调制对发送滤波器性能要求还是很高的，并且解调所需的相干载波必需通过发送导频来获取。而残余边带调制要求残余边带滤波器的传递函数关于 f_c 这一点呈现严格的奇对称滚降特性，且相频特性保持线性。当滚降系数较小时，从接收信号中提取相干载波就很困难。那么，能不能找出一种不仅频带利用率和单边带调制相同，而且不需要发送用于载波同步的导频信号的调制方法呢？这就是正交幅度调制，简称 QAM（Quadrature Amplitude Modulation）。

QAM 调制主要用在有线数字视频广播和宽带接入等通信系统方面，还可应用于微波通信、卫星通信、移动通信等领域。如，正交幅度调制（QAM）是混合光纤同轴电缆（HFC）网络实现数据传输的关键技术，可获得较高的频谱利用率。

5.5.1 QAM 调制解调原理

正交幅度调制又称正交双边带调制，是一种节省频带的数字调幅方法。它是指将两路独立的基带波形分别对两个相互正交的同频载波进行抑制载波的双边带调制，所得的两路已调信号叠加起来的过程。这种调制方式，两路信号处于一个频段之中，虽然对于每一个支路来讲，带宽是其对应的基带信号（A 或 B）的两倍，但由于是在同一频段内同时传送两路支路信号，且两个已调信号在相同的带宽内频谱正交，可在同一频段内并行传输，因此频带利用率与单边带调制系统的频带利用率相同，而且不需要发送用于载波同步的导频信号。

在实际应用中，采用的是 MQAM 调制，M 是已调信号的状态数，不同的状态与不同的幅度相对应。因此，A、B 两路的基带信号可以是二电平，也可是多电平的。若基带信号是二电平的则称为 4QAM。

4QAM 调制是由两路在频谱上成正交的抑制载频的双边带调幅组成，其调制原理如图 5.46 所示。输入序列 $\{a_n\}$ 经过串/并变换形成 A 路和 B 路无直流的双极性基带信号，速率分别为 $f_b/2$。接着进行 2－L 电平变换，因为是 MQAM 信号共有 M 个状态，因此每一个支路的状态数 $L=M^{1/2}$。在 $M>4$ 的情况下，MQAM 调制可以进一步提高频带利用率。A 路和 B 路信号记为 $S_1(t)$、$S_2(t)$，因而 $S_1(t)$、$S_2(t)$ 为相互独立的基带信号，$S_1(t)$、$S_2(t)$ 分别与载波信号 $\cos w_c t$、$\sin w_c t$ 相乘，形成两路抑制载频的双边带调幅信号：

$$e_1(t)=S_1(t)\cos\omega_c t$$
$$e_2(t)=-S_2(t)\sin\omega_c t \tag{5.108}$$

于是整个调制器输出信号为

$$e_{QAM}(t)=S_1(t)\cos\omega_c t-S_2(t)\sin\omega_c t \tag{5.109}$$

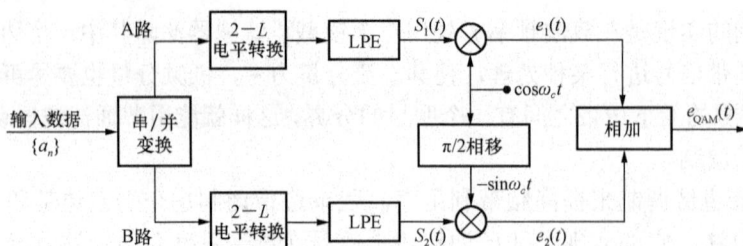

图 5.46　4QAM 调制原理框图

由于 A 路调制的载波与 B 路调制的载波相位差 90°，所以称为正交调幅。这种调制方法 A、B 两路都是双边带调制，但两路信号同处于一个频段之中，因此，虽然双边带调制比单边带的增加一倍带宽，但可以传送两路信号。这样，频带利用率与单边带传输的利用率相同，而对发送滤波器却没有特殊的要求。

正交调幅信号的解调，必须采用相干解调法，其解调原理如图 5.47 所示。设相干载波与信号载波完全相同，且假定信道无失真、带宽不限，也无噪声，则两个相乘器的输出分别为

$$
\begin{aligned}
y_1(t) &= e_{QAM}(t)\cos\omega_c t \\
&= [S_1(t)\cos\omega_c t - S_2(t)\sin\omega_c t]\cos\omega_c t \qquad (5.110) \\
&= \frac{1}{2}S_1(t) + \frac{1}{2}S_1(t)\cos 2\omega_c t - \frac{1}{2}S_2(t)\sin 2\omega_c t
\end{aligned}
$$

$$
\begin{aligned}
y_2(t) &= -e_{QAM}(t)\sin\omega_c t \\
&= -[S_1(t)\cos\omega_c t - S_2(t)\sin\omega_c t]\sin\omega_c t \qquad (5.111) \\
&= \frac{1}{2}S_2(t) - \frac{1}{2}S_1(t)\sin 2\omega_c t - \frac{1}{2}S_2(t)\cos 2\omega_c t
\end{aligned}
$$

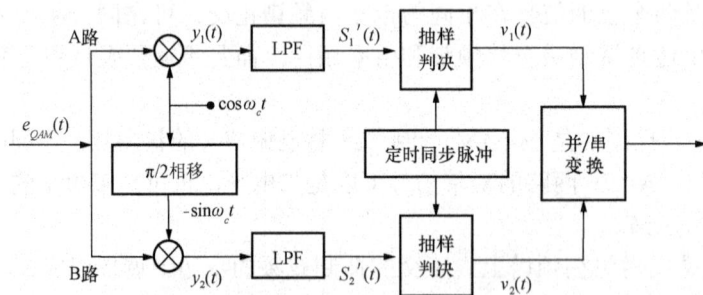

图 5.47　4QAM 解调原理框图

经过低通波波器后，上、下两支路的输出信号分别为 $1/2\,S_1(t)$、$1/2\,S_2(t)$，最后经并/串电路恢复发送序列 $\{a_n\}$。

QAM 信号还可以用矢量表示，将式（5.109）改写成一个波的形式

$$
e_{QAM}(t) = S_1(t)\cos\omega_c t - S_2(t)\sin\omega_c t = S\cos(\omega_c t + \theta) \qquad (5.112)
$$

其中，$S = \sqrt{S_1^2 + S_2^2}$，$\theta = \arctan\dfrac{S_1}{S_2}$。

若 A 路传送 "1" 码（即 $S_1 = 1$），则 A 路调制器输出为 $\cos\omega_c t$；B 路传送 "1" 码（即

$S_2=1$），则 B 路调制器输出为 $\cos(w_c t+\pi/2)$。因此，其合成信号为 $\sqrt{2}\cos(\omega_c t+\pi/4)$，对应图 5.48 中的矢量（2）。

若 A 路传送"0"码（即 $S_1=-1$），则 A 路调制器输出为 $-\cos\omega_c t$；B 路传送"1"码（即 $S_2=1$），则 B 路调制器输出为 $\cos(\omega_c t+\pi/2)$。因此，其合成信号为 $\sqrt{2}\cos(\omega_c t+3\pi/4)$，对应图 5.48 中的矢量（1）。

若仅画出矢量端点，称为星座图。若只有四个点，则称为 4QAM，如图 5.49 所示。由星座图可知，各信号点之间的距离越大，抗误码能力越强。星座图上点数越多，频带利用率越高，但抗干扰能力越差。

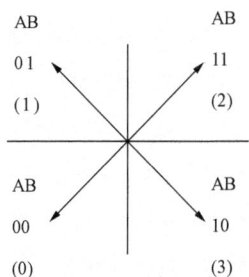

图 5.48　4QAM 矢量图　　　　　　　　图 5.49　4QAM 信号星座图

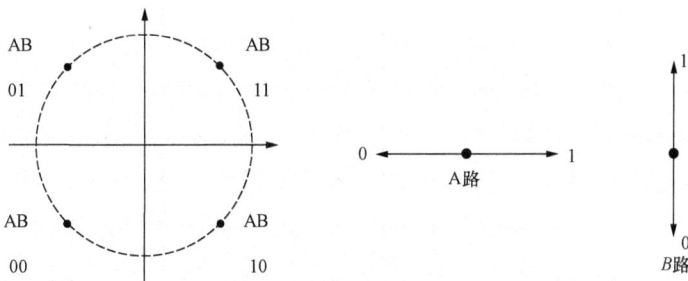

与相移键控相比，MQAM 可充分利用信号平面，增加不同符号点信号之间距离 d。图 5.50 给出了 16PSK 与 16QAM 信号星座图，可求出信号点间最小距离。

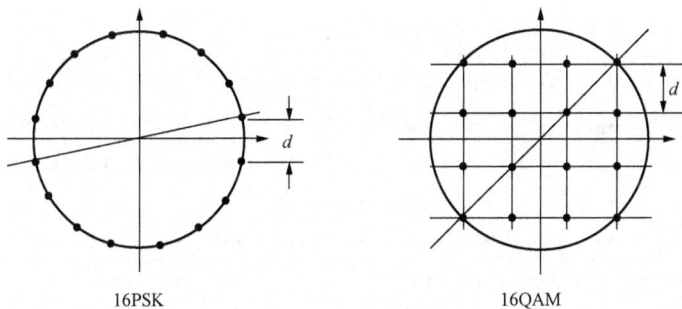

图 5.50　16PSK 和 16QAM 信号星座图

对于 16PSK，有

$$d_{\min}=2\sin\left(\frac{2\pi}{2\times16}\right)=2\sin\left(\frac{\pi}{16}\right)$$

对于 16 QAM，有

$$d_{\min}=\frac{1}{3}\times2\times\sin\left(\frac{\pi}{4}\right)=\frac{\sqrt{2}}{3}$$

一般地，MPSK 和 MQAM（矩形星座图时）信号点间最小距离分别为

$$d_{\mathrm{MPSK,min}}=2\sin\left(\frac{\pi}{M}\right) \tag{5.113}$$

$$d_{MQAM, min} = \frac{\sqrt{2}}{\sqrt{M}-1} \quad\quad (5.114)$$

因此，一般地 $d_{MPSK, min} < d_{MQAM, min}$，这是由于 MQAM 较充分利用了整个相幅平面，所以相对 MPSK 有较强的抗干扰能力。

64QAM 和 128QAM 星座图分别如图 5.51 和图 5.52 所示。

64 QAM Constellation

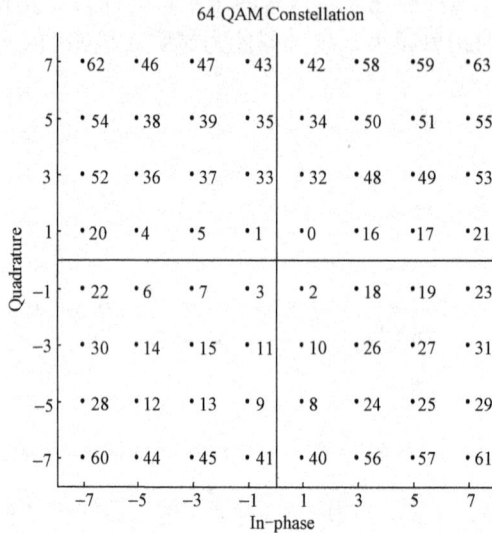

图 5.51　64QAM 星座图

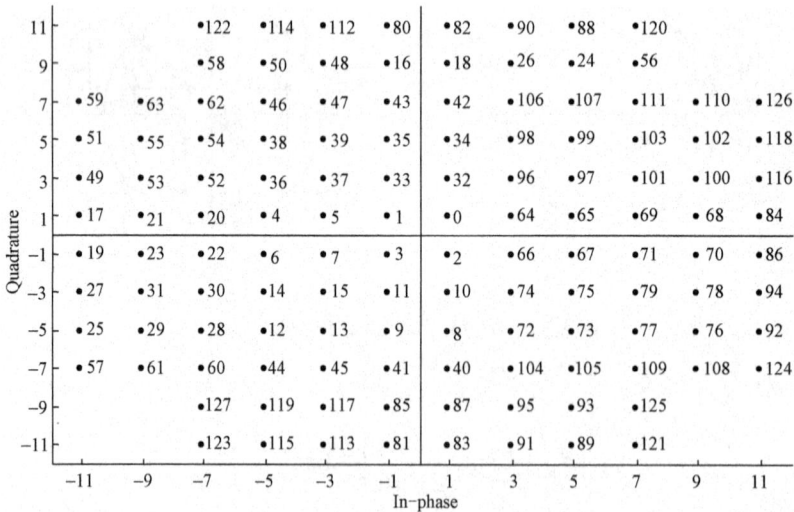

图 5.52　128QAM 星座图

正交调幅是将两路双边带信号合在一起进行传输，如果两路随机数码相互独立，则正交调幅信号的功率谱密度就是 A 路的与 B 路的相加，而且都处于相同频段之中。

设 A、B 两路的总比特率为 f_b，信道带宽为 B，则 MQAM 的频谱利用率为

$$\eta = \frac{f_b}{B} \quad bit/(s \cdot Hz)$$

对于 MQAM，A、B 各路每一个支路基带信号的状态数 $L=M^{1/2}$ 电平，因此，A、B 两路的每个码元（符号）具有 $\log_2 M^{1/2}=(\log_2 M)/2$ 比特，即以输入的 $(\log_2 M)/2=k/2$ 个二元码作为一个组，变为 $M^{1/2}$ 电平码。设基带的码长（符号间隔）为 $T_s=1/f_s$，f_s 为符号速率，这样 A、B 各路的符号速率与比特率的关系为

$$\frac{f_b}{2}=f_s \cdot \frac{\log_2 M}{2}$$

其中左边的 1/2 是因为 A、B 各路的比特率为总比特率之半。若基带采用滚降特性，则基带频宽为

$$(1+\alpha)f_N=\frac{1+\alpha}{2T_s}=\frac{1+\alpha}{2}f_s$$

由于 QAM 是双边带传输，所以，信道带宽为基带的二倍，即

$$B_{\text{MQAM}}=(1+\alpha)f_s$$

因此，MQAM 信号的频带利用率为

$$\eta_{\text{MQAM}}=\frac{\log_2 M}{1+\alpha}\quad \text{bit}/(\text{s} \cdot \text{Hz}) \tag{5.115}$$

其中 α 为滚降系数。当 $\alpha=0$ 时，其最高频带利用率为 $\log_2 M$ bit/(s·Hz)。

【例 5.5】　正交调幅系统采用 16QAM，带宽为 4800Hz，滚降系数 $\alpha=0.5$，求每路有几个电平？总比特率、调制速率各为多少？频谱利用率是多少（bit/s/Hz）？

解　（1）每路的电平数为：$\sqrt{M}=\sqrt{16}=4$

（2）因为信道带宽是基带的两倍

所以　$2400=(1+\alpha)f_N$

$\alpha=0.5$，则 $f_N=1600$Hz

$$\text{调制速率}=f_s=2f_N=2\times 1600=3200\text{Baud}$$
$$\text{总比特率}=f_s\log_2 M=3200\times\log_2 16=12800\text{bit/s}$$

（3）频带利用率 $=12\,800/4800=2.67$bit/(s·Hz)

5.5.2　QAM 的抗噪性能

MQAM 解调系统仍是一种线性系统，解调后叠加的噪声仍然为高斯白噪声，因同相和正交支路信号电平数为 $L=\sqrt{M}$。利用多电平基带信号性能分析方法，对理想频带利用率的基带系统（$R_B=2B$），误码率为

$$
\begin{aligned}
P_e &= \frac{2(L-1)}{L}Q\left(\sqrt{\frac{3}{L^2-1}\frac{S}{N}}\right)\\
&= \frac{2(L-1)}{L}Q\left(\sqrt{\frac{3}{L^2-1}\frac{E_b R_b}{n_0 B}}\right)\\
&= \frac{2(L-1)}{L}Q\left(\sqrt{\frac{3}{L^2-1}\frac{E_b R_S \log_2 L}{n_0 B}}\right)\\
&= \frac{2(L-1)}{L}Q\left(\sqrt{\frac{6\log_2 L}{L^2-1}\frac{E_b}{n_0}}\right)
\end{aligned}
\tag{5.116}
$$

其中 E_b/n_0 为信号比特能量与噪声功率谱密度的比值。

对 M 进制调制，设 E_S 为信号码元能量，$R_B=1/T_S$ 为码元速率，信息速率 $R_b=\log_2 M$，则信号功率 S 为

$$S=\frac{E_S}{T_S}=\frac{E_S R_b}{\log_2 M}=R_b\left(\frac{E_S}{\log_2 M}\right)=R_b E_b \qquad (5.117)$$

噪声功率为 $N=n_0 B$，所以，信噪比 S/N 与 E_b/n_0 的关系为

$$\frac{S}{N}=\left(\frac{E_b}{n_0}\right)\left(\frac{R_b}{B}\right) \qquad (5.118)$$

因此，在多种调制解调系统中，MQAM 系统的性能最接近香农定理信道容量的极限。

小　　结

频带传输系统是在发送端用基带信号控制载波的参量，变换成频带信号进行传输，接收端再由解调器将频带信号恢复成基带信号的传输系统。调制和解调技术是频带传输系统的核心内容。根据调制信号的不同，有二进制和多进制调制方式；根据载波参数的不同，有幅移键控（ASK）、频移键控（FSK）、相移键控（PSK）三种基本调制方式。

（1）幅移键控是用基带数据信号控制一个载波的幅度，其实现简单，发送端可用模拟相乘法和键控法产生频带信号，接收端可用包络检波法和相干解调实现解调。但 ASK 的抗噪性能较差，主要应用于功率利用率要求不高的场合。

（2）频移键控是用基带数据信号控制载波的频率，当发送不同码元时传送不同的频率。FSK 信号的产生可以采用模拟相乘电路和数字键控方法来实现，其解调方法有非相干解调和相干解调两种。非相干解调有分路滤波法、过零点检测法、限幅鉴频法等。FSK 设备较简单，其抗噪性能优于 ASK，但 FSK 需占用较宽的传输频带，主要应用于低速或中低速的数据传输中。

（3）相移键控是用基带数据信号控制载波的相位，使它作不连续的、有限取值的变化以实现信息传输的方法。根据已调信号参考相位的不同，分为绝对调相（PSK）和相对调相（DPSK）。PSK 的抗噪性能好，但接收端只能采用相干解调，常采用插入导频法实现载波的同步，存在相位模糊问题甚至反相工作现象。实际应用中，常采用相对调相方式来克服这一问题。相对调相的抗噪性能较绝对调相较差，有极性比较法和相位比较法两种解调方法。由于相移键控系统的性能优于频移键控系统和幅移键控系统，一般应用于中速和中高速（1200～4800bit/s）的数据传输系统中。

（4）多进制数字调制系统与二进制数字调制系统相比，信息传输速率较高，所需的带宽较小，但抗噪声性能低于二进制数字调制系统，且设备较复杂。所以多进制调制常用于高速数据传输系统中。应用较多的高速调制解调方式是正交幅度调制（QAM），这一方式是由两路在频谱上成正交的抑制载频的双边带调幅组成，可获得较高的信道频带利用率。在多种调制解调系统中，MQAM 系统的性能最接近香农定理信道容量的极限。QAM 调制主要应用于有线数字视频广播和宽带接入等通信系统方面，还可应用于微波通信、卫星通信、移动通信等领域。

习　　题

5.1　为什么要对数据信号进行调制？

5.2　频带传输系统由哪几部分组成？其核心技术是什么？

5.3　频带传输系统与基带传输系统有什么异同？

5.4　什么是 2ASK 调制？2ASK 调制解调的方式有哪些？简述其工作原理。

5.5　2ASK 信号的时间波形和功率谱密度有什么特点？

5.6　什么是 2FSK 调制？2FSK 调制解调的方式有哪些？简述其工作原理。

5.7　2FSK 信号的时间波形和功率谱密度有什么特点？

5.8　什么是绝对调相？什么是相对调相？它们之间有什么异同？

5.9　2PSK 和 2DPSK 调制解调的方式有哪些？简述其工作原理。

5.10　2PSK 和 2DPSK 信号的时间波形和功率谱密度有什么特点？

5.11　相对移相为什么能克服绝对移相的缺点？

5.12　写出绝对码序列 $\{a_n\}$ 与相对码序列 $\{b_n\}$ 之间的关系，并画出其实现原理图。

5.13　比较 2ASK 信号、2FSK 信号、2PSK 信号和 2DPSK 信号的误码性能。

5.14　简述多进制数字调制的原理，与二进制数字调制相比，多进制数字调制有什么优缺点？

5.15　QAM 调制是什么？它与单边带调制和残余边带调制相比，有什么优点？

5.16　比较 16PSK 与 16QAM 信号星座图，从中可以得出什么结论？

5.17　设发送数据序列为 1011010010，画出单极性不归零调制和双极性不归零调制的 2ASK 信号的波形示意图。（设 $f_c=2f_s$）

5.18　一个基带信号的功率谱 $P_s(f)$ 如图 5.53 所示，若采用抑制载频的 2ASK 调制，设载频为 1000Hz，画出调制后的功率谱密度。

5.19　一个 2ASK（或抑制载频的 2ASK）数据传输系统，如果对基带数据信号只作简单的低通处理，其截止频率为 600Hz，仅通过不归零码功率谱的第一个零点及其以下的功率谱。求该 2ASK（或抑制载频的 2ASK）信号的带宽、符号速率及频带利用率为多少（Bd/Hz）。

图 5.53　习题 5.18 图

5.20　一个相位不连续的 FSK 信号，发"1"码时波形为 $A\cos(4000\pi t+\theta_1)$，发"0"码时波形为 $\cos(1200\pi t+\theta_2)$，码元速率为 1200 波特，求系统传输带宽。

5.21　已知发送"0"码时频率为 2000Hz，发送"1"码时频率为 1000Hz。如发送数据序列为 01001101，试画出相应的 2FSK 信号波形。

5.22　设数据序列为 1011010010，试求：

（1）画出 2PSK 信号波形（设"1"码对应已调信号中载波 0 相位，"0"码对应已调信号中载波π相位）。

（2）画出 2DPSK 信号波形（设"0"码时载波相位相对于前一码元的载波相位不变，"1"码时载波相位相对于前一码的载波相位变化π）。设载波初相为零度。

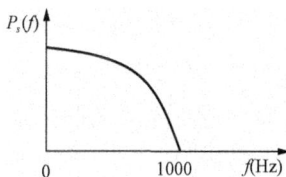

5.23　已知 2DPSK 的波形如图 5.54 所示，设初始相位为 0，数据信号为"0"时，载波相位改变 0，数据信号为"1"时，载波相位改变π。试写出所对应的数据序列（设 $f_c = 2f_s$）。

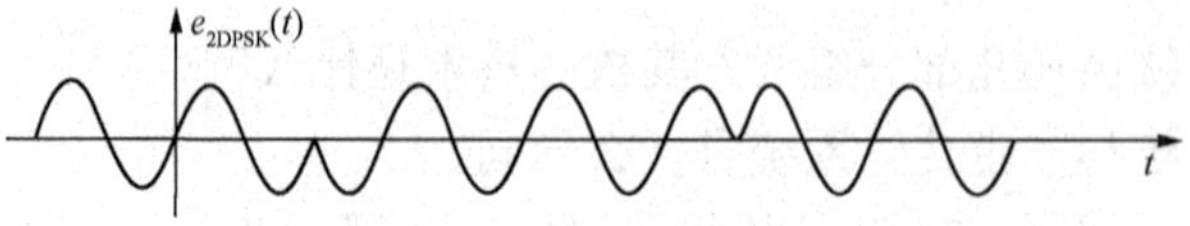

图 5.54　习题 5.23 图

5.24　一个 DPSK 系统，数据序列中"0"码时，载波相位相对于前一码元的载波相位不变，"1"码时，载波相位相对于前一码元的载波相位变化π，设初始相位为 0。试按表 5.7 中的数据序列填出 2DPSK 信号的载波相位。

表 5.7　　　　　　　　　　　　　习 题 5.24 表

数据序列	1	0	0	1	1	0
2DPSK 信号的载波相位						

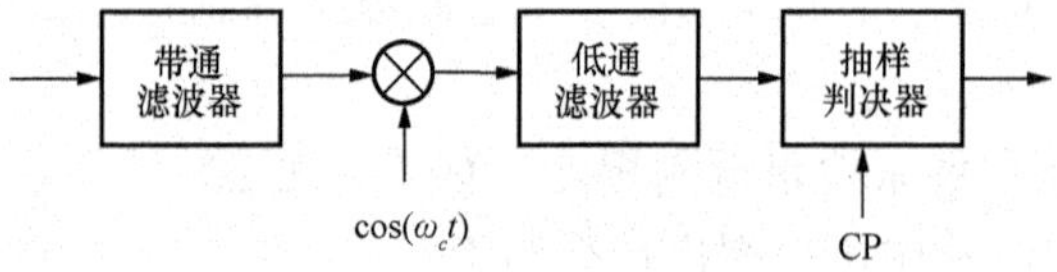

图 5.55　习题 5.25 图

5.25　分析说明图 5.55 能解调哪几种信号？能否用来解调 2FSK 信号，为什么？

5.26　已知 2ASK 系统的调制速率 $R_B = 10^6$Bd，信道噪声为加性高斯白噪声，其单边功率谱密度为 $n_0 = 6 \times 10^{-14}$W/Hz，接收端解调器输入信号的振幅 $a = 4$mV。

（1）若采用相干解调，求系统的误码率。

（2）若采用非相干解调，求系统的误码率。

5.27　在 2FSK 系统中，发送"1"码的频率 $f_1 = 10$kHz，发送"0"码的频率 $f_2 = 7$kHz，且发送概率相等，调制速率 $R_B = 2000$Bd，信道噪声为加性高斯白噪声，其单边功率谱密度为 $n_0 = 2 \times 10^{-10}$W/Hz，接收端解调器输入信号的振幅 $a = 4$mV。

（1）求 2FSK 信号的带宽。

（2）若采用相干解调，求系统的误码率。

（3）若采用非相干解调，求系统的误码率。

5.28　在二进制相移键控系统中，设解调器输入信噪比 $r = 10$dB。求相干解调 2PSK、相干解调加码反变换 2DPSK 和差分相干 2DPSK 系统的误码率。

5.29　已知发送数字序列为 101100110110，请画出 4ASK 信号的时间波形。

5.30　已知 4DPSK 已调波对应的相位如表 5.8 所示（假设初始相位为 0，相位变化规则按表 5.6 中 B 方式工作），写出所对应的基带数据信号序列。

表 5.8　　　　　　　　　　　　　习 题 5.30 表

相位（初始相位为 0）	$\pi/4$	π	$-\pi/4$	0	$-3\pi/4$
基带数据信号序列					

5.31　已知发送数字序列为 101100110110，请按表 5.5 中 A 方式画出 4PSK 信号的时间波形。

5.32　已知发送数字序列为 101100110110，请按表 5.6 中 A 方式画出 4DPSK 信号的时间波形。

5.33　四相调相的相位变化如图 5.56 所示，假设基带数据信号序列为 0111001001，试写出 4DPSK 已调波对应的相位，并画出其矢量图（假设初始相位为 0）。

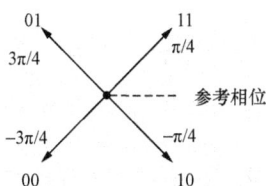

图 5.56　习题 5.33 图

5.34　一个八相调制系统，其数据传输速率为 4800bit/s，滚降系数 $\alpha=0$，载频为 1800Hz，试计算它占用的频带。

5.35　一个 8PSK 系统，其信号传输为 48kbit/s，求其码元速率和带宽。

5.36　试画出 4QAM 信号的矢量图和星座表示图。

5.37　一正交调幅系统，采用 MQAM，所占频带为 800～3800Hz，其基带形成滤波器滚降系数 α 为 1/4，假设总的数据传信速率为 14 400bit/s，求：

（1）调制速率。

（2）频带利用率。

（3）M 及每路电平数。

5.38　某数字通信系统采用 QAM 调制方式在有线电话信道中传输数据。设码元传输速率为 2400Bd，信道加性高斯白噪声单边功率谱密度为 n_0，要求系统误码率小于 10^{-5}。

（1）若信息速率为 9600bit/s，求所需要的信噪比 E_b/n_0。

（2）若信息速率为 14 400bit/s，求所需要的信噪比 E_b/n_0。

（3）由（1）（2）结果可得到什么结论？

第6章 差错控制

6.1 差错控制的基本概念

数据通信要求信息传输具有高度的可靠性，即要求误码率足够低。然而，数据信号在传输过程中不可避免地会发生差错，即出现误码。造成误码的原因很多，但主要原因可以归结为两个方面。

（1）信道不理想造成的符号间干扰：由于信道不理想使得接收波形发生畸变（乘性干扰），在接收端采样判决时会造成码间干扰，若此干扰严重则导致误码。这种原因造成的误码可以通过均衡方法进行改善以至消除。

（2）噪声对信号的干扰：信道等噪声（加性干扰）叠加在接收波形上，对接收端信号的判决造成影响，如果噪声干扰严重时也会导致误码。消除噪声干扰产生误码的方法就是进行差错控制。

差错控制的核心是抗干扰编码，即差错控制编码，简称纠错编码，也称信道编码。

6.1.1 差错分类

数据信号在信道中传输会受到各种不同的噪声干扰。噪声大致可以分为两类，即随机噪声和脉冲噪声，详见3.4.1。随机噪声引起传输中的随机差错，脉冲噪声引进传输中的突发差错。

1. 随机差错

随机差错又称为独立差错，是指在随机信道中出现的，彼此独立地、稀疏地、互不相关地发生的差错。一般地说由正态分布白噪声引起的错码就具有这种性质。产生这种差错的随机信道是无记忆信道。

2. 突发差错

突发差错是指在突发信道中出现的，一串串、甚至是成片的，密集地、彼此相关地发生的差错。一般地说，这种差错在这些短促的时间区内会出现大量错码，而这些短促的时间区间之间却又存在较长的无错码区间。产生这种差错的突发信道是有无记忆信道。

由于实际信道的复杂性，所出现的错误不是单一的，而是随机差错和突发差错是并存的。产生这类差错的信道称为混合信道、组合信道或复合信道。

3. 几个概念

（1）错误图样。发送序列为 S：1111111111，接收序列为 R：1101001111，则错误图样 E：0010110000，见下式：

$$S: 1111111111$$
$$（模2）\quad R: 1101001111$$
$$E: 0010110000$$

在错误图样中，"0"表示在传输中未发生错误，"1"表示在传输中发生了错误，表示是错误的码元。一般来说已知错误图样，就可以确定差错类型，错误比较集中的叫做突发错误；错误比较分散的叫做随机错误。

（2）突发长度指第一个错误码元与最后一个错误码元之间的码元数目。（1）中的突发长度是 4。

（3）错误密度。错误密度是指第一个错码至最后一个错码之间的错误码元数与总码元数之比。（1）中的错误密度 $\Delta=3/4=0.75$。

6.1.2　差错控制的基本工作方式

在数据通信系统中，差错控制方式主要有四种类型，如图 6.1 所示。

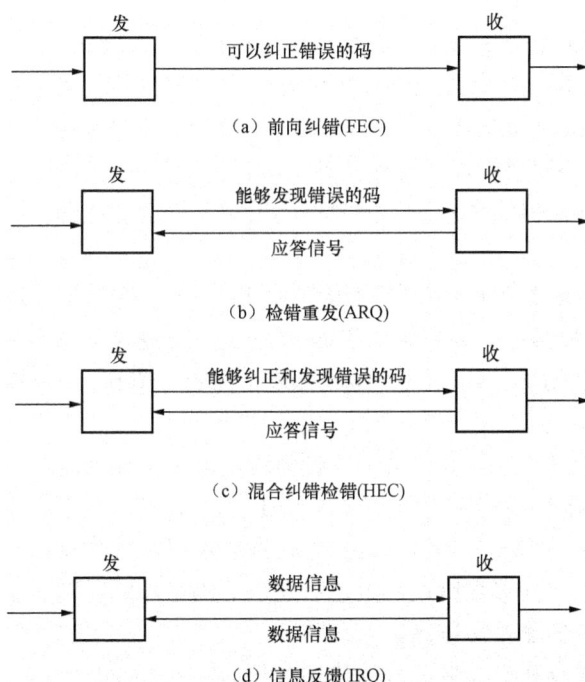

图 6.1　差错控制方式的四种类型

1. 前向纠错（Forward Error Correction，FEC）

前向纠错又称为自动纠错。这种方式的基本思想是发送端的编码器将输入的信息序列变换成能够纠正错误的码，接收端的译码器根据编码规律校验出错码及其位置并自动纠正。该方式的优点是不需要反向信道，由于能够自动纠错，不要求重发，因而延迟小，实时性好；该方式的缺点是所选择的纠错码必须与信道的错码特性密切配合，否则很难达到降低错码率的要求，同时要求附加的监督码较多，译码设备复杂，传输效率较低。

2. 检错重发（Auto Repeat Request，ARQ）

检错重发又称为自动反馈重发。这种方式的基本思想是发送端采用某种能够检查出错误的码，在接收端根据编码规律检验有无错码，并把校验结果通过反向信道反馈到发送端，如有错码就反馈重发信号，于是发送端重发，如无错码就反馈继续发送信号。如重发后仍有错码，则再次重发，直到检不出错码为止。

传统自动重传请求分成为三种方式，即停发等候重发（stop-and-wait）ARQ，返回重发（go-back-n）ARQ，选择重发（selective repeat）ARQ。

（1）停发等候重发。停发等候重发是发送端每发送一个码组就停下来等候接收端的应答信号，若收到 ACK 信号，则接着发下一个码组；若收到 NCK 信号，则重发刚才所发的码组。这种方式发送窗口和接收窗口大小均为 1，所以所需要的缓冲存储空间最小，但信道效率很低。

停发等候重发系统发送端和接收端信号的传递过程如图 6.2（a）所示。发送端在 T_W 时间内发送码组 1 给接收端，然后停止一段时间 T_D，T_D 大于应答信号和线路延时的时间。接收端收到后经检验若未发现错误，则通过反向信道发回一个 ACK 信号给发送端，发送端收到 ACK 信号后再发出下一个码组 2。假设接收端检测出码组 2 有错（图 6.2 中用*号表示），则由反向信道发回一个 NAK 信号，请求重发。发送端收到 NAK 信号重发码组 2，并再次等候 ACK 或 NAK 信号。依次类推整个过程。在图 6.2 中用虚线表示 ACK 信号，实线表示 NAK 信号。

（2）返回重发。返回重发是发送端无停顿地送出一个个连续码组，不再等候接收端返回的 ACK 信号，但一旦接收端发现错误并发回 NAK 信号，则发送端从下一个码组开始重发前一段 n 个码组，n 的大小取决于信号传输及处理所带来的延时。这种方式发送窗口大于 1，接收窗口等于 1，提高了信道的利用率，但允许已发送有待于确认的码组越多，可能要退回来重发的码组也越多。

返回重发系统发送端和接收端信号的传递过程如图 6.2（b）所示。设 $n=5$，接收端收到码组 2 有错，返回 NAK 信号。当码组 2 的 NAK 到达发送端时，发送端正在发送码组 6，在发完码组 6 后重发码组 2，3，4，5，6，接收端重新接收。图 6.2 中码组 4 出错也进行相同的处理。

（3）选择重发。选择重发是发送端无停顿地送出一个个连续码组，不再等候接收端返回的 ACK 信号，但一旦接收端发现错误并发回 NAK 信号，发送端不是重发前面的所有 n 个码组，而是只重发有错误的那一个码组。这种方式发送窗口和接收窗口都大于 1，发送方仅重新传输发生错误的码组，并缓存错误码组之后发送的码组，所以减少了出错码组之后正确的码组都要重传的开销，传输效率较高。

选择重发系统发送端和接收端信号的传递过程如图 6.2（c）所示。发送端只重发接收端检出有错的码组 2、4 和 4，对其他码组不再重发。接收端已确认的码组，从缓冲存储器中读出时得排序，恢复正常的码组序列。

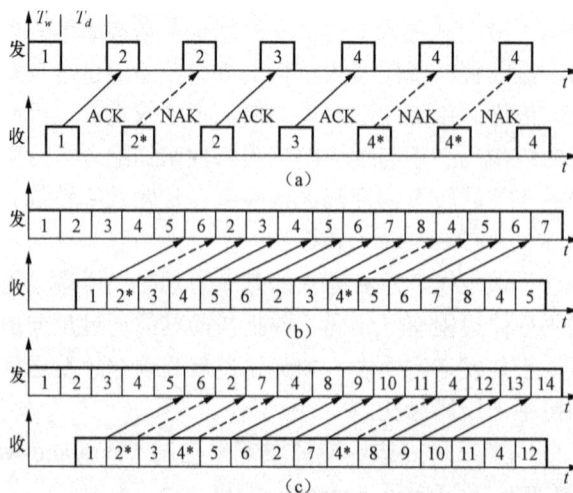

图 6.2 ARQ 的三种重发方式示意图

除了传统的 ARQ，还有混合 ARQ（Hybrid-ARQ）。在混合 ARQ 中，发送端将码组传送到接收端之后，即使出错也不会被丢弃。接收端指示发送端重传出错码组的部分或者全部信息，将再次收到的码组信息与上次收到的码组信息进行合并，以恢复报文信息。

在现代的无线通信中，ARQ 主要应用在无线链路层。比如，在 WCDMA 和 CDMA2000 无线通信中都采用了选择性重传 ARQ 和混合 ARQ。

ARQ 的特点是在接收端检测到错误后，要通过反向信道发回 NAK 信号，要求发送端重发，所以需要反向通道，实时性差；在信息码后所加的监督码不多，所以信息传输效率较高；译码设计较简单。

3. 混合纠错检错（Hybrid Error Correction，HEC）

混合纠错检错是将前向纠错方式和检错重发方式进行混合。发送端发送纠错码，接收端经校验如果错码较少且在纠错能力之内，则译码器自动纠错，如果错码较多，已超过纠错能力，但未超过检错能力，则译码器自动发出信号，通过反向信道控制发送端重发。该方式是具有前向纠错和检错重发的特点，在较差的信道中能获得较低的误码率。

4. 信息反馈（Information Repeat Request，IRQ）

信息反馈又称为回程校验，在发送端不进行纠错编码，接收端收到信息后，不管有无差错通过反向信道反馈到发送端，在发送端与原信息码比较，若有差错，则将有差错的部分重发，直到发送端没有发现错误为止。这种方式的优点是不需要纠错、检错的编译码器，设备简单；缺点是需要和前向信道相同的反向信道，实时性差，而且发送端需要一定容量的存储器以存储发送码组。

6.2　检 错 与 纠 错

6.2.1　几个概念

（1）码长。在信道编码中，码组（码字）中码元的数目称为码组的长度，简称为码长，记作 n。

（2）码重。在信道编码中，定义码组中非零码元的数目为码组的重量，简称码重，记作 $W(n)$。

（3）许用码组和禁用码组。在信道编码中，被定义用来表示一定信息的码组，称为许用码组，而未被定义的码组称为禁用码组。

（4）码距。在信道编码中，把两个许用码组中对应码位上具有不同二进制码元的个数定义为两码组的距离，简称码距，又称汉明距，记作 $d(A,B)$。

例如，码组 A＝110110，B＝101011，则码长为 $n=6$，码重 $W(A)=4$，$W(B)=4$，$d(A,B)=4$。

（5）最小码距。又称最小汉明距，在一组编码中，任意两个许用码组间距离的最小值，称为这一编码的最小汉明距。一种编码的最小码距 d_0 的大小直接关系到这种编码的检错纠错能力，故最小码距 d_0 是极其重要的参数。

例如：(n, k) 分组码总共有 2^k 个码字，记作 A_i（$i=0, 1, \cdots, 2^{k-1}$），则这些码字两两之间都有一个码距，定义该 (n, k) 分组码的最小码距为

$$d_0=\min_{i\neq j}\{d(A_i, A_j)\} \quad i=0,1,2,\cdots,2^k-1; \quad j=0,1,2,\cdots,2^k-1$$

有一码组集合：1 0 1 1 1、1 1 0 0 1、0 0 0 1 0 和 1 1 0 1 0，经分析可得该码组的最小码距

为 2。

6.2.2　检错和纠错的原理

差错控制的基本思想是：在发送端被传送的信息码序列的基础上，按照一定的规则加入若干"监督码元"后进行传输，这些加入的码元与原来的信息码序列之间存在着某种确定的约束关系。在接收数据时，检验信息码元与监督码元之间的既定的约束关系，如果该关系遭到破坏，则在接收端可以检测传输中的错误，甚至纠正错误。

一般在 k 位信息码后面加 r 位监督码构成一个码组，码组的码位数为 n。即

$$信息码（k）＋监督码（r）＝码组（n）$$

由于监督码元的引入，信道传输速率就要高于用户送来的原始信息序列速率。或者，如果信道不允许提高速率，为了加进抗干扰编码就要求降低用户输入的信息速率。由此可见，通过抗干扰编码来提高传输的可靠性是以牺牲传输的有效性为代价换取的。

为什么在码组增加了监督码后，码组就具有检错和纠错能力呢？下面通过实例加以说明。

如气象台向电视台传输气象信息，用"0"表示雨，用"1"表示晴。此时，若传输中产生错码，将"0"变为"1"，或将"1"变为"0"，接收端都无法发现，认为是正确的，所以这种情况下无检错和纠错能力。

现在改为用"00"表示雨，用"11"表示晴，即为许用码组，而对"01"、"10"没有定义，即为禁用码组。在传输"00"和"11"时，如果发生一位错码，则接收端收到"01"或"10"，则译码器就可以判决有错，因为它均不能表示是雨或晴。这表明增加 1 位监督码的码组具有了检出 1 位错码的能力，但译码器不能判决哪位码出错，所以不能纠正，这表示没有纠错的能力。需要注意的是若发生 2 位出错，接收端就无法判断，认为是正确的。

更进一步，若用"000"表示雨，用"111"表示晴，即为许用码组，而对"001"、"010"、"011"、"100"、"101"、"110"均没有定义，即为禁用码组。在传输"000"和"111"时，如果发生一位错码，变为没有定义的其他 6 种情况，接收端可以判决传输有错，而且接收端还可以根据只发生一位错码来纠正错误，即 3 位码组中有 2 个"0"，判为"000"码组，即天气雨；3 位码组中有 2 个"1"，判为"111"码组，即天气晴，可以看出此时可以纠正一个错码。如果在传输过程在发生 2 位错码，也变为上述的没有定义的 6 种情况，接收端仍可以判为有错。需要注意的是若发生 3 位出错，接收端就无法判断，认为是正确的。

综合上述情况，若要传输雨和晴这两个气象信息：若用 1 位码表示，没有检错和纠错能力；若用 2 位码表示，可以检出 1 位错，但没有纠错能力；若用 3 位码表示，可以检出 2 位错和纠正 1 位错。

可见差错编码之所以具有检错和纠错能力，是因为在信息码中附加了监督码，它是用来监督信息码在传输中有无差错，提高了传输的可靠性，但由于它的加入，降低了信息的传输效率。检纠错能力与传输效率是成反比的。

6.2.3　编码效率

编码效率是指一个码组中信息位所占的比重，用 R 来表示。即 $R＝\dfrac{k}{n}$。其中，k 为信息码元的数目（信息位长度）；n 为编码码组元的总数（编码后码组长度：$n＝k＋r$）；r 为监督码元的数目（监督位长度）。

显然，R 越大编码效率越高，它是衡量编码性能的一个重要参数。对于一个好的编码方

案，不仅希望它的抗干扰能力强，即检错纠错能力强，而且还希望它的编码效率高，但这两者往往是矛盾的，所以在设计中要综合考虑。

6.2.4 码距与检错和纠错能力

差错编码的检错纠错能力，主要取决于码组的码距，码距越大，检错纠错能力越强。现将 3 位码元构成的 8 个码组用一个三维立方体来表示，如图 6.3 所示，每个码组都是三维空间坐标系中的一个顶点，从图中可以看出，任意两个码组之间的码距就是从相应一个顶点沿立方体边缘行走到另一个顶点的几何距离，如 $d(000,010)=1$；$d(000,011)=2$；$d(000,111)=3$。如果 8 种码组都作为许用码组，任两组码间的最小距离为 1，即 $d_0=1$；如果只选用最小码距 $d_0=2$ 的码组，则有 4 种码组为许用码组；若只选用 $d_0=3$ 的码组，则有 3 种码组为许用码组。

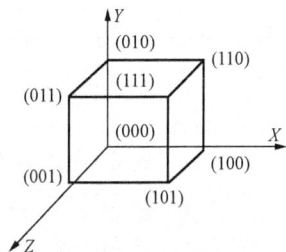

图 6.3　码距的几何意义

下面讨论检错和纠错能力与码距的数量关系。

1. 为能检出 e 个错码，要求最小码距为

$$d_0 \geqslant e+1 \tag{6.1}$$

式（6.1）可以通过图 6.4（a）来证明。图中 m 表示某码组，当误码不超过 e 个时，该码组的位置将不超过以 o 为圆心以 e 为半径的圆（实际上是球）。只要其他任何许用码组都不落入此圆内，则 m 码组发生 e 个误码时就不可能与其他许用码组相混。这就证明了其他许用码组必须位于以 o 为圆心、以 $e+1$ 为半径的圆上或圆外，所以该码的最小码距 d_0 为 $e+1$。

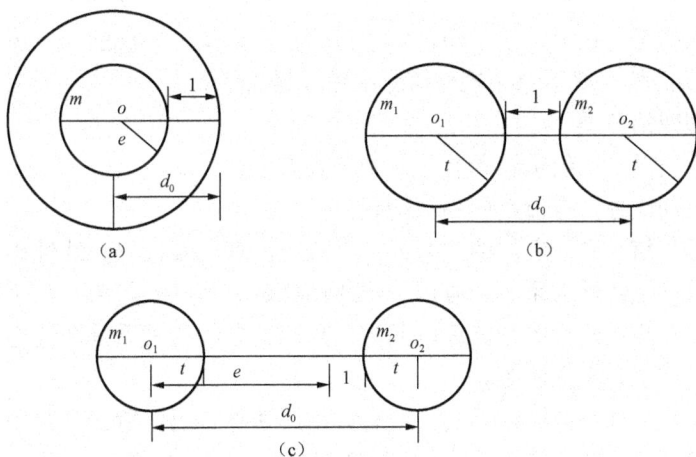

图 6.4　码距与检错和纠错能力的关系

2. 为能纠正 t 个错码，要求最小码距为

$$d_0 \geqslant 2t+1 \tag{6.2}$$

式（6.2）可以通过图 6.4（b）来证明。图中 m_1 和 m_2 分别表示任意两个许用码组，当各自错码不超过 t 个时，发生错码后两个码组的位置移动将分别不会超过以 o_1 和 o_2 为圆心、以 t 为半径的圆。只要这两个圆不相交，则当错码小于 t 个时，可以根据它们落在哪个圆内就能判断为 m_1 或 m_2 码组，即可以纠正错误。而以 m_1 和 m_2 圆心的两个圆不相交的最近圆心距离为

$2t+1$，这就是纠正 t 个错误的最小码距。

3. 为能纠正 t 个错码，同时能检出 e 个错码，要求最小码距为

$$d_0 \geqslant e+t+1 \qquad (e>t) \qquad (6.3)$$

式（6.3）可以通过图 6.4（c）来证明。图中 m_1 和 m_2 分别表示任意两个许用码组，在最不利的情况下，m_1 发生 e 个错码而 m_2 发生 t 个错码，为了保证两码组仍不发生相混，则要求以为 o_1 圆心、e 为半径的圆必须与以 o_2 为圆心、t 为半径的圆不发生交叠，即要求最小码距 $d_0 \geqslant t+e+1$。同时，若错码超过 t 个，两圆有可能相交，因而不再有纠错的能力，但仍可检测 e 个错码。

在了解了编码的检纠错能力后，来讨论采用差错控制编码的效用。假设在随机信道中发送"0"时的错误概率和发送"1"时的概率相等，都等于 p，且 $p \leqslant 1$，则可以得到，在码长为 n 的码组中恰好发生 r 个错码的概率为

$$P_n(r)=C_n^r P^r (1-p)^{n-r} \approx \frac{n!}{r!(n-r)!} p^r \qquad (6.4)$$

例如，当码长 $n=7$，$p=10^{-3}$ 时，有以下结果：

$$P_7(1) \approx 7p = 7 \times 10^{-3}$$
$$P_7(2) \approx 21p^2 = 2.1 \times 10^{-5}$$
$$P_7(3) \approx 35p^3 = 3.5 \times 10^{-8}$$

所以所采用的差错控制编码，即使只能检测或纠正这种码组中的 1～2 个错误，也可以使误码率 p 下降好几个数据级。这就说明，只要能够检（纠）1～2 个错误的编码，也有很大实际应用价值。但要注意的是，在突发信道中，由于错码是成串集中出现的，上述只能纠正码组中 1～2 个错码的编码的效用就不像在随机信道中那样显著了。

6.2.5 纠错编码的分类

从不同的角度出发，检纠错编码有不同的分类方法。

（1）按码字的功能分，有检错码和纠错码。

（2）按监督码与信息码元之间的关系分，有线性码和非线性码。线性码是指监督码元与信息码元之间的关系是线性关系，即可用一组线性代数方程联系起来，几乎所有得到实际应用的都是线性码。非线性码指的是监督码元与信息码元之间的关系是非线性关系，非线性码正在研究开发，它实现起来很困难。

（3）按对信息码元处理方法的不同分，有分组码和卷积码。所谓分组码是将 k 个信息码元划分为一组，然后由这 k 个码元按照一定的规则产生 r 个监督码元，从而组成长度 $n=k+r$ 的码组。在分组码中，监督码元仅监督本码组中的信息码元，一般用符号（n, k）表示。在卷积码中，每组监督码不但与本组码的信息码元有关，而且还与前面若干组信息码元有关，即不是分组监督，而是每个监督码对它的前后码元都实行监督，前后相连，因此有时也称为连环码。

（4）按信息码元在编码前后是否保持原来的形式不变，划分为系统码和非系统码。系统码是指信息码元和监督码元在分组内有确定的位置，而非系统码中的信息码元改变了原来的信号形式。由于非系统码中的信息位已经改变了原有的信号形式，对译码带来了麻烦，因此很少使用，而系统码的编码和译码相对比较简单，因此得到了广泛应用。

（5）按每个码元取值来分，可分为二进制码与多进制码。

（6）按纠正差错的类型来分，可分为纠正随机错误的码和纠正突发错误的码。

6.3 简单差错控制编码

6.3.1 奇偶监督码

1. 奇偶监督码

奇偶监督码也称为奇偶校验码，是一种最简单的检错码，在数据通信中得到广泛的应用。其编码规则是先将所要传输的数据码元分组，在分组信息码元后面附加 1 位监督码，使得该码组中信息码与监督码合在一起"1"的个数为偶数（称为偶校验）或奇数（称为奇校验）。在接收端检查码组中"1"的个数，如发现不符合编码规律就说明产生了差错，但不能确定差错的具体位置，即不能纠错。

奇偶监督码的监督关系可以用公式表示。设码组长度为 n，表示为 a_{n-1}，a_{n-2}，$\cdots$，a_1，a_0，其中 a_0 为监督码元，其余为信息码元。

在奇校验时，有

$$a_0 \oplus a_1 \oplus \cdots \oplus a_{n+1} = 1 \qquad (6.5)$$

其中 $\oplus$ 表示模 2 加，监督码元 a_0 可由式（6.6）产生，即

$$a_0 = a_1 \oplus a_2 \oplus \cdots \oplus a_{n+1} \oplus 1 \qquad (6.6)$$

在偶校验时，有

$$a_0 \oplus a_1 \oplus \cdots \oplus a_{n+1} = 0 \qquad (6.7)$$

其中 $\oplus$ 表示模 2 加，监督码元 a_0 可由式（6.8）产生，即

$$a_0 = a_1 \oplus a_2 \oplus \cdots \oplus a_{n+1} \qquad (6.8)$$

从以上分析可知，奇偶校验只能发现单个或奇数个错误，而不能检测出偶数个错误，因而它的检错能力不高，但这并不表明它对随机奇数个错误的检错率和偶数个错误的漏检率各为 50%。设各位随机出错，互相独立，出错概率为 p，则根据式（6.4），当 $n \geqslant p$ 时，出错位数为奇数的概率总比出错位数为偶数的概率大得多，即错 1 位码的概率比错 2 位码的概率大得多，错 3 位码的概率比错 4 位码的概率大得多。例如，设 $p = 10^{-4}$，$n = 8$，由于出错概率小，奇数个错与偶数个错的比例可用一位错与两位错的比例来代替，因而漏检率就只有 $p_r = p_2/(p_1 + p_2) = 3.5 \times 10^{-4}$。因此，绝大多数随机错误码都能用简单的奇偶检验查出，这正是奇偶校验码被广泛用于以随机错误为主的数据通信系统的原因。但奇偶校验码不适用于突发错误，所以在突发错误很多的场合不能单独使用。

在实际的数据传输中所用的奇偶监督又分为：水平奇偶监督、垂直奇偶监督、垂直水平奇偶监督和斜奇偶监督，它们的检错能力依次递增。

2. 垂直奇偶监督

垂直奇偶监督的构成思想是将信息码序列按列排成方阵，每列后面加一个奇或偶监督编码，即每列为一个奇偶监督码组（见表 6.1，信息位每列 7 位，以奇监督码为例）。在发送时则按行的顺序依次传输：1110011010100010 1000…1100011000，接收端仍将码元排成与发送

端一样的方阵形式，然后进行奇偶校验。

表 6.1　　　　　　　　　　垂 直 奇 偶 监 督 码

			信	息	码	元			
1	1	1	0	0	1	1	0	1	0
1	0	0	0	1	0	1	0	0	0
1	1	1	0	1	0	1	0	1	1
1	0	0	0	1	0	0	0	1	1
0	1	1	1	1	1	1	1	1	1
0	1	0	1	1	0	0	1	0	1
0	0	0	1	0	0	0	1	1	1
监督码元 1	1	0	0	0	1	1	0	0	0

　　由于发送端是按行发送码元而不是按码组发送码元，因此把本来可能集中发生在某一个码组的突发错误分散在方阵的各个码组中。所以采用垂直奇偶监督可以发现某一行上所有奇数个错误以及所有长度不大于方阵中列数的突发错误。

　　3. 水平奇偶监督

　　水平奇偶监督的构成思想是将信息码序列按行排成方阵，每行后面加一个奇或偶监督编码，即每行为一个奇偶监督码组（见表 6.2，信息位每行 10 位，以奇监督码为例）。在发送时则按列的顺序依次传输：11110001010110…1001001，接收端仍将码元排成与发送端一样的方阵形式，然后进行奇偶校验。

表 6.2　　　　　　　　　　水 平 奇 偶 监 督 码

			信	息	码	元				监督码元
1	1	1	0	0	1	1	0	1	0	1
1	0	0	0	1	0	1	0	0	0	0
1	1	1	0	1	0	1	0	1	1	0
1	0	0	0	1	0	0	0	1	1	1
0	1	1	1	1	1	1	1	1	1	0
0	1	0	1	1	0	0	1	0	1	0
0	0	0	1	0	0	0	1	1	1	1

　　由于发送端是按列发送码元而不是按码组发送码元，因此把本来可能集中发生在某一个码组的突发错误分散在方阵的各个码组中。所以采用水平奇偶监督可以发现某一行上所有奇数个错误以及所有长度不大于方阵中行数的突发错误。

　　4. 垂直水平奇偶监督

　　垂直水平奇偶监督又称为二维奇偶监督、行列监督码和方阵码。它的基本思想就是将垂直奇偶监督和水平奇偶监督结合起来。见表 6.3（以偶监督码为例）所示的方阵。发送时可以按列或按行的顺序进行传输。接收端重新将码元排成发送时方阵形式，然后对每行和每列都进行奇偶校验。

表 6.3   垂直水平奇偶监督码

信 息 码 元										监督码元
1	1	1	0	0	1	1	0	1	0	0
1	0	0	0	1	0	1	0	0	0	1
1	1	1	0	1	0	1	0	1	1	1
1	0	0	0	1	0	0	0	1	1	0
0	1	1	1	1	1	1	1	1	1	1
0	1	0	1	0	1	0	1	0	1	1
0	0	0	1	0	0	0	1	1	1	
监督码元 0	0	1	1	1	0	0	1	1	1	0

很显然，这种码比垂直奇偶监督和水平奇偶监督有更强的检错能力，它能发现某行或某列上奇数个错误和长度不大于方阵中行数（或列数）的突发错误；还可以检测出一部分偶数个错误（除非偶数个错误恰好分布在方阵的 4 个顶点上）；同时还可以纠正一些错误（某行某列均不满足监督关系而判断出该交叉位置的码元有错）。

垂直水平奇偶监督检错能力强，又有一定的纠错能力，且容易实现，因而得到了广泛的应用。

5. 斜奇偶监督

斜奇偶监督是垂直水平奇偶监督的一种改进。如表 6.4 所示。斜奇偶监督码元 P_i（$i=1\sim7$）分别由信息码组的第一个码组的第一位开始的连续的对角线上码元进行奇偶监督产生的（表中采用偶监督）。由于斜奇偶监督是在垂直水平奇偶监督的基础上又追加了一重监督，因而进一步提高了检错能力。

表 6.4   斜 奇 偶 监 督 码

信 息 码 元										水平监督码元	斜监督码元
1	1	1	0	0	1	1	0	1	0	0	$P_1=0$
1	0	0	0	1	0	1	0	0	0	1	$P_2=1$
1	1	1	0	1	0	1	0	1	1	1	$P_3=1$
1	0	0	0	1	0	0	0	1	1	0	$P_4=1$
0	1	1	1	1	1	1	1	1	1	1	$P_5=1$
0	1	0	1	0	1	0	1	0	1	1	$P_6=0$
0	0	0	1	0	0	0	1	1	1	0	$P_7=0$
垂直监督码元 0	0	1	1	1	0	0	1	1	1	0	1

6.3.2 恒比码

恒比码的特点是每一码组中"1"和"0"数目恒定，即"1"和"0"数目之比恒定。例如电传通信中普遍采用 3:2 码，又称 5 中取 3 码，如表 6.5 所示。又如国际上通用的 ARQ 电报通信系统中，采用 7 中取 3 码。采用恒比码接收端如果收到的码组不是按规定的"1"和"0"组成，就可判断有错，要求对方重发该码组。

表 6.5　　　　　　　　　恒比码与普通 5 单位码的对应关系

数　字	普通 5 单位码	恒 比 码	数　字	普通 5 单位码	恒 比 码
0	01101	01101	5	00001	00111
1	11101	01011	6	10101	10101
2	11001	11001	7	11100	11100
3	10000	10110	8	01100	01110
4	01010	11010	9	00111	10011

恒比码的特点：编码简单；能检测出单个和奇数个错误，还能部分检测出偶数个错误，但不能发现"1"错成"0"与"0"错成"1"同时出现的差错；适于传输电传机或其他键盘设备所产生的数字、字母和符号；但不适用于信源来的二进制随机数字序列。

6.3.3　正反码

正反码是一种简单的能够纠正错误的编码，监督位与信息位的数目相同。其编码规则是信息码组中"1"的数目为奇数时，监督码是信息码的重复即正码；信息码组中"1"的数目为偶数时，监督码是信息码的反码。例如：M=11001，则对应得码字为1100111001；M=11101，则对应得码字为1110100010。

接收端译码方法是先将收到的码组中信息位和监督位按对应位作模 2 运算，得到一个合成码组，若该码组中有奇数个 1，则将其作为校验码组，若有偶数个 1，则取其反码作为校验码组。然后，按照表 6.6 进行纠检错译码（以码长 $n=10$，信息位 $k=5$，监督位 $r=5$ 为例）。

表 6.6　　　　　　　　　（10，5）正反码的判决方法

项目序号	检验码组的组成	错 码 情 况
1	全为"0"	传输正确
2	4 个"1"，1 个"0"	信息元有 1 位出错，其位置对应于校验码组中"0"对应的位置
3	4 个"0"，1 个"1"	监督元有 1 位出错，其位置对应于校验码组中"1"的位置
4	其他形式	传输出错，且错误位数大于 1

例如：接收端收到的码组为 0110101101，则合成码组为 00000，信息元中有 3 个"1"，奇数个"1"，所以检验码组即合成码组 00000，对照表 6.6，则判断传输正确。

又如接收端收到的码组为 0101010111，则合成码组为 11101，因为信息元有 2 个"1"，偶数个"1"，所以校验码为合成码组的反码，00010，对照表 6.6，监督元有 1 位出错，在校验码组中"1"对应的位置，即监督元 1*0*111 中斜体"1"出错。

再如接收端收到的码组为 0111010110，则合成码组为 11000，信息元中有 3 个"1"，则校验码组即为合成码组，11000，则错误情况判断：传输出错，且错误位数大于 1。

该码型多用于 10 单位码的前向纠错设备中，可以纠正一位错误，发现全部两个以下的错误，以及大部分两个以上的错误。

6.3.4　重复码

重复码只有一个信息码元，监督码元是信息码元的重复，所以仅有两个码字。

如（3，1）重复码两个码字为 000 和 111，其最小码距为 3；（n，1）重复码也只有全 0 码和全 1 码两个码字，其最小码距为 n，却有 2^n-2 个禁用码组，随着码长的增大，其冗余也变得很大。所以该码随码长增加,具有很强的纠检错能力,但其编码效率的急剧下降。

重复码不是一种优秀的编码方案,仅用于速率很低的数据通信系统中。

6.3.5 群计数码

奇偶校验码只对本码元中"1"的个数进行奇偶校验,因而检错能力有限。群计数法是对传送的一组信息元中"1"的数目进行监督,编码时将其数目的十进制值转换成二进制数字作为校验码,附在本组信息元后面一起传送,信息码与校验码一起组成一个码字。例如,要传送的信息组为"11011",共有"4"个 1,则校验元为"100"(即十进制的"4"),相应的码字为"11011100"。显然,在接收端可由校验元"100"来判断前面信息位上数字是否有错。在码字中各数字除"0"变"1"和"1"变"0"成对出现的错误外,所有其他形式的错误都会使信息位上"1"的数目与校验位的数字不符。

为了能发现比较长的突发错误,还可以把群计数法与水平奇偶校验法结合起来。例如,可以把群计数码按表 6.7 所示格式排列起来,然后从左至右按列传送。接收端再把收到的二元序列按原格式排列,利用群计数法对每个码字中的信息码进行判决。这种码的检错能力显然比单纯群计数码要高。

表 6.7 水 平 群 计 数 码

信 息 位						监 督 位		
1	1	1	0	1	1	1	0	1
1	1	0	1	1	0	1	0	0
1	1	1	1	0	0	1	0	0
0	0	0	1	1	1	0	1	1
1	0	1	0	0	1	0	1	1

6.4 汉 明 码

汉明码(Hamming)是 1950 年由美国贝尔实验室汉明提出的,是第一个设计用来纠正错误的线性分组码,汉明码及其变形已广泛应用于数字通信和数据存储系统中作为差错控制码。

对于前面的奇偶监督码,如按偶监督,由于使用了一位监督码 a_0,所以它以与信息位 a_{n-1},a_{n-2},…,a_1,一起构成一个代数式,如式(6.9)所示。

$$a_0 \oplus a_1 \oplus \cdots \oplus a_{n-1}=0 \tag{6.9}$$

而接收端译码时,实际上是计算式(6.10),

$$S=a_{n-1} \oplus a_{n-2} \oplus \cdots \oplus a_0 \tag{6.10}$$

若 $S=0$,就认为无错;若 $S=1$,则认为有错,称上式为监督方程,S 称为校正子(校验子),又称伴随式。由于简单的奇偶监督只有一个监督码元,一个监督方程,S 只有 1 和 0 两种取值,因此只能表示有错和无错两种状态,如果有错不能指出错码的位置。

可以想象,如果增加一位监督码元,变为两位,就能增加一个类似于式(6.10)的监督方程。因为两个校正子的可能值有四种组合:00,01,10,11,所以能表示四种不同的信息。若有其中 1 种表示无错,则其余三种就有可能用来指示一位错码的三种不同位置。

一般来说,其有 r 位监督码元,就可以构成 r 个监督方程,计算得到的校正子有 r 位,

可用来指示 2^r-1 种误码图样。当只有一位误码时，就可指出 2^r-1 个错码位置。

一般来说，若码长为 n，信息位为 k，则监督位为 $r=n-k$。如果要求用 r 个监督位构造出 r 个监督方程能纠正一位或一位以上错误的线性码，则必需有 $2^r-1 \geq n$ 或 $2^r-1 \geq k+r+1$。

下面具体来构造一种汉明码（n，k）。设分组码中信息位 $k=4$，又假设该码能纠正一位误码，这时 $d_0 \geq 3$，要满足上式，取 $r \leq 3$，当 $r=3$ 时，$n=k+r=4+3=7$。现在用 S_1、S_2、S_3 来表示由三个监督方程计算得到的三个校正子，设三个校正子 S_1、S_2、S_3 构成的码组与错码位置及错误图样的对应关系见表 6.8。

表 6.8　　　　　　　　　　伴随式、错误图样与错码位置

错码位置	错误图样 $E[e_6\ e_5\ e_4\ e_3\ e_2\ e_1\ e_0]$	伴随式 $S[S_1、S_2、S_3]$
无错	0 0 0 0 0 0 0	0 0 0
a_0	0 0 0 0 0 0 1	0 0 1
a_1	0 0 0 0 0 1 0	0 1 0
a_2	0 0 0 0 1 0 0	1 0 0
a_3	0 0 0 1 0 0 0	0 1 1
a_4	0 0 1 0 0 0 0	1 0 1
a_5	0 1 0 0 0 0 0	1 1 0
a_6	1 0 0 0 0 0 0	1 1 1

从表 6.8 中可以看出当发生一个错码时，其位置在 a_2，a_4，a_5 或 a_6 时，校正子 $S_1=1$，否则为 0。这就是说 a_2，a_4，a_5 和 a_6 四个码元构成偶数监督关系，即

$$S_1=a_6 \oplus a_5 \oplus a_4 \oplus a_2 \tag{6.11}$$

同样可以得到

$$S_2=a_6 \oplus a_5 \oplus a_3 \oplus a_1 \tag{6.12}$$

$$S_3=a_6 \oplus a_4 \oplus a_3 \oplus a_0 \tag{6.13}$$

接收端收到某个（7，4）汉明码的码组，首先按照式（6.11）～式（6.13）计算出校正子 S_1、S_2、S_3，然后根据表 6.8 就可以得到（7，4）汉明码是否有错以及出错的具体位置，从而纠正错误。如 S_1、S_2、S_3 均为 0，则表示传输过程没有出错。

在发送端进行编码时，信息位 a_6，a_5，a_4，a_3 是数据终端输出的，它们的值是已知的，而监督位 a_2，a_1，a_0 应根据信息位按监督关系来确定，即式（6.11）～式（6.13）中的校正子 S_1、S_2、S_3 均为 0，于是有下列方程组

$$\begin{aligned} a_6 \oplus a_5 \oplus a_4 \oplus a_2 &=0 \\ a_6 \oplus a_5 \oplus a_3 \oplus a_1 &=0 \\ a_6 \oplus a_4 \oplus a_3 \oplus a_0 &=0 \end{aligned} \tag{6.14}$$

由式（6.14）移项后，解出监督位为

$$\begin{aligned} a_2 &=a_6 \oplus a_5 \oplus a_4 \\ a_1 &=a_6 \oplus a_5 \oplus a_3 \\ a_0 &=a_6 \oplus a_4 \oplus a_3 \end{aligned} \tag{6.15}$$

已知信息位后，就可直接按式（6.15）计算确定监督位。三个监督位附在四个信息位之后就可得到（7，4）汉明码的整个码组。这样，根据（7，4）汉明码的四位信息位就可以得到 2^4 个许用码组，如表 6.9 所示。

表 6.9   **（7，4）汉明码许用码组**

信息码组 M $m_3\,m_2\,m_1\,m_0$	码字 A $a_6\,a_5\,a_4\,a_3\,a_2\,a_1\,a_0$	信息码组 M $m_3\,m_2\,m_1\,m_0$	码字 A $a_6\,a_5\,a_4\,a_3\,a_2\,a_1\,a_0$
0 0 0 0	0 0 0 0 0 0 0	1 0 0 0	1 0 0 0 1 1 1
0 0 0 1	0 0 0 1 0 1 1	1 0 0 1	1 0 0 1 1 0 0
0 0 1 0	0 0 1 0 1 0 1	1 0 1 0	1 0 1 0 0 1 0
0 0 1 1	0 0 1 1 1 1 0	1 0 1 1	1 0 1 1 0 0 1
0 1 0 0	0 1 0 0 1 1 0	1 1 0 0	1 1 0 0 0 0 1
0 1 0 1	0 1 0 1 1 0 1	1 1 0 1	1 1 0 1 0 1 0
0 1 1 0	0 1 1 0 0 1 1	1 1 1 0	1 1 1 0 1 0 0
0 1 1 1	0 1 1 1 0 0 0	1 1 1 1	1 1 1 1 1 1 1

【例 6.1】 接收端收到某（7，4）汉明码为 1000011，试问此汉明码是否有错？如有错，错码位置是哪一位？

解 计算校正子：
$$S_1=a_6\oplus a_5\oplus a_4\oplus a_2=1\oplus0\oplus0\oplus0=1$$
$$S_2=a_6\oplus a_5\oplus a_3\oplus a_1=1\oplus0\oplus0\oplus1=0$$
$$S_3=a_6\oplus a_4\oplus a_3\oplus a_0=1\oplus0\oplus0\oplus1=0$$

校正子为 100，由表 6.8 可知，此汉明码有错，错码位置为 a_2。

【例 6.2】 已知信息码为 1110，求所对应的（7，4）汉明码。

解 由式（6.15）求监督码：
$$a_2=a_6\oplus a_5\oplus a_4=1\oplus1\oplus1=1$$
$$a_1=a_6\oplus a_5\oplus a_3=1\oplus1\oplus0=0$$
$$a_0=a_6\oplus a_4\oplus a_3=1\oplus1\oplus0=0$$

所对应的（7，4）汉明码为 1110100。

从以上分析可以得知（7，4）汉明码特点：可以纠正一位传输错误，且 $d_0=3$；码长和监督元的关系：$n=2^r-1$。其编码效率为
$$R=\frac{k}{n}=\frac{4}{7}=57.14\%$$

与码长相同的能纠正一个错误的其他分组码相比，汉明码的效率最高，且实现简单，所以被广泛地使用。

6.5 线 性 分 组 码

上一节中介绍了汉明码，其编码原理利用了代数关系式，把这种建立在代数学基础上的编码称为代数码。线性码即为代数码中最常见的一种形式，汉明码即为线性码。

线性码是指信息位和监督位满足一组线性方程的码；分组码是监督码仅对本码组起监督

作用；既是线性码又是分组码称为线性分组码。

（n，k）线性分组码，其码字通常记作

$$A=[a_{n-1}\ a_{n-2}\ \cdots\ a_0]_{1\times n}$$

6.5.1 监督矩阵

以（7，4）汉明码为例引出线性分组码的监督矩阵。

式（6.14）就是一组线性方程，将它改写为

$$1 \cdot a_6 + 1 \cdot a_5 + 1 \cdot a_4 + 0 \cdot a_3 + 1 \cdot a_2 + 0 \cdot a_1 + 0 \cdot a_0 = 0$$
$$1 \cdot a_6 + 1 \cdot a_5 + 0 \cdot a_4 + 1 \cdot a_3 + 0 \cdot a_2 + 1 \cdot a_1 + 0 \cdot a_0 = 0 \qquad (6.16)$$
$$1 \cdot a_6 + 0 \cdot a_5 + 1 \cdot a_4 + 1 \cdot a_3 + 0 \cdot a_2 + 0 \cdot a_1 + 1 \cdot a_0 = 0$$

上式中已将"⊕"简写为"＋"。在本章后面，除非另加说明，这类式中的"＋"都指模 2 加。

式（6.16）可以表示成如下矩阵形式

$$\begin{bmatrix} 1 & 1 & 1 & 0 & 1 & 0 & 0 \\ 1 & 1 & 0 & 1 & 0 & 1 & 0 \\ 1 & 0 & 1 & 1 & 0 & 0 & 1 \end{bmatrix} \begin{bmatrix} a_6 \\ a_5 \\ a_4 \\ a_3 \\ a_2 \\ a_1 \\ a_0 \end{bmatrix} = \begin{bmatrix} 0 \\ 0 \\ 0 \end{bmatrix} \qquad (6.17)$$

上式可以简记成

$$H \cdot A^T = O^T \quad 或 \quad A \cdot H^T = O \qquad (6.18)$$

其中

$$H = \begin{bmatrix} 1 & 1 & 1 & 0 & 1 & 0 & 0 \\ 1 & 1 & 0 & 1 & 0 & 1 & 0 \\ 1 & 0 & 1 & 1 & 0 & 0 & 1 \end{bmatrix} \qquad A = [a_6\ a_5\ a_4\ a_3\ a_2\ a_1\ a_0] \qquad O = [0\ 0\ 0]$$

右上标"T"表示矩阵转置，如 H^T 是 H 的转置，即 H^T 的第一行为 H 的第一列，H^T 的第二行为 H 的第二列等。

由于式（6.16）来自监督方程，故称 H 为线性分组码的监督矩阵。只要监督矩阵 H 给定，编码时监督位和信息位的关系就完全确定了。H 矩阵的行数就是监督关系式的数目，它等于监督位的数目 r，而 H 中的列数就是码长 n，所以 H 为 $r\times n$ 阶矩阵。H 的每行中"1"的位置表示相应码元之间存在的监督关系，由此各监督码元是共同对整个码组进行监督，称为一致监督。例如 H 的第二行 1101010 表示监督位 a_1 是由信息位 a_6、a_5、a_3 之和（模 2 和）决定的。

监督矩阵 H 可以分成两部分

$$H = \begin{bmatrix} 1 & 1 & 1 & 0 & \vdots & 1 & 0 & 0 \\ 1 & 1 & 0 & 1 & \vdots & 0 & 1 & 0 \\ 1 & 0 & 1 & 1 & \vdots & 0 & 0 & 1 \end{bmatrix} = [P \cdot I_r] \qquad (6.19)$$

其中 P 为 $r\times k$ 阶矩阵，I_r 为 $r\times r$ 阶单位方阵，称具有 $[P \cdot I_r]$ 形式的 H 矩阵称为典型阵。

由代数理论可知，H 矩阵的各行应该是线性无关的，否则将得不到 r 个线性无关的监督

关系式，从而也得不到 r 个独立的监督元。若一矩阵能写成典型阵 $[P \cdot I_r]$ 形式，那么它的各行一定是线性无关的。

式（6.19）也可以改写成矩阵形式

$$\begin{bmatrix} a_1 \\ a_2 \\ a_3 \end{bmatrix} = \begin{bmatrix} 1110 \\ 1101 \\ 1011 \end{bmatrix} \cdot \begin{bmatrix} a_6 \\ a_5 \\ a_4 \\ a_3 \end{bmatrix} \tag{6.20}$$

或

$$[a_2 a_1 a_0] = [a_6 a_5 a_4 a_3] \cdot \begin{bmatrix} 111 \\ 110 \\ 101 \\ 011 \end{bmatrix} = [a_6 a_5 a_4 a_3] \cdot Q \tag{6.21}$$

式（6.21）中 Q 为一个 $k \times r$ 阶矩阵，且它是 P 的转置，即

$$Q = P^T \tag{6.22}$$

从式（6.21）中可以看出，信息位给定后，用信息位的行矩阵乘 Q 矩阵就产生出监督位。

从上面的分析可以得到一个结论，就是已知信息码和典型形式的监督矩阵 H，就能确定各监督码元。其计算过程是根据（6.19）由 H 得到 P，然后求 P 的转置 Q，再根据式（6.21）求得监督码。

需要说明的是以上结论是根据（7，4）汉明码推导得出的，但这个公式适合所有的线性分组码。

6.5.2 生成矩阵

在 Q 的左边加上一个 $k \times k$ 阶单位方阵，就构成一个新的矩阵 G，即

$$G = [I_k \cdot Q] \tag{6.23}$$

由于它可以生成整个码组 A，故称 G 为生成矩阵。即

$$A = [a_6\ a_5\ a_4\ a_3\ a_2\ a_1\ a_0] = [a_6\ a_5\ a_4\ a_3] \cdot G \tag{6.24}$$

因此，如果码的生成矩阵找到，则编码的方法就完全确定了。具有 $[I_k \cdot Q]$ 形式的生成矩阵称为典型生成矩阵。由典型生成矩阵得出的码组 A 中，信息位不变，监督位附加于其后，这种码称为系统码。

同样与 H 矩阵相似，也要求 G 矩阵的各行线性无关。因为式（6.24）可以看出，任一码组 A 都是 G 的各行的线性组合，G 共有 k 行，若它们线性无关，则可组合出 2^k 种不同的码组 A，这恰是有 k 位信息位的全部码组。若 G 的各行是线性相关的，就不可能由 G 生成 2^k 种不同码组。事实上，G 的各行本身就是一个码组。因此，如果已有 k 个线性无关码组，就可以用其作为生成矩阵 G，并由它生成其他码组。

线性代数理论还指出，非典型形式的生成矩阵只要它的各行是线性无关的，则可以通过运算化成典型形式。所以，若生成矩阵是非典型形式的，则首先转化成典型形式后，再用式（6.24）求得整个码组。

6.5.3 校正子和检错

一般来说，式（6.24）中 A 是一个 n 列的行矩阵，此矩阵的 n 个元素就是码组中的 n 个

码元，所以发送的码组就是 A。此码组在传输中可能由于干扰引入差错，故接收码组与 A 有可能不相同。设接收码组为一个 n 列的行矩阵 B

$$B=[b_{m-1}b_{m-2}\cdots b_0] \tag{6.25}$$

则发送码组和接收码组之差

$$B-A=E（模 2） \tag{6.26}$$

就是传输中产生的错码行矩阵 E

$$E=[e_{m-1}e_{m-2}\cdots e_0] \tag{6.27}$$

式中，当 $b_i=a_i$ 时，$e_i=0$；当 $b_i\ne a_i$ 时，$e_i=1$。所以，若 $e_i=0$，表示该位接收码元无错；若 $e_i=1$，表示该位接收码元有错。E 也称为错误图样。式（6.27）也可以改写为

$$B=A+E（模 2） \tag{6.28}$$

接收端译码时，可将接收码组 B 代入式（6.18）中计算。

若接收端码组中无错码，$E=0$，则 $B=A+E=A$，代入式（6.18）即有

$$B \cdot H^T=O \tag{6.29}$$

当接收码组有错时，$E\ne 0$，将 B 代入式（6.18）后，该式不一定成立。但在错码较多，已超过这种编码的检错能力时，B 变为另一许用码组，则式（6.29）仍能成立，这时，错码是不可检测的。在未超过检错能力时，上式不成立，即其右端不等于零。用式（6.30）来表示

$$B \cdot H^T=S \tag{6.30}$$

其中 S 称为校正子，将 $B=A+E$ 代入上式，得到

$$S=(A+E) \cdot H^T=A \cdot H^T+E \cdot H^T \tag{6.31}$$

由式（6.18）可得

$$S=E \cdot H^T \tag{6.32}$$

利用 S 可以用来指示错码位置。式（6.32）可以看出 S 只与 E 有关，与 A 无关，这就说明 S 与错码之间有确定的线性变换关系。若 S 与 E 之间一一对应，则 S 将能代表错码的位置。

6.5.4　线性分组码的主要性质

线性分组码的主要性质如下：

（1）封闭性：指码中任意两许用码组之和仍为一许用码组。这就是说若 A_1 和 A_2 是一种线性码中的两许用码组，则（A_1+A_2）仍为其中一个码组。这一性质的证明如下：若 A_1、A_2 为码组，则按式（6.18）有 $A_1 \cdot H^T=O$，$A_2 \cdot H^T=O$。将两式相加，得到

$$A_1 \cdot H^T+A_2 \cdot H^T=(A_1+A_2) \cdot H^T=O \tag{6.33}$$

所以（A_1+A_2）仍为一个码组。

（2）线性分组码中必有一个全 0 码组。这个是线性分组码所必需的。

（3）码的最小距离等于非零码的最小码重（除全"0"码组外）。因为线性分组码的封闭性，两个码组之间的距离必是另一码组的码重。

【例6.3】　已知（7，3）码的生成矩阵为

$$G=\begin{bmatrix} 1001110 \\ 0100111 \\ 0011101 \end{bmatrix}$$

列出其所有许用码组，并求监督矩阵。

解 因为是（7，3）码，所以信息位有 3 位，监督位 4 位

许用码组 $[a_6\,a_5\,a_4\,a_3\,a_2\,a_1\,a_0]=[a_6\,a_5\,a_4] \cdot G$

代入生成矩阵 G，得到所有许用码组：0000000、0011101、0100111、0111010、1001110、1010011、1101001、1110100

因为典型生成矩阵的形式为 $G=[I_k \cdot Q]$，题中所给生成矩阵是典型生成矩阵，所以典型监督矩阵为

$$H=\begin{bmatrix}1011000\\1110100\\1100010\\0110001\end{bmatrix}$$

【例 6.4】 已知一个线性分组码的码组集合为：

000000，001110，010101，011011，100011，101101，110110，111000

求该码组集合的汉明距离。

解 根据线性分组码的性质可以求出此码组集合的汉明距离为 3。

6.6 循 环 码

循环码是一类重要的线性分组码，它是以数学理论为基础建立起来的，其编码和译码设备都不太复杂，且有较强的检纠错能力。

6.6.1 循环特性

循环码属于线性分组码，除了具有线性码的一般性质外，还具有循环性。

1. 码多项式

这里先讨论与循环码的循环性有关的码多项式。

把长为 n 的码组与 $n-1$ 次多项式建立一一对应的关系，即把码组中各码元当作是一个多项式的系数，若码组 $A=(a_{n-1},a_{n-2},\cdots,a_1,a_0)$，则相应的多项式表示为

$$A(x)=a_{n-1}x^{n-1}+a_{n-2}x^{n-2}+a_1x^1+a_0x^0 \tag{6.34}$$

这种多项式中，x 的幂次仅是码元位置的标记。多项式中 x_i 项的存在只表示该对应码位上是"1"码，否则为"0"码，称这种多项式为码多项式。事实上码多项式和码组本质上是相同的，只是表示方法不同而已。

如，一个码组为 $A=1110110$，它所对应的多项式为

$$A(x)=x^6+x^5+x^4+x^2+x^1$$

循环码的循环性是指循环码中任一许用码组经过循环移位后（将最右端的码元移至左端，或相反）所得到的码组仍为它的一个许用码组。表 6.10 给出一种（7，3）循环码的全部码组，由表可直观地看出循环码的循环特性。第 2 码组向右移一位即得到第 5 码组；第 5 码组向右移一位即得到第 7 码组等。

根据码多项式的概念，表 6.10 中的任一码组都可以表示为

$$A(x)=a_6x^6+a_5x^5+a_4x^4+a_3x^3+a_2x^2+a_1x^1+a_0x^0 \tag{6.35}$$

式（6.35）中 $a_6 \sim a_0$ 的取值为 0 或 1。如果为 0，该项可以略去不写，如为 1，则只写 x 的符号。如表中的第 4 组 $A_4 = 0111001$，对应的码多项式可写成

$$A_4(x) = 0 \cdot x^6 + 1 \cdot x^5 + 1 \cdot x^4 + 1 \cdot x^3 + 0 \cdot x^2 + 0 \cdot x + 1 = x^5 + x^4 + x^3 + 1$$

表 6.10　　　　　　　　　　（7，3）循环码的一种码组

码组编号	信　息　位			监　督　位				码组编号	信　息　位			监　督　位			
	$a_6\ a_5\ a_4$			$a_3\ a_2\ a_1\ a_0$					$a_6\ a_5\ a_4$			$a_3\ a_2\ a_1\ a_0$			
1	0	0	0	0	0	0	0	5	1	0	0	1	0	1	1
2	0	0	1	0	1	1	1	6	1	0	1	1	1	0	0
3	0	1	0	1	1	1	0	7	1	1	0	0	1	0	1
4	0	1	1	1	0	0	1	8	1	1	1	0	0	1	0

2. 整数的按模运算

下面先介绍整数的按模运算。

在整数运算中，有模 n 运算。例如，在模 2 运算中，有 $1+1=2\equiv0$（模 2），$1+2=3\equiv1$（模 2），$2\times3=6\equiv0$（模 2）。

一般说来，若一个整数 m 可以表示为

$$\frac{m}{n} = Q + \frac{p}{n} \qquad p < n \qquad\qquad (6.36)$$

式（6.36）中，Q 为整数，则在模 n 运算下，有

$$m \equiv p \quad （模\ n） \qquad\qquad (6.37)$$

式（6.37）中数学符号"$\equiv$"表示在模 2 下相等（以下类同）。所以，在模 n 运算下，一个整数 m 等于它被 n 除得的余数。

3. 码多项式的按模运算

码多项式也有类似的按模运算。

若任意一个多项式 $F(x)$ 被一个 n 次多项式 $N(x)$ 除，得到商式 $Q(x)$ 和一个次数小于 n 的余式 $R(x)$，即有

$$F(x) = N(x) \cdot Q(x) + R(x) \qquad\qquad (6.38)$$

则在按模 $N(x)$ 运算下，有

$$F(x) \equiv R(x) \quad [模\ N(x)] \qquad\qquad (6.39)$$

此时，码多项式系数仍按模 2 运算。如 x^2 被 (x^2+1) 除，得到余项 1，即 $x^2 \equiv 1$（模 x^2+1），同样 $x^3+x^2+1 \equiv x$（模 x^2+1），因为

$$
\begin{array}{r}
x+1 \\
x^2+1\overline{)x^3+x^2+1} \\
\underline{x^3+x} \\
x^2+x+1 \\
\underline{x^2+1} \\
x
\end{array}
$$

4. 循环码的数学表示法

下面回到循环码中来。在循环码中，设 $A(x)$ 是一个长度为 n 的码组，即：

$$A(x) = a_{n-1}x^{n-1} + a_{n-2}x^{n-2} + a_1x^1 + a_0$$

若

$$x^i A(x) \equiv A'(x) \quad （模~x^n+1） \tag{6.40}$$

则 $A'(x)$ 也是该编码中的一个码组。

上述结论的证明如下。由式（6.34）可得

$$
\begin{aligned}
x^i A(x) &= a_{n-1}x^{n-1+i} + a_{n-2}x^{n-2+i} + \cdots + a_{n-1-i}x^{n-1} + \cdots + a_1x^{1+i} + a_0x^i \\
&= a_{n-1-i}x^{n-1} + a_{n-2-i}x^{n-2} + \cdots a_0x^i + a_{n-1}x^{i-1} + \cdots + a_{n-1} \quad （模~x^n+1）
\end{aligned}
\tag{6.41}
$$

这时有

$$A'(x) = a_{n-1-i}x^{n-1} + a_{n-2-i}x^{n-2} + \cdots a_0x^i + a_{n-1}x^{i-1} + \cdots + a_{n-1} \quad （模~x^n+1） \tag{6.42}$$

式（6.42）中的 $A'(x)$ 正是式（6.34）中所代表的码组向左循环移位 i 次的结果。因为已设 $A(x)$ 是一循环码，所以 $A'(x)$ 也必定为该循环码中的一个码组。

如某一循环码为 1100101，其码多项式为：

$$A(x) = x^6 + x^5 + x^2 + 1$$

若给定 $i=4$，则有

$$x^4 \cdot A(x) = x^4 \cdot (x^6 + x^5 + x^2 + 1) = x^6 + x^4 + x^3 + x^2 \quad （模~x^7+1）$$

上式对应的码组为 1011100，它正是 $A(x)$ 向左移 4 位的结果。

由以上的讨论可以得到结论：一个长为 n 的循环码必定为按模（x^n+1）运算的一个余式。

6.6.2　生成矩阵

1. 生成多项式

由 6.5 线性分组码已知，如果有了典型生成矩阵 G，就可以由 k 个信息位来得出整个码组。以下通过循环码的基本性质来求它的生成矩阵 G。

一个（n，k）循环码共有 2^k 个码组，其中有一个码组的前 $k-1$ 位码元均为 "0"，第 k 位码元和第 n 位码元必须为 "1"，其他码元不限制。此码组可以表示为

$$(\underbrace{000\cdots01}_{k-1}g_{n-k-1}\cdots g_2g_1 1)$$

为什么第 k 位码元和第 n 位码元必须为 "1" 呢？因为：

（1）在（n，k）循环码中除全 "0" 码组外，连 "0" 的长度最多只能有（$k-1$）位，没有连续 k 位均为 "0" 的码组。否则，在经过若干次循环移位后将得到 k 位信息位全为 "0"，但监督位不全为 "0" 的一个码组。这在线性码中显然是不可能的。

（2）若第 n 位码元不为 "1"，该码组（前 $k-1$ 位码元均为 "0"）循环右移后将成为前 k 位信息位都是 "0"，而后面（$n-k$）监督位不都为 "0" 的码组，这是不允许的。

所以（$000\cdots01g_{n-k-1}\cdots g_2g_1 1$）为（$n$，$k$）循环码的一个许用码组，其对应的多项式为

$$g(x) = 0+0+\cdots+x^{n-k}+g_{n-k-1}x^{n-k-1}+\cdots+g_1x+1 \tag{6.43}$$

根据循环码的循环特性及式（6.40），$xg(x)$，$x^2g(x)$，$\cdots$，$x^{k-1}g(x)$ 所对应的码组都是（n，k）循环码的一个许用码组，与 $g(x)$ 对应的码组共同构成 k 个许用码组。这 k 个许用码组可以构成生成矩阵 G，所以称 $g(x)$ 为生成多项式。

在（n，k）循环码中任意码多项式 $A(x)$ 都是最低次码多项式的倍式。如（7，3）循环码中，

$$g(x)=A_1(x)=x^4+x^3+x^2+1$$

其他码多项式都是 $g(x)$ 的倍式，即

$$A_0(x)=x \cdot g(x)$$

$$\vdots$$

$$A_k(x)=x^{k-1} \cdot g(x)$$

2. 生成矩阵

$g(x)$、$xg(x)$，$x^2g(x)$，$\cdots$，$x^{k-1}g(x)$ 是（n，k）循环码的 k 个线性无关的码字，所以可得其生成矩阵 $G(x)$，用码多项式表示 $G(x)$ 的各行：

$$G(x)=\begin{bmatrix} x^{k-1}g(x) \\ x^{k-2}g(x) \\ \vdots \\ xg(x) \\ g(x) \end{bmatrix} \tag{6.44}$$

将每行写出对应的码组得到生成矩阵 G，如果所求得的生成矩阵不是典型的生成矩阵，要将其转换为典型的生成矩阵，即式（6.23）的形式。转换过程可以通过任意几行模 2 加取代某一行。

【例 6.5】 求表 6.10 所示的（7，3）循环码的典型生成矩阵 G。

解 由（7，3）循环码可知，$k=3$，从而根据式（6.44）可得

$$G(x)=\begin{bmatrix} x^{k-1}g(x) \\ x^{k-2}g(x) \\ \vdots \\ xg(x) \\ g(x) \end{bmatrix}=\begin{bmatrix} x^2g(x) \\ xg(x) \\ g(x) \end{bmatrix}=\begin{bmatrix} x^6+x^4+x^3+x^2 \\ x^5+x^3+x^2+x \\ x^4+x^2+x+1 \end{bmatrix}$$

对每一行多项式改写为对应的码组可得生成矩阵 G

$$G=\begin{bmatrix} 101\vdots1100 \\ 010\vdots1110 \\ 001\vdots0111 \end{bmatrix}$$

由于上述生成矩阵 G 是非典型的，故将其转换为典型的生成矩阵。将第 1 行⊕第 3 行取代第 1 行，可得

$$G=\begin{bmatrix} 100\vdots1011 \\ 010\vdots1110 \\ 001\vdots0111 \end{bmatrix}=[I_3 \cdot Q]$$

下面讨论如何寻找任一（n，k）循环码的生成多项式。

由式（6.24）可知：

$$A(x)=[a_6a_5a_4]G(x)=[a_6a_5a_4]\begin{bmatrix} x^2g(x) \\ xg(x) \\ g(x) \end{bmatrix}=(a_6x^2+a_5x+a_4)g(x) \tag{6.45}$$

式（6.45）表明所有码多项式 $A(x)$ 都可以被 $g(x)$ 整除，或者说任一循环码多项式 $A(x)$ 都是 $g(x)$ 的倍式，同时也说明任一幂次不大于（$k-1$）的多项式乘以 $g(x)$ 都是码多项式。

将式（6.45）改写成

$$A(x)=h(x)g(x) \tag{6.46}$$

其中 $h(x)=a^6x^2+a^5x+a^4$

由于多项式 $g(x)$ 本身也是一个码组，用 $A'(x)$ 表示。即

$$A'(x)=g(x) \tag{6.47}$$

因码组 $A'(x)$ 为一次（$n-k$）多项式，故 $x^kA'(x)$ 为一个 n 次多项式。由式（6.40）可知，$x^kA'(x)$ 在模运算下也是一个码组。所以可写成

$$\frac{x^kA'(x)}{x^n+1}=Q(x)+\frac{A(x)}{x^n+1} \tag{6.48}$$

式（6.48）中左端分子和分母都是 n 次多项式，故商式 $Q(x)=1$。因而上式可以化简为

$$x^kA'(x)=(x^n+1)+A(x) \tag{6.49}$$

将式（6.46）和式（6.47）代入上式，化简后可得

$$(x^n+1)=g(x)[x^k+h(x)] \tag{6.50}$$

上式表明生成多项式 $g(x)$ 应该（x^n+1）是的一个因式。

这个结论为寻找循环码的生成多项式指出了一条途径，即循环码的生成多项式应该是（x^n+1）的一个（$n-k$）次因式。

因此，一个多项式为（n，k）循环码的生成多项式 $g(x)$ 必须符合以下三个条件：

（1）$g(x)$ 是 x^{n+1} 的一个因式；

（2）$g(x)$ 是一个 $n-k$ 次多项式；

（3）$g(x)$ 多项式中必有一个常数项 1。

【例 6.6】　求出（7，3）循环码的所有生成多项式。

解　已知 $n=7$，$k=3$，所以

$$(x^7+1)=(x+1)(x^3+x^2+1)(x^3+x+1)$$

由于 $n-k=4$，所以就要从上式中找到一个 4 次的因式。从上式中可以看出，这样的因式应该有两个，即

$$(x+1)(x^3+x^2+1)=x^4+x^2+x+1$$
$$(x+1)(x^3+x+1)=x^4+x^3+x^2+1$$

以上两个多项式均可以做为生成多项式。

【例 6.7】　已知循环码的生成多项为 $g(x)=x^3+x+1$，当信息位为 1000 时，写出它的监督位和整个码组。

解　由生成多项式可知 $n-k=3$，而 $k=4$，所以 $n=7$，得

$$G(x)=\begin{bmatrix} x^{k-1}g(x) \\ x^{k-2}g(x) \\ \vdots \\ xg(x) \\ g(x) \end{bmatrix}=\begin{bmatrix} x^3g(x) \\ x^2g(x) \\ xg(x) \\ g(x) \end{bmatrix}=\begin{bmatrix} x^6+x^4+x^3 \\ x^5+x^3+x^2 \\ x^4+x^2+x \\ x^3+x+1 \end{bmatrix}$$

从而
$$G=\begin{bmatrix} 1011000 \\ 0101100 \\ 0010110 \\ 0001011 \end{bmatrix}$$

由于不是典型矩阵，所以对它进行典型化处理：将第 1 行⊕第 3 行⊕第 4 行取代第 1 行，得

$$G=\begin{bmatrix} 1000101 \\ 0101100 \\ 0010110 \\ 0001011 \end{bmatrix}$$

第 2 行⊕第 4 行取代第 2 行，得

$$G=\begin{bmatrix} 1000101 \\ 0100111 \\ 0010110 \\ 0001011 \end{bmatrix}$$

当信息位为 1000 时，整个码组为

$$A=[a_6a_5a_4a_3]\cdot G=[1000]\cdot\begin{bmatrix} 1000101 \\ 0100111 \\ 0010110 \\ 0001011 \end{bmatrix}=[1000101]$$

其中监督位为 101。

6.6.3 编码方法

编码的目的就是在已知信息位的条件下求得循环码的码组。当然要求得到的是系统码，即码组的前 k 位为系统位，后 $n-k$ 位是监督位。这样，设信息位对应的码多项式为

$$m(x)=m_{k-1}x^{k-1}+m_{k-2}x^{k-2}+m_1x+m_0 \tag{6.51}$$

其中系数 m_i 为 0 或 1。

由于（n，k）循环码的码多项式的最高幂次是 $n-1$ 次，而信息位是在它的最前面的 k 位，故信息位的循环码的码多项式中应该表现为多项式 $x^{n-k}m(x)$ 的形式，有以下表达式：

$$x^{n-k}m(x)=m_{k-1}x^{n-1}+m_{k-2}x^{n-2}+m_1x^{n-k+1}+m_0x^{n-k} \tag{6.52}$$

它从幂次 x^{n-k-1} 起到 x^0 的 $n-k$ 位的系数都为 0。

如果用 $g(x)$ 去除 $x^{n-k}m(x)$，可得

$$\frac{x^{n-k}m(x)}{g(x)}=q(x)+\frac{r(x)}{g(x)} \tag{6.53}$$

其中 $q(x)$ 的幂次小于 k 的商多项式，而 $r(x)$ 为幂次小于 $n-k$ 的余式。

式（6.53）可以改写为

$$x^{n-k}m(x)+r(x)=q(x)\cdot g(x) \tag{6.54}$$

式（6.54）表明，多项式 $x^{n-k}m(x)+r(x)$ 为 $g(x)$ 的倍式。根据式（6.45），$x^{n-k}m(x)+r(x)$ 一定是

由 $g(x)$ 生成的循环码中的码组，而余式 $r(x)$ 即为该码组的监督码对应的多项式。

根据上述原理，编码步骤可归纳为以下几步：

（1）用 x^{n-k} 乘以 $m(x)$ 得到 $x^{n-k}m(x)$。这一过程实际上就是在信息码后附加上（$n-k$）个 "0"。

（2）用 $g(x)$ 除 $x^{n-k}m(x)$，得到商 $q(x)$ 和余式 $r(x)$。

（3）求码组多项式 $A(x)=x^{n-k}m(x)+r(x)$。

按以上步骤编出的码就是系统码。

上述编码方法用硬件实现时，可以由移位寄存器和模 2 加法器组成的除法电路来实现。在码多项式中 x 的幂次代表移位的次数。图 6.5 是（n，k）循环码的编码电路，其生成多项式为

$$g(x)=x^r+g_{r-1}x^{r-1}+\cdots+g_2x^2+g_1x+1 \tag{6.55}$$

式中 $r=n-k$。

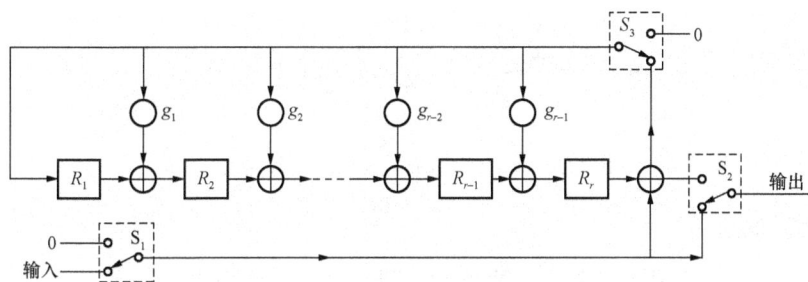

图 6.5 （n，k）循环码编码器的组成

图 6.5 中对应有 r 级移位寄存器，分别用 R_1，R_2，$\cdots$，R_r 表示。S_1，S_2，S_3 代表控制门电路。其工作过程如下：当信息位输入时，控制信号使门 S_1、门 S_3 打开，门 S_2 关闭，输入信息码元一方面送入除法器进行运算，另一方面直接输出。在信息位全部进入除法器后，控制信号使门 S_1、门 S_3 关闭，门 S_2 打开，这时移位寄存器中存储的除法余项在时钟的控制下依次通过门 S_2 输出，即监督码元在信息码元之后输出。因此编码器编码的结果前面是原来的 k 个信息码元，后面是（$n-k$）个监督码元，从而得到系统分组码。

6.6.4 解码方法

循环码的解码方法包括两个方面，检错和纠错。

1. 检错

系统循环码的每一个码组多项式 $A(x)$ 都能够被生成多项式 $g(x)$ 整除，所以在接收端可以将接收码组多项式 $R(x)$ 用原生成多项式去除。当传输中未发生错误时，接收码组与发送码组相同，即 $R(x)=A(x)$，接收码组多项式 $R(x)$ 一定能被 $g(x)$ 整除；若码组在传输过程中发生错误，则 $R(x)\neq A(x)$，$R(x)$ 被除 $g(x)$ 时可能除不尽而有余项，即有

$$\frac{R(x)}{g(x)}=q'(x)+\frac{r'(x)}{g(x)} \tag{6.56}$$

因此，可以以余项是否为零来判断码组中有无错误。当然需要指出的是如果信道中错码的个数超过了这种编码的检错能力，恰好使有错码的接收码组能被 $g(x)$ 所整除，此时的错码就不能检出了，这种错误称为不可检错码。

根据上述原理构成的解码器检错原理如图 6.6 所示。

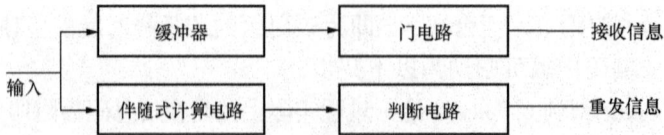

图 6.6 （n，k）循环码解码器检错原理图

由图 6.6 可见，解码器主要是由缓冲移位寄存器和伴随式计算电路构成的。缓冲移位寄存器用来暂存接收码组；伴随式计算电路用于计算伴随式（6.61）的值，并送判断电路进行判断接收到的码组是否有错，从而给出控制信息。

（n，k）循环码伴随式计算电路如图 6.7 所示。

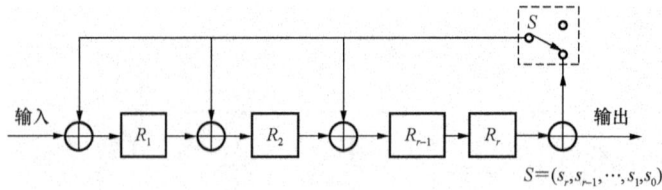

$$S=(s_r,s_{r-1},\cdots,s_1,s_0)$$

图 6.7 （n，k）循环码伴随式计算电路

发送端发送的码字为

$$A(x)=a_{n-1}x^{n-1}+a_{n-2}x^{n-2}+\cdots+a_2x^2+a_1x+a_0 \qquad （6.57）$$

接收端接收的码字为

$$R(x)=r_{n-1}x^{n-1}+r_{n-2}x^{n-2}+\cdots+r_2x^2+r_1x+r_0 \qquad （6.58）$$

错误图样 $E(x)=R(x)-A(x)$，可以写成

$$E(x)=e_{n-1}x^{n-1}+e_{n-2}x^{n-2}+\cdots+e_2x^2+e_1x+e_0 \qquad （6.59）$$

式中

$$e_i=\begin{cases}0, & r_i=a_i \\ 1, & r_i \neq a_i\end{cases} \qquad （6.60）$$

那么伴随式可以写成

$$S(x)=s_{r-1}x^{r-1}+s_{r-2}x^{r-2}+\cdots+s_2x^2+s_1x+s_0 \qquad （6.61）$$

可以证明

$$S(x) \equiv E(x) \quad [模g(x)] \qquad （6.62）$$

若 S 等于 0 判定传输无错，否则判定传输出错。

循环码伴随式计算电路其工作过程如下：

（1）寄存器置零，开关 S 向下连通。

（2）在寄存器时钟的控制下经 n 次移位后将接收码组 R 输入，此时寄存器中存储的即伴随式。

（3）将开关向上打开，经 $r=n-k$ 次移位读出伴随式。

【例 6.8】　一组 7 比特的数据 1100111 通过数据传输链路传输，采用循环冗余检验（Cyclic Redundary Checks，CRC）进行差错检测，如采用的生成多项式对应的码组为 1100，写出：

（1）监督码的产生过程。

（2）监督码的检测过程。

解　根据题意，信息码的码位 $k=7$。

由生成多项式对应的码组 1100 可写出生成多项式为：

$$g(x)=x^3+x^2$$

容易得出 $n-k=3$，所以 $n=10$，$r=3$。

对应于 1100111 的监督码的产生如图 6.8（a）所示。根据编码原理在信息位之后补上 3 个"0"，相当于信息码乘以 x^3。然后被生成多项式模 2 除，结果得到的 3 位（100）余数即为监督码，把它加到数据 1100111 的末尾发送。

在接收端，整个接收的比特序列被同一生成多项式除，如图 6.8（b）所示。第一个例子没有发生错码，得到的余式为 000；第二个例子在发送序列的末尾发生了 1 位差错，得到的余式为 001。

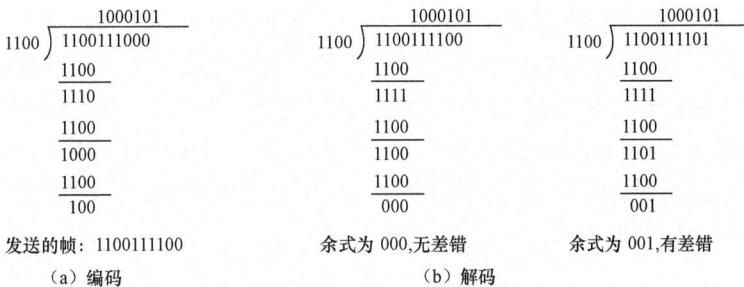

```
              1000101                          1000101                          1000101
        ┌──────────                     ┌──────────                     ┌──────────
   1100 ) 1100111000              1100 ) 1100111100              1100 ) 1100111101
          1100                           1100                           1100
          ────                           ────                           ────
          1110                           1111                           1111
          1100                           1100                           1100
          ────                           ────                           ────
          1000                           1100                           1101
          1100                           1100                           1100
          ────                           ────                           ────
           100                            000                            001

   发送的帧：1100111100                 余式为：000，无差错             余式为：001，有差错

       （a）编码                           （b）解码
```

图 6.8　循环码的编码和解码过程举例

2. 纠错原理

为了能够纠错，要求每个可纠正的错误图样必须与一个特定余式有一一对应关系。错误码图样是指式（6.59）中错误码组的各种具体采样的图样。余式就是指接收码组多项式 $R(x)$ 被生成多项式 $g(x)$ 除后所得的余式 $r'(x)$。只有当错误图样与余式存在一一对应关系，才可能从余式唯一地决定错误图样，从而纠正错码。可以按以下步骤进行纠错。

（1）将接收端的接收码组多项式 $R(x)$ 除生成多项式 $g(x)$，得到余式 $r'(x)$。

（2）按余式与得到错误图样 E 对比，可以确定错码的位置。

（3）用 $R(x)$ 减去 $E(x)$，便得到已纠正错误的原发送码组 $A(x)$。

下面以（7，3）循环码为例说明纠错的过程。从（7，3）循环码中可以看出其码距为 4，所以它能够纠正一个错误。纠错解码器的原理图如图 6.9 所示。

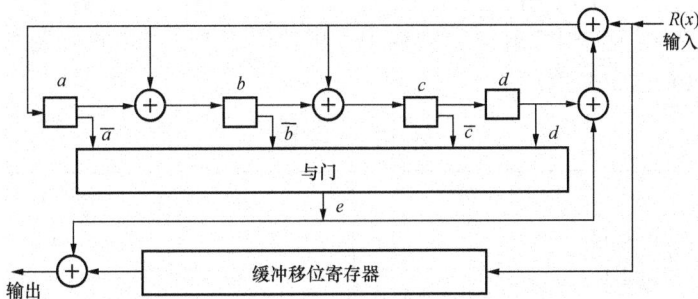

图 6.9　纠错解码器的原理图

图 6.9 中上部为 4 级反馈移位寄存器组成的除法电路。接收到的码组除了送入除法电路外，同时还送入缓冲移位寄存器暂存。图 6.9 中各移位寄存器、及与门输出与输入的关系如下

$$a_i = d_{i-1} \oplus e_{i-1} \oplus R_i$$
$$b_i = a_{i-1} \oplus a_i$$
$$c_i = b_{i-1} \oplus a_i \qquad (6.63)$$
$$d_i = c_{i-1}$$
$$e_i = \overline{a_i} \cdot \overline{b_i} \cdot \overline{c_i} \cdot d_i$$

假设接收端接收的码组为 1101011（正确的码组为 1001011），其中左边第 2 位为错码。此码组进入纠错解码器的除法电路后，移位寄存器的状态变化过程见表 6.11 中所示。当此码组的 7 个码元全部进入除法电路后，移位寄存器的各级状态自右向左依次为 0100。其中移位寄存器 c 的状态为"1"，它表示接收码组的第 2 位有错（接收码组无错时，移位寄存器中状态应为全"0"即表示接收码组可被多项式整除）。在此时刻以后，输入端不再进入信息码，即保持输入"0"，而将缓冲移位寄存器中暂存的信息开始逐位移出。在信息码第 2 位（错码）输出时刻，反馈移位寄存器的状态（自右向左）为 1000。"与门"输入为 $\overline{abcd}$，所以当反馈移位寄存器状态为 1000 时，"与门"输入为"1"。输出"1"有两个作用：一是与缓冲移位寄存器输出的有错信息码进行模 2 加，从而纠正错码；二是与反馈移位寄存器 d 级输出模 2 加，达到清除各级反馈移位寄存器。

表 6.11 移位寄存器各级的状态变化过程

码	移 位 寄 存 器				"与门"输出
$R(x)$	a	b	c	d	e
初始状态	0	0	0	0	0
1	1	1	1	0	0
1	1	0	0	1	0
0	1	0	1	0	0
1	1	0	1	1	0
0	1	0	1	1	0
1	0	1	0	1	0
1	0	0	1	0	0
0	0	0	0	1	1
0	0	0	0	0	0

以上方法称为捕错解码法，从分析中可以看到发生 1 位错码是可以自动纠正的。

在数据通信中，循环码常用于检查数据传输过程中是否产生误码，即循环冗余检验码，简称为 CRC 码。在常用的 CRC 生成器协议中采用的标准生成多项式如表 6.12 所示，表中数字 12、16 是指 CRC 余的长度。

表 6.12 常 用 CRC 码

码	生成多项式
CRC-12	$x^{12}+x^{11}+x^3+x^2+x+1$
CRC-16	$x^{16}+x^{15}+x^2+1$
CRC-ITU	$x^{16}+x^{12}+x^5+1$

6.6.5 缩短循环码

已知循环码的生成多项式应该是 x^n+1 的一个因子（$n-k$）次因子，但有时多项式 x^n+1 的因子的个数比较少，因此在给定长度 n 下，码的数目也较少。为了增加（n, k）码的数目，便于选择，循环码经常采用缩短的形式。

在循环码的 2^k 个码组集合中，选择前 i 个信息位的值为 0 的码组，共有 2^{k-i} 个，组成一个新的码组集合，它是原码组集合中的一个子集，由于该子集中所有码组的前 i 位的值为 0，因此，发送时可以不发送 i 个 0，仅只传输后面的 $n-i$ 位码元即可。这样的子集就构成了一个（$n-i$, $k-i$）循环码，称它为（n, k）的缩短循环码。

由于在缩短循环码（$n-i$, $k-i$）中，每一个码组是原来循环码的一个码组，只是这种码组的前 i 个信息码元的为 0，所以它必定能被 $g(x)$ 除尽，因此，所有次数小于 $n-i$ 次，且能被 $g(x)$ 除尽的多项式都是（$n-i$, $k-i$）缩短循环码的码多项式。

由于缩短循环码的所有码组是原来循环码组集合中的一部分，且监督码元数不变，因此，（$n-i$, $k-i$）码的纠检错能力不低于原来的（n, k）码的纠检错能力。

缩短循环码的 G 矩阵可以从原码的典型 G 矩阵中除去前 i 行和前 i 列得到。如（7，3）循环码的一种 $G_{(7,3)}$，其 G 矩阵为

$$G=\begin{bmatrix} 1001011 \\ 0101110 \\ 0010111 \end{bmatrix}$$

若要变为（6，2）循环码，则除去前 1 行和前 1 列得到（6，2）循环码 $G_{(6,2)}$，其 G 阵如下：

$$G=\begin{bmatrix} 101110 \\ 010111 \end{bmatrix}$$

根据 $[a_6, a_5]$，$G_{(6,2)}$ 可得（6，2）缩短循环码的 4 个码组：000000，010111，101110，111001，从码组可以看出它们已失去了循环关系。虽然缩短循环码码组之间可能没有循环关系，但不影响编解码的简单实现。前面所述的 CRC 码就是通常采用缩短循环码。

6.6.6 检错能力

循环码特别适用于检测错误，主要是因为它有很强的检错能力、编码器和错误检测电路都很容易实现，而且还能检查出位数相当长的突发错误。其检错能力如下：

（1）能检出全部单个错码。假设码组中第 i 位上有单个错码，则对应的错码多项式为 x^i，而任何多于一项的生成多项式，它的 x^0 项为 1，因此，x^i 除以 $g(x)$ 的余数必定不为 0，即能检出全部单个错码。

（2）能检查全部离散的二位错。设码组中第 i 和第 j 位错码，且 $i<j<n$，则错码多项式为：$x^j+x^i=x^i(1+x^{j-i})$。因为多于一项的 $g(x)$ 必定不能除尽 x^i，所以，只要选取的 $g(x)$ 是不能除尽（$1+x^{j-i}$），且其阶（$n-k$）>（$j-i$），就能检查出全部二位错码。

（3）能检查出全部的奇数个错码。由于具有奇数项错码的多项式必不含有因子（$x+1$），所以只要选取的 $g(x)$ 含有（$x+1$）因子，错码多项式不能被 $g(x)$ 整除，即检出全部奇数个错码。

（4）能检测所有长度不超过（$n-k$）的突发错误。长度不大于 b 的突发错误的错码多项式可表示为：

$$E(x)=x^i(e_{b-1}x^{b-1}+e_{b-2}x^{b-2}+\cdots+e_1x+1)=x^iE_1(x) \tag{6.64}$$

式中 $E_1(x)$ 为不高于（$b-1$）项的多项式。

如果 $g(x)$ 不能除尽 $E(x)$，则这种突发错误就可检测出来。由于已知 $g(x)$ 不能有 x 作因子，而且多于一项的 $g(x)$ 必定除不尽 x^i，因此，只有它能除尽 $E_1(x)$ 才能除尽 $E(x)$。但是 $g(x)$ 为（$n-k$）次多项式，而 $E_1(x)$ 的次数（$b-1$）只要不超过次（$n-k-1$），即 $g(x)$ 的次数比 $E_1(x)$ 的高，$g(x)$ 就一定除不尽 $E_1(x)$。因此，能检测长度不超过（$n-k$）的突发错误。

（5）在突发长度 b 大于（$n-k$）的错误中，若 $b=n-k+1$，则（n，k）循环码不能检测概率为 $2^{-(n-k-1)}$［或能检测的概率为 $1-2^{-(n-k-1)}$］；若 $b>n-k+1$，则不能检测概率为 $2^{-(n-k)}$［或能检测的概率为 $1-2^{-(n-k)}$］。

设错码多项式为 $E(x)=x^iE_1(x)$，其中式 $E_1(x)$ 的次数为（$b-1$）。

因为 $E_1(x)$ 中必有 x^0 和 x^{b-1} 项，所以还应有 $b-2$ 项 x^j，其中 $0<j<(b-1)$，这（$b-2$）项的系数为 0 或 1，因此，共有 2^{b-2} 种不同的多项式 $E_1(x)$。

只有当 $E_1(x)$ 有 $g(x)$ 的因子时，这种错码才不能被检测没出来，即这时应有 $E(x)=g(x)Q(x)$。因为 $g(x)$ 为（$n-k$）次的，所以 $Q(x)$ 必为 $b-1-(n-k)$ 次。如 $b-1=n-k$，则 $Q(x)=1$。这时只有一个 $E_1(x)$ 错误图样是不可检测的，即 $E_1(x)=g(x)$，所以它占不可检测的突发错误总数 $1/2^{b-2}=2^{-(n-k-1)}$，即可作为不能检测概率。

如 $b-1>n-k$，那么 $Q(x)$ 应含有 x^0 和 $x^{b-1-(n-k)}$ 项，其中有 $b-2-(n-k)$ 项可具有任意的系数，0 或 1。所以，$Q(x)$ 有 $2^{b-2-(n-k)}$ 种不可检测的错码图样，它占的比例为 $2^{b-2-(n-k)}/2^{b-2}=2^{-(n-k)}$，即可作为不能检测概率。

6.7 卷 积 码

卷积码又称为连环码，最早是由伊利亚斯（P.Elias）于 1955 年提出的。它是非分组有记忆编码，码的结构简单，其性能在许多实际情况下常优于分组码，通常更适用于前向纠错，是一种较为常用的纠错编码。

6.7.1 基本概念

1. 卷积码的概念

在分组码中，任何一段时间内由编码器产生的几个码元构成的一个码组，完全取决于这段时间中输入的 k 位信息，码组中的监督位仅监督本码组中的 k 个信息位。

而卷积码其编码器在任何一段规定时间内产生的 n 个码元，不仅取决于这段时间中 k 个信息位，而且还取决于前 $N-1$ 段规定时间内的信息位。也就是说监督位不仅对本码组起监督作用，还对前 $N-1$ 个码组也起监督作用。这 N 段时间内的码元数目 nN 称为这种卷积码的约束长度。通常将卷积码记作（n，k，N），其中 k 为一次移入编码器的比特数目，n 为对应于 k 比特输入的编码输出，其编码效率为

$$R=\frac{k}{n}$$

2. 卷积码的编码

下面先通过一个例子说明卷积码的编码和解码的原理。图 6.10 是一个简单的卷积码的编码器。

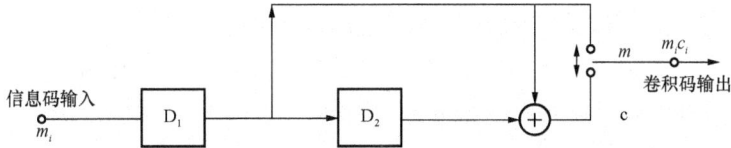

图 6.10　简单的卷积码的编码器

它是由两个移位寄存器 D_1、D_2 和模 2 加电路组成。编码器的输入信息位，不但可以直接输出，而且还可以暂存在移位寄存器中。其工作过程是这样的：移位寄存器按信息位的节拍工作，输入一位信息位，电子开关倒换一次，即前半拍接通 m 端，后半拍接通 c 端。所以当输入编码器一个信息位，就立即计算了一个监督位，并且此监督位紧跟此信息位之后发送出去。所以若输入为 m_1，m_2，m_3，m_4，…，则输出卷积码为 m_1，c_1，m_2，c_2，m_3，c_3，…，其中 c_i 为监督码元。从图中可以看出

$$c_1 = 0 + m_1$$
$$c_2 = m_1 + m_2$$
$$c_3 = m_2 + m_3$$
$$\vdots$$
$$c_i = m_{i-1} + m_i$$

(6.65)

显然，卷积码的结构是"信息码、监督码、信息码、监督码、…"。从上述例子中可以看出一个信息码与一个监督码组成一组，但每组中的监督码除了与本组信息码有关外，还与上一组信息码有关。其中 $n=2$，$k=1$，$n-k=1$，$N=2$，故可记作（2，1，2）卷积码。

从上述简单的例子中可以看出卷积码的一般编码的思想。图 6.11 是（n，k，N）卷积编码器一般结构形式。它包括：一个由 N 段组成的输入移位寄存器，每段有 k 组，共 Nk 位寄存器；一组 n 个模 2 和加法器；一个由 n 级组成的输出移位寄存器。

对应于每段 k 个比特的输入序列，输出 n 个比特。由图 6.11 可知，n 个输出比特不但与当前的 k 个输入比特有关，而且与以前的（$N-1$）k 个输入比特有关。整个编码过程可以看成是输入信息序列与由移位寄存器模 2 和连接方式所决定的另一个序列的卷积。

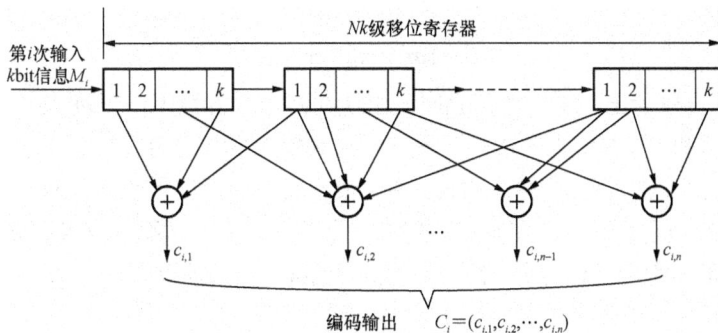

图 6.11　卷积码编码器的一般形式

3. 卷积码的解码

一般来说，卷积码的解码方法有以下两类：

（1）代数解码：利用编码本身的代数结构进行解码，不考虑信道的统计特性。

（2）概率解码：需要用到信道的统计特性的一种解码。

下面结合本小节的例子，介绍代数解码方法的一种形式——门限解码。这种解码方法对于约束长度较短的卷积码最为有效，设备也较简单。

图 6.12 是与图 6.10 对应的解码器。其工作原理如下：设接收到的码元序列为 m_1'，c_1'，m_2'，c_2'，m_3'，c_3'，…，解码器输入端的电子开关按节拍把信息码元与监督码元分接到 m_1' 端，c_1' 端，3 个移位寄存器的节拍比码序列的节拍低一倍。其中移位寄存器 D_1、D_2 在信息码元到达时移位，监督码元到达期间保持原状；而移位寄存器 D_3 在监督码元到达时移位，信息码元到达期间保持原状。移位寄存器 D_1、D_2 和模 2 加电路构成与发送端一样的编码器，它从接收到的信息码元序列中计算出对应的监督码元序列。模 2 加法器把上述计算的监督码元序列与接收到的监督码元序列进行比较，如果两者相同，由则输出"0"，如果不同，输出"1"。

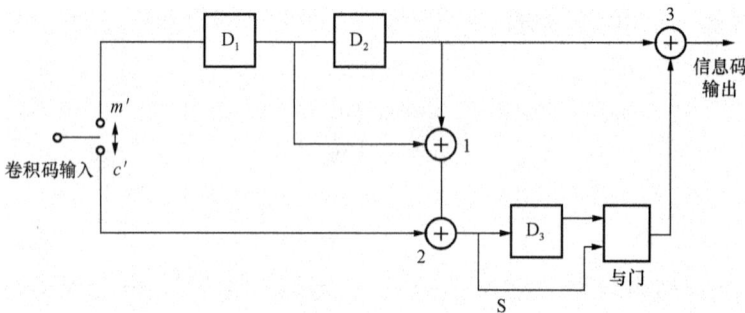

图 6.12　与图 6.10 对应的解码器

当按接收的信息码元中计算出的监督码元与实际收到的监督码元不一样时，必定出现了差错。为了确定差错的位置，将模 2 加法器输出记作 S（校正子），根据图 6.12 可以写出 S 的方程为

$$\begin{aligned}
S_0 &= (0 + m_1') + c_1' \\
S_1 &= (m_1' + m_2') + c_2' \\
S_2 &= (m_2' + m_3') + c_3' \\
&\vdots \\
S_i &= (m_i' + m_{i+1}') + c_{i+1}'
\end{aligned} \tag{6.66}$$

从式（6.66）可以看出，每一个信息码元出现在两个 S 方程中，即 m_i' 与 S_i 和 S_{i-1} 有关。分析 m_i' 时，应根据 S_i 和 S_{i-1} 的值来判决是否 m_i' 有错。决定 S_i 和 S_{i-1} 的值共有 5 个码元：m_{i-1}'，m_i'，m_{i+1}'，c_i'，c_{i+1}'，但其中只有 m_i' 与 S_i 和 S_{i-1} 两个值都有关，而其他码元只有一个值有关。这种情况称方程 S_i 和 S_{i-1} 正交于 m_i'。在差错不超过一个的条件下，根据正交性得到判决规则如下：

（1）当 S_{i-1} 和 S_i 都为"0"时，解码方程式（6.66）与编码方程式（6.65）完全一致，可判决无错。

（2）当 S_{i-1} 和 S_i 都为"1"时，一定是 m_i' 出错，可判决 m_i' 有错，并进行纠正。

（3）当 S_{i-1} 和 S_i 中只有一个为"1"时，一定是 m_{i-1}'，m_{i+1}'，c_i'，c_{i+1}' 中只有一个出错，可判决 m_i' 无错。

完成上述的判决规则的电路是图 6.12 中的移位寄存器 D_3、与门及模 2 加法器 3。下面以判决 m_1' 为例说明判决的过程。在判决 m_1' 时，D_1 寄存 m_2'、D_2 寄存 m_1'，而 D_3 寄存的是 S_0。

当 m_2' 到达时，模 2 加法器 2 中就输出 S_1，与门判断 S_0 和 S_1 是否都是"1"。如果都是"1"，它的输出为"1"，否则输出为"0"。与门输出与 D_3 输出相加，即为 m_1' 的解码输出。当 $S_0 = S_1 = 1$ 时，表示 m_1' 有错，与门输出"1"，在模 2 加法器 3 中将 m_1' 纠正；当与门输出为"0"时，表明 m_1' 无错，将 m_1' 输出。其他信息码的判决依次类推。

从这一例子中可以看出，在解码时的正交方程组中，涉及 5 个码元，即 3 个码组，所以这个简单的卷积码可以在连续 3 个码中纠正一位差错。

6.7.2 矩阵形式

卷积码是非分组码，但也是一种线性码。从本章前文的分析可知，一个线性码完全可由一个监督矩阵或生成矩阵来确定。下面就以 6.7.1 的卷积码为例分析这两个矩阵。

1. 监督矩阵

由式（6.65）可得

$$\begin{aligned}
m_1 + c_1 &= 0 \\
m_1 + m_2 + c_2 &= 0 \\
m_2 + m_3 + c_3 &= 0 \\
m_3 + m_4 + c_4 &= 0 \\
m_4 + m_5 + c_5 &= 0 \\
&\cdots\cdots
\end{aligned} \tag{6.67}$$

上式用矩阵表示为

$$\begin{bmatrix} 11 \\ 1011 \\ 001011 \\ 00001011 \\ 0000001011 \\ \cdots\cdots \end{bmatrix} \cdot \begin{bmatrix} m_1 \\ c_1 \\ m_2 \\ c_2 \\ m_3 \\ c_3 \\ m_4 \\ c_4 \\ m_5 \\ c_5 \end{bmatrix} = 0 \tag{6.68}$$

与式（6.18）对比，上式的监督矩阵为

$$H = \begin{bmatrix} 11 \\ 1011 \\ 001011 \\ 00001011 \\ 0000001011 \\ \cdots\cdots \end{bmatrix} \tag{6.69}$$

可见卷积码的监督矩阵是一个有头无尾（一端固定，而另一端无限延伸）的半无穷矩阵。

观察式（6.67）可以看出，这个矩阵的每两列结构是相同的，只是后两列比前两列下移了一行。由于该矩阵是半无穷矩阵，所以只能研究其截短矩阵来说明这种码的约束关系和性质。式（6.67）的截短监督矩阵应为

$$H_1 = \begin{bmatrix} 11 \\ 1011 \end{bmatrix} \tag{6.70}$$

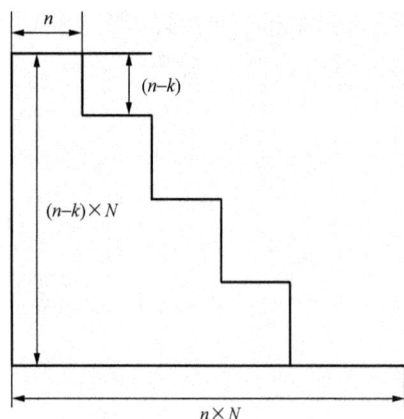

图 6.13　截短矩阵一般结构形式

截短矩阵更为一般结构形式的如图 6.13 所示。它实际上是从半无穷矩阵 H 的左上方切出来的一个小矩阵，其左边是一个 n 列、$(n-k)$ 行的子矩阵，向右的每列均相对于前 n 列降低 $(n-k)$ 行。

【例 6.9】　设一卷积码编码器的输出序列为

$$m_1 c_{11} c_{12} m_2 c_{21} c_{22} m_3 c_{31} c_{32} m_4 \cdots$$

即每一信息位 m_j 之后跟随两个监督位 $c_{j1} c_{j2}$，且监督位和信息位之间的一般关系为

$$c_{j1} = m_j + m_{j-1}$$
$$c_{j2} = m_j + m_{j-2}$$

试求此卷积码的截短监督矩阵 H_1。

解　由题目已知条件可知，该卷积码的 $k=1$，$n=3$，$N=3$，约束长度 $n \times N = 9$，监督方程为

$$c_{11} = m_1$$
$$c_{12} = m_1$$
$$c_{21} = m_2 + m_1$$
$$c_{22} = m_2$$
$$c_{31} = m_3 + m_2$$
$$c_{32} = m_3 + m_1$$

写成矩阵形式为

$$\begin{bmatrix} 110 \\ 101 \\ 100110 \\ 000101 \\ 000100110 \\ 100000101 \end{bmatrix} \cdot \begin{bmatrix} m_1 \\ c_{11} \\ c_{12} \\ m_2 \\ c_{21} \\ c_{22} \\ m_3 \\ c_{31} \\ c_{32} \end{bmatrix} = 0$$

所以该卷积码的截短监督矩阵为

$$H_1 = \begin{bmatrix} 110 \\ 101 \\ 100110 \\ 000101 \\ 000100110 \\ 100000101 \end{bmatrix}$$

仔细观察从例 6.7 得到的截短监督矩阵 H_1，可以将它写成

$$H_1 = \begin{bmatrix} 110 \\ 101 \\ 100110 \\ 000101 \\ 000100110 \\ 100000101 \end{bmatrix} = \begin{bmatrix} P_1 I_2 & & \\ P_2 O & P_1 I_2 & \\ P_3 O & P_2 O & P_1 I_2 \end{bmatrix} \tag{6.71}$$

式中右边的 I_2 为二阶单位方阵；P_i 为 1×2 阶矩阵；O 为二阶全 0 方阵。对比式（6.19）可以发现有相似之处，可以得到卷积码的截短监督矩阵有如下形式

$$H_1 = \begin{bmatrix} P_1 & I_{n-k} & & & & & & & \\ P_2 & O & P_1 & I_{n-k} & & & & & \\ P_3 & O & P_2 & O & P_1 & I_{n-k} & & & \\ \vdots & \vdots & \vdots & \vdots & \vdots & & & & \\ P_n & O & P_{n-1} & O & P_{n-2} & O & \cdots & P_1 & I_{n-k} \end{bmatrix} \tag{6.72}$$

式中：I_{n-k} 为 $(n-k)$ 阶单位方阵；P_i 为 $k \times (n-k)$ 阶矩阵；O 为 $(n-k)$ 阶全 0 方阵。由于 H_1 的末行有其特殊性，故将它称为基本监督矩阵 h

$$h = [P_n \quad O \quad P_{n-1} \quad O \quad P_{n-2} \quad O \quad \cdots \quad P_1 \quad I_{n-k}] \tag{6.73}$$

2. 生成矩阵

下面求卷积码的生成矩阵。由例 6.7 可知

$$m_1 c_{11} c_{12} m_2 c_{21} c_{22} m_3 c_{31} c_{32} m_4 \cdots = [m_1 m_1 m_1 m_2 (m_1 \oplus m_2) m_2 m_3 (m_2 \oplus m_3)(m_1 \oplus m_3) m \cdots]$$

$$= [m_1 m_2 m_3 m_4] \begin{bmatrix} 1110100010 & 00 \vdots \\ 0001110100 & 01 \vdots \\ 0000001110 & 10 \vdots \\ 0000000001 & 11 \vdots \\ 0000000000 & 00 \vdots \\ \cdots\cdots\cdots\cdots\cdots \end{bmatrix} \tag{6.74}$$

与式（6.45）对比，可得生成多项式为

$$G=\begin{bmatrix} 1110100010 & 00\vdots \\ 0001110100 & 01\vdots \\ 0000001110 & 10\vdots \\ 0000000001 & 11\vdots \\ 0000000000 & 00\vdots \\ \cdots \end{bmatrix} \quad (6.75)$$

显然它也是一个半无穷矩阵。其特点是每一行的结构相同，只是比上一行向右退后 3 列。与监督矩阵相似，它的截短生成矩阵为

$$G_1=\begin{bmatrix} 111010001 \\ 111010 \\ 111 \end{bmatrix}=\begin{bmatrix} I_1 & Q_1 & O & Q_2 & O & Q_3 \\ & I_1 & Q_1 & O & Q_2 \\ & & I_1 & Q_1 \end{bmatrix} \quad (6.76)$$

式中：I_1 为一阶单位方阵；Q_i 为 2×1 阶矩阵；O 为一阶全 0 方阵。通过对比式（6.69）可以发现

$$Q_i=P_i^T \quad (i=1,2,3,\cdots) \quad (6.77)$$

即矩阵 Q_i 为矩阵 P_i 的转置。

与式（6.74）相似，截短生成矩阵也具有如下的形式

$$G_1=\begin{bmatrix} I_kQ_1 & OQ_2 & OQ_3 & \cdots & OQ_n \\ & I_kQ_1 & OQ_2 & \cdots & OQ_{n-1} \\ & & I_kQ_1 & \cdots & OQ_{n-2} \\ & & & \cdots \end{bmatrix} \quad (6.78)$$

式（6.78）中：I_k 为 k 阶单位方阵；Q_i 为 $(n-k)\times k$ 阶矩阵；O 为 k 阶全 0 方阵。由于 G_1 的首行有其特殊性，故将它称为基本生成矩阵 g

$$g=[I_kQ_1 \quad OQ_2 \quad OQ_3 \quad \cdots \quad OQ_n] \quad (6.79)$$

与线性分组码相似，如果基本生成矩阵已给出，就可以从已知的信息位得到整个编码序列。

【例 6.10】 已知 $k=1$，$n=2$，$N=4$ 的卷积码，其基本生成矩阵为 $g=[11010001]$。试求该卷积码的截短生成矩阵 G_1 和截短监督矩阵 H_1。

解 由题目已知

$$g=[11010001]$$

而由式（6.79）可知

$$g=[I_1Q_1OQ_2OQ_3OQ_4]$$

所以 $\quad Q_1=1 \quad Q_2=1 \quad Q_3=0 \quad Q_4=1$

所以截短生成矩阵为

$$G_1=\begin{bmatrix} I_1Q_1OQ_2OQ_3OQ_4 \\ I_1Q_1OQ_2OQ_3 \\ I_1Q_1OQ_2 \\ I_1Q_1 \end{bmatrix}=\begin{bmatrix} 11010001 \\ 00110100 \\ 00001101 \\ 00000011 \end{bmatrix}$$

由于

$$Q_i = P_i^T \qquad (i=1,2,3,\cdots)$$

所以有：$P_1 = 1$ $P_2 = 1$ $P_3 = 0$ $P_4 = 1$

所以截短监督矩阵为

$$H_1 = \begin{bmatrix} P_1I_1 \\ P_2OP_1I_1 \\ P_3OP_2OP_1I_1 \\ P_4OP_3OP_2OP_1I_1 \end{bmatrix} = \begin{bmatrix} 11 \\ 1101 \\ 110100 \\ 11010001 \end{bmatrix}$$

6.8 交 织 码

交织码是一种可以纠正突发错误的常用码。交织编码的目的是把一个较长的突发差错离散成随机差错，再用纠正随机差错的编码（FEC）技术消除随机差错。采用交织码的通信系统如图 6.14 所示。

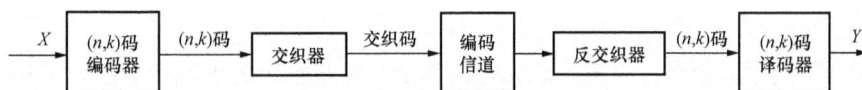

图 6.14 交织码通信系统

下面以汉明码为例说明交织码的工作过程。（7，4）汉明码仅能纠正一个随机错误，将 3 组（7，4）汉明码进行交织、反交织处理后即可纠正 3 个突发错误。交织器和反交织器都是如图 6.15 所示的 3×7 方阵。在交织器中，将 3 组（7，4）汉明码按行写入、按列读出，在反交织器中则按列写入、按行读出。信道中的 3 个突发错码被分散到 3 组（7，4）码组内分别加以纠正。

若将能纠正 t 个随机错误的（n，k）码作为方阵的行码，i 个行码构成一个 $i\times n$ 方阵，则这种交织可以纠正 t 个突发长度为 i 的突发错误，将 i 称为交织度。交织度越大，则离散度越大，抗突发差错能力也就越强。但交织度越大，交织编码处理时间越长，从而造成数据传输时延增大，也就是说，交织编码是以时间为代价的。

在实际移动通信环境下的衰落，将造成数字信号传输的突发性差错。利用交织编码技术可离散并纠正这种突发性差错，改善移动通信的传输特性。交织编码方阵如图 6.15 所示。

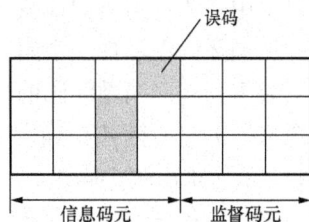

图 6.15 交织编码方阵

小 结

（1）在数据通信系统传输的过程中，降低误码率的基本办法是采用差错控制编码。其方法是将二进制数据序列作某种变换使其具有某种规律性，接收端利用这种规律性检出或者纠正错码。在进行变换时，通常要加入监督码，因此误码率的降低是以牺牲传输效率为代价的。

由于噪声有随机噪声和脉冲噪声之分，因此噪声造成的误码也分随机差错和突发差错两种类型。区分两种差错类型界限的依据是错误图样。差错类型不同选用的编码也不同。

差错控制工作方式分为四种类型：前向纠错、检错重发、混合纠错和信息反馈。这些方式各有其特点，各适用于不同场合。

（2）码距的大小，决定着这种码的检错和纠错能力的大小。所谓码距是指把两个许用码组中对应码位上具有不同二进制码元的个数。在一种码的集合中码组间的最小距离叫最小码距，也称汉明码距。差错编码的最小码距与检错纠错能力之间的关系见式（6.1）～式（6.3）。

如果一种码，它的每个码组信息位长度为 k，监督位长度为 r，码组总长为 $n=k+r$，则称这种码为分组码，或称（n，k）码。通常把 k/n 定义为编码效率。

（3）纠错编码可以从不同的角度分类。常用的几种简单的差错控制编码有奇偶监督码、恒比码、正反码、重复码和群计数码。

（4）汉明码是一种能够纠正一位错码且编码效率较高的线性分组码。（n，k）汉明码 r 个监督位与码长为 n 的关系式为：$2^r-1 \geqslant n$。

（7，4）汉明码是一处简单的汉明码。其汉明码距为 3，可以纠正一个错码或检测两个错码。

（5）线性码是指监督码元与信息码元之间满足一组线性方程的码；分组码是指监督码元仅对本码组中的码元起监督作用。线性分组码是指既是线性码又是分组码的编码。

由线性分组码的监督关系可求出监督方程，为了计算的方便，监督方程可以用矩阵的形式表示。已知信息码和典型形式的监督矩阵 H，就能确定各监督码元。生成矩阵就是根据监督方程产生的，典型监督矩阵和典型生成矩阵之间的关系可由式（6.19）、式（6.22）和式（6.23）表示。典型的生成矩阵可以产生整个码组 A，即可根据式（6.24）获得。

线性分组码的主要性质有封闭性、线性分组码中必有一个全 0 码组、码的最小距离等于非零码的最小重量。

（6）循环码是一种重要的线性分组码，它除了具有线性的一般性质外，还具有循环性，即码组中任意一组码向前或向后循环一位后仍是该码中的一个码组。

在循环码中，任一个码组都可以用码多项式表示。想得到循环码的生成矩阵，首先要得到生成多项式。当循环码的长度 n 和信息位 k 给定之后，生成多项式 $g(x)$ 必定是（x^n+1）的一个次（$n-k$）因式。确定 $g(x)$ 后，便可由 $g(x)$、$xg(x)$，$x^2g(x)$，…，$x^{k-1}g(x)$ 构成生成矩阵 $G(x)$，从而求出整个码组。

（7）卷积码是一种非分组码。卷积码在任何一段规定时间内编码器产生的 n 个码元，其监督位不仅决定于这段时间的 k 位信息码元，而且还决定于前 $N-1$ 段时间的信息码元。也就是说。监督位不仅对本码组起监督作用，还对前 $N-1$ 个码组也起监督作用。这 N 段时间内的码元数目 nN 称为这种卷积码的约束长度。通常将卷积码记作（n，k，N），其中 k 为一次移入编码器的比特数目，n 为对应于 k 比特输入的编码输出，其编码效率为 $R=k/n$。

卷积码也是一种线性码，也可用矩阵表示。可以用监督矩阵进行码组的监督，但其监督矩阵的特殊性，常对它进行截短处理。由监督矩阵同样可以获得生成矩阵。当生成矩阵确定后，便可从已知的信息位得到整个编码序列。生成矩阵也可进行截短处理。

习　　题

6.1　差错控制的基本思想是什么？

6.2　"差错控制是为了传输的可靠性而牺牲传输的有效性。"这句话是否正确？为什么？

6.3　什么是随机差错？什么是突发差错？什么叫错误密度？

6.4　某数据通信系统采用选择重发的差错控制方式，发送端要向接收端发送7个码组（序号 0～6），其中 1 号组出错，请在图 6.16 中的空格里填入正确的码组号。

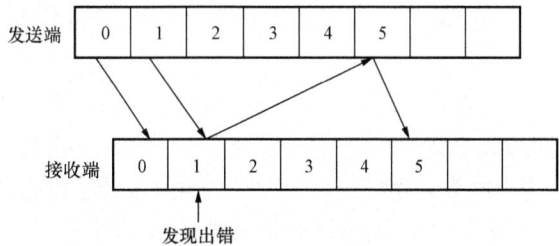

图 6.16　习题 6.4 图

6.5　什么是码长、码重和码距？什么是编码效率？

6.6　已知两码组为（0000）、（1111）。若用于检错，能检出几位错码？若用于纠错，能纠正几位错码？若同时用于检错和纠错，问纠错、检错的性能如何？

6.7　某系统采用垂直水平奇偶监督，其信息码元如表 6.13，试填上监督码元，并写出发送的数据序列（假设采用偶监督，并按列发送）。

表 6.13　　　　　　　　　　　　　习 题 6.7 表

	信　息　码　元								监督码元
	1	1	1	0	0	1	1	0	
	1	0	0	0	1	0	1	0	
	1	1	1	0	1	0	1	0	
	1	0	0	0	1	0	0	0	
	0	1	1	1	1	1	1	1	
	0	1	0	1	1	0	0	1	
	0	0	0	1	0	0	0	1	
监督码元									

6.8　设收到一组正反码为 1000111001，试问码组中是否有错码？为什么？如有，是哪一位有错？

6.9　一码长 $n=15$ 的汉明码，监督位 r 应为多少位？编码效率应为多少？

6.10　接收端收到某（7，4）汉明码为 0111011，此汉明码是否有错？如果有错，错码位置是哪一位？

6.11　已知某线性码监督矩阵为：

$$H=\begin{bmatrix}1110100\\1101010\\1011001\end{bmatrix}$$

试列出所有许用码组。

6.12　已知（7，4）循环码的全部码组为

0000000　1000101　0001011　1001110　0010110　1010011　0011101　1011000

0100111　1100010　0101100　1101001　0110001　1110100　0111010　1111111

试写出该循环码的生成多项式 $g(x)$ 和生成矩阵 $G(x)$，并将 $G(x)$ 化成典型阵。

6.13　试证明 $x^{10}+x^8+x^5+x^4+x^2+x+1$ 为（15，5）循环码的生成多项式。求出该码的生成矩阵，并写出消息码为 $m(x)=x^4+x+1$ 的码多项式。

6.14　已知（7，4）码的生成矩阵为

$$G=\begin{bmatrix}1000111\\0100101\\0010011\\0001110\end{bmatrix}$$

试写出所有许用码组，并求监督矩阵。若接收码组为 1101101，请计算校正子。

6.15　一卷积码编码器如图 6.17 所示，已知 $k=1$，$n=2$，$N=3$，试写出生成矩阵 G 的表达式。

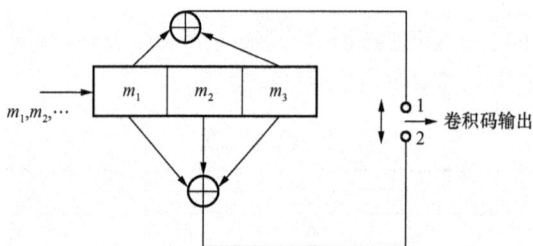

图 6.17　习题 6.15 图

6.16　已知 $k=1$，$n=3$，$N=4$ 的卷积码，其基本生成矩阵为 $g=$[111 001 010 011]。试求该卷积码的截短生成矩阵 G_1 和截短监督矩阵 H_1。并写出当输入序列 $m=(1001\cdots)$ 时所对应的卷积码输出序列。

第7章 数据交换技术

7.1 概 述

对于点到点之间的通信，只要在通信双方之间建立一个连接即可实现。对于点到多点或多点到多点之间的通信，最直接的方法就是让所有的通信方两两相连，这种连接方法成本高，连接复杂，仅适合于终端数目较少、地理位置相对集中且可靠性要求很高的场合。而对于终端用户数量较多，分布范围较广的情况，最好的连接方法是在用户分布密集中心处安装一个设备，把每个用户终端设备分别用专用的线路连接到这个设备上，当任意两个用户之间要进行通信时，该设备就把连接这两个用户的开关接点合上，将这两个用户的通信线路接通。当两个用户通信完毕，再把相应的开关断开，两个用户间的连线也随之切断。这种能够完成任意两个用户之间通信线路连接与断开作用的设备称为交换设备或交换机。如图 7.1 所示即是一个 DTE 用户接入交换网的示意图。

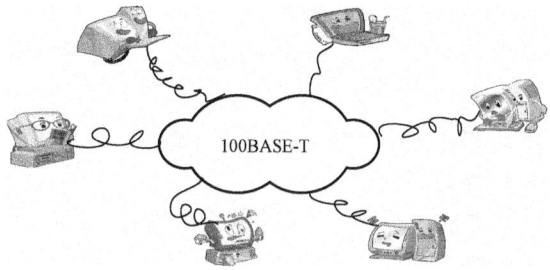

图 7.1 DTE 用户接入交换网

利用交换网实现数据通信，主要有两种：一是利用公用电话网（PSTN）进行数据交换，二是利用公用数据网进行数据交换。

利用 PSTN 进行数据交换可以充分利用现有公用电话网的资源，只需在 PSTN 上增加少量设备，进行一些必要的测试之后，即可开放数据通信业务，如图 7.2 所示。CCITT 在公用电话网上开放了数据通信的 V 系列建议。

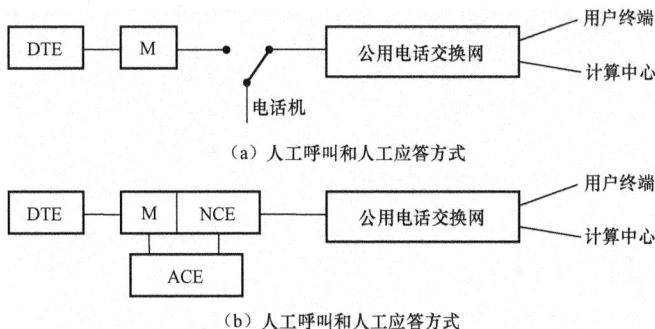

（a）人工呼叫和人工应答方式

（b）人工呼叫和人工应答方式

图 7.2 利用 PSTN 进行数据交换示意图

由图 7.2 可看出，只要在公用电话网上附加一些呼叫和应答装置，就可实现用户终端和计算中心设备的数据交换。图 7.2（a）是人工呼叫和人工应答方式，工作过程是利用电话拨号接通对方用户，双方通过人工认可后，转换电话/数据开关，进行数据通信，通信结束后，中止电路。图 7.2（b）是采用具有网络控制器（NEC）的调制解调器和自动呼叫器（ACE），可构成自动呼叫和自动应答的方式，就像许多用户接入 Internet 那样。

可见，利用 PSTN 进行数据交换投资少、实现简易、使用方便。但是它也有其缺点，如传输速率低，一般在 200～1200bit/s 之间；传输差错率高，其误码率可达 10^{-3}～10^{-5}；线路接续时间长，不适合高速数据传输；传输距离受限制，若要保证长距离传输的质量需采取线路均衡等措施；接通率低、不易增加新功能等。

为满足高速数据传输、高可靠性和短接续时间的要求，必须建立一个经济上有效的、可用于开放数据业务的公用数据网，即利用公用数据网进行数据交换。它有两种交换方式：电路交换方式和存储——转发交换方式，其中存储——转发交换方式又可分为报文交换方式、分组交换方式和帧方式。

7.2 电 路 交 换

7.2.1 电路交换原理

电路交换（Circuit Switching）是指在数据传输期间，在源站点与目的站点之间建立专用电路链接，数据传输结束之前，电路一直被占用，而不能被其他节点所使用。电路交换方式完成的数据传输要经历电路的建立、数据传输、电路的拆除三个阶段。

1. 电路的建立

图 7.3 为一个交换网络的拓扑结构，其中站点 H 表示要求通信的设备，称为网站或端系统，一般是计算机或终端，"○"表示为提供通信交换功能的节点设备。

在传输数据之前，源端先经过呼叫过程以建立一条端到端（站到站）的电路。例如在图 7.3 中，信源 H1 站发送一个连接请求（信令）到节点 A，请求与 H5 站建立一个连接。通常的做法是从 H1 站到节点 A 的电路是一条专用线路，这部分的物理连接已经存在。节点 A 必须在通向节点 E 的路径中找到下一个路由。根据路径选择规程，节点 A 选择到节点 B 的电路，在此电路上分配一个未用的通道（可使用复用技术），并告诉 B 它要连接 E 节点；B 再呼叫 E，并建立电路 BE；节点 E 完成到 H5 站的连接。这样在 A 与 E 之间就有了一条专用电路 ABE，用于 H1 站与 H5 站之间的数据传输。

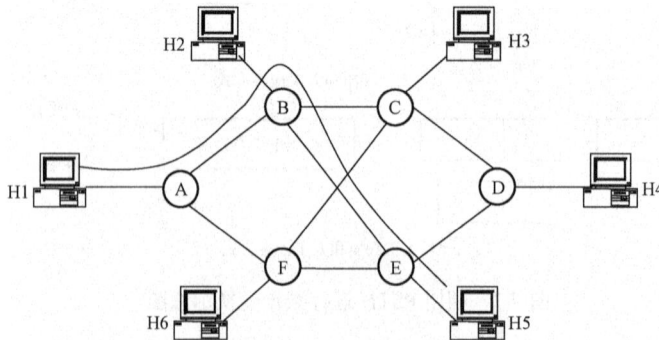

图 7.3　电路交换示意图

2. 数据传输

按上述例子，电路 ABE 建立以后，数据就可以从 A 送到 B，再由 B 传送到 E，也可以从 E 发送数据通过 B 到 A。这种数据传输经过每个中间节点时几乎没有延迟，并且没有阻塞的问题（因为是专用线路），在整个数据传输过程中，所建立的电路必须始终保持连接状态，除非有意外的线路或节点故障而使电路中断。

3. 电路拆除

数据传输结束后，由通信的某一方发出拆除电路请求（信令），对方做出响应并释放链路。被拆除的信道空闲后，可被其他连接请求所使用。

电路交换机是实现电路交换的主要设备，它由交换电路和控制电路两部分组成，交换电路的功能主要完成相应电路的连接工作，在要求通信的站点之间建立物理连接，控制电路的功能是根据主叫站的呼叫信号控制交换电路的接续工作。按照电路接续方式的不同，交换电路可以分为空分交换和时分交换两种方式。空分交换方式是通过空间物理连接的转换完成交换，通常可以用一个交换阵列来描述。时分交换是时分复用技术在数据交换上的应用，应用时分复用原理将物理线路分成若干个时分复用信道，通过一个时分接线器使用户数据按时隙进行交换。

7.2.2 电路交换的特点

电路交换中建立的连接是物理连接，如同建立在通信站点间的专线，通信双方在数据传输过程中独享该连接的信道资源，所以电路交换方式有如下优点：

（1）信息的传输时延小，且对一次接续而言，传输时延固定不变。

（2）交换机对用户的数据信息不存储，分析和处理用户数据信息时不必附加许多控制信息，交换机在处理方面的开销比较小信息传输效率比较高。

（3）数据传输可靠、迅速，数据不会丢失且保持原来的序列。

（4）信息的编码方法和信息格式由通信双方协调，不受网络的限制。

同时电路交换方式也有很多不利因素，如数据通信的特点是数据传输的突发性和随机性。所以在通信量小的时候，会出现电路空闲时间大于信道使用时间的情况，即使不传送数据，其他站点也不能使用这些信道资源，从而造成信道容量的浪费。而且当数据传输阶段的持续时间很短暂时，电路建立和拆除所用的时间也得不偿失；当用户终端或网络节点负荷过重时，可能出现呼叫不通的情况，即不能建立电路连接。因此，电路交换方式的主要缺点是：

（1）电路接续时间较长。

（2）电路资源被通信双方独占，电路利用率低。

（3）不同类型的终端（终端的数据速率、代码格式、通信协议等不同）不能相互通信。

（4）有呼损。

（5）传输质量较差。

因此，电路交换适用于数据传输要求质量高且批量大的情况。在数据传送开始之前必须先建立一条专用的电路，在线路释放之前，该通路由一对用户完全占用。对于猝发式的通信，电路交换效率不高，电路交换的典型例子是电话通信网络。

7.3 报 文 交 换

电路交换的缺点限制了它在数据通信中的应用，为了克服电路交换方式中不同类型的终端不能相互通信、电路利用率低、有呼损等缺点，人们设计出了更符合数据通信特点的交换方式——存储转发交换方式。这类交换方式不需在通信双方建立物理连接，对有通信要求的站点共享所有的信道资源，从而提高信道的利用率。

7.3.1 报文交换原理

报文交换方式的基本思想是"存储—转发"，即将用户的报文存储在交换机的存储器（内存或外存）中，当所需的输出电路空闲时，再将报文发向接收交换机或用户终端。与电路交换比较，报文交换无须在用户之间先建立呼叫，也不存在直接物理信道，交换结束后也不需要拆线过程。

发端用户发送数据不管长度如何，都把它作为一个逻辑单元。为了实现转发报文，在发送数据上加上目的地址、源地址、控制信息，按一定格式打包组成一个报文。

报文交换（Message Switching）方式如图 7.4 所示，它不需在两个站点之间建立一条专用电路，数据传输单位是报文，传送过程采用存储—转发方式。当一个站要发送报文时，它将一个目的地址附加到报文上，途经的网络节点根据报文上的目的地址信息，把报文发送到下一个节点，一直逐个节点地转送到目的节点。每个节点在收到整个报文并检查无误后，就暂存这个报文，然后利用路由信息找出下一个节点的地址，再把整个报文传送给下一个节点。在同一时间内，报文的传输只占用两个节点之间的一段线路。而在两个通信用户间的其他线路段，可传输其他用户的报文，不像电路交换那样必须端到端信道全部占用。报文交换节点通常是一台小型计算机，它具有足够的存储容量来缓冲收到的报文。

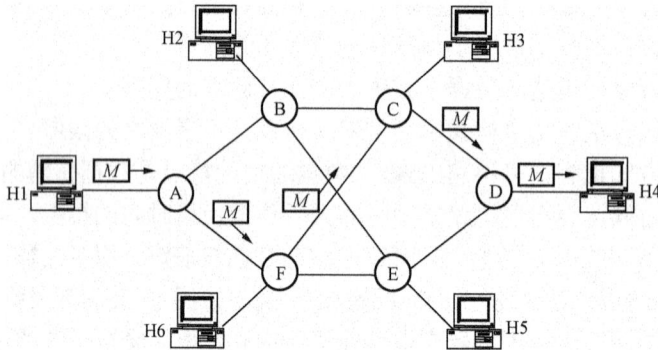

图 7.4 报文交换示意图

在报文交换方式中，以报文为单位接收、存储、转发信息。所谓"报文"就是站点一次性要发送的数据块，其长度不限并且可变。一份报文应包括三个部分：

（1）报头或标题：包括源站地址、目的站地址和其他辅助控制信息。

（2）报文正文：传输用户信息。

（3）报尾：表示报文结束标志，若报文长度有规定，则可不用结束标志。

报文格式如图 7.5 所示，将用户数据信息封装成报文，报文中包含有控制信息和目的地址，各交换节点以存储—转发的方式进行数据交换。报文交换原理如图 7.6 所示。

报文交换机主要由通信控制器、中央处理机和外存储器等组成，如图 7.7 所示。

报文号	目的地址	源地址	数据	校验

图 7.5 报文格式示意图

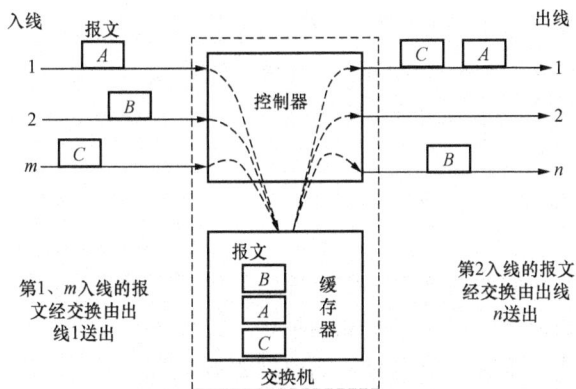

图 7.6 报文交换机原理示意图

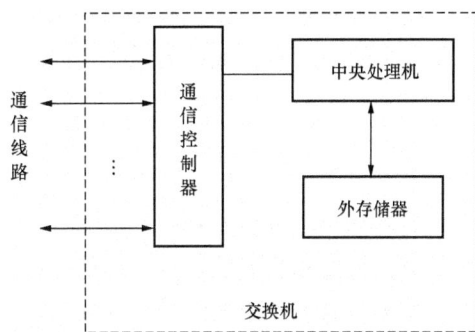

图 7.7 报文交换机

报文交换的过程是：

（1）报文交换机中的通信控制器探询各条输入通信线路，若某条用户线有报文输入，则向中央处理机发出中断请求，并逐字把报文送入内存储器。

（2）当收到报文结束标志后，表示一份报文全部接收完毕，则中央处理机对报文进行处理，如分析报头，判别和确定路由，登录输出排队表等。

（3）将报文转移到外部大容量存储器，等待一条空闲输出线路。

（4）一旦等到线路空闲，就把报文从外存储器调入内存储器，经通信控制器向线路发出去。

对于报文交换，来自不同输入线路的报文可经同一条输出线路输出，在交换机内部要排队等待，一般本着先进先出的原则，若不同用户的报文占用同一条线路传输，采用统计时分复用方式。为了使重要的、急需的数据先传输，可对不同类型的信息流设置不同的优先等级，优先级高的报文排队等待时间短。采用优先等级方式也可在一定程度上支持交互通信，在通信高峰时也可把优先级低的报文送入外存排队，以减少由于过忙引起的阻塞。

7.3.2 报文交换的特点

和电路交换相比，报文交换有如下几个特点：

（1）报文从源站点传送到目的站点采用"存储—转发"方式，在传送报文时，一个时刻仅占用一段通道，提高了线路利用率。

（2）在电路交换网络上，当通信量变得很大时，就不能接受新的呼叫。而在报文交换网络上，通信量大时仍然可以接收报文，不过传送延迟会增加。

（3）报文交换系统可以把一个报文发送到多个目的地，而电路交换网很难做到这一点。

（4）报文交换网络可以进行速度和代码的转换。

报文交换的主要优点有：

（1）可使不同类型的终端设备之间相互进行通信。

（2）由于存储转发机制，在报文交换的过程中没有电路接续过程，且线路利用率高。

（3）只要交换节点处缓存足够大，则不存在阻塞与"呼损"。

（4）可实现同报文通信，即同一报文可以由交换机转发到不同的收信地点。

报文交换的主要缺点有：

（1）不能满足实时或交互式的通信要求，报文经过网络的延迟时间长而且不定。

（2）有时节点收到过多的数据而无空间存储或不能及时转发时，就不得不丢弃报文。

（3）要求报文交换机有高速处理能力，且缓冲存储器容量大，交换机的设备费用高。

由此可见，报文交换不适于实时通信的要求，它适用于公众电报和电子信箱业务等。

7.4 分 组 交 换

随着计算机的普及和广泛应用，计算机之间的通信占据了数据通信的主要部分。这种通信具有高突发和高速的特点，显然电路交换和报文交换方式不能满足用户的要求。而报文交换的传输时延大，不能满足现代通信对实时性的要求。分组交换的出现正好较好地解决了这个问题。

分组交换（Packet Switching）是报文分组交换的简称，它仍然采用存储—转发的方式。它是报文交换的一种改进，它将报文分成若干个分组，每个分组的长度有一个上限，有限长度的分组使得每个节点所需的存储能力降低了，分组可以存储到内存中，提高了交换速度。每个分组中包括数据和目的地址。其传输过程在表面上看与报文交换类似，但由于限制了每个分组的长度，因此大大地改善了网络传输性能。

分组交换与报文变换最大的不同点是：

（1）把数据传送单位的最大长度限制在较小的范围内，这样每个节点所需要的存储量就降低了。

（2）分组是较小的传输单位，只有出错的分组才会被重发，因此大大降低了重发的比例和开销，提高了交换速度。源节点发出一个报文的第 1 个分组后，可以连续发出第 2 个、第 3 个分组，而第 1 个分组可能还在路中，这些分组在各个节点中被同时接收、处理和发送，而且可走不同的路径。这种并行性缩短了整体传输时间，并随时利用网络中流量分布的变化而确定尽可能快的路径。分组交换适用于交互式通信，如终端与主机通信。

7.4.1 分组交换原理

分组交换的基本原理主要有复用传输方式、分组的形成和传输、分组交换的过程等。

1. 分组复用传输方式

分组交换的最基本思想是实现通信资源的共享。一般而言，终端速率与线路传输速率相比低得多，若将线路分配给这样的终端专用，则是对通信资源极大浪费。因此采用多路复用技术，将多个低速的数据流合成起来共同使用一条高速的线路，提高线路利用率，可以充分利用通信资源。目前多路复用方法有多种，但从如何分配传输资源的角度，可以分成两类：一类是固定分配资源法；另一类是动态分配资源法。固定分配资源法就是同步复用技术；另一类是动态分配资源法就是异步复用技术。复用技术详见 1.4。

在数据交换方式中，报文交换、分组交换、帧交换、帧中继及 ATM 交换都属于统计时分复用方式。

在固定分配方式中，每个用户的数据都是在预先固定的子通路中传输，接收端也很容易由定时关系或频率关系将它们区分开来，分接成各用户数据流。而在统计时分复用方式中，由于各终端数据流是动态随机传输的，因此不能再用定时或频率关系在接收端来区分和分接它们，而是按照一定单元长度随机交织传输各用户终端的数据。在交织传输中，为了识别和分接来自不同终端的用户数据，常在采用统计时分复用时，将交织在一起的数据发送到线路上之前给它们打上一个与终端有关的"标记",如在数据前加上终端号,这样接收端就可以通过识别用户数据的"标记"将它们区分开来。

2. 分组的形成与传输

为提高复用效率,应将数据按一定长度分组。分组交换中,将数据信息封装成分组以存储—转发的方式进行数据交换。每个分组是由分组头和其后的用户数据部分组成的。分组头包含接收地址和控制信息,其长度为 3~10 个字节;用户数据部分长度一般是固定的,平均128 字节,若线路的质量较好,也可以取 256、512 或 1024 字节。在接收端,再将分组按照顺序还原成报文。

3. 分组的交换

在实际通信中,分组是由分组型终端或专门设备产生的,分组交换的过程如图 7.8 所示。设分组交换网中有三个分组交换中心,分别设有分组交换机 1、2、3,并有 A、B、C、D 四个用户终端,其中 A 和 D 是一般终端,B 和 C 为分组型终端。分组型终端以分组的形式发送和接收信息,而一般终端发送和接收的不是分组而是数据报文。因此,一般终端发送数据报文时要先由分组拆装设备(Packet Assembler/Disassembler,PAD)将报文拆分成若干分组,接收时也需先由 PAD 重新组装成报文。

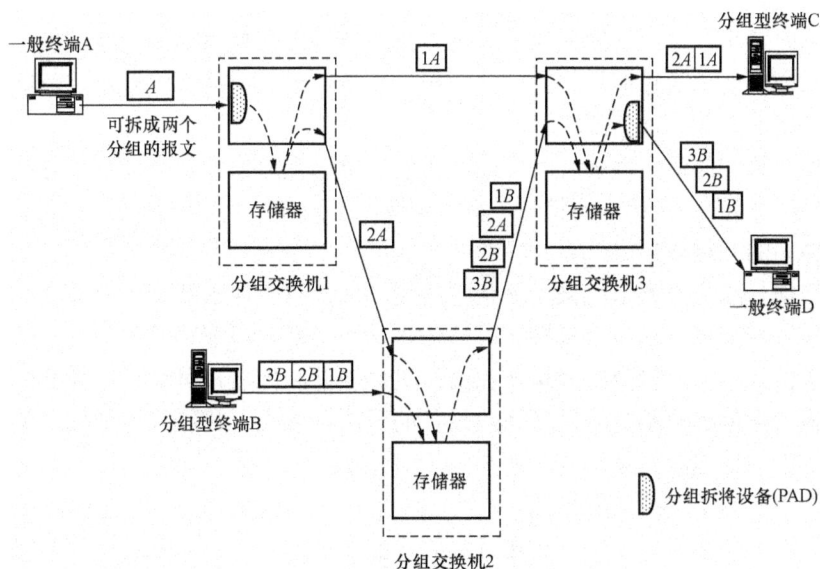

图 7.8 分组交换示意图

分组交换网的工作过程是,交换中心的交换机接到分组后首先把它存储起来,然后根据分组中的地址信息、线路的忙闲情况等选择一条路由,再把分组传给下一个交换中心的交换机。如此反复,一直把分组传输到接收方所在的交换机。

根据是否具有分组拆装功能,接入分组交换网的终端可以分为分组型终端(PT)和非分组型终端(NPT)两种,对于非分组型终端来说,接入分组网时需配置分组拆装设备(PAD),收到的分组要 PAD 进行报文的合并工作,并送交接收方计算机或终端。如图 7.8 中 A 终端把信息传给 D 终端之间的通信。对于分组型终端来说,能够自动按照分组的格式拆装,因此,收到的分组可直接交给计算机或终端,如图 7.8 中 B、C 终端之间的通信。

图 7.8 中,有一般终端 A 与分组型终端 C 及分组型终端 B 与一般终端 D 两个通信过程。一般终端 A 发送报文,由分组拆装设备将它拆分成两个分组,经过分组交换机 1,存入存储器并选择合适的路由,等到线路空闲,将其中一个分组传送给分组交换机 2,分组交换机 2 经过同样的操作将该分组发送给分组交换机 3;而报文 A 另一个分组则直接传送给分组交换机 3。分组交换机 3 将两个分组直接发送给分组型终端 C。另一个通信过程与之类似,只是发送终端是分组型终端,不需 PAD 设备,而接收终端为一般终端,需先将分组重新组装才能接收。

7.4.2 分组交换的特点

分组交换和报文交换都采用存储转发机制,由于分组交换不像报文交换那样以报文为交换单位,而是以若干个长度有限且固定的分组进行信息交换和传输,因此,分组交换的主要优点有:

(1)传输质量高。分组交换机具有差错控制、流量控制等功能,可实现逐段链路的差错控制(差错校验和重发)。分组在分组交换网中传输时,分段独立地进行差错控制,使信息传输的误码率大大降低,一般可达 10^{-10} 以下。另外,由于分组在分组交换网中传输的路由是可变的,当网内发生故障时,分组可自动选择一条避开故障点的迂回路径传输,不会造成通信中断。而电路交换只能提供端到端的差错控制。

(2)传输时延小。分组交换采用“分组”为单位进行交换传输,分组交换中的传输时延主要来自节点交换机中的排队等待时间,与报文交换比较,已经大大减小,能够满足一些对实时性要求较高的交互式通信要求。

(3)对用户终端的适应性强,为不同种类的终端相互通信提供方便。如分组交换网中,通过 X.25 协议向用户提供统一的接口,从而实现了不同速率、不同代码、不同通信控制规程的数据终端之间的互相通信。

(4)可实现分组多路通信。采用分组型终端利用分组交换的统计时分复用原理,可以很容易地在一对用户线上实现多个终端同时通信,从而实现分组多路通信。

(5)经济性好。信息以分组为单位在交换机内存储和处理,可简化交换处理;分组长度较短,交换机的存储容量小,降低了网内设备的费用;可进行分组多路通信,通信电路的利用率高,降低了通信电路的使用费用。

分组交换也有以下这些主要缺点:

(1)信息传输效率较低。由于传输分组时需要交换机有一定的开销,使网络附加的传输信息较多,对长报文通信的传输效率比较低。如,每个分组有分组头,用来实现数据虚通路的建立、保持和拆除、进行差错控制和流量管理的无数据信息的控制分组等附加信息。

(2)实现技术复杂。分组交换要对各种类型的分组进行处理,为分组选择路由,为用户提供速率、代码和规程的变换,为网络的维护管理提供必要的报告信息等,因此要求交换机有较高的处理能力,实现设备比较复杂,大型分组交换网的投资较大。

因而,分组交换与报文交换最大的不同点是,分组交换把数据传送单位的最大长度限制在较小的范围内,这样每个节点所需要的存储量低了;另外,分组是较小的传输单位,只有出错的分组才会被重发,因此大大降低了重发的比例和开销,提高了交换速度。

7.4.3 分组的传输方式

分组交换有虚电路分组交换和数据报分组交换两种。它是计算机网络中使用最广泛的一种交换技术。

1. 虚电路方式

所谓虚电路，并非指一条存在的物理链路，而是指两个用户终端在开始互相发送和接收数据之前需要通过网络建立逻辑上的连接。一旦这种连接建立后，通信终端之间便可在网络中保持已建立的数据通路，用户发送的以分组为单位的数据将按顺序由这个逻辑上的数据通路到达终端。因此，虚电路方式具有电路交换的特色。图 7.9 给出了虚电路示意图。

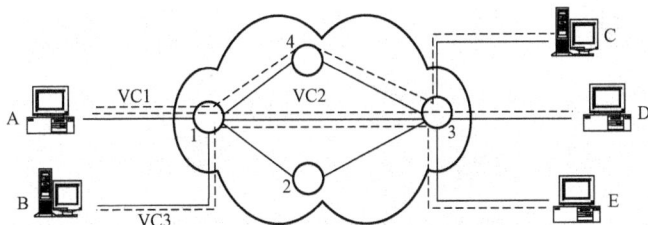

图 7.9 虚电路示意图

之所以称这种连接为"虚"电路，是因为分组交换机（网络节点）按线路传输能力的"动态按需分配"原则为这种连接保持一种链接关系，终端可以在任何时候发送数据（受流量控制），就像在通信两端的终端之间有一条物理数据电路。如果终端暂时没有数据可发送，网络仍保持这种连接关系，但是这时网络可以将线路的传输能力和交换机的处理能力用作其他服务，分组交换机并没有独占网络资源，所以，这种连接电路是"虚"的。

虚电路方式的特点有：

（1）一次通信具有呼叫建立、数据传输和呼叫清除三个阶段。

（2）数据分组中不需要包含终点地址，因而对于数据量较大的通信来说传输效率较高。

（3）终端之间的路由在数据传送前已被决定，因此，数据分组按已建立的路径顺序通过网络，在网络终点不需要对数据分组重新排序，分组传输延时小，而且不容易产生数据分组的丢失。

（4）虚电路方式的缺点是，当网络中由于线路或设备故障可能使虚电路中断时，需要重新呼叫建立新的连接。但是现在许多采用虚电路方式的网络已经就此做了改进，能够提供呼叫重连接（Call Reconnection）的功能，这是以虚电路方式工作的网络提供的一种功能。当网络出现故障时将由网络自动选择并建立新的虚电路，不需要用户重新呼叫，并且不会丢失用户数据。

（5）可向用户提供永久服务。用户若向网络申请了该项服务之后，分组交换网络就在两个用户之间建立永久的虚连接，用户之间的通信直接进入数据传输阶段，就好像具有一条专线一样。

因此，虚电路方式的实现又分为两种：交换虚电路方式和永久虚电路方式。

交换虚电路（SVC）方式可以和拨叫式电路交换相比较。这种方式要经历以下三个过程：

（1）建立虚电路。网络的源节点和目的节点之间要事先建立一条逻辑通路。在图 7.10 中，假设 H1 站有一个或多个分组要发送到 H3 站去，那么它首先要发送一个呼叫请求分组到节点 A 请求建立一条到节点 B 的连接。节点 A 确定到节点 B 的路径，节点 B 再确定到节点 C 的路径，节点 C 最终把呼叫请求分组传送到 H3 站，如果 H3 站准备接收这个连接，就发送一个呼叫接收分组到节点 C，这个分组通过节点 B 和 A 返回到 H1 站。则在 Hl 站与 H3 建立了一条逻辑通路。

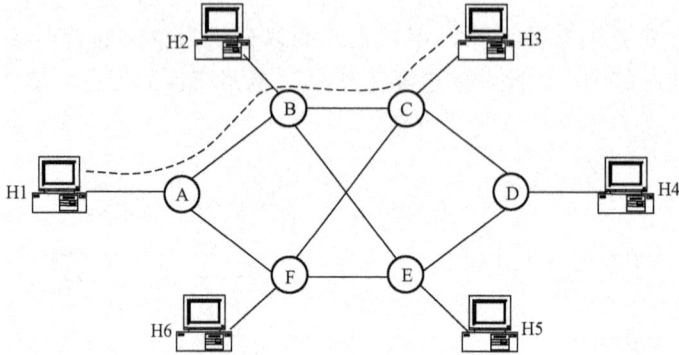

图 7.10　虚电路分组交换示意图

（2）交换数据。在逻辑通路建立后，即可在虚电路上交换数据。每个分组除了包含数据之外还得包含一个虚电路标识符（虚电路号）。根据预先建立好的路径，路径上的每个节点都知道把这些分组传送到哪里去，不再需要路由选择判断。

（3）拆除虚电路。当数据交换结束后，其中任意一个站均可发送拆除虚电路的请求来结束这次连接。一个站能和任何一个站建立多个虚电路，也能与多个站建立虚电路。这种传输数据的逻辑通路所以是"虚"的，是因为这条电路不是专用的而是时分复用的。每条虚电路支持特定的两个端点之间的数据传输，两个端点之间也可以有多条虚电路为不同的通信进程服务，这些虚电路的实际路由可能相同，也可能不同。

呼叫虚电路技术的主要特点是在数据传送之前先建立站与站之间的一条路径。需注意的是，虚电路不像电路交换那样有一条专用通路。分组在每个节点上仍然需要缓冲，并在输出线路上排队等待输出。

永久虚电路（PVC）方式类似于租用线路。这种方式中，通信双方虚电路路由信息事先存储在各交换节点的路由表中，通信的双方永远在线，数据传输前不必再有建立连接阶段，当然事后也不存在释放连接的问题。

永久虚电路方式适合于有大量数据传输的用户，每次通信可省去了呼叫建立连接过程。

2. 数据报方式

在数据报（Datagram）方式中，每个分组的传送是被单独处理的，就像报文交换中的报文一样也是独立处理的。每个分组被称为一个数据报，每个数据报自身携带足够的地址信息。一个节点接收到一个数据报后，根据数据报中的地址信息和节点所存储的路由信息，找出一个合适的出路，把数据报发送到下一个节点。因此，当某一个站点要发送一个报文时，先把报文拆成若干个带有分组序号和地址信息的数据报，依次发送到网络节点。各个数据报所走的路径可能不同，各个节点可以随时根据网络流量、故障等情况动态选择路由，从而各个数据报的到达不保证是按顺序的，甚至有的数据报会丢失。在整个过程中，没有虚电路建立，中间节点要为每个数据报作路由选择。

图 7.11 给出了数据报分组交换示意图。假设 H1 站有由三个分组组成的报文发向 H4 工

作站，它首先将各分组发向节点 A 并存入缓存器中，之后选定空闲的路径向目的站传送。假如分组 P1、P2 选定了节点 B，而分组 P3 选定了节点 F，在分组每经过一个节点时，都按"存储—选径—转发"的方式发送，直至将各分组传送至 H4 工作站。由于各个分组所经的路径不同，再加上各分组在各节点上排队等待时间的不同，从而导致各个分组到达节点 D 的时刻可能不同，为此节点 D 只能在收齐后才能将分组 P1、P2、P3 重新组装成同发送端相同的完整的报文，随后送工作站 H4，至此一次报文传输完毕。在这种交换方式中，每个分组在各个节点再向前传输时均需经过路由选择；另外，在发送端要将整个报文分割成报文分组，而且在接收端要重新组装。

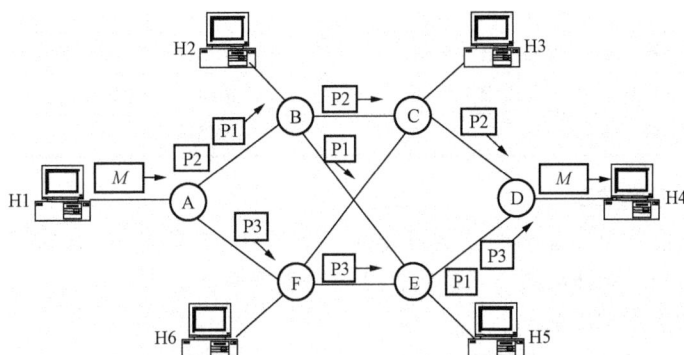

图 7.11 数据报分组交换示意图

虚电路方式与数据报方式相比，其不同点在于：

虚电路方式是面向连接的交换方式。如图 7.10 所示，主机 H1 先向主机 H4 发出一个特定格式的控制信息分组，要求进行通信，同时寻找一条合适路由。若主机 H4 同意，通信就发回响应，然后双方就建立了虚电路。同理，主机 H2 和主机 H5 通信之前，也要建立虚电路。在虚电路建立后，网络向用户提供的服务就好像在两个主机之间建立了一对穿过网络的数字管道。所有发送的分组都按顺序进入管道，然后按照先进先出的原则沿着此管道传送到目的站主机。到达目的站的分组顺序就与发送时的顺序一致，因此虚电路方式所提供的服务对通信的服务质量 QoS（Quality of Service）有较好的保证。

虚电路方式常用于两端点之间数据交换量较大的情况，能提供可靠的通信功能，保证每个分组正确到达，且保持原来的顺序。

但虚电路方式有一个弱点，当某个节点或某条链路出故障而彻底失效时，则所有经过故障点的虚电路将立即破坏，导致本次通信失败。

数据报方式是面向无连接的交换方式。网络随时接受主机发送的分组（即数据报），网络为每个分组独立地选择路由。网络尽最大努力将分组交付给目的主机，但网络对源主机没有任何承诺。网络不保证所传送的分组不丢失，也不保证按源主机发送分组的先后顺序，以及在时限内必须将分组交付给目的主机。当网络发生拥塞时，网络中的节点可根据情况将一些分组丢弃。数据报方式提供的服务是不可靠的，它不能保证服务质量。实际上"尽最大努力交付"的服务，就是没有质量保证的服务。

数据报方式适用于交互式会话中每次传送的数据报很短的情况。该方式省略了呼叫建立过程，因此当要传输的分组较少时，这种方式要比虚电路方式快速、灵活。而且分组可以绕开故障区而到达目的地，因此故障的影响面要比虚电路方式小得多。但分组交换网是以 CCITT X.25 规程为基础的，为了与其匹配，在网络内大部分都采用虚电路连接方式。

表 7.1 给出了虚电路方式和数据报方式设计的通信子网的不同点。

表 7.1 　　　　　　　　　　　**虚电路方式和数据报方式的不同点**

对　　象	虚　电　路　方　式	数　据　报　方　式
时延	建立连接时间、节点处排队等待时间、分组传播时间	节点处排队等待时间、分组传播时间
路由选择	建立连接时进行一次路由选择	节点根据网络流量，为每个分组单独选择路由
状态信息	每个节点需保存一张虚电路表	无需保存状态信息
地址信息	每个分组包含一个短的虚电路号	每个分组包含完整的源地址和目的地址信息
故障影响	线路或设备故障可能使虚电路中断	故障节点处的分组丢失
拥塞控制	较容易	较困难

7.4.4　分组长度的选取

分组长度的选取是分组交换中至关重要的一个环节。分组长度的选取取决因素在于，交换过程中的延迟时间、交换机费用（包括存储器费用和分组处理费用）、信道传输质量、正确传输数据信息的信道利用率等。

一般来说，分组越长，交换过程中的延迟时间越大，但误码率随着分组长度的加长而减小，信道利用率随着分组长度的加长而增高。当信息一定时，分组越长，存储处理费用越大，但由于交换的分组处理费用与分组数量成正比，因此分组越长，分组数量越少，分组处理费用越低。因此综合考虑，可以找到一个合适的分组长度，使交换机费用最少。CCITT 规定：分组长度以 16 字节到 4096 字节之间的 2^n 字节为标准的分组长度，一般选用的分组长度为 128 字节，不超过 256 字节（不包括组头）。分组头长度为 3～10 字节。

7.5　帧　　方　　式

帧方式是一种快速分组技术，是分组技术的升级技术。分组交换的传统方法是使用 X.25 协议，但该协议的数据传输效率较低。而快速分组交换（Fast Packet Switching，FPS）的目标是通过简化通信协议来减少中间节点对分组的处理，发展高速的分组交换机，以获得高的分组吞吐量和小的分组传输时延，适应当前高速传输的需要。帧方式是在开放系统互连（OSI）参考模型第二层，即数据链路层上使用的、用来传送和交换数据单元的一种方式。由于在数据链路层的数据单元一般称作帧，故称为帧方式。

帧方式包括帧交换和帧中继两类。帧交换保留有差错控制和流量控制功能，而帧中继交换机只进行检测，但不纠错，且省去流量控制等功能，这些均由终端完成。因此，帧中继比帧交换更简化，传输效率更高，所以广泛应用的是帧中继技术。

帧中继是一种减少节点处理时间的技术，其基本工作原理是：节点交换机收到帧的目的地址后立即转发，无须等待收到整个帧并做相应处理后再转发。如果帧在传输过程中出现差错，当节点检测到差错时，可能该帧的大部分已被转发到了下一节点。为解决这个问题，当检测到该帧有误码时，节点立即停止发送，并发送一个指示信息到下一节点，下一节点收到指示信息后立即终止传输，并将该帧从网中丢弃，请求重发。可见，帧中继方式的中间节点交换机只转发帧而不返回确认帧，只有在目的终端交换机收到一帧后才返回端到端的确认信号。而在分组交换方式中，每一节点交换机收到一个分组后，都要返回一个确认信号，目的终端收到一个分组后也要返回一个端到端的确认信号。所以，帧中继减少了中间节点的处理时间。

与分组交换相同，帧中继传送数据信息所使用的传输链路是逻辑连接，而不是物理连接。帧中继采用统计时分复用，动态分布带宽，向用户提供共享的网络资源。帧中继采用面向连接的虚电路交换技术为每一帧提供地址信息，每一条线路和每一个物理端口可容纳许多"虚电路"，用户之间通过虚电路连接。和分组交换一样，虚电路交换技术可提供交换虚电路（SVC）业务和永久虚电路（PVC）业务。目前世界上已建成帧中继网络大多只提供PVC业务。

帧中继交换网络应包含具有帧中继方式的用户终端和中间节点。实现帧中继的用户设备要求具有高智能、高处理速度等性能，而且还要有优质的线路条件。

帧中继技术的主要特点有：

（1）高效性。帧中继使用统计时分复用向用户提供共享资源，使用一组简化了的帧中继协议将数据信息以帧的形式有效地进行传送，而且提供纠错和要求重传的操作，省去了帧编号、流量控制、应答和监视等机制，大大节省了帧中继的开销。从而具有高的频带宽利用率、高的传输速率和小的网络时延。

（2）经济性。帧中继可以有效地利用网络资源，经济地将网络空闲资源分配给用户使用，即允许用户在网络资源空闲时超过预定值，占用更多的带宽，共享资源，而只需要预定带宽的费用。

（3）高可靠性。实现帧中继要求有优质的线路和高智能用户设备，可保证数据传输过程中的低误码率，并可使少量的误码得以纠正。

（4）灵活性。帧中继网组建简单，实现灵活简便，只要将现在数据网的硬件设备稍加修改，并进行软件升级即可实现帧中继网的组建。帧中继网可为接入该网的用户所要传送多种业务类型提供共同的网络传输能力，并对高层协议保持透明。对普通用户来说，使用帧中继网作为宽带业务的接入网是经济有效的。

帧中继技术适用于带宽要求64kHz～2MHz，且参与通信的用户多于两个；当传输距离较远时，帧中继网络的高效性可使用户享有较好的经济性；当数据业务量为突发性时，由于帧中继具有动态分配带宽功能，帧中继可有效地处理突发性数据。

7.6 几种数据交换技术的比较

由前面几节介绍电路交换、报文交换、分组交换和帧中继的基本原理及各自特点。因此，数据通信网中交换方式可分为电路交换和存储转发交换方式，在设计时选择哪种交换方式取决于网络性能、交换设备费用、可维护性等多项指标。图7.12给出了几种交换技术在4个节点情况下进行通信的时序图。传输过程是有时延的，而且传输报文或分组的实际时间和节点数目的多少、节点的处理速度、线路传输速率、传输质量、节点的负荷等诸多因素有关。

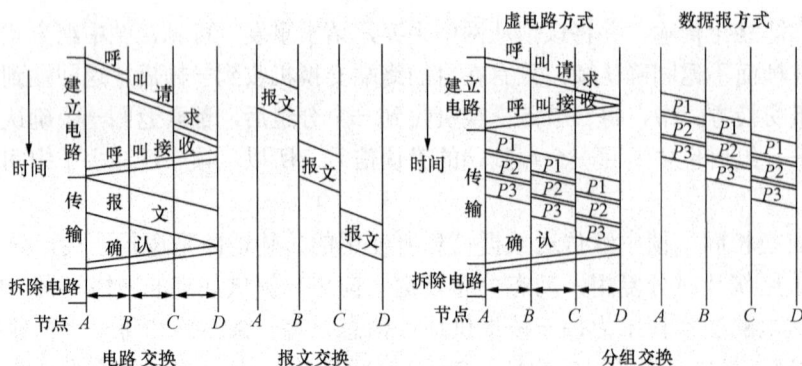

图 7.12　几种交换方式时序图

表 7.2 给出了几种交换技术性能比较。与电路交换相比，分组交换的电路利用率高，可实现变速、变码、差错控制和流量控制等功能。与报文交换相比，分组交换时延小，具备实时通信特点，且分组交换还具有多逻辑信道通信的能力。但分组交换增加了网络开销，因为每个分组之前要加一个与控制和监督有关的分组头，这也是分组交换要付出的代价。

表 7.2　　　　　　　　　　　　　几种交换技术性能比较

交换方式 项　目	电　路　交　换	报　文　交　换	分　组　交　换	帧　中　继
接续时间	较长	较短	较短	较短
传输延时	短，毫秒级	长，≥60s	较长，≤200ms	较短
传输可靠性	较高	较高	高	高
过载反应	拒绝接受呼叫	节点延时增长	采用流控技术	采用流控技术
线路利用率	低	高	高	高
实时性业务	适用	不适用	适用	适用
支持业务	话音、数据	数据	数据	多媒体
实现费用	较低	较高	较高	较小
传输带宽	固定带宽	动态使用带宽	动态使用带宽	动态使用带宽

帧中继是快速分组交换的一种，是分组交换的升级技术，它保留了分组交换的优点，如采用统计时分复用技术、电路利用率高、适用实时性业务等，而且克服了分组交换开销大的缺点，进一步减小了时延，提高了网络吞吐量。因此帧中继是最具优越性的交换方式。

因此，数据通信网中分组交换和帧中继是最适合数据通信网的交换方式，而帧中继又优于分组交换，所以数据通信业务通常利用帧中继网传输和交换数据。

小　　结

利用交换网实现数据通信主要有利用 PSTN 和利用公用数据网两种方式交换数据。利用 PSTN 进行数据交换投资少、实现简易、使用方便，但传输速率低、差错率高、线路接续时间长。利用公用数据网进行数据交换有：电路交换方式、报文交换方式、分组交换方式和帧方式。

（1）电路交换是指在数据传输期间，在源站点与目的站点之间建立专用电路链接，数据传输结束之前，电路一直被占用，而不能被其他节点所使用。用电路交换完成的数据传输要经历电路的建立、数据传输、电路的拆除三个阶段。电路交换中建立的连接是物理连接，信息的传输时延小，数据传输可靠、迅速，数据不会丢失且保持原来的序列，适于数据传输要求质量高且批量大、通信用户较确定的情况。

（2）报文交换采用存储转发交换方式，将用户的报文存储在交换机的存储器中，当所需的输出电路空闲时，再将报文发向接收交换机或用户终端。它不需在通信双方建立物理连接，当前有通信要求的站点共享所有的信道资源，可使不同类型的终端设备相互通信，而且报文交换没有电路接续过程。但是，报文经过网络的延迟时间长而且不定，不适于实时通信的要求。

（3）分组交换仍然采用存储-转发的方式。它将报文由分组型终端或专门设备分成若干个分组，每个分组中包括数据和目的地址，且每个分组的长度有一个上限，降低了节点所需的存储能力，提高了交换速度，且传输时延小，大大地改善了网络传输性能。

分组交换有面向连接的虚电路分组交换和面向无连接的数据报分组交换两种。虚电路方式具有电路交换的特色，其实现分为交换虚电路（SVC）方式和永久虚电路方式（PVC）两种。数据报方式中，每个分组自身携带足够的地址信息，而且是被单独处理的，但不保证一个报文的各个分组是按顺序到达终端，甚至有的数据报会丢失。

分组长度的选取与交换过程中的延迟时间、交换机费用、信道传输质量、正确传输数据信息的信道利用率等因素有关。可以找到一个合适的分组长度，使交换机费用最少。

（4）帧方式是一种快速分组技术，包括帧交换和帧中继两类。帧交换保留有差错控制和流量控制功能，而帧中继交换机只进行检测，且省去流量控制等功能。帧中继中，节点交换机收到帧的目的地址后立即转发，无须等待收到整个帧并做相应处理后再转发，减少了中间节点的处理时间，适用于带宽要求较高、参与通信的用户较多、传输距离较远且数据业务量为突发性的情况。

习 题

7.1 为什么要进行数据交换？

7.2 说明利用公用电话网进行数据传输和交换的优缺点。

7.3 公用数据网进行数据交换的方式有哪些？

7.4 电路交换的通信过程分为哪几个阶段？

7.5 简述电路交换的优缺点，说明电路交换的适用场合。

7.6 简要说明报文交换的工作过程。

7.7 报文交换中的报文由哪几部分组成？

7.8 报文交换的优缺点有哪些？它适用于什么场合？

7.9 分组交换的基本概念是什么？

7.10 分组交换中采用的是哪种复用方式？有什么优点？

7.11 一般终端和分组型终端有什么不同？

7.12 分组交换的优缺点有哪些？

7.13　试画出分组交换方式的一个分组格式。

7.14　什么是虚电路？虚电路交换方式有什么特点？

7.15　比较电路交换和虚电路分组交换的异同。

7.16　数据报交换方式有什么特点？它与虚电路交换相比，有哪些区别？

7.17　分组长度的选取与哪些因素有关？

7.18　帧方式有哪两类？各有什么特点？

7.19　与分组交换比较，帧中继的突出优点是什么？

7.20　数据通信网中，为什么分组交换和帧中继是最适合数据通信网的交换方式？

第8章　通　信　协　议

数据通信是在各种类型的数据终端和计算机之间进行的，为了保证通信的顺利进行，必须有一系列行之有效的、共同遵守的通信协议。

所谓通信协议就是通信双方事先约定好的双方都必须遵守的通信规则、约定，它实际上是一些通信规则集。

通信协议一般由语法、语义和时序组成：

（1）语法（Syntax）。语法是用于规定将若干个协议元素和数据组合在一起来表达一个更完整的内容时所应遵循的格式，即对所表达的内容的数据结构形式的一种规定，也就是"怎么讲"。

（2）语义（Semantics）。语义是指对构成协议的协议元素含义的解释，也即"讲什么"。不同类型的协议元素规定了通信双方所要表达的不同内容。

（3）时序（Timing）。规定了事件执行的先后顺序和速度匹配。

8.1　开放系统互联参考模型

数据通信系统的终端设备主要是计算机，而不同厂家生产的计算机的种类是不尽相同的，为了使不同种类的计算机能够互连，以实现相互通信和资源共享，国际标准化组织（ISO）于 1977 年正式制定了标准化的开放系统互连参考模型 OSI/RM，其原始定义如下："开放系统是对与开放系统互连有关的实系统在参考模型中诸方面的一种表征。而实开放系统是指一组完整的系统或网络，它在与其他系统通信时，遵循 OSI 标准"。

8.1.1　基本概念

（1）实体：OSI 参考模型的每一层都是若干功能的集合，可以看成它由许多功能块组成，每一个功能块执行协议规定的一部分功能，具有相对的独立性，称为实体。实体可以是软件实体，也可以是硬件实体。

（2）接口：穿越相邻层之间界面进行数据传送的一组规则，可以是硬件接口，也可以是软件接口。

（3）连接：两个对等实体为进行数据通信而进行的一种结合。

（4）服务：指某一层及其以下各层通过接口提供给上层的一种能力。系统中包含一系列的服务，在协议的控制下，两个对等实体间的通信使得本层能够向上一层提供服务，服务是向上层提供的，是看得见的。

8.1.2　OSI 七层模型

OSI 构造了顺序式的七层模型，即物理层、数据链路层、网络层、传输层、会话层、表示层和应用层，如图 8.1 所示。不同系统同等层之间按相应协议进行通信，同一系统不同层之间通过接口进行通信。只有最低层物理层完成数据传递，其他同等层之间的通信称为逻辑通信，其通信过程为将通信数据交给下一层处理，下一层对数据加上若干控制位后再交给它

应用层
表示层
会话层
运输层
网络层
数据链路层
物理层

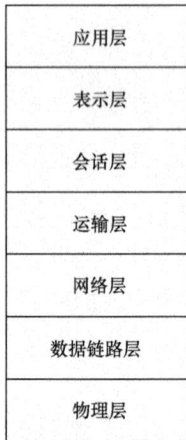

图 8.1 OSI 参考模型层次结构

的下一层处理，最终由物理层传递到对方系统物理层，再逐层向上传递，从而实现对等层之间的逻辑通信。各层的功能如下：

（1）物理层：物理层的任务就是通过物理介质（如双绞线、同轴电缆、光缆等）透明地传送比特流。物理层还要确定连接电缆插头的定义及连接法，提供有关同步和全双工比特流在物理介质上的传输手段。

典型的协议有：RS232C、RS449/422/423、V.24、V.28、X.20、X.21 等。

（2）数据链路层：数据链路层的任务是在两个相邻结点间的线路上无差错地传送以帧为单位的数据。每一帧包括数据和必要的控制信息。数据链路层要保证各点之间的可靠传输，并提供数据链路的建立、维持、拆除功能；对相邻通路进行差错控制、数据成帧、同步等。

常用协议有基本传输控制规程、高级数据链路控制规程（HDLC）。

（3）网络层：通常由通信子网和资源子网两大部分构成。网络层的任务就是控制通信子网的运行，向高层提供数据在网络间透明传输的服务。网络层规定了网络连接的建立、拆除和通信管理的协议，包括数据交换、路由选择、通信流量控制等。

（4）运输层：运输层的任务是向上一层的进行通信的两个进程之间提供一个可靠的端到端服务，使它们看不见运输层以下的数据通信的细节。运输层功能包括端到端的顺序控制、流量控制、差错控制、差错恢复及监督服务质量等。

（5）会话层：两个进程之间建立的逻辑上的联系为会话，为用户进入运输层的接口，负责进程间建立会话和终止会话，控制会话期间的对话。会话层不参与具体的数据传输，但它却对数据传输进行管理。它在两个互相通信的进程之间，建立、组织和协调其交互。

（6）表示层：主要解决用户信息的语法表示问题，包括字符化码、数据格式、控制信息格式、加密等。

（7）应用层：对应用进程进行了抽象，它只保留应用进程中与进程间交互有关的那些部分。经过抽象后的应用进程就成为 OSI 应用层中的应用实体。该层实现终端用户应用进程之间的信息交换。

8.1.3 层间通信

OSI/RM 中，不同系统的应用进程在进行数据传送时，其信息在各层之间的传递过程是采用对等层传输的形式进行的。传输过程中用户数据送到应用层，由应用层向物理层逐层传递，每一层都加上本层必要的控制信息，数据到达物理层后由传输介质传送到对方的物理层，然后由物理层向应用层逐层向上传送，同时去除本层的控制信息，最后由应用层交给用户。

8.2 物 理 层 协 议

物理层考虑的是怎样才能在连接各种计算机的传输介质上传输数据的比特流，而不是连接计算机的具体物理设备或具体的传输介质。

现有的计算机网络中的物理设备和传输媒体的种类非常繁多，而通信手段也有许多不同的方式。物理层的作用正是要尽可能地屏蔽这些差异，使其上面的数据链路层感觉不到这些差异，这样就可以使数据链路层只需要考虑如何完成本层的协议和服务，而不必考虑网络具体的传输介质是什么。用于物理层的协议也常称为物理层规程。

8.2.1　物理层的接口特性

物理层协议就是 DTE 和 DCE 之间的一组约定，它规定了 DTE 与 DCE 之间标准接口的机械特性，电气特性，功能特性和规程特性。

DTE/DCE 接口是 DTE 与 DCE 之间的界面，一般设有许多信号线和控制线，为了使不同厂家生产的产品能够互换或互通，实现兼容，DTE/DCE 接口必须标准化。

（1）机械特性：机械特性描述连接器即接口接插件的插头、插座的规格、尺寸、针的数量与排列情况等。标准主要由 ISO 制定。如：ISO2110——规定 25 芯 DTE/DCE 接口接线器及引线分配，用于串行和并行音频调制解调器、公用数据网接口、电报网接口和自动呼叫设备；ISO4903——规定 15 芯 DTE/DCE 接线器及引线分配，用于 ITU-T 建议 X.20, X.21, X.22 所规定的公用数据网接口。

（2）电气特性：电气特性描述接口的电气连接方式和电气参数，如发送器和接收器的电路特性，负载要求，传输速率和连接距离等。相关建议有 ITU-T V.28, V.35, V.10/X.26, V.11/X.27。

（3）功能特性：功能特性对各接口信号线做出确切的功能定义并确定相互间的操作关系，主要有 V.24 和 X.24 两个建议。

（4）规程特性：规程特性描述了接口电路间的相互关系、动作条件和在接口传输数据需要执行的事件顺序，反映了在数据通信过程中，通信双方可能发生的各种可能事件。相关建议有 ITU-T V.24，V.54，V.55。

8.2.2　常用的物理层标准

1. EIA RS-232-C

EIA RS-232-C 是美国电子工业协会于 1969 年颁布的一种被广泛使用的物理层标准。该标准最初是为了促进公用电话网进行远程数据通信而制定的，现在也广泛地应用于主机和终端之间的近程连接之中。

（1）机械特性：EIA RS-232-C 建议使用 25 芯的连接器，并对该连接器的尺寸及芯针排列位置进行详细说明，如图 8.2 所示。它与 ISO2110 标准是兼容的，一般来讲 RS-232-C 在 DTE 一侧采用针式结构，DCE 一侧采用孔式结构，其与 V.24 接口线的对应关系如表 8.1 所示。另外，在实际使用中，并非要用到该标准的全部信号线的功能，也可采用芯针较少的标准连接器，如 9 芯（针）连接器。

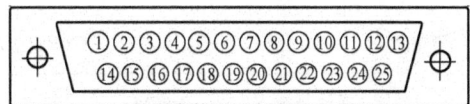

图 8.2　EIA RS-232-C 25 芯连接器示意图

表 8.1　　　　　　　　EIA RS-232-C 与 V.24 接口线的对应关系

25 芯连接器引脚号	RS-232-C	V.24	接口电路名称	方向 DTE DCE
数据信号				
2	BA	103	发送数据 TxD	→
3	BB	104	接收数据 RxD	←
14	SBA	118	反向信道发送数据	→
16	SBB	119	反向信道接收数据	←

续表

25芯连接器引脚号	RS-232-C	V.24	接口电路名称	方向 DTE DCE
控制信号				
4	CA	105	请求发送 RTX	→
5	CB	106	允许发送 CTX	←
6	CC	107	数据设备准备好	←
20	CD	108/2	数据终端准备好 DTR	→
22	CE	125	呼叫指示器	←
8	CF	109	数据载波检测 DCD	←
21	CG	110	信号质量检测 SQD	←
23	CH	111	数据信号速率选择（DTE）	→
23	CI	112	数据信号速率选择（DCE）	←
19	SCA	120	方向信道请求发送	→
13	SCB	121	反向信道允许发送	←
12	SCF	122	方向信道载波检测	←
时序信号				
15	DB	114	发送信号码元定时（DCE）TxC	←
17	DD	115	接收信号码元定时（DCE）RxC	←
24	DA	113	发送信号码元定时（DTE）TxC	→
信号地线				
1	AA	101	保护地线 PG	—
7	AB	102	信号地线 SG	—

（2）电气特性：EIA RS-232-C 规定采用单端发送单端接收，双极性电源供电电路，逻辑"1"电平为 $-5V\sim-15V$，逻辑"0"电平为 $+5V\sim+15V$，在 $-3V\sim+3V$ 的过渡区，逻辑状态是不定的。表 8.2 是 EIA RS-232-C 的电气特性标准。EIA RS-232-C 标准要求信号线上最大负载电容不能超过 2500pF，所以其最大传输距离为 15m。

表 8.2 EIA RS-232-C 的电气特性

驱动器输出电平（3～7kΩ）	逻辑 1：电平为 $-5V\sim-15V$ 逻辑 0：电平为 $+5V\sim+15V$
驱动器输出电平	$-25V\sim+25V$
驱动器通断时的输出阻抗	$>300\Omega$
输出短路电流	$<0.5A$
驱动器转换速率	$<30V/\mu s$
接收器输入阻抗	$3\sim7k\Omega$
接收器输入电压允许范围	$-25V\sim+25V$
接收器输出（输入开路时）	逻辑 1
接收器输出（输入经 300Ω 接地）	逻辑 1
接收器输出（+3V 输入）	逻辑 0
接收器输出（-3V 输入）	逻辑 1
最大负载电容	2500pf

（3）功能特性：EIA RS-232-C 将 25 芯连接器中的 20 条信号线分为 4 类，分别是：数据线（4 条），控制线（11 条），定时线（3 条），信号地线（2 条），余下的 5 条未定义留用户专用。

2. 其他 EIA 标准接口

在 EIA 接口标准中，常见的串行接口协议还有 EIA-422、EIA-449、EIA-485、EIA-530 等。

（1）EIA-422：即为 RS-422，采用 4 线、全双工、差分传输、多点通信的数据传输接口协议。允许多个接收端，接口可以有四端口、八端口，甚至十端口等几种型号。当电缆线的长度为 12m 时，EIA-422 传输速率可以达到 10Mb/s；而当电缆线的长度为 1200m 时，EIA-422 传输速率可以达到 100Kb/s，并且能抗电子干扰和电涌。尽管 EIA-422 一个发送端就可连接最多 10 个接收端，但还不能实现真正的多点通信。

（2）EIA-449：即为 RS-449，接口协议是于 1992 年 9 月制定。采用平衡传输时的电气特性协议是 RS-422；非平衡传输时的电气特性协议是 RS-423，数据的传输率可达 200Kbit/s。

（3）EIA-485：即为 RS-485，采用 2 线、全双工、多点通信的标准，它的电气特性和 RS-232 大不一样，用缆线两端的电压差值来表示传递信号。一端的电压标识为逻辑 1，另一端标识为逻辑 0。两端的电压差最小为 0.2V 以上时有效，任何不大于 12V 或者不小于 −7V 的差值对接收端都被认为是正确的。EIA-485 可以应用于配置便宜的广域网和采用单机发送，多机接收通信连接，可提供高速的数据通信速率（10m 时 35Mb/s，1200m 时 100Kb/s）。EIA-485 的发送端需要设置为发送模式，可以使用双线模式实现真正的多点双向通信。

（4）规程特性：EIA RS-232-C 描述了在不同的条件下，各条信号线呈现"接通"或"断开"状态的顺序和关系。如，DTE 与 DTE 连接时，只有当 CC 和 CD 均处于"接通"状态时，两者才可能进行通信。随后，DTE 要发送数据，则先将 CA 呈"接通"状态，等待 CB 线上的"接通"应答出现之后，才能在 BA 线上发送串行数据。

3. X.21

X 系列建议是专为数据通信制定的，符合开放系统互连的 7 层协议。X 系列建议中较为广泛使用的是 X.21 建议。

X.21 建议是 ITU-T 在 1976 年发布的，它定义了用户计算机的 DTE 如何与数字化的 DCE 交换信号的数字接口标准。X.21 的设计目标之一是要减少 RS-232 之类的串行接口中的信号线的数目，采用 15 芯标准连接器代替原来的 25 芯连接器，而且其中仅定义了 8 条接口线。X.21 的另外一个设计目的是允许接口在比 EIA RS-232C 更长的距离上进行更高速率的数据传输，其电气特性类似于 EIA RS-422 的平衡接口，支持最大的 DTE-DCE 电缆距离是 300m。X.21 可以按同步传输的半双工或全双工方式运行，传输速率最大可达 10Mb/s。

X.21 接口的 15 针连接器中定义了 8 条功能线，见表 8.3 所示。

表 8.3		X.21 接 口 电 路	

| 电 路 符 号 | 电 路 名 称 | 方　　　向 | |
		到 DCE	来自 DCE
G	信号地或公共回路	—	
Ga	DTE 公共回路	×	
T	发送线	×	

续表

电 路 符 号	电 路 名 称	方 向	
		到 DCE	来自 DCE
R	接收线		×
I	指示		×
S	位时标信号		×
B	字节时标		×
C	控制信号	×	

X.21 接口的工作过程分成四个工作阶段：空闲，呼叫控制，数据传送，清除。

（1）空闲或静止阶段：此阶段接口不工作（类似挂着机的情况）。

（2）呼叫建立连接阶段：通过交换控制信号建立 DTE 与 DCE 间的逻辑连接。

（3）数据传输阶段：通信双方交换数据（电话中双方通话）。

（4）连接清除阶段：通过交换控制信号中断两个 DTE 间的通信关系，拆除它们间的逻辑连接（电话中说"再见"挂机）。

8.3　数据链路传输控制规程

8.3.1　基本概念

由 1.2.1 可知，数据链路是由数据电路和两端的通信控制器（或传输控制器）构成的，如图 1.9 所示。当需要在一条线路上传送数据时，除了必须有数据电路外，还必须有一些必要的规程来控制这些数据的传输。数据链路就像一个数字管道，可以在它上面进行数据通信。当采用复用技术时，一条数据电路上可以有多条数据链路。

1. 数据通信的过程

一个完整的数据通信过程包括以下五个阶段。

（1）建立物理连接：就是物理层的若干数据电路的互连，数据电路可以是交换型的，也可以是专用线路。

（2）建立数据链路：通信双方进行控制信息的交换，保证有效可靠地传输数据信息。

（3）数据传送：按规定的格式组织数据信息，并按规定的顺序沿所建立的数据链路向对方发送，同时要进行差错控制、流量控制等，以保证透明和相对无差错地传送数据信息。

（4）传送结束，拆除数据链路：通过规定的结束字符来拆除数据链路，而不是拆除物理连接。

（5）拆除物理连接：数据传送结束后，只要任何一方发出拆线信号，便可拆除通信线路，使双方数据终端恢复到初始状态。

2. 数据链路控制规程的功能

保证数据可靠的传输，数据链路控制规程应有帧控制、透明传输、差错控制、流量控制、链路管理等功能。

（1）帧控制：在数据链路层，数据的传送单位是帧。数据一帧一帧地传送，就可以在出现差错时，将有差错的帧再重传一次，而避免了将全部数据都进行重传。帧同步是指收方应当能从收到的比特流中准确地区分出一帧的开始和结束在什么地方。

（2）透明传输：所谓透明传输就是不管所传数据是什么样的比特组合，都应当能够在链路上传送。当所传数据中的比特组合恰巧出现了与某一个控制信息完全一样时，必须采取适当的措施，使收方不会将这样的数据误认为是某种控制信息。这样才能保证数据链路层的传输是透明的。

（3）差错控制：在计算机通信中，一般都要求有极低的比特差错率。为此，广泛地采用了编码技术。差错控制编码技术详见第 6 章。

（4）流量控制：发方发送数据的速率必须使收方来得及接收。当收方来不及接收时，就必须及时控制发方发送数据的速率。

（5）链路管理：当网络中的两个节点要进行通信时，数据的发方必须确知收方是否已经处在准备接收的状态。为此，通信的双方必须先要交换一些必要的控制信息。同样地，在传输数据时要维持数据链路，而在通信完毕时要释放数据链路。

8.3.2　数据链路控制规程的功能

数据链路控制规程分为面向字符型的传输控制规程和面向比特型的传输控制规程。面向字符型的传输控制规程又分为基本型和基本扩充型；面向比特型的传输控制规程又分为高级数据链路规程、先进数据通信规程、同步数据链路规程。

1. 基本型传输控制规程

面向字符型的控制规程于 1960 年开始发展，IBM 公司首先发表了二进制同步规程 BSC 成为实际应用的标准。属于这类规程的还有 ISO 1745 信息处理—数据通信系统的基本型控制规程和扩展基本型控制规程；美国国家标准协会制定的 ANSI X3.28 通信控制规程；我国数据通信基本型控制规程 GB3453—82。

（1）特征：面向字符的基本型传输控制规程有如下特征：

1）以字符作为传输信息的基本单位，并规定了 10 个字符用于传输控制。

2）差错控制采用垂直水平奇偶监督，并采用检错重发。

3）采用半双工通信方式。

4）采用异步和同步传输方式。

5）传输代码采用国际 5 号码。

（2）传输控制字符：采用 ASCII 编码表中所定义的 10 个专门用于传输控制的字符，见表 8.4。

表 8.4　　　　面向字符的基本型传输控制规程的控制字符

类　　别	名　　称	英　文　名　称	功　　能
格式字符	标题开始	SOH（Start Of Head）	表示信息电文标题的开始
	正文开始	STX（Start Of Text）	表示信息电文正文的开始
	正文结束	ETX（End Of Text）	表示信息电文正文的结束
	码组结束	ETB（End Of Transmission Block）	表示码组的结束
基本控制字符	询问	ENQ（Enquiry）	询问对方要求回答
	确认	ACK（Acknowledge）	对询问的肯定回答
	否定回答	NAK（Negative Acknowledge）	对询问的否定回答
	传输结束	EOT（End Of Transmission）	表示数据传输结束
	同步	SYN（Synchronous Idle）	用于建立同步
	数据链转义	DLE（Data Link Escape）	与后继字符一起组成控制功能

（3）信息报文和监控序列。

1）信息报文：信息报文包括正文和标题。正文是要传输的信息，标题是正文传输有关的辅助信息，包括发信地址、收信地址、优先级别、报文编号和传送路径等内容。信息报文有四种形式，如图 8.3 所示。

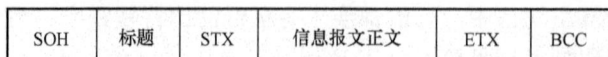

SOH	标题	STX	信息报文正文	ETX	BCC

（a）信息报文基本格式

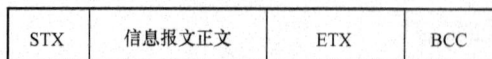

STX	信息报文正文	ETX	BCC

（b）无标题信息报文格式

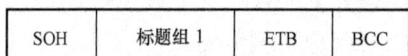

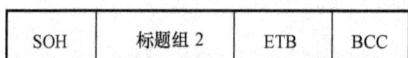

SOH	标题组 1	ETB	BCC

SOH	标题组 2	ETB	BCC

...

SOH	标题组 n	STX	信息报文正文	ETX	BCC

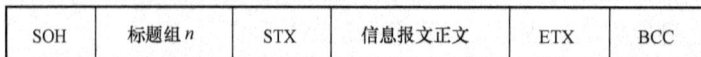

（c）将信息报文的标题分成 n 个组的格式

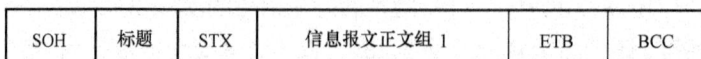

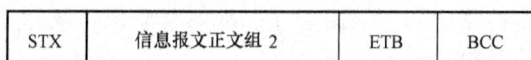

SOH	标题	STX	信息报文正文组 1	ETB	BCC

		STX	信息报文正文组 2	ETB	BCC

...

		STX	信息报文正文组 m	ETX	BCC

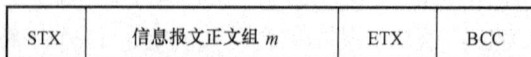

（d）将信息报文正文分成 m 个正文组的格式

图 8.3　信息报文的 4 种格式

标题以字符 SOH 开始，正文以字符 STX 开始，以字符 ETX 结束。正文长度一般没有限制，但为了便于差错控制，可将正文分成若干个码组，码组的长度取决于数据电路的质量。一个码组以字符 STX 开始，以字符 ETB 结束，对于正文的最后一个码组以字符 ETX 结束。在每个码组或正文的最后是校验字符 BCC。

根据上述格式可知，传输过程中不允许在正文或标题中出现与控制字符相同的序列，限制了它的应用，为了实现信息传输的透明性，通过在控制字符 SOH、STX 等前面加上转义字符 DLE 来实现。如用 DLE SOH 来表示标题的开始。这样就可区分是信息还是控制字符。

2）监控序列：由监控字符组成的序列称为监控序列。一般由单个传输字符或由若干图形字符引导的单个传输控制字符组成。监控序列又分为正向监控序列和反向监控序列。

正向监控序列：正向监控序列的监控方式是由主站（发送信息或命令的 DTE 称为主站）发出监控序列，从主站传输到从站（接收信息或命令而发出认可信息或响应的 DTE 称为从站），它与信息报文传输的方向是一致。主要包括轮询序列（主站呼叫从站）、选择序列（主站选择从站）、传输结束序列、链路拆除序列和对信息报文应答的监控序列等。见表 8.5。

表 8.5 正 向 监 控 序 列

名 称		控 制 序 列
探询序列		探询地址 ENQ
选择序列	站选择	选择地址 ENQ
	选择地址 ENQ	（前缀）ENQ
	建立数据链路	（前缀）ENQ
询问序列（催促应答）		（前缀）ENQ
结束序列		（前缀）EOT
放弃序列	码组放弃	（前缀）ENQ
	站放弃	（前缀）EOT
拆线序列		（前缀）DLE EOT
同步序列		SYN SYN

反向监控序列：反向监控序列是由从站向主站发出的控制序列，它的方向与信息报文传输的方向相反。主要包括对信息报文和"选择"的肯定应答序列；对"轮询""选择"和信息报文的否定应答序列；链路拆除序列和中断序列等。见表 8.6。

表 8.6 反 向 监 控 序 列

名 称		控 制 序 列
肯定应答	选择序列	（前缀）ACK 非编号方式应答
		（前缀）DLE0 编号方式应答
	信息电文	（前缀）ACK 非编号方式应答
		（前缀）DLE0 对偶数编号码组应答
		（前缀）DLE1 对奇数编号码组应答
否定回答	选择序列	（前缀）NAK
	信息电文	（前缀）NAK
	探询序列	（前缀）EOT
结束请求	返回控制站	（前缀）EOT
	返回中性状态	（前缀）EOT
中断请求	码组中断	（前缀）EOT
拆线序列	站中断	（前缀）DLE 3/12
拆线		（前缀）DLE EOT

在报文传输过程中，对主站的数据序列和询问序列，从站必须以应答序列响应。响应的序列有肯定回答（ACK）和否定回答（NCK）。主站发出结束序列后，若从站同意结束两站之间的通信，回答（前缀）EOT，若从站也有信息需要发送给主站，回答（前缀）ENQ。此时主从站的位置相互转换。

2. 面向比特的高级数据链路控制规程

高级数据链路控制（High-Level Data Link Control，HDLC），是由国际标准化组织根据 IBM 公司的 SDLC（Synchronous Data Link Control）协议扩展开发而成的。

20 世纪 70 年代初，IBM 公司率先提出了面向比特的同步数据链路控制规程 SDLC（Synchronous Data Link Control）。随后，ANSI 和 ISO 均采纳并发展了 SDLC，并分别提出了自己的标准：ANSI 的高级通信控制过程 ADCCP（Advanced Data Communication Control Procedure），ISO 的高级数据链路控制规程 HDLC（High-level Data Link Control）。

（1）HDLC 的概念。为了能适应不同配置、不同操作方式和不同传输距离的数据通信链路，HDLC 定义了三种类型的站、两种链路配置和三种数据传输方式。

1）三种类型的站。

①主站：对链路进行控制，主站发出的帧叫命令；②在主站控制下进行操作，从站发出的帧叫响应。主站为线路上的每个从站维持一条逻辑链路；③复合站：具有主站和从站的双重功能。复合站既可发送命令也可以发出响应。

2）两种链路配置。

①不平衡配置：适用于点对点和多点线路，这种线路配置由一个主站和多个从站组成，支持全双工或半双工传输；②平衡配置：仅用于点对点线路，这种配置由两个复合站组成，支持全双工或半双工传输。

3）三种数据传输方式。

①正常响应方式（NRM：Normal Responses Mode）：适用于不平衡配置，只有主站能启动数据传输，从站仅当收到主站的询问命令时才能发送数据；②异步平衡方式（ABM：Asynchronous Responses Mode）：适用于平衡配置，任何一个复合站都无需取得另一个复合站的允许就可启动数据传输；③异步响应方式（ARM：Asynchronous Balanced Mode）：适用于不平衡配置，从站无需取得主站的明确指示就可以启动数据传输，主站的责任只是对线路进行管理。

（2）HDLC 的特点。HDLC 不依赖于任何一种字符编码集；数据报文可透明传输，用于实现透明传输的"0 比特插入法"易于硬件实现；全双工通信，有较高的数据链路传输效率；所有帧采用 CRC 检验，对信息帧进行顺序编号，可防止漏收或重份，传输可靠性高；传输控制功能与处理功能分离，具有较大灵活性。

（3）HDLC 帧结构。HDLC 用具有统一结构的帧进行同步传输，图 8.4 说明了 HDLC 的帧结构。

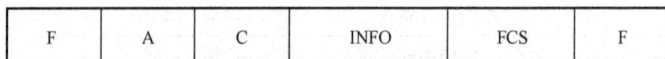

F	A	C	INFO	FCS	F

图 8.4　HDLC 的帧结构

1）标志域 F。标志域为 01111110 的比特模式，用以标志帧的起始和前一帧的终止。标志域也可以作为帧与帧之间的填充字符。通常，在不进行帧传送的时刻，信道仍处于激活状态，在这种状态下，发方不断地发送标志字段，便可认为一个新的帧传送已经开始。采用"0 比特插入法"可以实现数据的透明传输。

2）地址域 A。地址域的内容取决于所采用的操作方式。每一个从站和复合站都被分配一个唯一的地址。命令帧中的地址域携带的是对方站的地址，而响应帧中的地址域所携带的地址是本站的地址。某一地址也可分配给不止一个站，这种地址称为组地址，利用一个组地址传输的帧能被组内所有拥有该组地址的站接收。但当一个站或复合站发送响应时，它仍应当用它唯一的地址。还可用全"1"地址来表示包含所有站的地址，称为广播地址，含有广播地址的帧传送给链路上所有的站。另外，还规定全"0"地址为无站地址，这种地址不分配给任何站，仅用于测试。

3）控制域 C。控制域用于构成各种命令和响应，以便对链路进行监视和控制。发送方主站或复合站利用控制域来通知被寻址的从站或复合站执行约定的操作；相反，从站用该字段作对命令的响应，报告已完成的操作或状态的变化。该字段是 HDLC 的关键。控制域中的第1 位或第1、第2 位表示传送帧的类型，HDLC 中有信息帧（I 帧）、监控帧（S 帧）和无编号帧（U 帧）三种不同类型的帧。控制字段的第5 位是 P/F 位，即轮询/终止（Poll/Final）位。控制域格式如图 8.5 所示。

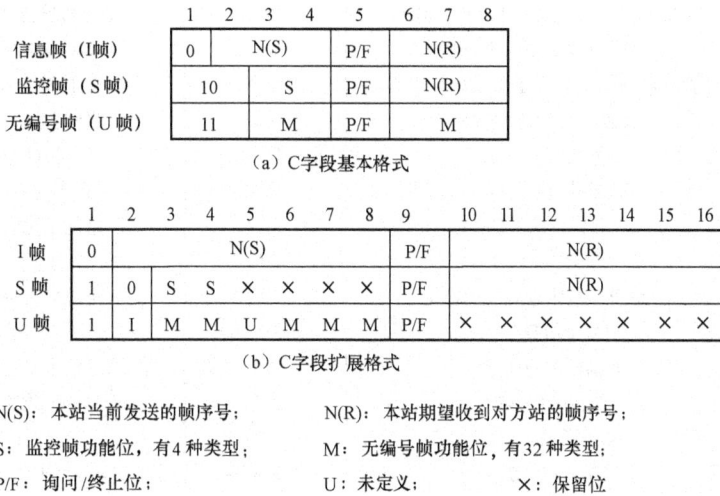

图 8.5 控制字段格式

（a）C字段基本格式

	1	2	3	4	5	6	7	8
信息帧（I帧）	0		N(S)		P/F		N(R)	
监控帧（S帧）	10		S		P/F		N(R)	
无编号帧（U帧）	11		M		P/F		M	

（b）C字段扩展格式

	1	2	3	4	5	6	7	8	9	10	11	12	13	14	15	16
I 帧	0			N(S)					P/F				N(R)			
S 帧	1	0	S	S	×	×	×	×	P/F				N(R)			
U 帧	1	I	M	M	U	M	M	M	P/F	×	×	×	×	×	×	×

N(S)：本站当前发送的帧序号；   N(R)：本站期望收到对方站的帧序号；

S：监控帧功能位，有4种类型；   M：无编号帧功能位，有32种类型；

P/F：询问/终止位；   U：未定义；   ×：保留位。

控制域中第 1 或第 1、2 位表示传送帧的类型，第 1 位为"0"表示是信息帧，第 1、2位为"10"是监控帧，"11"是无编号帧。

信息帧中，2、3、4 位为存放发送帧序号，5 位为轮询位，当为 1 时，要求被轮询的从站给出响应，6、7、8 位为下个预期要接收的帧的序号。

监控帧中，3、4 位为 S 帧类型编码。第 5 位为轮询/终止位，当为 1 时，表示接收方确认结束。

无编号帧，提供对链路的建立、拆除以及多种控制功能，用 3、4、6、7、8 这五个 M 位来定义，可以定义 32 种附加的命令或应答功能。

4）信息域 I。信息域可以是任意的二进制比特串。比特串长度未作限定，其上限由 FCS字段或通信站的缓冲器容量来决定，目前国际上用得较多的是 1000～2000 比特；而下限可以为 0，即无信息字段。但是，监控帧（S 帧）中规定不可有信息字段。

5）帧校验序列域 FCS。帧校验序列字段可以使用 16 位 CRC，对两个标志字段之间的整个帧的内容进行校验。FCS 的生成多项式 ITU-T V4.1 建议规定的 $X^{16}+X^{12}+X^5+1$。

（4）HDLC 帧类型。HDLC 通过在主站和从站之间或两个复合站之间交换各种帧进行操作。所有帧按照格式可分为三类：即①信息帧（I 帧）、②监控帧（S 帧）、③无编号帧（U 帧），见表 8.7 所示。其中，主站发出的帧叫命令帧，从站发出的帧叫响应帧。

表 8.7   HDLC 协议的帧类型

类 型	名 称	功 能	描 述
信息帧（I 帧）	信息帧（I 帧）	命令/响应	交换用户数据
监控帧（S 帧）	接收就绪（RR）	命令/响应	肯定应答，可以接收 I 帧
	接收未就绪（RNR）	命令/响应	肯定应答，不能继续接收
	拒绝接收（REJ）	命令/响应	否定应答，后退 N 帧重发
	选择性拒绝接收（SREJ）	命令/响应	否定应答，选择性重发
无编号帧（U 帧）	置正常响应方式（SNRM）	命令	置数据传输方式 NRM
	置扩展的正常响应方式（SNRME）	命令	置数据传输方式为扩展的 NRM
	置异步响应方式（SARM）	命令	置数据传输方式 ARM
	置扩展的异步响应方式（SARME）	命令	置数据传输方式为扩展的 ARM
	置异步平衡方式（SABM）	命令	置数据传输方式 ABM
	置扩展的异步平衡方式（SABME）	命令	置数据传输方式为扩展的 ABM
	置初始化方式（SIM）	命令	由接收站启动数据链路控制过程
	拆除连接（DISC）	命令	拆除逻辑连接
	无编号应答（UA）	响应	对置方式命令的肯定应答
	非连接方式（DM）	响应	从站处于逻辑上断开的状态
	请求拆除连接（RIM）	响应	请求断开逻辑连接
	请求初始化方式（RD）	响应	请求发 SIM 命令启动初始化过程
	无编号信息（UI）	命令/响应	交换控制信息
	无编号询问（UP）	命令	请求发送控制信息
	复位（REST）	命令	用于复位，重置 N（R）N（S）
	交换标识（XID）	命令/响应	交换标识和状态
	测试（TEST）	命令/响应	交换用于测试的信息字段
	帧拒绝（FRMR）	响应	报告接收到不能接受的帧

1）信息帧（I 帧）。信息帧用于传送有效信息或数据，通常简称 I 帧。I 帧以控制字第一位为"0"来标志。

信息帧的控制字段中的 N（S）用于存放发送帧序号，以使发送方不必等待确认而连续发送多帧。N（R）用于存放接收方下一个预期要接收的帧的序号，N（R）=5，即表示接收方下一帧要接收 5 号帧，换言之，5 号帧前的各帧接收到。N（S）和 N（R）均为 3 位或 7 位二进制编码，可取值 0～7 或 0～127。

2）监控帧（S 帧）。监控帧用于差错控制和流量控制，通常简称 S 帧。S 帧以控制字段第一、二位为"10"来标志。S 帧带信息字段，只有 6 个字节即 48 个比特。S 帧的控制字段的第三、四位为 S 帧类型编码，共有四种不同编码，分别表示：

00——接收就绪（RR），由主站或从站发送。主站可以使用 RR 型 S 帧来轮询从站，即希望从站传输编号为 N（R）的 I 帧，若存在这样的帧，便进行传输；从站也可用 RR 型 S 帧来作响应，表示从站希望从主站那里接收的下一个 I 帧的编号是 N（R）。

01——拒绝（REJ），由主站或从站发送，用以要求发送方对从编号为 N（R）开始的帧及其以后所有的帧进行重发，这也暗示 N（R）以前的 I 帧已被正确接收。

10——接收未就绪（RNR），表示编号小于 N（R）的 I 帧已被收到，但目前正处于忙状态，尚未准备好接收编号为 N（R）的 I 帧，这可用来对链路流量进行控制。

11——选择拒绝（SREJ），它要求发送方发送编号为 N（R）单个 I 帧，并暗示它编号的

I 帧已全部确认。

可以看出，接收就绪 RR 型 S 帧和接收未就绪 RNR 型 S 帧有两个主要功能：首先，这两种类型的 S 帧用来表示从站已准备好或未准备好接收信息；其次，确认编号小于 N（R）的所有接收到的 I 帧。拒绝 REJ 和选择拒绝 SREJ 型 S 帧，用于向对方站指出发生了差错。REJ 帧用于 GO-back-N 策略，用以请求重发 N（R）以前的帧已被确认，当收到一个 N（S）等于 REJ 型 S 帧的 N（R）的 I 帧后，REJ 状态即可清除。SREJ 帧用于选择重发策略，当收到一个 N（S）等 SREJ 帧的 N（R）的 I 帧时，SREJ 状态即应消除。

3）无编号帧（U 帧）。无编号帧因其控制字段中不包含编号 N（S）和 N（R）而得名，简称 U 帧。U 帧用于提供对链路的建立、拆除以及多种控制功能，但是当要求提供不可靠的无连接服务时，它有时也可以承载数据。无编号帧按其控制功能可分为以下几个子类：①设置数据传输方式的命令和响应。设置数据传输方式的命令是由主站/复合站发送给从站/复合站，表示设置或改变数据传输方式。从站/复合站接受了设置数据传输方式的命令帧后以无应答帧（UA）响应，UA 帧中的 F 位和接收到的命令帧的 P 必须相同。一种传输方式建立后一直有效，直到另外的设置方式命令改变了当前的传输方式。主站向从站/复合站发送置初始化方式命令（SIM），使得接受该命令的从站/复合站启动一个建立链路的过程。在初始化方式下，两个站用无编号信息帧（UI）交换数据和命令。拆除连接命令（DISC）用于通知接受该命令的站，链路已经拆除，对方站以 UA 帧响应，表示已接受该命令，链路随之断开。非连接方式帧（DM）可用于响应所有的置传输方式命令，表示响应的站处于逻辑上断开的状态，即拒绝建立指定的传输方式。请求初始化方式帧（RD）也可用于响应置传输方式命令，表示响应站没有准备好接受命令，或正在进行初始化。请求拆除连接帧（RIM）则表示响应站要求断开逻辑连接。②传输信息的命令和响应。传输信息的命令和响应用于两个站之间交换信息。无编号信息帧（UI）既可作为命令帧，也可以作为响应帧，UI 帧传送的信息可以是高层的状态、操作中断状态、时间、链路初始化参数等。主站/复合站可发送无编号询问命令（UP）请求接收站送出无编号响应帧，以了解它的状态。③链路恢复的命令和响应。链路恢复的命令和响应用于 ARQ 机制不能正常工作的情况下，接收站可用帧拒绝响应（FRMR）表示接受的帧中有错误。如，控制域无效、信息域太长、帧类型不允许信息域等。④其他命令和响应。有两个命令和响应不以归入以上几类。交换标识（XID）帧用于两个站之间交换它们的标识和特征，实际交换的信息信赖于具体的实现。测试命令帧（TEST）用于测试链路和接收站是否正常工作，接收站收到测试命令后要尽快以测试帧响应之。

（5）HDLC 的透明传输。每个帧前、后均有一标志码 01111110，用作帧的起始、终止指示及帧的同步。标志码不允许在帧的内部出现，以免引起畸变。为保证标志码的唯一性但又兼顾帧内数据的透明性，可以采用"0 比特插入法"来解决。该法在发送端监视除标志码以外的所有字段，当发现有连续 5 个"1"出现时，便在其后添插一个"0"，然后继续发后继的比特流。在接收端，同样监测除起始标志码以外的所有字段。当连续发现 5 个"1"出现后，若其后一个比特"0"则自动删除它，以恢复原来的比特流；若发现连续 6 个"1"，则可能是插入的"0"发生差错变成的"1"，也可能是收到了帧的终止标志码。后两种情况，可以进一步通过帧中的帧检验序列来加以区分。"0 比特插入法"原理简单，很适合于硬件实现。其实现过程如图 8.6 所示。

（6）HDLC 的操作过程。由于 HDLC 的命令响应非常多，可以实现各种应用环境的所有

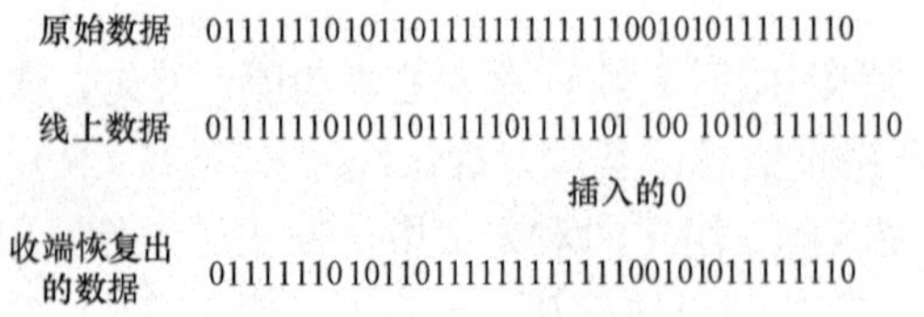
原始数据　011111101011011111111111100101011111110
线上数据　0111111010110111110111110110010101111110
插入的0
收端恢复出的数据　011111101011011111111111100101011111110

图 8.6　HDLC 的 0 比特插入法

要求。下面给出几个典型的实例说明 HDLC 的操作过程。如图 8.7 所示，为了方便，图中，用 I 表示信息帧。I 后面的两个数字分别表示信息帧中的 N（S）和 N（R）值。如 I21 表示信息帧的发送顺序号 N（S）为 2，接收顺序号 N（R）为 1，意味着该帧是发送站送出的第 2 帧，并捎带应答已接收了对方站的第 0 帧，期望接收的下一帧是第 1 帧。监督帧和无编号帧都直接给出帧名字，管理帧后的数字则表示帧中的 N（R）值，P 和 F 表示该帧中的 P/F 位置 1，没有 P 和 F 表示这一位置 0。

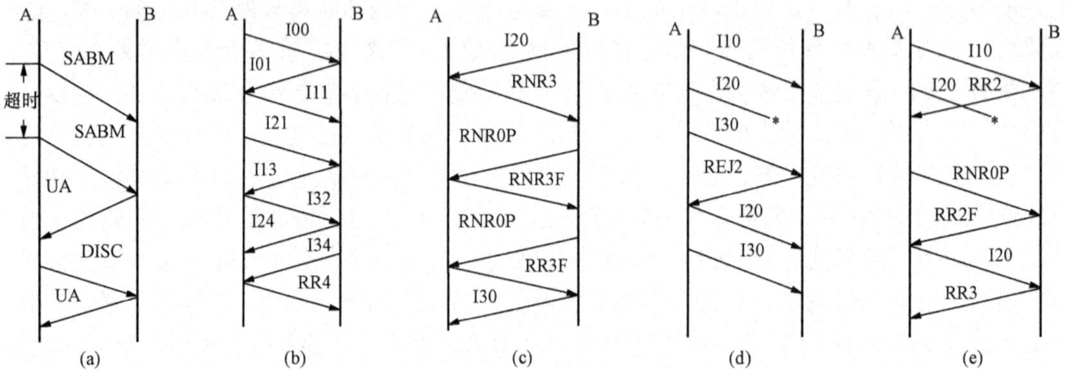
A
B
SABM
超时
SABM
UA
DISC
UA
(a)
I00
I01
I11
I21
I13
I32
I24
I34
RR4
(b)
I20
RNR3
RNR0P
RNR3F
RNR0P
RR3F
I30
(c)
I10
I20
I30
REJ2
I20
I30
(d)
I10
I20
RR2
RNR0P
RR2F
I20
RR3
(e)

图 8.7　HDLC 操作示例

图 8.7（a）说明了链路建立和拆除的过程。A 站发出 SABM 命令并启动定时器，在一定时间内没有得到应答后重发同一命令。B 站以 UA 帧响应，并对本站的局部变量和计数器进行初始化。A 站收到应答后也对本站的局部变量和计数器进行初始化，并停止计时，这时逻辑链路就建立起来了，双方可以交换数据。拆除链路的过程由双方交换一对命令和响应 DISC 和 UA 完成。在一过程中有可能出现链路不能建立的情况，B 站以 DM 响应 A 站的 SABM 命令，或者 A 站重发 SABM 命令预定的次数后还收不到任何响应，就表明链路不能建立，这时 A 站放弃建立链路，向上层实体报告链接失败，请求干预。

图 8.7（b）说明了全双工交换信息帧的过程。每个信息帧中用 N（S）指明发送顺序号，用 N（R）指明接收顺序号，即向对方站送回的应答。当一个站连续发送了若干帧而没有收到对方发来的信息帧时，N（R）字段只能简单地重复。如，A 发给 B 的 I11，I12。最后 A 站没有信息帧要发时用一个监督帧 RR4 对 B 站给予应答。图中也表示了肯定应答的积累效应，如 A 站发出的 RR4 帧一次应答了 B 站的两个数据帧。

图 8.7（c）说明了接收站忙的情况。出现这种情况的原因可能是接收站数据链路层实体缓冲区溢出，也可能是接收站上层实体来不及处理接收到的数据。图中 A 站以 RNR3 响应 B 站的 I20 帧，表示 A 站对第 2 帧之前的帧已正确接收，但不能继续接收下一帧，即第 3 帧。B 站接收到 RNR3 后每隔一定时间以 P 位置 1 的 RNR 命令询问接收站的状态。接收站 A 如果保持忙则以 F 位置 1 的 RNR 帧响应；如果忙状态解除，则以 F 位置 1 的 RR 帧响应，于是数据传送从 RR 响应中的接收序号开始恢复发送。

图 8.7（d）说明了使用 REJ 命令的情况。A 站发出了 1、2、3 等信息帧，其中第 2 帧出

错。接收站检出错误帧后发出 REJ2 命令，发送站返回到出错帧重发。这是使用后退 N 帧 ARQ 技术的情况。

图 8.7（e）说明了超时重发的情况。A 站发出的第 2 帧出错，B 站检测到错误后丢弃了它。但是 B 站不能发出 REJ 命令，因为 B 站无法判断这是一个 I 帧。A 站超时后发出 P 位置 1 的 RNR 命令询问 B 站的状态。B 站以 RR2F 响应，表示希望接收 2 号帧，于是数据传送从断点恢复。

8.4　分组交换协议—X.25 建议

8.4.1　X.25 建议概述

X.25 建议是一项广泛使用的分组交换协议标准，它最早是在 1976 年得到批准，并在 1980 年、1984 年、1988 年、1992 年相继进行了修订。该建议是公用数据网上以分组方式工作的数据终端设备（DTE）与数据电路终接设备（DCE）之间的接口规程，其中 DTE 通常是主计算机、个人计算机、智能终端等分组型终端，DCE 是指与 DTE 连接的网络中的分级交换机，如果 DTE 与入口交换机节点之间的传输线路采用模拟线路，则 DCE 也包括 Modem 调制解调器。

X.25 建议的层次结构为三层，分别为物理层、链路层和报文分组层，如图 8.8 所示。这三层分别对应 OSI 模型的最低三层（见图 8.1）。

当用户数据传递到 X.25 第三层时，它将创建报文分组并附加控制消息标题，然后报文分组交给第二层的 LAPB 实体（见 8.4.3 节），它在报文分组的前后附加控制信息并形成 LAPB 帧，最后将帧交给物理层，形成 X.21 的比特流进行传输。

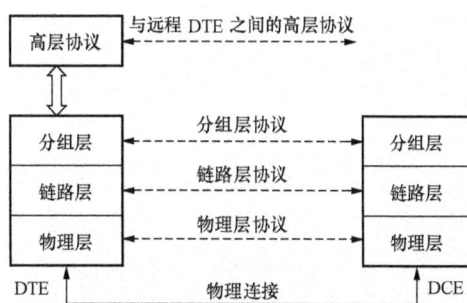

图 8.8　X.25 建议的层次结构

8.4.2　X.25 物理层

X.25 建议的物理层定义了 DTE 和 DCE 之间的电气接口和建立物理的信息传输通路的过程，其标准规范为 X.21 标准，但在许多场合下也用类似于 EIA RS-232-C 的标准。

8.4.3　X.25 链路层

X.25 的链路层为数据以帧序列的形式可靠地在物理链路上传输，其标准称为链路访问过程平衡 LAPB（Link Access Procedure Balanced）。LAPB 是源于 HDLC 的一种面向位的协议，它实际上是 BAC（平衡的异步方式类别）方式下的 HDLC，是 HDLC 的一个子集。它是数据链路层协议，负责管理在 X.25 中 DTE 设备与 DCE 设备之间的通信和数据包的组织过程。LAPB 能够确保传输帧的无差错和正确排序。

LAPB 与 HDLC 共享相同的帧格式、帧类型和字段功能，但与 HDLC 不同的是，LAPB 受 ABM 传输模式的限制且只适用于复合站。LAPB 电路可由 DTE 或 DCE 建立。启动呼叫的站称为主站，响应的另一站称为次站。另外 LAPB 所使用的 P/F 比特位其他协议不同，在 LAPB 中，由于没有主从关系，发送端使用 P 位来要求立即响应。在响应帧中，这一位变成接收端的 F 位。接收端总是打开 F 位去响应来自发送端 P 比特位的命令。由于确认响应可能会丢失并导致任何一端无法确保帧是否正确排序，就会采用 P/F 位，同时需要重建参考点。

8.4.4 X.25 分组层

在分组层中，分组是传送用户层送来的数据信息或控制信息的基本单位，它们送入链路层后，在链路层的 I 字段进行透明传输。

1. 分组类型

分组可以按其所执行的功能进行以下分类。

（1）呼叫建立分组。呼叫建立分组用于在两个 DTE 之间建立交换虚电路。这类分组有呼叫请求分组/呼入分组、呼叫接收分组/呼叫连通分组。

（2）数据传输分组。数据传输分组用于在两个 DTE 之间实现数据传输。这类分组有数据分组、流量控制分组、中断分组和在线登记分组。

（3）恢复分组。恢复分组是实现分组层的差错恢复，包括复位分组、再启动分组和诊断分组。

（4）呼叫释放分组。呼叫释放分组用于在两个 DTE 之间断开虚电路，包括呼叫释放请求分组/释放指示分组和释放确认分组。

2. 分组的一般格式

X.25 建议定义了每一种分组格式和它们的功能，由于篇幅，这里仅介绍分组的一般格式。分组的一般格式如图 8.9 所示。分组包括分组头和用户数据两部分，其长度随分组类型不同而有所不同。

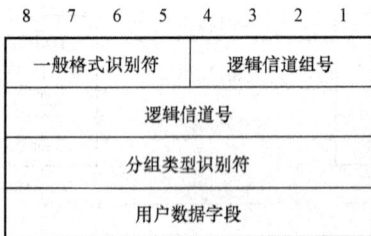

（1）一般格式识别符。一般格式识别符由第 1 个字节的高四位二进制编码组成，它分别定义了一些通用的功能，其格式如图 8.10 所示。一般格式识别符的使用方法见表 8.8。

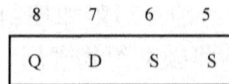

图 8.9　分组的一般格式

图 8.10　一般格式识别符格式

表 8.8　一 般 格 式 识 别 符

一般格式识别符		字节 1 的比特位			
		8	7	6	5
呼叫建立分组	模 8 序列编号方案	×	×	0	1
	模 128 序列编号方案	×	×	1	0
拆分线组	模 8 序列编号方案	×	0	0	1
	模 128 序列编号方案	×	0	1	0
拆线、流量控制、中断、重新建立、重新开始、登记与诊断分组	模 8 序列编号方案	0	0	0	1
	模 128 序列编号方案	0	0	1	1
数据分组	模 8 序列编号方案	×	×	0	1
	模 128 序列编号方案	×	×	1	0
一般格式识别符扩展		0	0	1	1
为其他应用备用		×	×	0	0

注　××未规定。

1）Q 位。第 8 位用来区分传输的分组是用户数据还是控制信息。Q＝0 表示是用户数据；Q＝1 表示是控制信息，它是数据分组中的限定符位，用于分组装配拆装设备（PAD）之间或 PAD 与分组型终端之间的通信控制。

2）D 位。第 7 位是确认位，用于数据和呼叫建立分组中的传送证实。该位在其他分组中均被置为 0。D＝0，表示分组由本地（DTE 与 DCE 之间）确认；D＝1，表示分组由远端（DTE 与 DTE 之间）确认。

3）SS 位。第 6 和第 5 位表示分组的顺序编号的方式。SS＝01，表示按模 8 编号；SS＝10，表示按模 128 编号。

（2）逻辑信道组号。逻辑信道组号位于第一个字节的低 4 位，其最大值为 15，在重新开始分组、诊断分组和登记分组中这 4 个比特均为 0。系统为每个交换虚呼叫或永久虚电路都分配一个逻辑信道号。

（3）逻辑信道号。除重新开始分组、诊断分组和登记分组之外，每个分组的第二个字节均为逻辑信息编号，在呼叫建立阶段由系统分配逻辑信道组号和逻辑信道号。在虚呼叫建立之后，为了避免在每个分组中都要发送完整的 12 位地址，而使用缩短了的逻辑信道寻址方式。每次虚呼叫只能在 DTE/DCE 接口使用一个逻辑信道组号和一条逻辑信道号。对于使用虚呼叫和永久虚电路的用户，逻辑信道组号和逻辑信道号应在鉴定业务时与主管部门协商分配。在不使用永久虚电路的情况下，逻辑信道 1 可分配给 LIC（单向输入），逻辑信道 0 只用于重新开始分组、诊断分组、登记请求分组和登记证实分组。

（4）分组类型识别符。分组头的第三个字节表示分组类型识别符，用于识别各种不同的分组。

数据通信系统中有几种常用的分组，如建立虚电路时用到的呼叫请求分组/呼入分组、呼叫接收分组/呼入连通分组，释放虚电路时用到的释放请求分组/释放指示分组、释放确认分组，数据传输时用到的数据分组等。

8.5 帧中继协议

8.5.1 概述

1. 帧中继概念

帧中继（Frame Relay，FR）技术是分组交换的升级技术，是 20 世纪 90 年代初出现的一种公用数据交换网络技术。它工作于 OSI 的第二层，以帧为单位进行存储和转发。帧中继简化了节点机之间的协议，将流量控制和差错控制等留给终端去完成，缩短了传输时延，提高了传输效率。

2. 帧中继原理

帧中继的节点交换机收到一帧的目的地址后立即开始将其转发出去，而不必等到整个帧接收完毕并做相应处理后再转发。这是一种减少节点处理时间及延迟的技术。

但存在一个潜在的问题是如何对差错的处理。因为按上述机制，只有当整个帧被接收后，节点才能检测到差错。但节点检测出差错时，很可能该帧的大部分已转发至别的节点。采用当检测到有误码的节点立即中止这次传输。当中止传输的指示到达下个节点后，下个节点就立即中止该帧的传输，并丢弃该帧。

3. 帧中继的特点

帧中继可以看成是 X.25 分组交换技术及其功能的子集，它具有以下特点：

（1）帧中继能够为用户提供简单的标准化接口，产品兼容性好。

（2）帧中继采用带外信息技术，其控制信号在专用的信道内传输，与传送用户数据的信道相隔离。

（3）网络处理更为简单，交换过程中出错后的重传纠错功能留给用户域中的端系统处理。

（4）帧中继采用统计复用技术，信道的利用率更高。

（5）帧中继支持多协议。

（6）帧中继传输速率高。

8.5.2 帧中继的体系结构

1. 帧中继分层结构

如 8.4 节所述，X.25 网络使用了 OSI 参考模型的下三层协议。帧中继则简化了 X.25 协议，舍去了 X.25 分组层，采用二级结构，物理层和链路层，如图 8.11 所示。其中链路层只保留核心部分，实现帧的透明传输和差错控制，但不提供检出错误后的重传功能键。链路层采用的是 LAPF 规程（LAPF 是 LAPD 规程的扩展）。

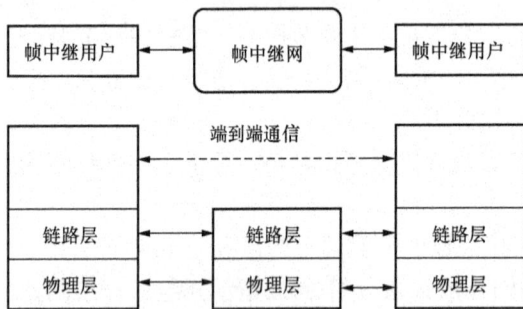

图 8.11 帧中继层次结构

帧中继的许多优越性能就是它不需要进行第三级的处理，而让帧直接通过交换节点所体现的，即在帧的尾部还未收到之前，交换节点就可以把帧的首部发送出去。从而节省了交换机的开销，达到缩短时延，提高吞吐量的目的。为了确保数据的正确传输，所需的纠错重传、流量控制等功能则由端对端的用户设备去完成。

2. 帧中继传输协议

帧中继的传输协议可以分为控制平面（C-plane）和用户平面（U-plane）。控制平面执行数据链路呼叫控制功能，使用 ITU-T Q.931 和 Q.932 两个协议。用户平面执行端用户之间的数据传输，使用 Q.922（LAPF）协议的核心部分 DL-CORE，Q.922 协议的剩余部分 DL-CONTROL 则是用户平面的可选功能。

帧中继传输协议与 X.25 等低速分组交换协议相比有如下特点：

（1）帧中继传输协议只包含物理层和数据链路层，没有网络层，数据流以数据链路层的帧格式在网络中传输。

（2）帧中继是基于 ISDN 的高速信道，如 H 信道，其速率可达 DS1 的 1.5MB/s。

（3）帧中继对 ISDN 的突发性数据能作出良好的响应，而且可简化拓扑结构，降低硬件成本。

3. 帧结构

ITU Q.922 协议规定了帧中继的帧结构，如图 8.12 所示。

帧中继的帧结构与 HDLC 帧格式类似，其主要差别是没有控制字段 C。各字段的作用如下。

1	2～4	可变	2	1
F	A	I	FCS	F

8	7	6	5	4	3	2	1
DLCI (高位)						C/R	EA
DLCI (低位)				FECN	BECN	DE	EA

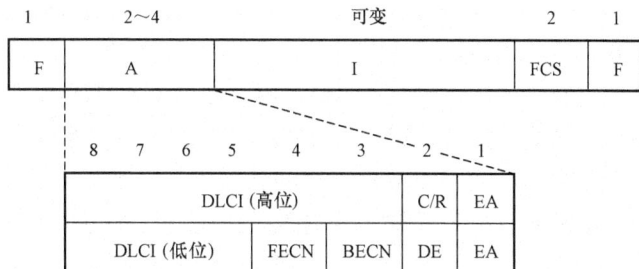

图 8.12　帧中继的帧结构

（1）标志字段 F。标志字段 F 含特殊的比特序列 01111110，用来指明帧的开始和结束。

（2）地址字段 A。地址字段 A 的长度为 2 字节，也可扩展为 3 或 4 字节。由以下几个部分组成。

1）数据链路连接标识符 DLCI（Data Link Connection Identifier）。用于标识此帧要通过的虚连接号。对于 2 字节的地址字段，最多可提供 1024 个虚连接号。根据 ITU 有关建议，DLCI0 保留，供呼叫控制信令使用；DLCI1～15 和 DLCI1008～1022 保留待用；DLCI1023 供本地管理接口使用；DLCI16～1007 共有 992 个地址为帧中继使用。对于标准的帧中继接口，DLCI 值只具有本地的含义。

2）命令与响应 C/R。此位帧中继不使用，仅与高层应用有关。

3）扩展地址 EA。此位表示地址字段扩展与否。当 EA 为 0 时，表示下一字节仍是地址字段，否则就表示地址字段到此为止。

4）正向显式阻塞通知 FECN（Forward Explicit Congestion Notification）。此位置 1 表示与该帧同方向传输的帧可能受网络阻塞的影响而造成时延。

5）反向显式阻塞通知 BECN（Backward Explicit Congestion Notification）。此位置 1 表示与该帧反方向传输的帧可能受网络阻塞的影响而造成时延。

6）丢弃指示 DE。此位置 1 表示在网络发生阻塞时，允许丢弃该帧。引起丢弃的原因主要有两个：一是帧出错，指出 FCS 字段检测错误或者虚连接号 DLCI 未在交换机登记；二是由交换机引起的网络阻塞。

（3）信息字段 I。该字段包含用户数据，其长度可变。

（4）帧校验序列字段 FCS。该字段含有 2 字节的循环冗余校验码，其作用在于检测链路上出现差错的频度，供网络管理使用。

4. 帧中继协议的运行机制

帧中继提供两种基本业务，即交换虚电路和永久虚电路。交换虚电路是每次提供帧中继服务时，都要经历建立链路和释放链路阶段，即获得和释放网络资源。它适合于随机性强、数据传输量小的通信场合。永久虚电路是用户向网络管理部门预约通信业务，由网络提供永久性的虚电路，因此在提供帧中继服务时，就无需经历建立和释放链路阶段。它适用于通信对象固定、数据传输量较大的通信场合。无论是交换虚电路和永久虚电路，帧中继的逻辑链路都是通过 DLCI 来实现的。

帧中继协议的运行过程如下：首先，由两个对等的控制平面使用 SETUP 等控制命令，同意建立一条数据链路。接着控制平面利用系统管理功能，向用户平面的链路管理实体发送一条 M2N 类型原语，表示一条数据链路已协商好，链路级管理实体接收后向 DL-CORE 发出 MC-ASSIGN 原语，DL-CORE 根据此原语所带的三个参数（DLCI、DL-CORE 的内部连接号 CORE-CEI 和物理信道号指示 PH-CEI），在 PH-CEI 所指定的物理信道上建立数据链路，并将这条链路的服务参数（如最大的传输速率）通知用户平面的 DL-CORE。一旦 DL-CORE 将这些参数记录在内部表上之后，用户平面就可以独立于控制平面发送用户数据了。帧中继协议的运行机制体现了 ISDN 把控制与传输分开的重要思想，这就为实现快速分组交换奠定了基础。

小 结

（1）通信协议就是通信双方事先约定好的双方都必须遵守的通信规则、约定，它实际上是一些通信规则集。通信协议一般由语法、语义和时序组成。

（2）为了使不同类型的计算机或终端能互连，以便相互通信和资源共享。国际标准化组织（ISO）提出了开放系统互连参考模型（OSI/RM）。OSI 参考模型共分 7 层：物理层、数据链路层、网络层、运输层、会话层、表示层和应用层。

（3）物理层协议就是 DTE 和 DCE 之间的一组约定，它规定了 DTE 与 DCE 之间标准接口的机械特性，电气特性，功能特性和规程特性。常用的物理层标准有 EIA RS-232-C 和 X.21。

（4）为了在 DTE 与网络之间或 DTE 与 DTE 之间有效、可靠地传输数据信息，必须进行传输控制。数据链路层的协议称为数据链路传输控制规程。数据链路传输控制规程基本上分为两大类：面向字符型和面向比特型。

面向字符型的基本型传输控制规程以字符作为传输信息的基本单位，并规定了 10 控制字符用于传输控制，其文电格式可分为信息报文和监控序列。

面向比特的高级数据链路控制规程，以帧为单位传输数据信息和控制信息，传输效率较高。帧的结构是固定的，有标志域、地址域、控制域、信息域和校验域。帧的类型有信息帧（I 帧）、监控帧（S 帧）和无编号帧（U 帧）。

（5）X.25 建议是公用数据网上以分组方式工作的数据终端设备（DTE）与数据电路终接设备（DCE）之间的接口规程。X.25 建议的层次结构分为物理层、链路层和报文分组层等三层。分组可以按其所执行的功能分为呼叫建立分组、数据传输分组、恢复分组和呼叫释放分组。

（6）帧中继是 X.25 分组网在光纤传输条件下发展起来的一种快速分组交换技术，它简化了网络功能，减少了中间节点的处理时间，提高了传输速率。帧中继采用二级结构，物理层和链路层。帧中继的帧结构与 HDLC 帧格式类似，但没有控制域。

习 题

8.1 什么是通信协议？通信协议一般由哪几个部分组成？
8.2 什么是实体？什么是服务？
8.3 试画出 OSI 参考模型，并简述各层的功能。
8.4 物理层协议中规定的物理接口的基本特性有哪些？

8.5 EIA RS-232-C 电气特性中逻辑"1"和逻辑"0"的电平是如何规定的？

8.6 数据链路传输控制规程的功能有哪些？

8.7 试画出 HDLC 的帧结构？并说明其帧有哪几种类型？

8.8 已知 HDLC 帧的 I 字段的内容为 01101111011111110111110010，试给出零比特插入后的比特序列。

8.9 X.25 建议的层次结构分为哪几层？

8.10 X.25 建议的分组层的功能？按所执行功能可以分为哪几种分组？

8.11 为什么帧中继比分组交换缩短了传输时延，提高了传输效率？

8.12 帧中继的分层体系结构如何？

8.13 帧中继传输协议与 X.25 等低速分组交换协议相比有哪些特点？

第9章 数据通信网

9.1 数据通信网概述

9.1.1 数据通信网的构成

数据通信网是一个由分布在各地的数据终端、数据交换设备和数据传输链路所构成的网络，在网络协议的支持下实现数据终端间的数据传输和交换。数据通信网示意图如图 9.1 所示。

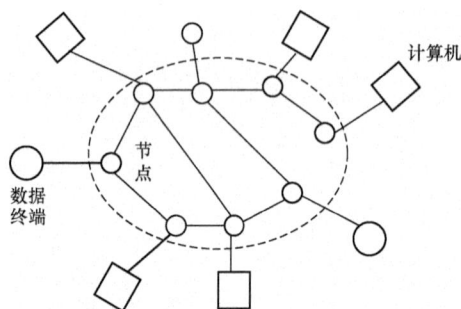

图 9.1 数据通信网示意图

数据通信网的硬件构成包括数据终端设备、数据交换设备及数据传输链路。

1. 数据终端设备

数据终端设备是数据通信网中的信息传输的源点和终点，它的主要功能是向传输链路输出数据和从网络中接收数据，并具有一定的数据处理和数据传输控制功能。

2. 数据交换设备

数据交换设备是数据通信网的核心，即图 9.1 所示中的节点。它的基本功能是完成对接入交换节点的数据传输链路的汇集、转接接续和分配。

3. 数据传输链路

数据传输链路是数据信号的传输通道，包括用户终端的入网路段（即数据终端到交换机的链路）和交换机之间的传输链路。

数据传输链路上数据信号传输方式有基带传输、频带传输和数字数据传输等。

9.1.2 数据通信网的分类

数据通信网可以从以下几个不同的角度进行分类。

1. 按网络拓扑结构分类

拓扑结构是应用拓扑学来研究数据通信网结构，拓扑是从图论演变而来的，是一种研究与大小形状无关的点、线、面特点的方法。数据通信网按网络拓扑结构分类，有以下几种基本形式。

（1）全互连形网。全互连形网中的每个节点和网上其他所有节点都有通信线路连接，如图 9.2 所示。它的可靠性高，无需路由选择，通信方便。但网络连接复杂，线路利用率比较低，经济性差。适合于节点数少，距离较近的环境。

（2）不规则形网。不规则形网也叫网格形网。在通信网络中任意两节点间是否用点点线路专线连接，要依据其间的信息流量以及网络所处的位置来定。如果某节点间的通信可由其他中继节点转发且不影响网络性能，则不必直接互连。因此地域范围很大且节点数较多时，采用不规则形网。网中的每一个节点均至少与其他两个节点相连，如图 9.3 所示。它的可靠性比较高，且线路利用率比一般的全互连形网要高。数据通信中的骨干网一般采用这种网络结构。

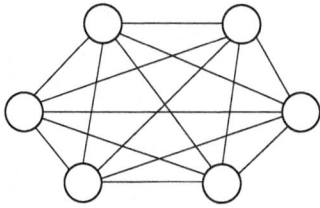

图 9.2　全互连形网

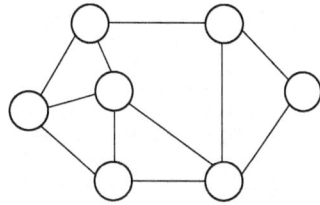

图 9.3　不规则形网

（3）星形网。星形网是由一个功能较强的转接中心和一些各自连到中心的从节点组成。如图 9.4 所示。网络中各个从节点间不能直接通信，从节点间的通信必须经过转接节点。星形网一般有两种结构，一种是转接中心仅起从节点连通的作用；另一种是转接中心除了转接功能之外，具有很强处理能力，转接中心也成为各从节点共享的资源。星形网建网容易，控制相对简单，线路利用率高，经济性好，但可靠性低，且网络性能过多地依赖于中心节点，一旦转接中心出故障，将导致全网瘫痪。一般用于非骨干网。

（4）树形网。树形网是星形网的扩展，树的每个节点都具有处理能力，如图 9.5 所示。一般说来，越靠近树根的节点，处理能力就越强。树根的节点一般具有通用的功能，以便控制协调系统的工作，树顶的节点一般具有专用的功能。树形网层次结构不宜太多，以免转接开销太大。它也是数据通信非骨干网采用的一种网络结构。

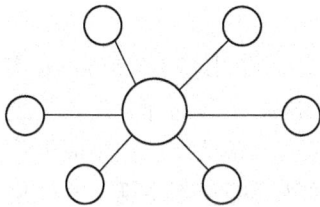

图 9.4　星形网

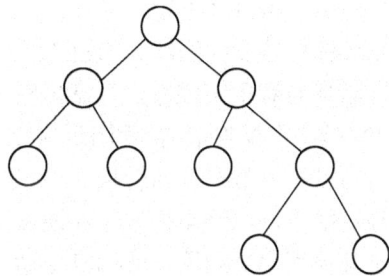

图 9.5　树形网

（5）环形网。环形网是各节点首尾相连组成一个环状，如图 9.6 所示。数据在网上单向流动，每个节点按位转发所经过的信息，可用令牌控制来协调控制各节点的发送，任意两节点都可通信。它结构简单，易于实现，传输时延确定，通信距离比较远；但其可靠性差，任一节点与通信链路的故障都将导致系统失效，故障诊断与处理比较困难，控制、维护和扩容比较复杂。

（6）总线形网。在总线形网中，所有节点共同连接到一条通信介质上，不存在中心节点，如图 9.7 所示。同一时刻只允许一个节点发送信号，并以广播方式到达所有其他的节点。它结构简单，易于实现，布线容易，介质利用率高，可靠性好，单一节点的故障不影响全局，系统扩容方便。但它故障诊断与处理困难，介质可靠性差，直接通信距离较短。

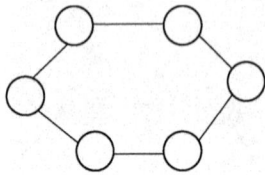

图 9.6　环形网

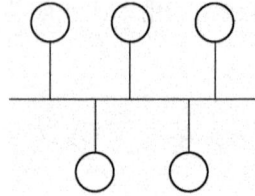

图 9.7　总线形网

2. 按传输技术分类

按传输技术分类,数据通信网可分为交换网和广播网。

(1)交换网。根据采用的交换方式的不同,交换网又可分为电路交换网、报文交换网、分组交换网、帧中继网、DDN 网和 ATM 网。

(2)广播网。在广播网中,每个数据站的收发信息共享同一传输媒质,从任一数据站发出的信号可被所有的其他数据站接收。在广播网中没有中间交换节点。

3. 按业务种类分类

按所实现的业务种类分类,电话通信网、数据通信网和广播电视网。

4. 按服务范围分类

按网络的服务范围分类,企业网、本地网、长途网和国际网。

9.2　公 共 电 话 交 换 网

公共电话交换网(PSTN)是日常生活打电话时,中间经过的传输网络。PSTN 是以模拟技术为基础的电路交换网络。通过 PSTN 实现通信具有费用是最廉价的优点。但其传输质量较差,网络资源利用率较低,数据传输速率较低。

PSTN 是一个模拟信道,两个站点在经 PSTN 通信时,必须间经双方 Modern 实现计算机数字信号与模拟信号之间的转换。PSTN 是一种电路交换网络,其内部并没有上层协议保障其差错控制能力。电路交换方式在通信双方建立连接后独占一条信道,在中间无信息时信道也不能被其他用户所利用。就如打电话一样,双方话机接通后即使不讲话,其他用户也无法占用。

PSTN 带宽有限,而且中间没有存储转发功能,难以实现变速传输,只能用于通信要求不高的场合。

PSTN 入网方式简便灵活,可有多种选择:

(1)借用普通拨号电话线。只要把两端的电话机拆除,在电话线上接入计算机的 Modern 即可通信。通信接口可用计算机本身的 COM 口或加插通信卡即可。由于其支持的通信速率低,故常用于不频繁的小型文件传输。其连接图如图 9.8 所示。

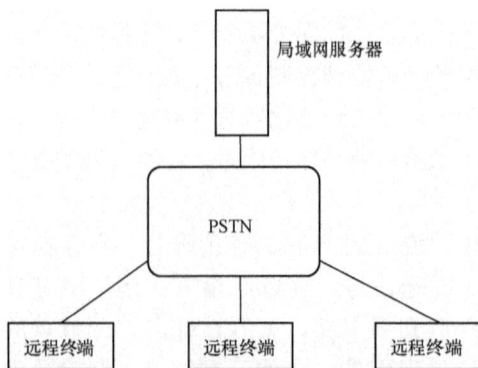

图 9.8　利用电话拨号方式组网

(2)租用一条电话专线。相当于通信双方

连接了一条固定的直通线，随时可以通信。增加了租用专线的费用，但其通信速率和质量比普通拨号方式都有提高。常用于速率要求不高而又要频繁通信的业务。

（3）经普通拨号或租用专用电话线方式经 PSTN 转接入公共分组交换数据网（X.25 网）。利用电话线经 PSTN 接入本地 X.25 网而与远地 X.25 网连接是一种较好的远程方式。X.25 网为用户提供的是可靠的面向连接虚电路的服务，其可靠性与传输速率（X.25 中继线速率可达 64kb/s～2Mb/s）都比用电话线通信高得多。

9.3　分组交换网

分组交换网的发展是从 20 世纪 70 年代中期开始的，20 世纪 70 年代中期世界各国迅速发展和相继建立了一批用于数据交换的分组交换网络。我国的公用分组交换网 CHINAPAC 于 1989 年建成和正式开放业务，它覆盖全国省会城市和部分地市，形成了全国范围的公用数据交换网。与此同时，许多大企业的专用分组交换网也在迅速发展。

9.3.1　分组交换网的构成

分组交换网的结构形式如图 9.9 所示。

分组交换网主要由分组交换机（PS）、远程集中器（RCU）、终端设备（DTE：分组型 PT、非分组型 NPT）、网络管理中心（NMC）、分组装配拆装设备（PAD）和传输线路构成。

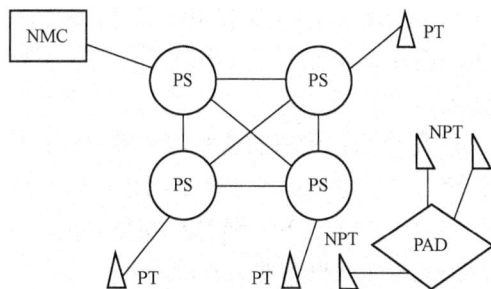

图 9.9　分组交换网结构

（1）分组交换机。分组交换机（PS）是分组交换网的重要组成部分。根据其位置不同，可分为转接交换机和本地交换机两种。转接交换机通信容量大，通信处理能力强，在单位时间内处理的分组数大，线路传输速率高，线路端口数多，所有线路端口都用于交换机之间互联的中继端口，所以其路由选择功能强。本地交换机通信容量小，通信处理能力较低，单位时间内能处理的分组数少，大部分线路端口为用户端口，主要接至用户数据终端，一般只有一个线路端口用为中继端口接至转接交换机，与网内其他数据终端互通时必须经过相应的转接交换机，只有局部交换功能，基本上不具备路由选择功能。

分组交换机的主要功能有：

1）提供网络交换虚电路（SVC）和永久虚电路（PVC）两项基本业务，实现分组在两种虚电路上传送，完成信息交换任务。

2）实现 X.25、X.75 等多种接口规程协议功能。

3）如果交换机需直接连接非分组型终端，或经电话网接终端，则交换机还应有 X.3、X.28、X.29、X.32 等接口规程协议功能。

4）能进行路由选择，以便在网中选择一条最佳路由实现两个 DTE 之间的通信。

5）能进行流量控制，防止网络阻塞，使不同速率的终端能互相通信。

6）完成局部的维护、运行管理、故障报告与诊断、计费及一些网络的统计等功能。

（2）远程集中器。远程集中器（RCU）可以将离分组交换机较远地区的低速数据终端的数据集中起来后，通过一条中、高速电路送往分组交换机，以提高电路利用率。分组终端

PT 和非分组终端 NPT 分别通过它们相应接口接入远程集中器。远程集中器具有本地交换的功能。

（3）终端设备。终端设备分为分组型终端和非分组型终端。分组型终端（如计算机或智能终端等）发送和接收的均是规格化的分组，可以按照 X.25 协议等直接与分组交换网相连；而非分组型终端机（如字符型终端）产生的用户数据不是分组，而是一连串字符。非分组型终端不能直接接入分组交换网，而要通过分组装配拆装设备才能接入到分组交换网。

（4）网络管理中心。网络管理中心又称为网络控制中心，是为保证网络连续工作和提高网络的有效性而设置的。通常由三个部分组成：网络管理机、网络终端设备和外围设备。

网络管理中心的主要任务如下：

1）收集全网的信息：收集的信息主要有交换机或线路的故障信息，检测规程差错、网络拥塞、通信异常等网络状况信息，通信时长与通信量多少的计费信息，以及呼叫建立时间、交换机交换量、分组延迟等统计信息。

2）路由选择与拥塞控制：根据收集到的各种信息，协同各交换机确定当时某一交换机至相关交换机的最佳路由。

3）网络配置的管理和用户管理：网络中心针对网内交换机、设备与线路等容量情况、用户所选用补充业务情况及用户名与其对照号码等，向其所连接的交换机发出命令，修改用户参数表。

4）用户运行状态的监视与故障检测：网络管理中心通过显示各交换机和中继线的工作状态、负荷、业务量等，掌握全网运行状态，检测故障。

5）控制软件管理：通过对各交换机软件进行遥控安装修改，以便在交换机软件被破坏后进行恢复和交换机软件版本的更新。

（5）分组装配拆装设备。分组装配拆装设备主要实现将非分组型终端接入分组网中。

分组装配拆装设备的主要功能有：

1）完成规程转换：把非分组终端的字符通过 PAD 组装成分组以便于发至分组交换机中；同时从分组交换机来的分组被拆卸成字符，以便非分组终端接收。

2）统计时分复用：把各终端的字符数据流装配成分组后，在 PAD 至交换机的中、高速线路上统计时分复用，以利于更有效地利用线路并且扩充非分组终端接入的端口数。

9.3.2　分组交换网的业务功能

分组交换网可向用户提供的基本业务功能分为两类：基本业务功能和用户任选的补充业务功能。

1. 基本业务功能

基本业务功能分为交换虚电路和永久虚电路两类。

虚电路就是要求在数据交换之前，分组交换网根据全网络的运行状况，所确定的在当时情况下通信双方数据传输的最佳逻辑路由。该逻辑电路由数据传输途径的各段逻辑信道连接而成。逻辑电路只有在数据传输时才被分配占用。

（1）交换虚电路。交换虚电路是每次通信时双方建立的虚电路。数据终端间要通信时，先要拨号建立虚电路，通信结束后再释放虚电路。通常称通信开始到释放虚电路为一次呼叫，所以交换虚电路业务又称为虚呼叫业务。分组交换网中的任何终端之间都可以建立虚电路。

（2）永久虚电路。永久虚电路是两终端之间的虚电路永久式连接。建立了永久虚电路的终端间通信时无须拨号建立虚电路及释放虚电路的过程。它适合于两个通信终端固定不变的场合。

2. 用户任选的补充业务功能

用户任选的补充业务功能分为在合同期内使用的和在每次呼叫时使用的用户任选补充业务。根据 ITU-T 规定的在公用分组交换网中所使用的补充业务功能有 31 项，以下仅讨论常用的几项，更多的请查阅相应的文献和资料。

（1）闭合用户群。所谓闭合用户群业务就是由多个用户组成一个群，群内用户可以互相通信，但不能与群外用户通信。可以利用这一业务功能在公用分组网内组成专用网。

（2）快速选择业务。如果用户要传送的数据量小于 128 个字节，用户可以在建立及释放虚电路过程中把用户数据带上传递到对方，从而省去了通信过程，加快了通信速度。要实现快速选择业务必须要求对方能接受快速选择业务的用户。

9.3.3 分组交换网的性能

衡量分组交换网的传输交换性能主要有四个方面：分组传输时延、虚电路建立时间、传输差错率和网路可利用率。

1. 分组传输时延

分组传输时延是指从网路源点的节点交换机收到发送用户送来的一个完整数据分组的最后一个比特起，到把这个数据送到终点，并且节点交换机已准备好向接收用户传送出数据分组的这段时间。

分组传输时延首先取决于节点交换机的处理能力，节点机的处理能力用每秒处理的分组数来表示。一般的集中式节点机处理能力约为 500 分组/s，大型节点机的处理能力约为 1000 分组/s。其次传输时延也与从源节点机到终点节点机所途经的节点机的数目、传输距离以及数据信道的传输质量等因素有关。分组在网内的时延应小于 300ms。

2. 虚电路建立时间

虚电路建立时间实质上是呼叫用户发出的"呼叫请求"分组的传输时延与被叫用户发出的"呼叫接受"分组的传输时延之和。在大多数的情况下，"呼叫请求"分组的传输时延不超过 1s，"呼叫接受"分组的传输时延不超过 1s，所以虚电路的建立时间一般不超过 1.5s。

3. 传输差错率

传输差错率用来衡量传输的质量。由于在数据分组交换网的传输链路中采用了有效的循环冗余码和差错检测自动重发系统来控制传输质量。所以，分组交换网的传输质量是较高的。在节点机之间的链路上的传输差错率一般可以达到低于 10^{-8}。

4. 网路可利用率

网路可利用率是指分组交换网对用户而言的可利用程度，它可以用网路中所有用户总的工作时间与网路实际提供给用户的有效工作时间的比值来描述，其定义可写作

$$\eta = \frac{t}{T} \tag{9.1}$$

式中：T 为用户总的工作时间＝网络用户数×统计时间；t 为用户总的工作时间－故障时间；故障时间＝故障用户数×故障时间。

统计时间可以有周、双周或月作为单位。

9.4 帧 中 继 网

9.4.1 帧中继的功能

帧中继的功能主要包括以下几个方面：

（1）帧中继主要用于传递数据业务，它使用一组规程将数据以帧的形式有效地进行传送。帧一般要比分组要长得多，可以达到 1600 字节/帧。

（2）帧中继交换机只采用物理层和链路层两级结构，取消了大部分网络层的功能。其链路层主要有统计时分复用、帧透明传输和错误检测等功能，不提供差错发现并重传操作。使得交换机的开销减少，降低了通信时延。一般用户的接入速率为 64kbit/s～2Mbit/s。

（3）帧中继传送数据信息所使用的传输链路是逻辑连接，而不是物理连接，在一个物理连接上可以复用多个逻辑连接。通过统计时分复用，动态分布带宽，用户可以共享网络资源，提高了利用率。

（4）提供一套合理的带宽管理和防止阻塞的机制，用户有效地利用预先约定的带宽，并且还允许用户的突发数据占用未预定的带宽，以提高整个网络资源的利用率。

（5）帧中继采用面向连接的虚电路交换技术，可以提供交换虚电路业务和永久虚电路业务。

9.4.2 帧中继网的基本构成和用户接入

1. 基本构成

帧中继网是由三个要素组成的：帧中继接入设备、帧中继交换设备和公用帧中继业务。

帧中继接入设备（FRAD）：用户住宅设备，包括主机、网桥/路由器、分组交换机、特殊的帧中继"PAD"。

帧中继交换设备：T1/E1（1.544/2.048Mb/s）一次复用器、分组交换机、专用帧中继交换设备等，为用户提供标准帧中继接口。

公用帧中继业务：通过公用帧中继业务提供业务。帧中继接入设备和专用帧中继设备可通过标准帧中继接口与公用帧中继网相连。

2. 用户接入帧中继网

目前，大部分用户采用直通用户电路接帧中继网，也有些用户通过电话交换电路或综合业务数字网（ISDN）交换电路接入。

一般而言，用户接入帧中继网可采用以下几种形式，如图 9.10 所示。

（1）局域网接入形式：局域网用户一般通过网桥/路由器接入帧中继网，也可以通过其他的帧中继接入设备（如集线器、PAD 等）接入帧中继网。

（2）计算机接入形式：各类计算机要通过帧中继接入设备（FRAD），将非标准的接

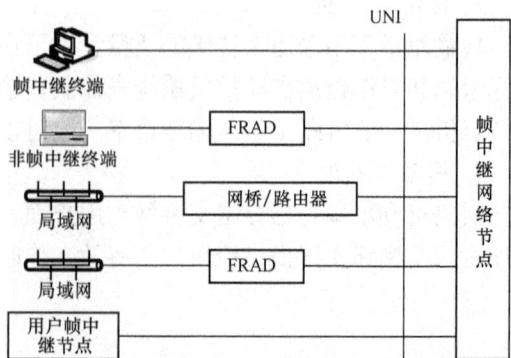

图 9.10 用户接入帧中继网

口规程转换为标准的 UNI 接口规程后接入帧中继网；如果计算机自身带有标准的 UNI 规程，则可作为帧中继终端直接接入帧中继网。

（3）用户帧中继交换机接入公用帧中继网：用户专用的帧中继网接入公用帧中继网时，将专用网络中的一台交换机作为公用帧中继网的用户，以标准的 UNI 规程接入。

9.4.3 帧中继应用

1. 适用场合

（1）当用户需要数据通信，其带宽要求为 64kbit/s～2Mbit/s，而参与通信的各方多于两个时，使用帧中继是一种较好的解决方案。

（2）通信距离较长时，应选帧中继。因为帧中继的高效性使用户可以享有较好的经济性。

（3）当数据业务量为突发性时，由于帧中继具有动态分配带宽的功能，选用帧中继可以有效地处理突发性数据。

2. 业务应用

（1）局域网互连。帧中继很适合为局域网用户传送大量的突发性数据，所以利用帧中继网络进行局域网互连是帧中继业务中最典型的一种业务。

（2）图像传送。帧中继网络可提供图像、图表的传送业务，这些信息的传送往往要占用很大的网络带宽。帧中继网络为医疗、金融机构之间图像、图表的传送提供了良好的解决方案。

（3）虚拟专用网。帧中继网络可以将网络中的若干个节点划分为一个分区，并设置相对独立的管理机构，对分区内的数据流量及各种资源进行管理。分区内各个节点共享分区内的网络资源，分区之间相对独立，这种分区结构就是虚拟专用网。

9.5 综合业务数字网 ISDN

9.5.1 ISDN 概述

1. ISDN 的概念

综合业务数字网 ISDN（Integrated Services Digital Network）的概念产生于 20 世纪 70 年代，成熟于 20 世纪 80 年代。1984 年 ITU-T 把 ISDN 定义为：ISDN 是以综合数字电话网（IDN）为基础发展演变而成的通信网，能够提供端到端的数字连接，用来支持包括话音和非话音在内的多种电信业务，用户能够通过有限的一组标准多用途用户/网络接口接入网内。

2. ISDN 的特点

（1）支持端到端的数字连接。ISDN 是一个全数字化的网络，网络中的一切信号均以数字形式进行传输和交换，也就是说不论原始信号是话音、文字、数据还是图形，都需先在终端上转换成数字信号，然后通过数字信道传送到 ISDN 网中，再由网络将这些数字信号传输到通信另一方的终端设备。但用户网接口上仍采用模拟传输。

（2）提供综合的通信业务。ISDN 不仅覆盖了现有各种通信网的全部业务，还包括各种各样的新型业务，如数字电话、传真、可视电话、电视会议和电子邮件银行业务等。

（3）提供标准的入网接口。ISDN 向用户提供了一组标准的多用途入网接口，不同的业务和终端可经过同一接口入网。所以 ISDN 的所有业务都可采用单一的号码。接口的标准化不仅使终端设备可携带，而且还简化了网络的管理工作。

9.5.2 ISDN 基本结构

ISDN 基本结构示意如图 9.11 所示。

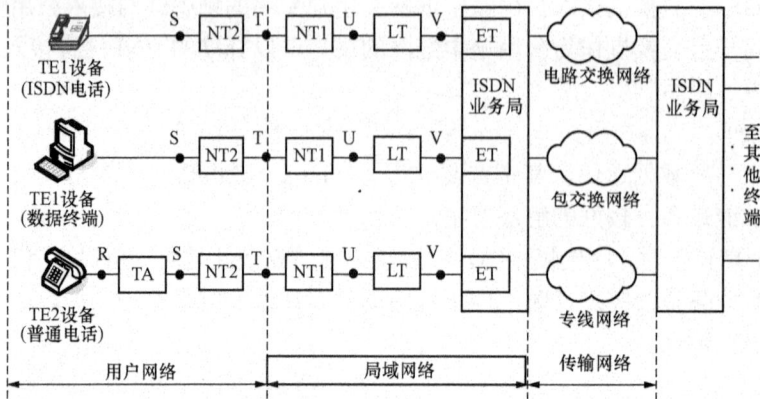

图 9.11 ISDN 网络结构示意图

NT1：网络终端设备　　　NT2：网络终端设备（PBX）
TE1：ISDN 的标准终端　　TE2：非 ISDN 终端
LT：线路终端设备　　　　ET：交换终端
R、S、T、U、V：各设备连接接口参考点

1. ISDN 结构配置

ISDN 定义了 R、S、T、U、V 五个参考点来描述各设备间连接接口。其中"参考点 T"用于标志用户设备和 ISDN 网络设备之间的接口，在参考点 T 的一边为用户设备，另一边为 ISDN 设备。ISDN 终止于网络终端设备（NT1），ISDN 交换机通过 NT1 经参考点 T 与用户设备接口。在 NT1 内装有一个连接器。最多可有 8 个终端接入总线。从用户角度看用户设备和网络界面是 NT1 的连接器。NT1 同时还包括网络管理、测试、维护和性能监视的功能。

2. ISDN 用户设备及参考点

ISDN 将用户设备分为两类：一类是专用的 ISDN 终端设备，称为 TE1，可直接接入 ISDN；另一类为非 ISDN 终端设备称为 TE2，需经 ISDN 适配器（TA）适配后接入 ISDN 网。普通的 PC 机是一个 TE2 类终端，可以通过插入 ISDN 适配卡接入 ISDN。ISDN 适配卡通常只具有 ISDN 基速接口（BRI），ISDN 路由器具有基速接口（BRI）或主速接口（PRI）。具有 PRI 的路由器可与多个具有 BRI 的终端相连。

在用户设备和网络设备之间还可插入一个 NT2 设备。NT2 是一个智能设备，可以包括 OSI 的下三层功能。典型的 NT2 设备是一台数字化的专用分支交换机（PBX）。

在 IDSN 中，非 ISDN 终端 TE2 与终端适配器 TA 之间的连接参考点为 R；终端与网络之间的参考点，即 TE1 或 NT2 之间的连接参考点为 S；网络用户端与传送端之间的参考点，即 NT1 与 NT2 之间的连接参考点为 T；网络终端接入传输线路接口参考点，即 NT1 与线路终端 LT 之间的连接参考点为 U；用户环路传送端与交换设备之间的参考点，即 LT 与 ET 之间的连接点为 V。如不采用 NT2，则 S 和 T 为同一参考点。

9.5.3 ISDN 用户/网络接口

1. ISDN 用户/网络接口的信道类型

从用户角度，ISDN 或看成是通过一个单一的用户/网络接口提供各种各样业务的网络。

用户/网络接口的信息传输能力以信道来描述。根据不同的信道速率、信息性能和信息容量，信道可分为以下几种不同的类型。

（1）B 信道是用户信道，被用于传输话音、数据、传真或图像等用户信息，其传输速率是 64kB/s。B 信道可用来访问多种不同的交换模式，如电路交换和分组交换。一个 B 信道可以包含多个低速的用户信息，但这些信息送达的目的地必须相同。

（2）D 信道是信令信道，主要用于传送连接控制信息以控制 ISDN 服务。此外，它还可传送数据信息。D 信道依据特定接口的不同，其传输速率可取 16kB/s 或 64kB/s。

（3）H 信道用来传输高速用户信息，包括传输高速数据、快速传真、视频信号和高质音频等；用户可以将 H 信道作为高速干线或者根据各自的时分复用方案将其划分使用。H 信道有三种标准：H0 信道：384kB/s；H11 信道：1536kB/s；H12 信道：1920kB/s。

（4）E 信道为电路交换业务提供信号，而且它只在使用多种存取配置的用户/网络接口才使用。

2. ISDN 用户/网络接口的结构

ISDN 用户/网络接口的结构有两种类型，即基本速率接口（BRI）和基群（一次群）速率接口（PRI）。

（1）基本速率接口（BRI）。该接口包括两条 64kB/s B 信道和一条 16kB/s D 信道，即 2B＋D 接口，总速率达到 144kB/s。这种接口能满足大部分单个用户的需要。2B＋D 信道无需改造现有的电话线，只要求交换机提供 ISDN 功能，用户的 ISDN 通信设备就可以直接通过现有的电话线接入，进行话音和多种形式的数据通信。

（2）基群（一次群）速率接口（PRI）。这种接口主要用于装有 PBX 或具有召开电话会议用的高速信道等需要很大业务量的用户，它可提供 1544kB/s 和 2048kB/s 两种速率的传输能力。其接口结构可根据用户对通信的不同要求做出多种安排，一种典型的结构是 nB＋D。对于需要使用高速率的用户可以采用 mH0＋D、H11＋D 或 H12＋D，还可以采用既有 B 信道又有 H0 信道的结构 nB＋mH0＋D。

9.5.4 ISDN 的业务能力

ISDN 的业务能力主要有如下三种：承载业务、用户终端业务和补充业务。

1. 承载业务

承载业务由网络提供单纯的信息传送业务，主要形式有电路交换方式、分组交换方式和帧中继方式。

2. 用户终端业务

用户终端业务是在人和终端的接口上提供的各种面向用户的应用业务，如有数字电话、智能用户电报、可视图文和用户电报等。

3. 补充业务

补充业务是承载业务或用户终端业务的附加业务，不能独立向用户提供，它必须随基本通信业务一起提供。

9.6 数字数据网 DDN

9.6.1 DDN 概述

数字数据网 DDN（Digital Data Network）是 20 世纪 70 年代由数字数据系统（DDS）逐

步发展而来的。它将数据通信技术、数字通信技术、光纤通信技术、数字交叉连接技术和计算机技术有机地结合在一起，使其应用范围从单纯提供端到端的数据通信，扩大到能提供和支持多种业务服务的传输网络。

1. DDN 定义

DDN 是一种利用数字信道传输数据信号传输的数字传输网，也是面向所有专线用户或专网用户的基础电信网。它为专线用户提供中、高级数字型点对点传输电路，或为专网用户提供数字型传输网通信平台。

DDN 的传输媒介可以是光纤、数字微波、卫星信道、电缆和双绞线。它能向用户提供 200bit/s～2Mbit/s 速率任选的半永久性连接的数字数据传输信道，以满足各类用户的需求。所谓的半永久性连接是指所提供的信道，属非交换型信道，其用户数据信息是根据事先约定的协议，在固定通道带宽和预先约定速率的情况下顺序地连续传输，但传输速率、到达地点和路由选择上并非完全不可改变的。一旦用户提出改变的申请，由网络管理人，或在网络允许的情况下由用户自己对传输速率、传输数据的目的地和传输路由进行修改，但这种修改不是经常性的，所以称作半永久性交叉连接或半固定交叉连接。

2. DDN 特点

（1）传输速率高，网络延时小。由于 DDN 网采用 PCM 数字信道，且采用半永久性交叉连接，传输速率每个数字话路可达 64kbit/s，干线传输速度通常为 2.048Mbit/s 和 33Mbit/s，干线最高传输速率可达 150Mbit/s，平均每节点延时不大于 450μs。

（2）传输质量好。DDN 一般采用光纤作为介质，而且采用再生中继技术，使信道的干扰不会叠加和积累，其误码率一般在 10^{-6} 以下。

（3）传输距离远。PCM 采用数字中继再生的方式，所以传输距离可以跨地区甚至跨国。

（4）多协议支持。DDN 为全透明传输网，可以支持任何规程，支持数据、图像、声音等多种业务。

（5）传输安全可靠。DDN 通常采用多路由的网状拓扑结构，所以中继传输中任何一个节点发生故障、网络拥塞或线路中断时，只要不是最终一段用户线路，节点总会自动迂回改道，而不会中断用户的端到端的数据通信。

（6）网络运行管理简便。由于 DDN 把检错和纠错等功能转移到智能化程度较高的数据终端设备来完成，所以对网络运行中间环节的管理、监督等带来了简化和操作的方便。

9.6.2　DDN 网络的结构

一个 DDN 网络主要由五个部分组成：本地传输系统、DDN 网络节点、局间传输系统、网同步系统和网络管理系统，其结构示意如图 9.12 所示。

1. 本地传输系统

本地传输系统由用户设备、用户环路组成。用户环路包括用户线和用户接入单元。用户设备一般是数据终端设备、电话机、传真机、个人计算机以及用户自选的其他用户终端设备，也可以是计算机局域网。

用户设备送出的信号是用户的原始信号，这种信号的用户信号种类很多，可以是脉冲形式的数据信号，音频形式的话音和传真信号、数字形式的数据信号以及其他形式的各种信号等。用户接入单元在用户端把这些原始信号转换成适合在用户线上传输的信号，如频带型或基带型的调制信号，并在可能情况下，将几个用户设备的信号放在一对用户线上传输，以实现多路复用。然后由局端的相应设备或接口电路把它们还原成几个用户设备的信号或系统所要求的一定信号方式，再输入到节点进行下一步的传输。

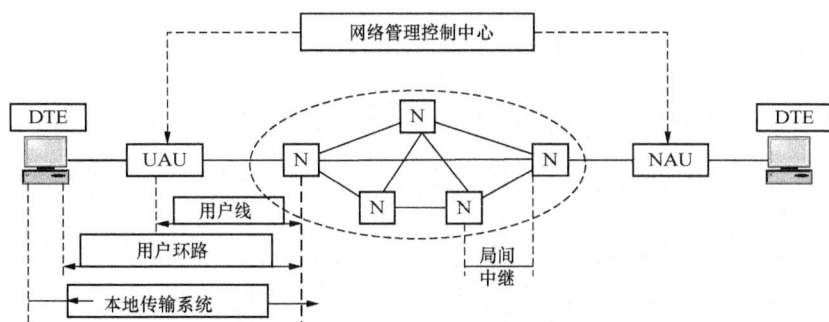

图 9.12　DDN 网络的结构示意图

N：DDN 节点　　　　　NAU：网络接入单元

UAU：用户拉入单元　　DTE：数据终端设备

2．DDN 网络节点

网络节点就是复用/交叉连接系统，主要由两个部分组成，即复用系统和交叉连接系统。复用就是把多路信号集合在一起，共同用一个物理传输介质；交叉连接就是对支路进行交换，交叉连接的信号通常是数字信号，故一般称为数字交叉连接系统。

3．局间传输系统及网间互连

局间传输就是指节点间的数字信道以及由各节点通过与数字信道的各种连接方式组成的网络拓扑。局间传输的数字信道通常是指数字传输系统的基群信道。网间互连是指不同制式的 DDN 之间的互连及与 PSTN、LAN 等的互连。

4．网同步系统

DDN 是一个同步数字传输网，因此全网所有的设备必须同步工作。网同步系统的主要任务就是通过采用某种技术，供给全网设备工作的同步时钟，确保全网设备的同步工作。有三种同步方式，准同步、主从同步和相互同步。准同步按 ITU-T G.811 建议，常为国际间使用。主从同步是通过把时钟相位锁定在主时钟的参数定时上达到同步。相互同步是一种没有唯一参考时钟的同步方式，而是每个交换机都是锁定在所有来信时钟的平均值上。DDN 通常采用主从同步方式。

5．网络管理系统

网络管理是网络正常运行和发挥其性能的必要条件。网络管理至少应包括：用户接入管理，网络资源的调度，路由选择，网络状态的监控，网络故障的诊断、告警与处理，网络运行数据的收集与统计，计费信息的收集与报告等。

9.6.3　DDN 网络业务与用户接入

1．DDN 可支持的网络业务服务

DDN 可提供的基本业务和服务除了专用电路业务外，还提供了多种增值业务。增值业务包括：帧中继、压缩话音/G3 传真以及虚拟专用网多种业务和服务。

（1）专用电路。专用电路包括点对点专线和多点专线两类。用户租用一条点对点专线后，DDN 为两个用户间提供一条双向的高速率、高质量的专用电路。点对点适用于同步及异步通

信环境。如果用户终端为异步方式，传输速率范围可在 200bit/s～19.2kbit/s 之间；如采用同步方式，传输速率范围可在 1200bit/s～128kbit/s 之间，最高可达 2.048Mbit/s。

多点专用电路包括一点对多点和多点对多点两类。一点对多点是指一个主站可对多个从站进行广播或轮询；多点对多点专用是指多个点之间可以相互通信，视频会议可采用这种方式。

（2）帧中继。DDN 也提供帧中继业务，帧中继业务即为虚宽带业务，把不同长度的用户数据段包封在一个较大的帧内，加上寻址和校验信息，帧的长度可达 1000 个字节以上，传输速率可达 2.048Mbit/s。

（3）压缩话音/G3 传真业务。用户话音设备接入 DDN 话音接口完成模块转换、话音编码压缩和处理。在二端话音服务模块之间提供数字化信号的透明传输。

（4）虚拟专用网。用户可以租用部分公用 DDN 网，网络资源构成自己的专用网，即虚拟专用网。用户可以对租用的网络资源进行调度和管理。

2. 用户接入方式

DDN 网提供了丰富的用户接入方式：二线模拟传输方式；二线（四线）频带调制解调器传输方式；二线（四线）基带传输方式；基带传输加 TDM 复用传输方式；话音数据模拟传输方式；2B＋D 数据终端单元传输方式；PCM 数字线路传输方式；DDN 节点机通过 PCM 设备的传输方式。DDN 网接入方式如图 9.13 所示。

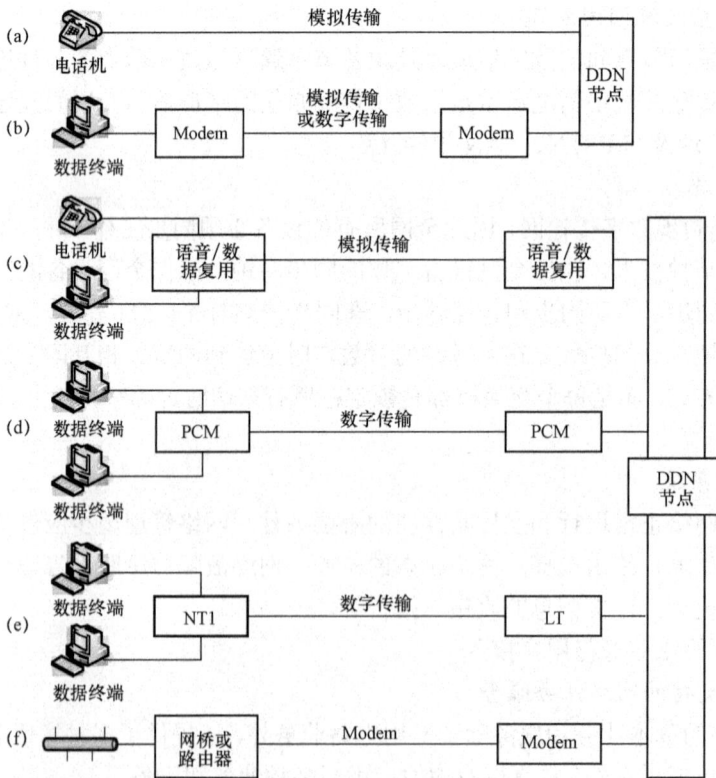

图 9.13　DDN 网用户接入方式

9.7 ATM 网

9.7.1 ATM 网的基本概念

异步转移模式（ATM）已被国际电信联盟远程通信标准化组（ITU-T）于 1992 年 6 月定义为宽带综合业务数字网的传递模式。其中"转移"包括了传输和交换两个方面，"异步"是指在接续中和用户端带宽分配的方式。因此，ATM 就是一种在用户接入、传输和交换等综合处理各种通信量的技术。

ATM 网可以单一的网络结构、综合的方式处理语音、数据、图形和电视类信息，也可以提供更大的容量和综合的业务，具有灵活的网络接入方式。

9.7.2 ATM 网的原理及特点

1. ATM 的原理

ATM 网络的结构如图 9.14 所示。它是由多个 ATM 交换机组成。ATM 网络与用户之间的接口称为用户网络接口（UNI）；ATM 交换机与 ATM 交换机之间的接口称为网络与网络接口（NNI）。

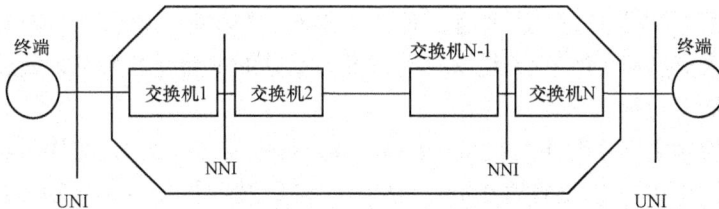

图 9.14 ATM 网络的结构

ATM 网在信息格式和交换格式上与分组交换相似，而在网络构成和控制方式上与电路交换相似。

ATM 网采用面向连接的传输方式，将数据分割成固定长度的信元，通过虚连接进行交换。ATM 中的虚连接由虚电路（Virtual Path，VP）和虚通道（Virtual Channel，VC）组成，分别用 VPI 和 VCI 来标识。多个虚通道可以复用一个虚通路，而多个虚通路又可以复用一条传输链路。在一条传输链路上，每个虚连接可以用 VPI 和 VCI 的值唯一标识。

当发送端希望与接收端建立虚连接时，它首先通过 UNI 向 ATM 网发送一个建立连接的请求。接收端接到该请求并同意建立连接后，一条虚连接才会被建立。虚连接用 VPI/VCI 来标识。连接建立后，虚连接上所有中继交换机中都会建立连接映像表。

在虚连接中，相邻两个交换机间信元的 VPI/VCI 值保护不变。当信元经过交换机时，其信元头中 VPI/VCI 值将根据要发送的目的地，参照连接映像表被映射成新的 VPI/VCI。这样，通过一系列 VP、VC 交换，信元被准确地传送到目的地。

虚连接有两种形式：永久虚连接（PVC）和交换虚连接（SVC）。PVC 和 SVC 的不同点在于 SVC 是在进行数据传输之前通过信令协议自动建立的，数据传输之后便被拆除；PVC 是由网络管理等外部机制建立的虚拟连接，该连接在网络中一直存在。

ATM 的信息传输采用固定长度格式，均为 53 字节。其中包括 48 个字节的数据和 5 个字节的信元头。由 5 个字节组成的信元头功能十分有限，主要来标识虚连接，同时也完成一些有限的流量控制、拥塞控制、差错控制等功能。

ATM 网的传输原理可以概括如下：ATM 可以看作是一种特殊的分组型传递方式方法，它建立在异步时分复用的基础上，并使用固定长度的信元。当用户希望通过 ATM 网络传输数据时，首先通过信令向目的站点提出建立虚连接的请求，同时给出该连接所需的质量参数。若这些要求被满足，则连接建立，发送端得到一个 VPI/VCI。这时，发送端就可以通过这条虚连接将数据发送给接收端。当数据经过 ATM 交换机时，要进行 VP、VC 交换，这时，信元头中的 VPI、VCI 被赋予新值。数据传输结束后，虚连接被拆除。

2. ATM 的特点

从 ATM 网的传输机制可以看出 ATM 网具有某些独特的特点：适应高带宽应用的需求；能支持不同速率的多种媒体业务；具有良好的可扩展性；其信元更容易用硬件实现，可以向高速化的方向发展。

小　　结

（1）数据通信网是由数据终端设备、数据交换设备和数据传输链路所构成的网络。数据通信网按网络拓扑结构分有全互连形网、不规则形网、星形网、树形网、环形网和总线形网。

（2）公共电话交换网（PSTN）是以模拟技术为基础的电路交换网络。其通信费用相对低廉，入网方式也简便灵活。

（3）分组交换网主要由分组交换机（PS）、远程集中器（RCU）、终端设备（DTE：分组型 PT、非分组型 NPT）、网络管理中心（NMC）、分组装配拆装设备（PAD）和传输线路构成。其业务功能有基本业务功能和用户任选的补充业务功能，分组交换网的传输交换性能主要有 4 个方面：分组传输时延、虚电路建立时间、传输差错率和网路可利用率。

（4）帧中继（FR）是继 X.25 之后发展起来的数据通信技术之一，兼有 X.25 分组交换业务和电路交换业务的长处，具有传输速度快、网络延迟低、互连性能好和带宽利用率高等优点。帧中继网是由三个要素组成的：帧中继接入设备、帧中继交换设备和公用帧中继业务。

（5）综合业务数字网（ISDN）是综合数字网（IDN）为基础发展而成的。IDN 是以 64kbit/s 的 PCM 信道为基础，把数字交换技术和数字时分复用传输技术综合起来的数字电话网，相对于 IDN，ISDN 不仅实现了传输和交换的综合，也实现了各种业务综合，即通过网络为用户提供包括数据、话音、图像和传真等各类业务。ISDN 的业务能力主要有如下三种：承载业务、用户终端业务和补充业务。

（6）数字数据网（DDN）是利用数字通道来传输数据信号的数据传输网。其应用范围从最初单纯提供数据通信服务，逐渐扩展拓宽到支持多种业务网和增值网，它的特点是传输速率高、网络时延小，传输质量好、传输距离远、传输安全可靠等。DDN 网络主要由本地传输系统、DDN 网络节点、局间传输系统、网同步系统和网络管理系统等 5 个部分组成。

（7）异步转移模式（ATM）是一种在用户接入、传输和交换等综合处理各种通信量的技术。ATM 采用面向连接的传输方式，有永久虚连接（PVC）和交换虚连接（SVC）两种形式，其信息传输采用固定长度格式，均为 53 字节。ATM 具有高带宽、易扩展、易实现等特点。

习　　题

9.1　数据通信网的硬件构成有哪些？

9.2　数据通信网按网络拓扑结构分类有哪几种？

9.3　公共电话交换网入网有哪几种方案？

9.4　分组交换网的设备组成有哪些？

9.5　远程集中器和分组装配拆装设备各有什么功能？

9.6　从哪几个方面可以衡量分组交换网的传输交换性能？

9.7　帧中继网的构成要素有哪些？

9.8　用户接入帧中继网有哪几种方式？

9.9　综合业务数字网有哪些特点？

9.10　综合业务数字网 R、S、T、U、V 等参考点各连接哪些设备？

9.11　综合业务数字网用户/网络接口中的基本速率接口（BRI）和基群（一次群）速率接口（PRI）支持的速率各是多少？

9.12　数字数据网的特点有哪些？

9.13　数字数据网主要由哪几个部分组成？

9.14　数字数据网的业务主要是什么？

9.15　试述 ATM 网的工作原理。

9.16　试述永久虚连接（PVC）和交换虚连接（SVC）的不同之处。

9.17　试述 ATM 网有哪些特点。

附录A　Q 函 数 和 误 差 函 数

一、Q 函数

Q 函数定义为

$$Q(a)=\int_{a}^{+\infty}\frac{1}{\sqrt{2\pi}}e^{-\frac{y^2}{2}}\mathrm{d}y$$

Q 函数具有以下性质：

（1）$Q(0)=\dfrac{1}{2}$；

（2）$Q(-a)=1-Q(a)$，$a>0$；

（3）$Q(a)\approx\dfrac{1}{a\sqrt{2\pi}}e^{-\frac{a^2}{2}}$，$a\gg1$（通常 $a>4$ 即可）。

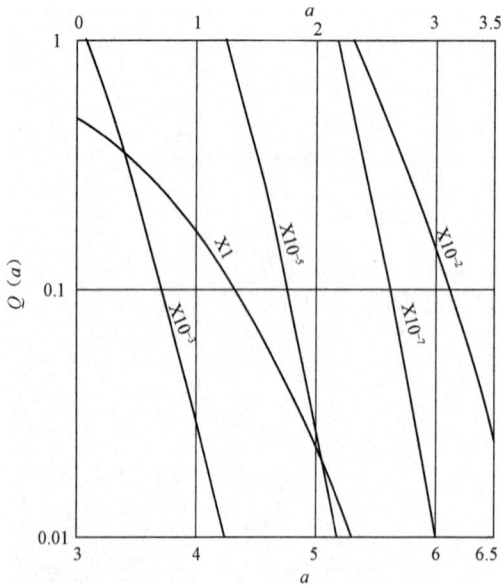

附图 A.1　Q 函数曲线

Q 函数曲线如附图 A.1 所示，图中各条曲线上的箭头指向，是用来表示横轴坐标的刻度在图的上面还是下面。曲线上标注的乘因子用来与由该条曲线查得的纵轴坐标值相乘。例如，$a=4.75$，由下面的横轴查得对应的纵轴值为 0.103，曲线上的乘因子为 10^{-5}，因此，$Q(4.75)=0.103\times10^{-5}=1.03\times10^{-6}$。

二、误差函数

1. 误差函数定义为

$$erf(\beta)=\frac{2}{\sqrt{\pi}}\int_{0}^{\beta}e^{-y^2}\mathrm{d}y$$

误差函数具有以下性质：

（1）$erf(-\beta)=-erf(\beta)$；

（2）$erf(\infty)=1$；

（3）对于均值为 a，方差为 σ^2 的高斯分布，其取值落在 $(a-\beta\sigma,a+\beta\sigma)$ 内的概率为

$$P(a-\beta\sigma\leqslant y\leqslant a+\beta\sigma)=erf\left(\frac{\beta}{\sqrt{2}}\right)。$$

2. 互补函数定义为

$$erfc(\beta)=1-erf(\beta)=\frac{2}{\sqrt{\pi}}\int_{\beta}^{+\infty}e^{-y^2}\mathrm{d}y$$

互补函数具有以下性质：

（1）$erfc(-\beta)=-erfc(\beta)$；

（2）$erfc(\infty)=0$；

（3）$erfc(\beta) \approx \dfrac{1}{\sqrt{\pi}} e^{-\beta^2}$，$\beta \geqslant 1$。

三、Q 函数与误差函数的关系

（1）$Q(a)=\dfrac{1}{2} erfc\left(\dfrac{a}{\sqrt{2}}\right)$；

（2）$erfc(a)=2Q(\sqrt{2}a)$；

（3）$erf(a)=1-2Q(\sqrt{2}a)$。

四、$Q(x)$ 函数表

$Q(x)$ 函数表见附表 A.1 和附表 A.2。

附表 A.1 　　　　　　　　　　$Q(x)$ 函 数 表

x	0.00	0.01	0.02	0.03	0.04	0.05	0.06	0.07	0.08	0.09
0.0	0.5000	0.4960	0.4920	0.4880	0.4840	0.4801	0.4761	0.4721	0.4681	0.4641
0.1	0.4602	0.4562	0.4522	0.4483	0.4443	0.4404	0.4364	0.4325	0.4286	0.4247
0.2	0.4207	0.4168	0.4129	0.4090	0.4052	0.4013	0.3974	0.3936	0.3897	0.3859
0.3	0.3821	0.3783	0.3745	0.3707	0.3669	0.3632	0.3594	0.3557	0.3520	0.3483
0.4	0.3446	0.3409	0.3372	0.3336	0.3300	0.3264	0.3228	0.3192	0.3156	0.3121
0.5	0.3085	0.3050	0.3015	0.2981	0.2646	0.2912	0.2877	0.2843	0.2810	0.2776
0.6	0.2743	0.2709	0.2676	0.2643	0.2611	0.2578	0.2546	0.2514	0.2483	0.2451
0.7	0.2420	0.2389	0.2358	0.2327	0.2296	0.2266	0.2236	0.2206	0.2177	0.2149
0.8	0.2119	0.2090	0.2061	0.2033	0.2005	0.1977	0.1949	0.1922	0.1894	0.1867
0.9	0.1841	0.1814	0.1788	0.1762	0.1736	0.1711	0.1685	0.1660	0.1635	0.1611
1.0	0.1587	0.1562	0.1539	0.1515	0.1492	0.1469	0.1446	0.1423	0.1401	0.1379
1.1	0.1357	0.1335	0.1314	0.1292	0.1271	0.1251	0.1230	0.1210	0.1190	0.1170
1.2	0.1151	0.1131	0.1112	0.1093	0.1075	0.1056	0.1038	0.1020	0.1003	0.0985
1.3	0.0967	0.0951	0.0934	0.0918	0.0901	0.0885	0.0869	0.0853	0.0838	0.0823
1.4	0.0808	0.0793	0.0778	0.0764	0.0749	0.0735	0.0721	0.0708	0.0694	0.0681
1.5	0.0668	0.0655	0.0643	0.0630	0.0618	0.0606	0.0594	0.0582	0.0571	0.0559
1.6	0.0548	0.0537	0.0526	0.0516	0.0505	0.0495	0.0485	0.0475	0.0465	0.0455
1.7	0.0446	0.0436	0.0427	0.0418	0.0409	0.0401	0.0392	0.0384	0.0375	0.0367
1.8	0.0359	0.0351	0.0344	0.0336	0.0329	0.0322	0.0314	0.0307	0.0301	0.0294
1.9	0.0287	0.0281	0.0274	0.0268	0.0262	0.0256	0.0250	0.0244	0.0239	0.0233
2.0	0.0228	0.0222	0.0217	0.0212	0.0207	0.0202	0.0197	0.0192	0.0188	0.0183
2.1	0.0179	0.0174	0.0170	0.0166	0.0162	0.0158	0.0154	0.0150	0.0146	0.0143
2.2	0.0139	0.0136	0.0132	0.0129	0.0125	0.0122	0.0119	0.0116	0.0113	0.0110
2.3	0.0107	0.0104	0.0102	0.00990	0.00964	0.00939	0.00914	0.00889	0.00866	0.00842
2.4	0.00820	0.00798	0.00776	0.00755	0.00734	0.00714	0.00659	0.00676	0.00657	0.00639
2.5	0.00621	0.00604	0.00587	0.00570	0.00554	0.00539	0.00523	0.00508	0.00494	0.00484
2.6	0.00466	0.00453	0.00440	0.00427	0.00415	0.00402	0.00391	0.00379	0.00368	0.00357
2.7	0.00347	0.00336	0.00326	0.00317	0.00307	0.00298	0.00289	0.00280	0.00272	0.00264
2.8	0.00256	0.00248	0.00240	0.00233	0.00226	0.00219	0.00212	0.00205	0.00199	0.00193
2.9	0.00187	0.00181	0.00175	0.00169	0.00164	0.00159	0.00154	0.00149	0.00144	0.00139

附表 A.2 大 x 值的 $Q(x)$ 函数表

x	$Q(x)$	x	$Q(x)$	x	$Q(x)$
3.00	1.35×10^{-3}	4.00	3.17×10^{-5}	5.00	2.87×10^{-7}
3.05	1.14×10^{-3}	4.05	2.56×10^{-5}	5.05	2.21×10^{-7}
3.10	9.68×10^{-4}	4.10	2.07×10^{-5}	5.10	1.70×10^{-7}
3.15	8.16×10^{-4}	4.15	1.66×10^{-5}	5.15	1.30×10^{-7}
3.20	6.87×10^{-4}	4.20	1.33×10^{-5}	5.20	9.96×10^{-8}
3.25	5.77×10^{-4}	4.25	1.07×10^{-5}	5.25	7.61×10^{-8}
3.30	4.83×10^{-4}	4.30	8.54×10^{-6}	5.30	5.79×10^{-8}
3.35	4.04×10^{-4}	4.35	6.81×10^{-6}	5.35	4.40×10^{-8}
3.40	3.37×10^{-4}	4.40	5.41×10^{-6}	5.40	3.33×10^{-8}
3.45	2.80×10^{-4}	4.45	4.29×10^{-6}	5.45	2.52×10^{-8}
3.50	2.33×10^{-4}	4.50	3.40×10^{-6}	5.50	1.90×10^{-8}
3.55	1.93×10^{-4}	4.55	2.68×10^{-6}	5.55	1.43×10^{-8}
3.60	1.59×10^{-4}	4.60	2.11×10^{-6}	5.60	1.07×10^{-8}
3.65	1.31×10^{-4}	4.65	1.66×10^{-6}	5.65	8.03×10^{-9}
3.70	1.08×10^{-4}	4.70	1.30×10^{-6}	5.70	6.00×10^{-9}
3.75	8.84×10^{-5}	4.75	1.02×10^{-6}	5.75	4.47×10^{-9}
3.80	7.23×10^{-5}	4.80	7.93×10^{-7}	5.80	3.32×10^{-9}
3.85	5.91×10^{-5}	4.85	6.17×10^{-7}	5.85	2.46×10^{-9}
3.90	4.81×10^{-5}	4.90	4.79×10^{-7}	5.90	1.82×10^{-9}
3.95	3.91×10^{-5}	4.95	3.71×10^{-7}	4.95	1.34×10^{-9}

五、误差函数互补函数表

误差函数互补函数表见附表 A.3。

附表 A.3 误差函数互补函数表

x	erfx	erfcx	x	erfx	erfcx
0.05	0.05637	0.94363	0.65	0.64203	0.35797
0.10	0.11246	0.88745	0.70	0.67780	0.32220
0.15	0.16799	0.83201	0.75	0.71115	0.28885
0.20	0.22270	0.77730	0.80	0.74210	0.25790
0.25	0.27632	0.72368	0.85	0.77066	0.22934
0.30	0.32862	0.67138	0.90	0.79691	0.20309
0.35	0.37938	0.62062	0.95	0.82089	0.17911
0.40	0.42839	0.57163	1.00	0.84270	0.15730
0.45	0.47548	0.52452	1.05	0.86244	0.13756
0.50	0.52050	0.47950	1.10	0.88020	0.11980
0.55	0.56332	0.43668	1.15	0.89912	0.10388
0.60	0.60385	0.39615	1.20	0.91031	0.08969

x	erfx	erfcx	x	erfx	erfcx
1.25	0.92290	0.07710	2.25	0.99854	0.00146
1.30	0.93401	0.06599	2.30	0.99886	0.00114
1.35	0.94376	0.05624	2.35	0.99911	8.9×10^{-4}
1.40	0.95228	0.04772	2.40	0.99931	6.9×10^{-4}
1.45	0.95969	0.04031	2.45	0.99947	5.3×10^{-4}
1.50	0.96610	0.03390	2.50	0.99959	4.1×10^{-4}
1.55	0.97162	0.02838	2.55	0.99969	3.1×10^{-4}
1.60	0.97635	0.02365	2.60	0.99976	2.4×10^{-4}
1.65	0.98037	0.01963	2.65	0.99982	1.8×10^{-4}
1.70	0.98379	0.01621	2.70	0.99987	1.3×10^{-4}
1.75	0.98667	0.01333	2.75	0.99990	1×10^{-4}
1.80	0.98909	0.01091	2.80	0.999925	7.5×10^{-5}
1.85	0.99111	0.00889	2.85	0.999944	5.6×10^{-5}
1.90	0.99279	0.00721	2.90	0.999959	4.1×10^{-5}
1.95	0.99418	0.00582	2.95	0.999970	3×10^{-5}
2.00	0.99532	0.00468	3.00	0.999978	2.2×10^{-5}
2.05	0.99626	0.00374	3.50	0.999993	7×10^{-7}
2.10	0.99702	0.00298	4.00	0.999999984	1.6×10^{-8}
2.15	0.99763	0.00237	4.50	0.9999999998	2×10^{-10}
2.20	0.99814	0.00186	5.00	0.9999999999985	1.5×10^{-12}

附录 B 缩写词中英文对照表

序号	缩写词	正 常 词	中 文
1	AAL	ATM Adaptation Layer	ATM 适配层
2	ADSL	Asymmetrical Digital Subscriber Line	非对称式数字用户线路
3	APK	Amplitude-phase hybrid Keying	幅度相位联合键控
4	ARQ	Automatic Repeat request	自动请求重发
5	ASCII	American Standard Code for Information Interchange	美国信息交换标准代码
6	ASK	Amplitude Shift Keying	幅移键控
7	ATM	Asynchronous Transfer Mode	异步转换模式
8	B-ISDN	Broadband-ISDN	宽带终合业务数字网
9	BRI	Basic Rate Interface	基本速率接口
10	CBR	Constant Bit Rate	恒定比特率
11	CCP	Communication Control Processor	通信控制器
12	CCS	Centre Computer System	中央计算机系统
13	CDM	Code Division Multiplexing	码分多路复用
14	CDMA	Code Division Multiplexing Access	码分多址
15	CRC	Cyclic Redundancy Check	循环冗余校验
16	DCE	Data Circuit Equipment	数据电路终接设备
17	DCS	Digital Cross-Connect System	数字交叉连接系统
18	DDN	Digital Data Network	数字数据网
19	DL	Data Link	数据链路
20	DSP	Digital Signal Processor	数字信号处理
21	DTE	Data Terminal Equipment	数据终端设备
22	EIA	Electronic Industries Association	美国电子工业协会
23	FDM	Frequency Division Multiplexing	频分多路复用
24	FEC	Forward Error Correction	前向纠错
25	FPS	Fast Packet Switching	快速分组交换
26	FR	Frame Relay	帧中继
27	FSK	Frequency Shift Keying	频移键控
28	HDLC	High-level Data Link Control	高级数据链路控制
29	HEC	Header Error Control	首部差错控制
30	ITU-T	ITU Telecommunication Standardization Sector	国际电联电信标准化部门
31	ISDN	Integrated Services Digital Network	终合业务数字网
32	ISO	International Organization for Standardization	国际标准化组织
33	ITU	International Telecommunication Union	国际电信联盟
34	LAN	Local area network	局域网

续表

序号	缩写词	正　常　词	中　文
35	LAPB	Link Access Procedure Balanced	平衡链路接入规程
36	LLC	Logical Link Control	逻辑链路控制
37	MAN	Metropolitan Area Network	城域网
38	PAD	Packet Assembler/Disassembler	分组拆装设备
39	PCM	Pulse Code Modulation	脉冲编码调制
40	PSTN	Public Switched Telephone Network	公用电话交换网
41	PVC	Permanent Virtual Circuit	永久虚电路
42	QoS	Quality of Service	服务质量
43	QAM	Quartered Amplitude Modulation	正交调幅
44	PSK	Phase Shift Keying	相移键控
45	PSPDN	Packet-switched Public Data Network	分组交换公用数据网
46	SVC	Switched Virtual Connection	交换虚连接
47	STP	Shielded Twisted Pair	屏蔽双绞线
48	STDM	Statistical Time Division Multiplexing	统计时分多路复用
49	UTP	Unshielded Twisted Pair	非屏蔽双绞线
50	VC	Virtual Channel，Circuit，or Connection	虚通道
51	VCI	Virtual Channel Identifier	虚通路标识符
52	VPI	Virtual Path Identifier	虚通道标识符
53	VPN	Virtual Private Network	虚拟专用网
54	WAN	Wide Area Network	广域网
55	WDM	Wave Division Multiplexing	波分多路复用

附录 C　习　题　答　案

第1章　绪　　论

1.1　数据通信是指按照一定的通信协议，利用数据传输技术在两个终端之间传递数据信息的一种通信方式和通信业务。数据通信具有如下特点：

（1）计算机终端等及其作为主体直接参与通信。

（2）数据终端发出的数据是离散信号（数字信号），既可利用现有的 PSTN，又可利用数据网络来完成。

（3）需要建立通信控制规程，也就是要制定出严格的通信协议或标准。

（4）数据传输的可靠性要求高，即误码率要低。

（5）数据通信的业务量呈突发性，即数据通信速率的平均值和高峰值差异较大。

（6）数据通信要求要有灵活的接口能力。

（7）不同的数据通信业务对通信时延的要求也不同，且时延要求的变化范围大。

（8）数据通信每次呼叫平均持续时间短，数据通信要求接续和传输响应时间快。

（9）容易加密，且加密技术、加密手段优于传统通信方式。

（10）数据通信从面向终端发展到今天的面向网络，而且数据通信总是与远程信息处理相联系的，包括科学计算、过程控制和信息检索等广义的信息处理。

1.2　根据数据信号的传输模式和工作方式的不同，数据传输可以分为基带传输和频带传输，并行传输和串行传输，异步传输和同步传输，单工传输、半双工传输和全双工传输几种模式。

1.3　数据通信系统组成框图如附图 C.1 所示。

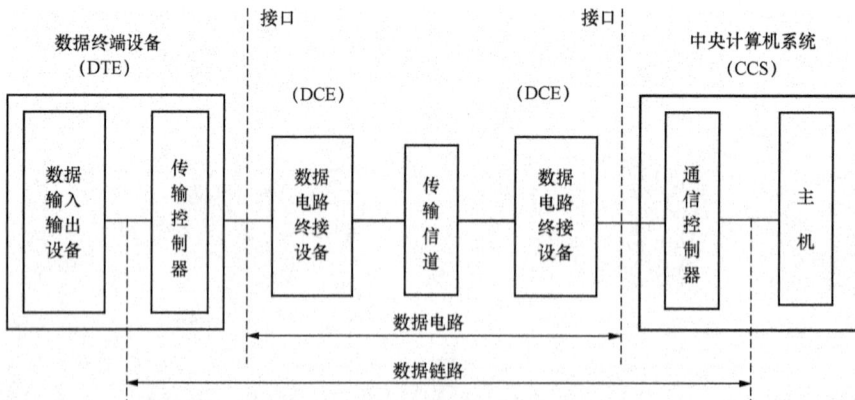

附图 C.1　习题 1.3 答案图

数据 I/O 设备是操作人员和终端之间的界面；传输控制器主要执行通信网络中的通信控制，包括对数据进行差错控制、实施通信协议等。DCE 是 DTE 与传输信道之间的接口设备，主要功能是完成信号变换。中央计算机系统由通信控制器、主机及外围设备组成，其主要功能是处理与管理 DTE 来的数据信息，并将结果向相应的 DTE 输出。通信控制器主要功能是差错控制、终端接续控制、确认控制、传输顺序和切断控制以及串/并、并/串变换等功能。主机主要功能是进行数据处理。

1.4　从数据传输的角度出发主要有有效性和可靠性两个指标。衡量有效性的主要指标有码元速率、信息速率和频带利用率。衡量可靠性的主要指标有误码率和误比特率。

1.5　所谓码元传输速率是指给定信道内单位时间传输码元的多少，其单位是波特（Baud），用 R_B 表示。信息传输速率是指给定信道内单位时间传输信息的多少，单位是比特/秒（bit/s），用 R_b 表示转接中心。信息传输速率与码元传输速率有关，存在如下关系：

（1）各码元等概时，$R_b = R_B \log_2 M$（bit/s）

（2）各码元不等概时，$R_b = R_B H$，其中 H 为平均信息量。

1.6　按照复用方式，数据通信系统可以分为频分复用系统、时分复用系统和波分复用系统等。

1.7　$p(a) = \log_2(0.125) = 3$（bit）；$p(b) = \log_2(0.25) = 2$（bit）

1.8　$H = 3 \times (1/4) \times \log_2(1/4) + 2 \times (1/16) \times \log_2(1/16) + (1/8) \times \log_2(1/8) = 2.75$（bit/符号）

1.9　由题意可知，每个码元持续的时间为 $1/1000 = 0.001\text{s}$，则码元速率 $R_B = 1000$（Bd）

$$H = 16 \times (1/32) \times \log_2(32) + 112 \times (1/224) \times \log_2(224) = 6.404 \text{（bit/符号）}$$

$$R_b = R_B \times H = 6.404 \times 1000 = 6404 \text{（bit/s）}$$

1.10　$R_B = R_b / \log_2 M = 3600/3 = 1200$（Bd）

1.11　$R_{b4} = R_{b2} \times \log_2 4 = 4800 \times 2 = 9600$（bit/s）；$R_{b8} = R_{b2} \times \log_2 8 = 4800 \times 3 = 14\,400$（bit/s）

1.12　由于二进制信号，每秒传输 300 个码元，即码元速率 $R_B = 300$（Bd）

$$R_b = R_B \times \log_2 2 = 300 \text{（bit/s）}$$

1.13　$P_b = \dfrac{\text{接收出现差错的比特数}}{\text{总的发送比特数}} = \dfrac{108/(60 \times 60)}{2400} = 0.001\,25\%$

1.14　由题意，可知该系统 1s 内收到误码元为 $1200 \times 10^{-5} = 0.012$（个）

收到 360 个误码元所需时间为 $360/0.012 = 30\,000$（s）$= 8.33$（h）

第 2 章　随 机 过 程 分 析

2.1　若 ξ 是一个随机变量，则 ξ 的取值是随机的。如果 ξ 随时间 t 改变，表示为 $\xi(t)$，则 $\xi(t)$ 是一个随机时程。即无穷多个样本函数的集合称为随机过程。

在通信过程中，信号具有随机性，而通信系统各点通常还伴有噪声的影响，这些噪声是不能预测的，不能用一个确定的时间函数来描述，因而必须用随机过程的理论来分析。

2.2　随机过程的基本特征有：

（1）在给定的观察区间内，是一个时间 t 的函数。其中每个时间函数称为实现，随机过程就可以看成是一个由全部可能实现构成的总体。

（2）任一时刻上观察到的值不确定，是一个随机变量，即 $\xi(t)$ 在 t 时刻的取值是随机变化的。

随机过程和随机变量在定义方法上相似，但样本空间不同：①随机变量的样本空间是一个实数集合；②随机过程的样本空间是一个时间函数的集合。即随机过程是含有随机变量的时间函数，同时随机过程是在时间进程中处于不同时刻的随机变量的集合。

2.3　数学期望 $a(t)$：描述随机过程在同一时刻所有样本取值的统计平均值；

方差：描述随机过程在均值上下的波动程度；

协方差函数 $B(t_1, t_2)$ 和相关函数 $R(t_1, t_2)$：描述随机过程在两个不同时刻的随机变量之间的关联程度。

2.4 平稳随机过程，是指它的任何 n 级分布函数或概率密度函数与时间起点无关，其一维分布与时间 t 无关，二维分布只与时间间隔 τ 有关。

平稳随机过程的自相关函数性质：

（1）$R(0)$ 为平稳随机过程的平均功率；

（2）$R(\infty)$ 为平稳随机过程的直流功率；

（3）$R(0)-R(\infty)=$ 方差，为平稳随机过程的交流功率；

（4）自相关函数为时间间隔 τ 的偶函数；

（5）自相关函数在时间间隔 $\tau=0$ 处有最大值。

2.5 平稳随机过程的各个实现（样本函数）如果都同样经历了随机过程的各种许可状态，该特性称为各态历经性，又称遍历性。

具有各态历经性的平稳随机过程可用一个实现的统计特性来了解整个过程的统计特性，即用"时间平均"来表示。

$R(0)$ 表示平稳随机过程的平均功率。

2.6 对于随机过程 $\xi(t)$，若任意 n 维（$n=1$，2，…）分布服从正态分布，则称为高斯过程。

高斯过程的一维概率密度函数 $f(x)$ 的特性：

（1）对称于 $x=a$ 的直线；

（2）$f(x)$ 在（$-\infty$，a）内单调上升，在（a，∞）内单调下降，且在点 a 处达到极大值。

（3）$\int_{-\infty}^{\infty} f(x)\mathrm{d}x=1$；和 $\int_{-\infty}^{a} f(x)\mathrm{d}x=\int_{a}^{\infty} f(x)\mathrm{d}x=\dfrac{1}{2}$；

（4）a 表示分布中心；

（5）σ^2 表示集中程度。

2.7 高斯随机过程的任意 n 维（$n=1$，2，…）分布服从正态分布；高斯白噪声的任意 n 维（$n=1$，2，…）分布服从正态分布且功率谱服从均匀分布；带限高斯白噪声任意 n 维（$n=1$，2，…）分布服从正态分布但功率谱被限制在（$-f_0$，f_0）之内为常数，该区间外功率谱为 0。

2.8 随机过程的功率谱满足下列条件：中心频率为 f_c，带宽为 Δf，且 $\Delta f \ll f_c$，则称为窄带随机过程。其样本函数的波形为一个频率为 f_c 且幅度和相位都做缓慢变化的正弦波。它的包络服从瑞利分布，相位服从均匀分布。

2.9 输出随机过程的数学期望等于输入随机过程的数学期望乘以 $H(0)$；输出随机过程的自相关函数只与时间间隔 τ 有关，而与时间的起点 t_1 无关；输出的随机过程的功率谱密度是输入过程的功率谱密度与系统的 $|H(\omega)|$ 的乘积。

2.10 平稳随机过程通过乘法器后输出已不再是平稳随机过程；输出信号的功率谱密度的幅度为输入随机过程功率谱密度幅度的 1/4，位置分别移到载波角频率 $\pm\omega_c$ 处，即：

$$P_{\xi_o}(\omega)=\frac{1}{4}[P_{\xi_i}(\omega-\omega_c)+P_{\xi_i}(\omega+\omega_c)].$$

2.11 （1）1；（2）2

2.12 $R_X(\tau)$、$R_Y(\tau)$

2.13 （1）$\pm\sqrt{20}$；（2）50；（3）30

2.14 （1）$\dfrac{a^2}{a^2+\omega^2}$、$\dfrac{a}{2}$；（2）波形略

2.15 （1）$R_{X,Y}(t, t+\tau)=-\sigma^2\sin\omega_0\tau$；（2）是

2.16 （2）非遍历；（3）$P_X(\omega)=\dfrac{\sigma^2}{2}\pi[\delta(\omega+\omega_0)+\delta(\omega-\omega_0)]$；$S=\dfrac{\sigma^2}{2}$

2.17 （1）$1+4\pi f_0 Sa(2\pi f_0\tau)$；（2）1；（3）$1+4\pi f_0$

2.18 $\pi\sum_n Sa^2\left(\dfrac{n\pi}{2}\right)\delta(\omega-n\pi)$

2.19 （1）$n_0 B\,Sa(\pi B\tau)\cos\omega_c\tau$；（2）$\dfrac{1}{\sqrt{2\pi n_0 B}}e^{-\frac{x^2}{2n_0 B}}$

2.20 （1）$\dfrac{n_0}{2}\dfrac{1}{1+(RC\omega)^2}$；$\dfrac{n_0}{4RC}e^{-\frac{1}{RC}|\tau|}$；（2）$\sqrt{\dfrac{4RC}{2\pi n_0}}e^{-\frac{2RC}{n_0}x^2}$

2.21 （1）广义平稳；（2）43；（3）18

2.22 $P_Y(\omega)=2(1+\cos\omega T)\cdot P_x(\omega)$

2.23 （1）波形略；（2）$2\mu W$；$0.5\mu W$

第 3 章　数据传输的信道与噪声

3.1　所谓调制信道是指由调制器输出端到解调器输入端的所有转换器及传输媒质。所谓编码信道是指编码器输出端到译码器输入端的部分，即编码信道包括调制器、调制信道和解调器。

3.2　所谓恒参信道是指其传输特性的变化量极微且变化速度极慢；或者说，在足够长的时间内，其参数基本不变，如架空明线、电缆、中长波地波传播、超短波及短波视距传播、人造卫星中继、光导纤维属于恒参信道。

所谓随参信道是指信道传输函数随时间随机变化。常见的随参信道有陆地移动信道，短波电离层反射信道，超短波流星余迹散射信道，超短波及微波对流层散射信道，超短波电离层散射以及超短波超视距绕射等信道。

3.3　所谓群迟延频率特性就是相位频率特性对频率的导数。

3.4　二进制无记忆编码信道模型如附图 C.2 所示。

3.5　起伏噪声主要指信道内部的热噪声和散弹噪声以及来自空间的宇宙噪声。它们都是不规则的随机过程,只能采用大量统计的方法来寻求其统计特性。起伏噪声是信道所固有的一种连续噪声,既不能避免,

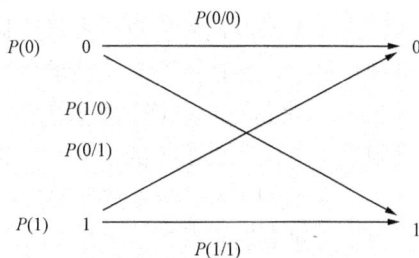

附图 C.2　习题 3.4 答案图

又始终起作用。

3.6　所谓信道容量是指信道中信息无差错传输的最大速率。奈奎斯特公式用于理想低通信道（无噪声）。香农公式给出了信息传输速率的极限，即对于一定的传输带宽（以赫兹为单位）和一定的信噪比，信息传输速率的上限就确定了。

3.7　根据香农公式：

$$C=B\log_2\left(1+\frac{S}{n_0B}\right)=6.5\times10^6\times\log_2\left(1+\frac{45.5}{6.5}\right)=6.5\times10^6\times3=19.5\text{Mb/s}$$

3.8　理想通信信道的传信率即极限传信率：

$$C=B\log_2\left(1+\frac{S}{N}\right)=4\times10^3\times\log_2(1+63)=4\times10^3\times6=24\text{kbit/s}$$

差错率为 0。

3.9　由信道容量 $C=B\log_2\left(1+\frac{S}{N}\right)$，即 $9.6=2.7\log_2\left(1+\frac{S}{N}\right)$，得 $S/N=10$

3.10　每个像元 x 的平均信息量为

$$H(x)=\sum_{i=1}^n P(x_i)\log_2\frac{1}{P(x_i)}=\log_2 12=3.58\text{bit/符号}$$

一幅图片的平均信息量为 $I=2.25\times10^6\times3.58=8.06\times10^6\text{bit}$

3min 传送一张图片的平均信息速率：

$$R_b=\frac{I}{t}=\frac{8.06\times10^6}{3\times60}=4.48\times10^4\text{b/s}$$

因为信道容量 $C\geqslant R_b$ 选取 $C=R_b$，根据 $C=B\log_2\left(1+\frac{S}{N}\right)$

所以信道带宽 $B=\dfrac{C}{\log_2\left(1+\frac{S}{N}\right)}=\dfrac{4.48\times10^4}{\log_2 1001}=4.49\times10^3\text{Hz}$

第 4 章　数据信号的基带传输

4.1　基带数据传输系统是由码型变换器、发送滤波器、信道、接收滤波器、同步系统和抽样判决器所组成。码型变换器的作用就是将数据信号转换成更适合于信道传输的码型，达到与信道匹配的目的。发送滤波器的作用是限制信号频带并起波形形成作用。信道是信号的传输媒介。接收滤波器的作用是完成抑制带外噪声、均衡信号波形等功能。同步系统作用是通过特定方法提取同步信息，并产生同步控制信号。抽样判决器是在位同步脉冲的控制下对信号波形抽样，并按照特定码型的判决规则恢复原始数据信号。

4.2　基带是指未经调制变换的信号所占的频带；基带信号是指该信号中所含的高限频率与低限频率之比远大于 1 的信号；基带传输是指不搬移基带信号频谱的传输方法。

4.3　数据基带信号的功率谱的特点：

（1）二进制随机脉冲序列的功率谱一般包含连续谱和离散谱两部分。

（2）对于连续谱而言，由于代表数字信息的 $g_1(t)$ 及 $g_2(t)$ 不能完全相同，故 $G_1(f)\neq G_2(f)$，因而连续谱总是存在的。谱形取决于 $g_1(t)$、$g_2(t)$ 的频谱以及出现的概率 P。根据连续谱可以确定随机序列的带宽。

（3）离散谱是否存在，取决 $g_1(t)$ 和 $g_2(t)$ 的波形及其出现的概率 P。一般情况下，它也总是存在的，但对于双极性信号 $g_1(t)=-g_2(t)=g(t)$ 且概率 P=1/2 时，则没有离散分量 $\delta(f-mf_b)$。而离散谱的存在与否关系到能否从脉冲序列中直接提取定时信号，因此，离散谱的存在非常重要。

随机序列的带宽通常以谱的第一个零点作为矩形脉冲的近似带宽，它等于脉宽 τ 的倒数，即 $B=1/\tau$。

4.4　AMI 码是传号交替反转码。其编码规则是将二进制消息代码"1"（传号）交替地变换为传输码的"＋1"和"－1"，而"0"（空号）保持不变。HDB$_3$ 码的全称是三阶高密度双极性码，它是 AMI 码的一种改进型，其目的是为了保持 AMI 码的优点而克服其缺点，使连"0"个数不超过 3 个。

4.5　在接收端输出，某一码元的取样时刻上，该码元前后码元对该码元的干扰称为码间干扰。系统的传输总特性，包括发送滤波器、接收滤波器以及信道的特性的不理想引起的波形延迟、展宽、拖尾等畸变，都可能造成码间干扰。

4.6　为了消除码间干扰，基带传输系统应该满足：

（1）时域条件：将发送滤波器、信道、接收滤波器 3 个传递特性综合的系统的单位冲激响应 $h(t)$ 应满足 $h[t_0+(k-n)T_b]=\begin{cases}1 & k=n \\ 0 & k\neq n\end{cases}$

（2）频域条件：传输系统等效传输特性应为理想传输特性，即：

$$H_{eq}(\omega)=\begin{cases}c & |\omega|\leqslant \pi/T_b \\ 0 & |\omega|> \pi/T_b\end{cases} \quad 或 \quad H_{eq}(f)=\begin{cases}c & |f|\leqslant 1/2T_b \\ 0 & |f|>1/2T_b\end{cases}$$

4.7　眼图是指利用实验的方法估计和改善（通过调整）传输系统性能时在示波器上观察到的一种图形。由眼图可以获得以下信息：

（1）眼图张开的宽度决定了接收波形可以不受串扰影响而抽样再生的时间间隔。显然，最佳抽样时刻应选在眼睛张开最大的时刻。

（2）眼图斜边的斜率，表示系统对定时抖动（或误差）的灵敏度，斜边越陡，系统对定时抖动越敏感。

（3）眼图左（右）角阴影部分的水平宽度表示信号零点的变化范围，称为零点失真量，在许多接收设备中，定时信息是由信号零点位置来提取的，对于这种设备零点失真量很重要。

（4）在抽样时刻，阴影区的垂直宽度表示最大信号失真量。

（5）在抽样时刻上、下两阴影区间隔的一半是最小噪声容限，噪声瞬时值超过它就有可能发生错误判决。

（6）横轴对应判决门限电平。

4.8　部分响应系统采用增加有规律的和受控制的码间干扰，使干扰信号的拖尾和信号拖尾互相抵消，能使频带利用率提高到理论上的最大值，又可形成"尾巴"衰减大、收敛快的传输波形。用于部分响应系统的传输波形称为部分响应波形。

4.9　频域均衡是从校正系统的频率特性出发，使包括均衡器在内的基带系统的总特性满足无失真传输条件。主要是利用幅度均衡器和相位均衡器来补偿传输系统的幅频和相频特性的不理想性，以达到所要求的理想形成波形，从而消除码间干扰。

时域均衡是消除接收的时域信号波形的取样点处的码间干扰，主要是利用均衡器产生的时间波形去直接校正已畸变的波形，使包括均衡器在内的整个系统的冲激响应满足无码间串扰条件，提高判决的可靠性。

横向滤波器实际上是由无限多个横向排列的延迟单元构成的抽头延迟线加上一些可变增益放大器组成。每个延迟单元的延迟时间等于码元宽度 T_b，每个抽头的输出经可变增益（增益可正可负）放大器加权后输出。这样，当有码间串扰的波形 $x(t)$ 输入时，经横向滤波器变换，相加器将输出无码间串扰波形 $y(t)$。

4.10 在数据传输过程中传输加扰的数据，有以下三个优点：第一，可以防止发送功率密度谱中有固定谱线而易干扰其他系统；第二，数据信号中不会出现长连 1 和长连 0 的形式，这样有利于定时同步信号的提取；第三，当发送的序列中出现全"0"时，接收端就会出现长时间无信号波形，会造成自适应均衡器无法得到必要的参考而偏离最佳状态，因此由于同步的准确程度将有利于自适应均衡器的工作。

4.11 见附图 C.3。

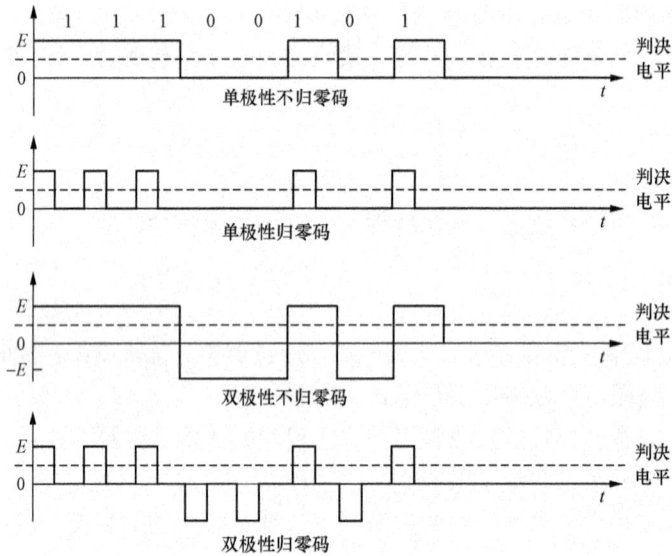

附图 C.3　习题 4.11 答案图

4.12 见附图 C.4。

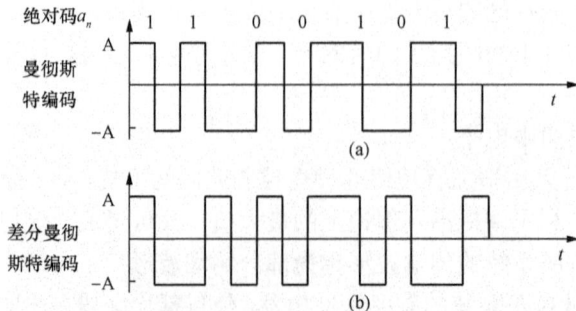

附图 C.4　习题 4.12 答案图

4.13　见附图 C.5。

AMI码：+1−100000+1−10+1−100000000+1

HDB₃码：+1−1000−V0+1−10+1−1+B00+V−B00−V+1

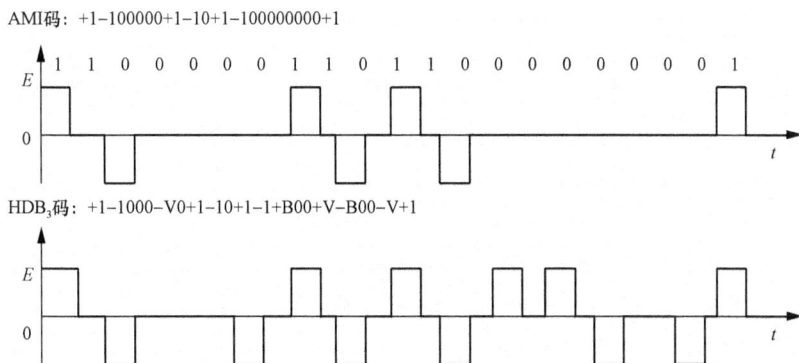

附图 C.5　习题 4.13 答案图

4.14　由图 4.38（a）：$f_N=1000\text{Hz}$，极限速率 $R_{B\max}=2f_N=2000\text{Bd}$，$B=f_N=1000\text{Hz}$，
只要发送速率 $R_B\times n=$ 极限速率（n 为整数），都能实现无码间干扰，
已知 $R_B=1000\text{Bd}$，$R_B\times2=R_{B\max}$，所以可以实现无码间干扰。
频带利用率 $\eta_a=R_B/B=1\text{Baud/Hz}$，但该系统为理想低通特性，物理上无法实现。
由图 4.38（b）：$f_N=1000\text{Hz}$，极限速率 $R_{B\max}=2f_N=2000\text{Bd}$，$B=2f_N=2000\text{Hz}$，
只要发送速率 $R_B\times n=$ 极限速率（n 为整数），都能实现无码间干扰，
已知 $R_B=1000\text{Bd}$，$R_B\times2=R_{B\max}$，所以可以实现无码间干扰。
频带利用率 $\eta_b=R_B/B=0.5\text{Baud/Hz}$，该系统为三角特性，物理上可以实现。
由图 4.38（c）：$f_N=500\text{Hz}$，极限速率 $R_{B\max}=2f_N=1000\text{Bd}$，$B=2f_N=1000\text{Hz}$，
只要发送速率 $R_B\times n=$ 极限速率（n 为整数），都能实现无码间干扰，
已知 $R_B=1000\text{Bd}$，$R_B\times1=R_{B\max}$，所以可以实现无码间干扰。
频带利用率 $\eta_c=R_B/B=1\text{Baud/Hz}$，该系统为三角特性，物理上可以实现。
综合分析，三者都可以实现无码间干扰，只有 b 和 c 系统物理上可以实现，但系统 c 的频带利用率高于 b，因此图 c 的三角特性最好。

4.15　图 4.39（a）：$\omega_N=\pi/T_b$，$f_N=1/2T_b$，$f_b=1/T_b$
只要发送速率 $R_B\times n=$ 极限速率 f_b（n 为整数），都能实现无码间干扰，
已知 $R_B=2/T_b$，可得 $n=1/2$，不是整数，因此不能实现无码间干扰。
图 4.39（b）：$\omega_N=3\pi/T_b$，$f_N=3/2T_b$，$f_b=3/T_b$
只要发送速率 $R_B\times n=$ 极限速率 f_b（n 为整数），都能实现无码间干扰，
已知 $R_B=2/T_b$，可得 $n=3/2$，不是整数，因此不能实现无码间干扰。
图 4.39（c）：$\omega_N=2\pi/T_b$，$f_N=1/T_b$，$f_b=1/T_b$
只要发送速率 $R_B\times n=$ 极限速率 f_b（n 为整数），都能实现无码间干扰，
已知 $R_B=2/T_b$，可得 $n=1$，是整数，因此可以实现无码间干扰。
图 4.39（d）：$\omega_b=2\pi/T_b$，$f_b=1/T_b$
只要发送速率 $R_B\times n=$ 极限速率 f_b（n 为整数），都能实现无码间干扰，
已知 $R_B=2/T_b$，可得 $n=1/2$，不是整数，因此不能实现无码间干扰。

4.16　由图 4.40 可得，$f_N=1000\text{Hz}$，极限频率 $f_b=2000\text{Hz}$，$B=f_N=1000\text{Hz}$， （a）：$R_B=1000\text{Bd}$，只要发送速率 $R_B \times n=$ 极限速率 f_b（n 为整数），都能实现无码间干扰，$1000 \times 2=2000$，$n=2$，因此可以实现无码间干扰。

$r_a=R_B/B=1000/1000=1\text{Baud/Hz}$。

（b）：$R_B=4000\text{Bd}$，只要发送速率 $R_B \times n=$ 极限速率 f_b（n 为整数），都能实现无码间干扰，$4000 \times 1/2=2000$，$n=1/2$，不是整数，因此不能实现无码间干扰。

（c）：$R_B=1500\text{Bd}$，只要发送速率 $R_B \times n=$ 极限速率 f_b（n 为整数），都能实现无码间干扰，$1500 \times 4/3=2000$，$n=4/3$，不是整数，因此不能实现无码间干扰。

（d）：$R_B=3000\text{Bd}$，只要发送速率 $R_B \times n=$ 极限速率 f_b（n 为整数），都能实现无码间干扰，$3000 \times 2/3=2000$，$n=2/3$，不是整数，因此不能实现无码间干扰。

4.17 见附图 C.6。

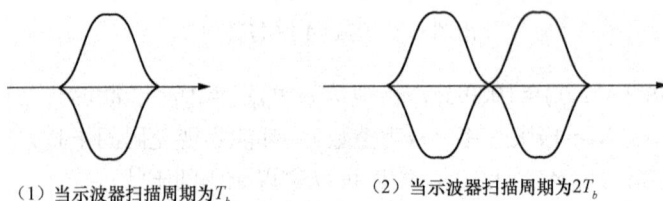

（1）当示波器扫描周期为T_b （2）当示波器扫描周期为$2T_b$

附图 C.6 习题 4.17 答案图

4.18 x_k 的峰值畸变值为：

$$D_k=\frac{1}{x_0}\sum_{\substack{i=-2\\i\neq0}}^{2}|x_i|^2=\frac{1}{8}+\frac{1}{3}+\frac{1}{4}+\frac{1}{16}=\frac{37}{48}$$

由公式：

$$y_k=\sum_{i=-N}^{N}c_ix_{k-i}$$

可得：

$$y_{-3}=c_{-1}x_{-2}=-\frac{1}{3}\times\frac{1}{8}=-\frac{1}{24}$$

$$y_{-2}=c_{-1}x_{-1}+c_0x_{-2}=-\frac{1}{3}\times\frac{1}{3}+1\times\frac{1}{8}=-\frac{1}{72}$$

$$y_{-1}=c_{-1}x_0+c_0x_{-1}+c_1x_{-2}=-\frac{1}{3}\times1+1\times\frac{1}{3}-\frac{1}{4}\times\frac{1}{8}=-\frac{1}{32}$$

$$y_0=c_{-1}x_1+c_0x_0+c_1x_{-1}=-\frac{1}{3}\times\frac{1}{4}+1\times1-\frac{1}{4}\times\frac{1}{3}=\frac{5}{6}$$

$$y_1=c_{-1}x_2+c_0x_1+c_1x_0=-\frac{1}{3}\times\frac{1}{16}+1\times\frac{1}{4}-\frac{1}{4}\times1=-\frac{1}{48}$$

$$y_2=c_0x_2+c_1x_1=1\times\frac{1}{16}-\frac{1}{4}\times\frac{1}{4}=0$$

$$y_3=c_1x_2=-\frac{1}{4}\times\frac{1}{16}=-\frac{1}{64}$$

第 5 章　　数据信号的频带传输

5.1　在实际应用中，大多数信道具有带通或频带受限的传输特性，而由终端产生的数据信号往往是低通型基带信号，它不能直接在这种带通传输特性的信道中传输，必须先进行调制，产生各种已调信号，接收端采用相反的过程，即解调。

5.2　频带传输系统由调制器、解调器、信道、滤波器、抽样判决器等组成，其核心技术是调制解调技术。

5.3　基带传输系统发送端的信号直接进入信道传输，而频带传输系统在发送端必将信号先进行调制才进行传输，接收端采用相反过程（解调）。

5.4　ASK 调制是用基带数据信号控制一个载波的幅度，又称数字调幅。2ASK 信号调制方法有模拟相乘法和数字键控法，解调方法有相干解调和非相干解调两种方式。

5.5　2ASK 信号的时间波形 e2ASK(t)随二进制基带信号 $s(t)$的通断而变化，其功率谱密度的特点：

（1）由连续谱和离散谱组成，其中连续谱是由基带信号经频谱搬移后的双边带谱，离散谱由基带信号的离散谱确定；

（2）2ASK 信号的带宽 B2ASK 是基带信号波形带宽 f_s 的两倍。

5.6　2FSK 是指用基带数据信号控制载波频率，当传送"1"码时送出一个频率 f_1，传送"0"码时送出另一个频率 f_0。其调制方法有模拟相乘法和数字键控方法，解调方法有非相干解调和相干解调两种。

5.7　2FSK 信号的时间波形可以看成由两个不同载波的二进制幅度键控信号的叠加组成的，其功率谱密度的特点：

（1）由连续谱和离散谱组成，其中连续谱由两个双边带谱叠加而成，而离散谱出现在 f_{c1} 和 f_{c2} 的两个载频位置上；

（2）若两个载频之差较小，如 $|f_{c1} - f_{c2}|$ 小于 f_s，则连续谱出现单峰；如载频之差增大，则连续谱将出现双峰；

（3）相位不连续的 2FSK 信号的带宽约为 B2FSK＝$2f_s$＋$|f_{c2} - f_{c1}|$＝$(h+2)f_s$。

5.8　若已调信号的相位变化都是相对于一个固定的参考相位——未调载波的相位来取值，这样的调制方式称为绝对调相。

若每一个码元载波相位的变化不是以固定相位作参考，而是以前一码元载波相位作参考，这样的调制方式称为相对调相。

相同：都是用基带数据信号控制载波的相位，使它作不连续的、有限取值的变化以实现信息传输的方法；不同：参考相位不同。

5.9　2PSK 调制方式有直接调相法和键控法两种，解调必须用相干解调法（极性比较法）

2DPSK 调制方式同 2PSK，解调可以采用相干解调方式（极性比较法）和差分检测方式（相位比较法）。

5.10　2PSK 和 2DPSK 信号的时间波形和同功率谱密度的特点抑制载频的 2ASK。

5.11　对 2DPSK 信号进行相干解调，恢复出相对码序列，若相干载波产生了 180°相位模糊，使得解调出的相对码产生倒置现象，但经过差分译码器后，输出的绝对码不会产生任何倒置现象，从而解决了载波相位模糊问题。

5.12 绝对码 a_n 和相对码 b_n 的关系为：$b_n = b_{n-1} \oplus a_n$，其实现原理图如附图 C.7 所示。

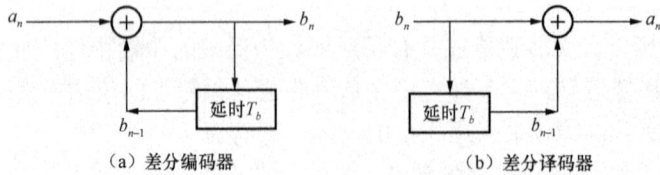

（a）差分编码器　　　　　　　　（b）差分译码器

附图 C.7　习题 5.12 答案图

5.13 在相同误码率条件下，2PSK 调制解调方式对信噪比的要求最小；在相同输入信噪比条件下，2PSK 调制解调方式的误码率最低，2DPSK 次之，2ASK 最大，即 2PSK 抗噪性能最好，2ASK 最差。对于同一种调制方式，输入信噪比下同时，采用相干接收比非相干接收性能好些；对于不同的调制方式，PSK 性能最好，FSK 次之，ASK 最差。

5.14 多进制数字调制的优缺点：

（1）在相同的码元传输速率下，信息传输速率比二进制系统高。

（2）在相同的信息传输速率下，多进制码元传输速率比二进制低，但所需的带宽较小。增大码元宽度，会增加码元的能量，并能减少由于信道特性引起的码间干扰的影响。

（3）在相同的噪声下，多进制数字调制系统的抗噪声性能低于二进制数字调制系统。

（4）多进制数字调制系统与二进制数字调制系统相比，通常设备较复杂。

5.15 QAM 调制是指将两路独立的基带波形分别对两个相互正交的同频载波进行抑制载波的双边带调制，所得的两路已调信号叠加起来的过程。

与单边带调制和残余边带调制相比，QAM 调制的两路信号处于一个频段之中，虽然对于每一个支路来讲，带宽是其对应的基带信号（A 或 B）的两倍，但由于是在同一频段内同时传送两路支路信号，且两路已调信号在相同的带宽内频谱正交，可在同一频道内并行传输，因此频带利用率与单边带调制系统的频带利用率相同，而且不需要发送用于载波同步的导频信号。

5.16 16QAM 信号点间的最小距离比 16PSK 的小，因此抗干扰能力较强。

5.17 见附图 C.8。

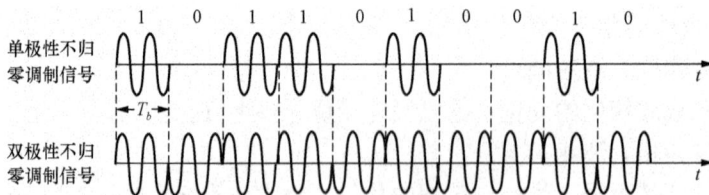

附图 C.8　习题 5.17 答案图

5.18 调制后频谱搬移，幅度为基带信号功率谱 $P_s(f)$ 的 1/4，波形如附图 C.9。

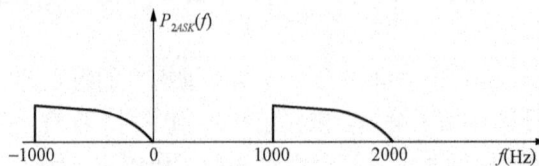

附图 C.9　习题 5.18 答案图

5.19　（1）1200Hz；（2）600Bd；（3）0.5Bd/Hz

5.20　3800Hz

5.21　见附图 C.10。

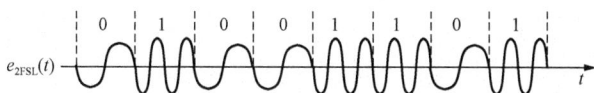

附图 C.10　习题 5.21 答案图

5.22　见附图 C.11。

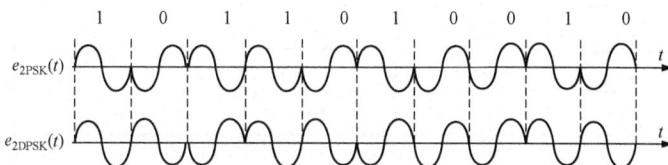

附图 C.11　习题 5.22 答案图

5.23　010010

5.24　π　π　π　0　π　π

5.25　该图能解调 2ASK、2PSK、2DPSK 信号，不能用来解调 2FSK，因为 2FSK 是以频率来区分 1 和 0，要有两个带通滤波器和两个相干载波。

5.26　（1）3.67×10^{-9}；（2）2.66×10^{-8}

5.27　（1）7000Hz；（2）9×10^{-3}；（3）2.88×10^{-2}

5.28　（1）4.05×10^{-6}；（2）2.27×10^{-5}；（3）8.1×10^{-6}

5.29　见附图 C.12。

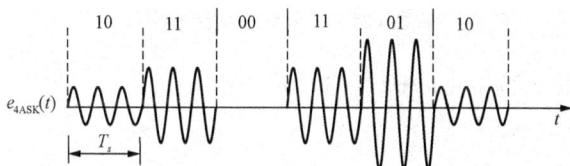

附图 C.12　习题 5.29 答案图

5.30　见附表 C.1。

附表 C.1　　　　　　　　　　　　习 题 5.30 答 案 表

相位（初始相位为0）	$\pi/4$	π	$-\pi/4$	0	$-3\pi/4$
基带数据信号序列	11	01	01	11	00

5.31　见附图 C.13。

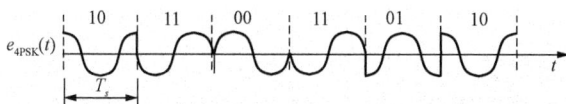

附图 C.13　习题 5.31 答案图

5.32 见附图 C.14。

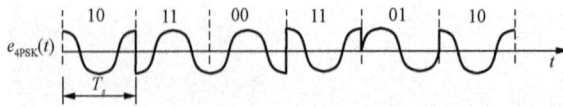

附图 C.14 习题 5.32 答案图

5.33 见附表 C.2。

附表 **C.2** 习 题 **5.33** 答 案 表

基带数据信号序列	01	11	00	10	01
相位（初始相位为 0）	$3\pi/4$	π	$\pi/4$	0	$3\pi/4$
矢量图（→）	↖	←	↗	→	↖

5.34 200～3400Hz

5.35 （1）16kBd；（2）32kHz

5.36 见附图 C.15。

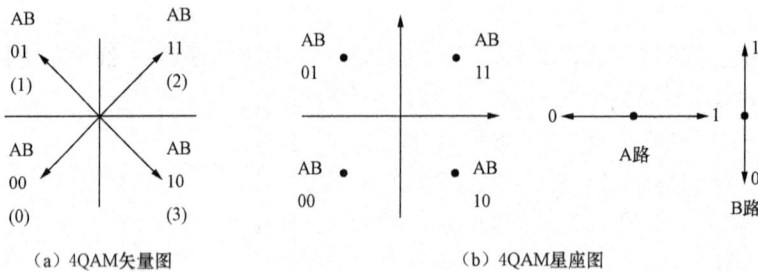

（a）4QAM矢量图 （b）4QAM星座图

附图 C.15 习题 5.36 答案图

5.37 （1）2400Bd；（2）0.8Bd/Hz；（3）64、8

5.38 （1）20.5；（2）43.7

第6章 差 错 控 制

6.1 差错控制的基本思想是通过对信息序列作某种变换，使原来彼此独立、没有相关性的信息码元序列，经过这种变换后，产生某种规律性（相关性），从而在接收端有可能根据这种规律性来检查，进而纠正传输序列中的差错。

6.2 这种话是正确的。因为目前已有的抗干扰编码方法都按照某种规律在用户信息序列中插入一定数量的新的码元，新的码元的加入在信道不允许提高速度的前提下，就得要求降低用户输入的信息速率。

6.3 随机差错是指在随机信道中，错码的出现是随机的，而且错码之间是统计独立的、互不相关的。

突发差错是指在突发信道中，错码是成串集中出现的。也就是说在一些短促的时间区内会出现大量错码，而这些短促的时间区间之间却又存在较长的无错码区间。

错误密度就是第一个错码至最后一个错码之间的错误码元数与总码元数之比。

6.4　见附图 C.16。

6.5　码长就是组码中码元的数目。码重就是码组中"1"的个数。码距就是两个等长码组之间对应位上数字不同的位数。

编码效率是指一个码组中信息位所占的比重。

6.6　由已知，码组的最小码距 $d_0=4$

若用于检错，则根据：$d_0 \geqslant e+1$，得 $e=3$，所以能检 3 位错；

若用于纠错，则根据：$d_0 \geqslant 2t+1$，得 $t=1$，所以能检 1 位错；

若同时用于检错和纠错，则根据 $d_0 \geqslant e+t+1$ 且 $(e \geqslant t)$，得 $e=2$，$t=1$，所以能同时检 2 位错码并纠正 1 位错码。

6.7　见附表 C.3。

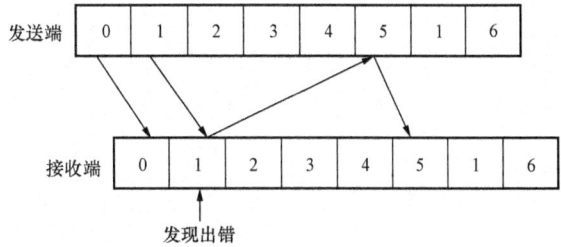

附图 C.16　习题 6.4 答案图

附表 C.3　　　　　　　　　　　　习 题 6.7 答 案 表

	信　息　码　元								监督码元
	1	1	1	0	0	1	1	0	1
	1	0	0	0	1	0	1	0	1
	1	1	1	0	1	0	1	0	1
	1	0	0	0	1	0	0	0	0
	0	1	1	1	1	1	1	1	1
	0	1	0	1	1	0	0	1	0
	0	0	0	1	0	0	0	1	0
监督码元	0	0	1	1	1	0	0	1	0

发送的数据序列为：

1111000010101100101010010000111101111011000100011101000000001111111101000

6.8　首先根据接收到的码组 1000111001，求得合成码组为：01000，因为信息元有 2 个"1"，偶数个"1"，所以校验码为合成码组的反码，10111，对照表 6.6，信息元有 1 位出错，其位置对应于校验码组中"0"对应的位置。

6.9　根据汉明码的定义：$n=2^r-1$

所以　　　　　　　　　　　$n=2^r-1=15$

得到监督位：　　　　　　　$r=4$

编码效率：$k/n=1-r/n=1-4/15=11/15$

6.10　计算校正子得：100，由表 6.8 可知，此汉明码有错，错码位置为 a_3。

6.11　因为典型监督矩阵 $\boldsymbol{H}=[\boldsymbol{PI_r}]$

而典型生成矩阵 $\boldsymbol{G}=[\boldsymbol{I_kQ}]$，其中，$\boldsymbol{Q}=\boldsymbol{P^T}$。

现已知的监督矩阵是典型监督矩阵，所以可写出生成矩阵：

$$G=\begin{bmatrix} 1000111 \\ 0100110 \\ 0010101 \\ 0001011 \end{bmatrix}$$

从而许用码组$[a_6a_5a_4a_3a_2a_1a_0]=[a_6a_5a_4a_3] \cdot \boldsymbol{G}$，所以许用码组为：

0000000、0010101、0100110、0110011、1000111、1010010、1100001、1110100、0001011、

0011110、0101101、0111000、1001100、1011010、1101010、1111111

6.12　循环码的生成多项式$g(x)=x^3+x+1$

生成矩阵为：

$$G(x)=\begin{bmatrix} x^{k-1}g(x) \\ x^{k-2}g(x) \\ \vdots \\ xg(x) \\ g(x) \end{bmatrix}=\begin{bmatrix} x^3g(x) \\ x^2g(x) \\ xg(x) \\ g(x) \end{bmatrix}=\begin{bmatrix} x^6+x^4+x^3 \\ x^5+x^3+x^2 \\ x^4+x^2+x \\ x^3+x+1 \end{bmatrix}$$

$$G=\begin{bmatrix} 1011000 \\ 0101100 \\ 0010110 \\ 0001011 \end{bmatrix}$$

对 $\boldsymbol{G}$ 经过初等行变换，可以将它化成典型阵：

$$G=\begin{bmatrix} 1000101 \\ 0100111 \\ 0010110 \\ 0001011 \end{bmatrix}$$

6.13　因为：$x^{15}+1=(x+1)(x^4+x^3+1)(x^{10}+x^8+x^5+x^4+x^2+x+1)$

所以：$g(x)=x^{10}+x^8+x^5+x^4+x^2+x+1$

该码的生成矩阵：

$$G(x)=\begin{bmatrix} x^4g(x) \\ x^3g(x) \\ x^2g(x) \\ xg(x) \\ g(x) \end{bmatrix}=\begin{bmatrix} x^{14}+x^{12}+x^9+x^8+x^6+x^5+x^4 \\ x^{13}+x^{11}+x^8+x^7+x^5+x^4+x^3 \\ x^{12}+x^{10}+x^7+x^6+x^4+x^3+x^2 \\ x^{11}+x^9+x^6+x^5+x^3+x^2+x^1 \\ x^{10}+x^8+x^5+x^4+x^2+x+1 \end{bmatrix}$$

因为：$m(x)=x^4+x+1$

所以：$x^{10} \cdot m(x)=x^{14}+x^{11}+x^{10}$

用 $x^{10} \cdot m(x)$除以 $g(x)$，得余式$r(x)=x^8+x^7+x^6+x$

所以码多项式：$T(x)=x^{14}+x^{11}+x^{10}+x^8+x^7+x^6+x$

6.14　对于（7，4）码，许用码组 A$=[a_6\ a_5\ a_4\ a_3\ a_2\ a_1\ a_0]$，其中 $a_6\ a_5\ a_4\ a_3$ 为信息位，a_2 $a_1\ a_0$ 为监督位，则许用码组 A$=[a_6\ a_5\ a_4\ a_3\ a_2\ a_1\ a_0] \cdot$ G，所有许用码组如下：

0000000　0001110　0010011　0011101　0100101　0101011　0110110　0111000

1000111　1001001　1010100　011010　1100010　1101100　1110001　1111111

监督矩阵为：

$$H = \begin{bmatrix} 1101100 \\ 1011010 \\ 1110001 \end{bmatrix}$$

校正子 $S = BH^T$，其中 B 为接收码组 $B = [1101101]$，代入得到 $S = [001]$。

6.15　$c_{11} = m_1$

$c_{12} = m_1$

$c_{21} = m_2$

$c_{22} = m_2 + m_1$

$c_{31} = m_3 + m_1$

$c_{32} = m_3 + m_2 + m_1$

所以生成矩阵：

$$G = \begin{bmatrix} 1110010110000 \\ 0001110010110 \\ 0000001110010 \end{bmatrix}$$

6.16　截短生成矩阵 G_1：

$$G_1 = \begin{bmatrix} 111001010011 \\ 111001010 \\ 111001 \\ 111 \end{bmatrix}$$

截短监督矩阵 H_1：

$$H_1 = \begin{bmatrix} 110 \\ 101 \\ 000110 \\ 100101 \\ 100000110 \\ 000100101 \\ 100100000110 \\ 100000100101 \end{bmatrix}$$

第 7 章　数 据 交 换 技 术

7.1　对于点到多点或多点到多点之间的通信，若让所有的通信方两两相连，则成本高、连接复杂，仅适合于终端数目较少、地理位置相对集中且可靠性要求很高的场合。而对于终端用户数量较多，分布范围较广的情况，该方法不适合，而必须数据交换技术。

7.2　利用 PSTN 进行数据交换可以充分利用现有公用电话网的资源，只需在 PSTN 上增加少量设备，进行一些必要的测试之后，即可开放数据通信业务，因此，投资少、实现简易、使用方便。缺点是，传输速率低，传输差错率高，线路接续时间长，不适合高速数据传输；传输距离受限制，若要保证长距离传输的质量需采取线路均衡等措施；接通率低、不易增加新功能等。

7.3　电路交换方式、报文交换方式、分组交换方式和帧方式。

7.4　电路交换方式完成的数据传输要经历电路的建立、数据传输、电路的拆除三个阶段。

7.5　优点：①信息的传输时延小，且对一次接续而言，传输时延固定不变；②交换机对用户的数据信息不存储、分析和处理用户数据信息时不必附加许多控制信息，交换机在处理方面的开销比较小信息传输效率比较高；③数据传输可靠、迅速，数据不会丢失且保持原来的序列；④信息的编码方法和信息格式由通信双方协调，不受网络的限制。

缺点：①电路接续时间较长；②电路资源被通信双方独占，电路利用率低；③不同类型的终端（终端的数据速率、代码格式、通信协议等不同）不能相互通信；④有呼损；⑤传输质量较差。

适用场合：数据传输要求质量高且批量大的情况。

7.6　报文交换的工作过程：

（1）报文交换机中的通信控制器探询各条输入通信线路，若某条用户线有报文输入，则向中央处理机发出中断请求，并逐字把报文送入内存储器。

（2）当收到报文结束标志后，表示一份报文全部接收完毕，则中央处理机对报文进行处理，如分析报头，判别和确定路由，登录输出排队表等。

（3）将报文转移到外部大容量存储器，等待一条空闲输出线路。

（4）一旦等到线路空闲，就把报文从外存储器调入内存储器，经通信控制器向线路发出去。

7.7　报文三部分组成：

（1）报头或标题：包括源站地址、目的站地址和其他辅助控制信息。

（2）报文正文：传输用户信息。

（3）报尾：表示报文结束标志，若报文长度有规定，则可不用结束标志。

7.8　报文交换的主要优点有：

（1）可使不同类型的终端设备之间相互进行通信。

（2）由于存储转发机制，在报文交换的过程中没有电路接续过程，且线路利用率高。

（3）只要交换节点处缓存足够大，则不存在阻塞与"呼损"。

（4）可实现同报文通信，即同一报文可以由交换机转发到不同的收信地点。

报文交换的主要缺点有：

（1）不能满足实时或交互式的通信要求，报文经过网络的延迟时间长而且不定。

（2）有时节点收到过多的数据而无空间存储或不能及时转发时，就不得不丢弃报文。

（3）要求报文交换机有高速处理能力，且缓冲存储器容量大，交换机的设备费用高。

7.9　分组交换采用存储—转发的方式，它将报文分成若干个分组，每个分组的长度有一个上限，分组可以存储到内存中，提高了交换速度。每个分组中包括数据和目的地址。

7.10　分组交换中采用统计时分复用方式，其优点是可以充分利用通信资源。

7.11　分组型终端以分组的形式发送和接收信息，而一般终端发送和接收的不是分组而是数据报文。一般终端发送数据报文时要先由分组拆装设备（PAD）将报文拆分成若干分组，接收时也需先由 PAD 重新组装成报文。

7.12　分组交换的主要优点：

（1）传输质量高。

（2）传输时延小。

（3）对用户终端的适应性强，为不同种类的终端相互通信提供方便。

（4）可实现分组多路通信。

（5）经济性好。

分组交换的主要缺点：

（1）信息传输效率较低。

（2）实现技术复杂。

7.13　见附图 C.17。

F	A	C	分组头		FCS	F

F: 标志字段　　　　　　C: 控制字段
A: 地址字段　　　　　　FCS: 校验字段

附图 C.17　习题 7.13 答案图

7.14　虚电路是指两个用户终端在开始互相发送和接收数据之前需要通过网络建立逻辑上的连接。其特点有：

（1）一次通信具有呼叫建立、数据传输和呼叫清除三个阶段。

（2）数据分组中不需要包含终点地址，因而对于数据量较大的通信来说传输效率提高。

（3）终端之间的路由在数据传送前已被决定。

（4）可向用户提供永久服务。

（5）缺点是，当网络中由于线路或设备故障可能使虚电路中断时，需要重新呼叫建立新的连接。

7.15　都要经历电路的建立、数据传输、电路的拆除三个过程，但电路交换建立的是物理连接，而虚电路分组交换建立的是逻辑连接。

7.16　（1）虚电路方式是面向连接的交换方式，常用于两端点之间数据交换量较大的情况，能提供可靠的通信功能，保证每个分组正确到达，且保持原来的顺序。但当某个节点或某条链路出故障而彻底失效时，则所有经过故障点的虚电路将立即破坏，导致本次通信失败。

（2）数据报方式是面向无连接的交换方式，网络随时接受主机发送的分组（即数据报），网络为每个分组独立地选择路由。网络"尽最大努力交付"的服务，没有质量保证。

7.17　分组长度的选取取决因素在于，交换过程中的延迟时间、交换机费用（包括存储器费用和分组处理费用）、信道传输质量、正确传输数据信息的信道利用率等。

7.18　帧方式包括帧交换和帧中继两类。帧交换保留有差错控制和流量控制功能，而帧中继交换机只进行检测，但不纠错，且省去流量控制等功能。

7.19　帧中继克服了分组交换网络开销大的缺点，进一步减小了时延，提高了网络吞吐量。

7.20　分组交换的电路利用率高，可实现变速、变码、差错控制和流量控制等功能，而且时延小，具备实时通信特点，具有多逻辑信道通信的能力。而帧中继是快速分组交换的一种，它保留了分组交换的优点，如采用统计时分复用技术、电路利用率高、适用实时性业务等，而且克服了分组交换开销大的缺点，进一步减小了时延，提高了网络吞吐量。

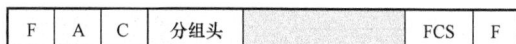

第 8 章　通 信 协 议

8.1　通信协议就是通信双方事先约定好的双方都必须遵守的通信规则、约定，它实际上是一些通信规则集。通信协议一般由语法、语义和时序组成。

8.2　实体是 OSI 参考模型的每一层都是若干功能的集合，可以看成它由许多功能块组成，每一个功能块执行协议规定的一部分功能，具有相对的独立性，称为实体。实体可以是软件实体，也可以是硬件实体。

服务是指某一层及其以下各层通过接口提供给上层的一种能力。系统中包含一系列的服务，在协议的控制下，两个对等实体间的通信使得本层能够向上一层提供服务，服务是向上层提供的，是看得见的。

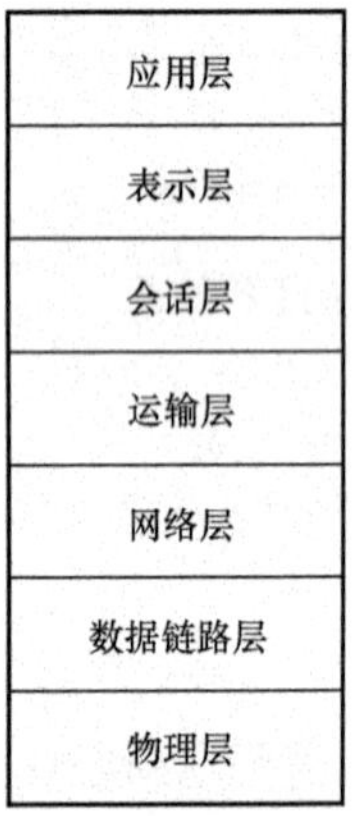

应用层
表示层
会话层
运输层
网络层
数据链路层
物理层

附图 C.18　习题 8.3 答案图

8.3　OSI 参考模型如附图 C.18 所示。

物理层：物理层的任务就是通过物理介质（如双绞线、同轴电缆、光缆等）透明地传送比特流。

数据链路层：数据链路层的任务是在两个相邻结点间的线路上无差错地传送以帧为单位的数据。

网络层：网络层的任务就是控制通信子网的运行，向高层提供数据在网络间透明传输的服务。

运输层：运输层的任务是向上一层的进行通信的两个进程之间提供一个可靠的端到端服务。

会话层：负责进程间建立会话和终止会话，控制会话期间的对话。

表示层：主要解决用户信息的语法表示问题。

应用层：实现终端用户应用进程之间的信息交换。

8.4　物理层协议中规定的物理接口的基本特性有机械特性，电气特性，功能特性和规程特性。

8.5　EIA RS-232-C 电气特性中逻辑"1"电平是 $-5V \sim -15V$，逻辑"0"的电平是 $+5V \sim +15V$。

8.6　数据链路传输控制规程的功能有帧控制、透明传输、差错控制、流量控制、链路管理等功能。

8.7　HDLC 的帧结构如附图 C.19 所示。

F	A	C	INFO	FCS	F

附图 C.19　习题 8.7 答案图

HDLC 的帧类型有信息帧、监控帧和无编号帧。

8.8　0110111101111110111110010
　　　0110111101111101011111100010

8.9　X.25 建议的层次结构为三层，分别为物理层、链路层和报文分组层。

8.10　X.25 建议的分组层的功能是将传送用户层送来的数据信息或控制信息的分组送入

链路层后，在链路层的 I 字段进行透明传输。

按所执行功能可以分为分组可分为呼叫建立分组、数据传输分组、恢复分组和呼叫释放分组。

8.11 帧中继的节点交换机收到一帧的目的地址后立即开始将其转发出去，而不必等到整个帧接收完毕并做相应处理后再转发，同时帧中继简化了节点机之间的协议，将流量控制和差错控制等留给终端去完成，所以缩短了传输时延，提高了传输效率。

8.12 帧中继采用二级结构，物理层和链路层。

8.13 帧中继传输协议与 X.25 等低速分组交换协议相比的特点有：

（1）帧中继传输协议只包含物理层和数据链路层，没有网络层，数据流以数据链路层的帧格式在网络中传输。

（2）帧中继是基于 ISDN 的高速信道，如 H 信道，其速率可达 DS1 的 1.5MB/s。

（3）帧中继对 ISDN 的突发性数据能作出良好的响应，而且可简化拓扑结构，降低硬件成本。

第 9 章 数 据 通 信 网

9.1 数据通信网的硬件构成包括数据终端设备、数据交换设备及传输链路。

9.2 数据通信网按网络拓扑结构分有全互连形网、不规则形网、星形网、树形网、环形网和总线形网。

9.3 公共电话交换网入网有借用普通拨号电话线、租用一条电话专线、经普通拨号或租用专用电话线方式等三种方案。

9.4 分组交换网主要由分组交换机（PS）、远程集中器（RCU）、终端设备（DTE：分组型 PT、非分组型 NPT）、网络管理中心（NMC）、分组装配拆装设备（PAD）和传输线路构成。

9.5 远程集中器（RCU）可以将离分组交换机较远地区的低速数据终端的数据集中起来后，通过一条中、高速电路送往分组交换机，以提高电路利用率。远程集中器还具有本地交换的功能。

分组装配拆装设备的主要功能有：完成规程转换和统计时分复用。

9.6 衡量分组交换网的性能可以从分组传输时延、虚电路建立时间、传输差错率和网路可利用率等 4 个方面

9.7 帧中继网是由三个要素组成的：帧中继接入设备、帧中继交换设备和公用帧中继业务。

9.8 用户接入帧中继网主要有如下 3 种方式：局域网接入形式；计算机接入形式；用户帧中继交换机接入公用帧中继网。

9.9 综合业务数字网的特点有：支持端到端的数字连接；提供综合的通信业务；提供标准的入网接口。

9.10 综合业务数字网参考点 R：非 ISDN 终端 TE2 与终端适配器 TA 之间的连接；参考点 S：终端与网络之间的参考点，即 TE1 或 NT2 之间的连接；参考点 T：网络用户端与传送端之间的参考点，即 NT1 与 NT2 之间的连接；参考点 U：网络终端接入传输线路接口参考点，即 NT1 与线路终端 LT 之间的连接；参考点 V：用户环路传送端与交换设备之间的参考

点，即 LT 与 ET 之间的连接点。

9.11　综合业务数字网用户/网络接口中的基本速率接口（BRI）包括两条 64kB/s B 信道和一条 16kB/s D 信道，即 2B＋D 接口，总速率达到 144kB/s。基群（一次群）速率接口（PRI）可提供 1544kB/s 和 2048kB/s 两种速率的传输能力。

9.12　数字数据网的特点有：传输速率高，网络延时小；传输质量好；传输距离远；多协议支持；传输安全可靠；网络运行管理简便。

9.13　数字数据网主要由 5 个部分组成：本地传输系统、DDN 网络节点、局间传输系统、网同步系统和网络管理系统。

9.14　数字数据网的业务主要有基本业务和帧中继、压缩话音/G3 传真以及虚拟专用网等多种增值业务。

9.15　ATM 网的工作原理是 ATM 可以看作是一种特殊的分组型传递方式方法，它建立在异步时分复用的基础上，并使用固定长度的信元。当用户希望通过 ATM 网络传输数据时，首先通过信令向目的站点提出建立虚连接的请求，同时给出该连接所需要的质量参数。若这些要求被满足，则连接建立，发送端得到一个 VPI/VCI。这时，发送端就可以通过这条虚连接将数据发送给接收端。当数据经过 ATM 交换机时，要进行 VP、VC 交换，这时，信元头中的 VPI、VCI 被赋予新值。数据传输结束后，虚连接被拆除。

9.16　虚连接有两种形式有永久虚连接（PVC）和交换虚连接（SVC）。它们的不同点在于 SVC 是在进行数据传输之前通过信令协议自动建立的，数据传输之后便被拆除；PVC 是由网络管理等外部机制建立的虚拟连接，该连接在网络中一直存在。

9.17　ATM 网具有的特点：适应高带宽应用的需求；能支持不同速率的多种媒体业务；具有良好的可扩展性；其信元更容易用硬件实现，可以向高速化的方向发展。

参 考 文 献

[1] 毛京丽，李文海．数据通信原理 [M]．2版．北京：北京邮电大学出版社，2007.

[2] 杨世平，申普兵，何殿华，李荣．数据通信原理 [M]．长沙：国防科技大学出版社，2001.

[3] 倪维桢．数据通信原理 [M]．北京：中国人民大学出版社，1999.

[4] 蒋占军．数据通信技术教程 [M]．2版．北京：机械工业出版社，2005.

[5] 王兴亮等．数字通信原理与技术 [M]．西安：西安电子科学技术出版社，2006.

[6] 冯博琴．计算机网络与通信 [M]．北京：经济科学出版社，2000.

[7] 李腊元，王景中．计算机网络 [M]．武汉：武汉理工大学出版社，2003.

[8] 王福昌．通信原理辅导与习题解答 [M]．武汉：华中科技大学出版社，2006.

[9] 钱学荣，王禾．通信原理学习指导 [M]．北京：电子工业出版社，2001.

[10] 杨心强，陈国友．数据通信与计算机网络 [M]．3版．北京：电子工业出版社，2007.

[11] 储钟圻．数字通信导论 [M]．北京：机械工业出版社，2002.

[12] 沈越泓，高媛媛．通信原理 [M]．北京：机械工业出版社，2004.

[13] 王恩波，芦效峰，马进来．实用计算机网络技术 [M]．北京：高等教育出版社，2000.

[14] 牛伟，郭世泽，吴志军．无线局域网 [M]．北京：人民邮电出版社，2003.

[15] 樊昌信，张甫翊，徐炳祥，吴成柯．通信原理 [M]．5版.北京：国防工业出版社，2001.

[16] 张辉，曹丽娜．通信原理学习指导 [M]．西安：西安电子科技大学出版社，2003.

[17] 张辉，曹丽娜，任光亮，王勇．数据通信与网络 [M]．北京：人民邮电出版社，2007.

[18] 冯玉珉．通信系统原理 [M]．北京：清华大学出版社，北方交通大学出版社，2003.

[19] 冯玉珉，卢燕飞，郭宇春，张星．通信系统原理学习指南 [M]．北京：清华大学出版社，北方交通大学出版社，2003.

[20] 达新宇，林家薇，张德纯．数据通信原理与技术 [M]．北京：电子工业出版社，2003.

[21] 鲜继清，张德民．现代通信系统 [M]．西安：西安电子科技大学出版社，2003.

[22] 陈生潭，郭宝龙，李学武，冯宗哲．信号与系统 [M]．西安：西安电子科技大学出版社，2001.